新世纪
新世纪高职高专
计算机应用技术专业系列规划教材

U1003944

计算机应用基础

JISUANJI YINGYONG JICHU

新世纪高职高专教材编审委员会 组编
主 编 陈顺岗
副主编 段瑞波 李繁华 缪祥柱 郭元月
参 编 唐 俊 杨 洋 龙永文 冉进均
张 宓 吴婉银 樊 果 罗明宏
张莉莎 袁敏锐 朱 丽

微课版

大连理工大学出版社
DALIAN UNIVERSITY OF TECHNOLOGY PRESS

图书在版编目(CIP)数据

计算机应用基础 / 陈顺岗主编. —大连 ：大连理工大学出版社，2017.8(2020.9 重印)
新世纪高职高专计算机应用技术专业系列规划教材
ISBN 978-7-5685-0964-0

Ⅰ. ①计… Ⅱ. ①陈… Ⅲ. ①电子计算机—高等职业教育—教材 Ⅳ. ①TP3

中国版本图书馆 CIP 数据核字(2017)第 164529 号

大连理工大学出版社出版

地址：大连市软件园路 80 号　邮政编码：116023
发行：0411-84708842　邮购：0411-84708943　传真：0411-84701466
E-mail：dutp@dutp.cn　URL：http://dutp.dlut.edu.cn

大连图腾彩色印刷有限公司印刷　大连理工大学出版社发行

幅面尺寸：185mm×260mm　印张：18.25　字数：467 千字
2017 年 8 月第 1 版　2020 年 9 月第 7 次印刷

责任编辑：高智银　责任校对：李　红
封面设计：张　莹

ISBN 978-7-5685-0964-0　定　价：45.80 元

前　言

《计算机应用基础》是新世纪高职高专教材编审委员会组编的计算机应用技术专业系列规划教材之一。

本教材依据《面向21世纪教育振兴行动计划》《国务院关于大力推进职业教育改革与发展的决定》《国家中长期教育改革和发展规划纲要(2010—2020)》和《教育部关于全面提高高等职业教育教学质量的若干意见》中提出的关于改革职业教育课程体系、加强教材建设、改革教学内容和教学方法等相关要求编写。教材也契合了国家实施《中国制造2025》发展战略的新形势，着眼于国家社会经济发展对高素质技能人才的迫切需要，着力于职业院校学生计算机基础应用能力的培养。

社会发展进入工业4.0时代，计算机作为数字化、网络化和智能化的基础，已经成为人们生产、生活中一种必备工具。计算机办公应用是计算机应用最基本的技能。今后的社会，不懂和不会计算机办公应用技能，将会变成“文盲”。在现代职业教育中，计算机应用基础课程，是与文化基础课程、专业基础课程具有同等地位的三大基础课程之一，对于培养高素质技能人才，具有基础性、先导性和全局性的作用。

编者基于多年的计算机应用基础课程教学和培训实践，从职业院校学生实际出发，经过反复调研论证，科学构建教材框架，精心选择教材内容，按照“立足基础，重在实用”的原则进行编写。本教材包括计算机基础知识、文字录入技术、Word 2010文字处理、Excel 2010电子表格处理、PowerPoint 2010演示文稿制作、网络技术基础共六个单元，内容紧扣计算机应用的基本知识和基本技能。教材针对性强，结构合理，逻辑清晰，图文并茂，简明实用，通俗易懂，符合认知规律和教育教学规律。

本教材体现职业教育特色，反映理实结合、教学做相结合的基本要求，时代感强。各单元内容以课题为单位进行编写，每个课题由“教学目标”“教学任务”“教·学·做”“课题小结”“效果测评”五个部分组成。一方面，保证每个课题目标明确，任务清楚，内容紧凑，重点突出；另一方面，“教·学·做”包含理论知识和案例实操，突出“理实一体化”和“教学做相结合”的特点；再则，“效果测评”以表格形式罗列出课题的“知识目标”及“能力目标”的测评细目及评分标准，通过“自评”“互评”和“师评”三种方式，对课题任务完成情况及教学目标实现情况进行及时检查和评估。其中，“自评”和“互评”是以学生为主体的行为，有利于提高学生学习的主动性和积极性，促进学生学习效果的提升；而“自评”“互评”与“师评”的结合，有利于增强师生互动，促使教师反思教学过程，推动教学质量的不断提高。这也是改革教学评价体系的一种探索与创新。

本教材还配有习题册、课程标准（后附习题册参考答案）、教材中涉及的全套图表、备课教案以及PPT教学课件等配套教学资源。习题册为学生复习、做作业和期末考试搭建了一个良好的学习训练平台；而课程标准及其他资料则给教师的教学活动提供了有效的教学指导和辅助参考。

本教材集针对性、实用性、实践性、科学性于一体，可以作为职业院校的计算机基础课教材使用，也可以作为企事业单位开展社会化培训计算机运用能力方面的教材使用，还可以作为计算机办公应用的自学参考书。

本教材由六家职业院校教师联合编写。陈顺岗担任主编，段瑞波、李繁华、缪祥柱、郭元月担任副主编，唐俊、杨洋、龙永文、冉进均、张宓、吴婉银、樊果、罗明宏、张莉莎、袁敏锐、朱丽参与编写。具体分工如下：第一单元由缪祥柱、郭元月编写，第二单元由张宓编写，第三单元由陈顺岗、唐俊编写，第四单元由段瑞波、龙永文、冉进均编写，第五单元由陈顺岗编写，第六单元由李繁华、杨洋编写。张莉莎、袁敏锐、朱丽参与了教材的备课教案开发、PPT教学课件制作和微课开发。在课程标准编写、教材开发可行性研究、教材编写修订过程中，充分咨询和积极采纳了校企合作单位人力资源管理部门的意见；中国电信股份有限公司云南分公司大数据运营中心高级经理、高级工程师罗明宏同志及西安开元电子实业有限公司副总裁樊果同志还参与了教材的审读和修订；深圳市联合视觉创新科技有限公司吴婉银参与了教材的审读和习题册的开发。此外，还得到了其他职业院校同行专家、同仁的关心指导和大力支持。在此，我们一并表示诚挚的谢意！

由于编者水平有限，书中难免存在疏漏之处，恳请广大读者批评指正。

编　者

2017年8月

所有意见和建议请发往：dutpgz@163.com
欢迎访问职教数字化服务平台：http://sve.dutpbook.com
联系电话：0411-84706671　84707492

目　录

第一单元

计算机基础知识

概述

计算机的发明是人类社会发展历程中的里程碑事件，具有划时代的意义；它是人类科技发展的标志性杰作，是人类征服自然和改造自然的重要工具。计算机最早只是一台用于计算的机器，自问世以来以惊人的速度和规模飞速发展，其功能得到全面拓展，其应用已经遍及全世界各行各业，与人们的生产、生活密不可分。现今，计算机的发展为人类开辟了更加广阔的前景，一个以计算机为基础的数字化、网络化和智能化时代正向我们扑面而来。

在这个崭新的伟大时代，计算机的应用能力已经成为职场人士最基本的一种职业能力。适者生存，不适者消亡，如果我们对计算机的知识一无所知，不学习和掌握计算机的基本应用技能，那我们必然无法适应社会发展的需要，必然为这个时代所淘汰。因此，学习和掌握计算机的基本知识和基本技能，是大势所趋，是时代要求，是立业之本，是发展需要。

课题一　计算机系统的基本结构和工作原理

计算机，本质上是一台机器，是一台由硬件和软件构成的有机整体。要学会使用计算机，掌握计算机应用的基本技能，首先应当对计算机的基本结构和工作原理有一定的了解，对计算机的功能和作用有所熟知，这是学习计算机入门的基石。这也恰如庖丁解牛，我们只有对计算机的基本组成和工作机理做到心中有数，才能在后续的计算机学习实践中做到游刃有余。

【教学目标】

知识目标：

1. 了解计算机的发展历程。
2. 了解计算机的结构及工作原理。
3. 了解计算机的功能及用途。
4. 了解计算机的发展趋势。

能力目标：

1. 熟悉计算机的主机部件及其功能。
2. 熟悉和掌握计算机的硬件配置。
3. 熟悉和掌握计算机选购的基本方法。

【教学任务】

本课题的主要教学内容：计算机的发展历程；计算机的结构及工作原理；计算机的功能及用途；计算机的配置与选购；案例实操。

➤【教·学·做】

一、计算机的发展历程

1. 计算机产生过程

计算机(Computer)是一种由电子元器件构成的、具有算术运算能力和逻辑判断能力以及拥有自动控制和记忆功能的信息处理设备。现在世界上公认的第一台电子计算机是在 1946 年由美国宾夕法尼亚大学研制成功的 ENIAC(Electronic Numerical Integrator and Computer),即电子数字积分计算机。它使用了 18800 只电子管,耗电 200 kW,占地面积约 170 m^2,重量达 30 T,每秒钟能完成 5000 次加减法计算。ENIAC 的问世是人类科学技术发展史的重要里程碑,它标志着电子计算机时代的到来。

2. 计算机发展阶段

计算机从产生至今,经历了 4 个发展阶段。

(1)电子管计算机(1946—1957 年)

这一阶段计算机的主要特征是采用电子管元件作为基本器件,输入与输出主要采用穿孔卡片或纸带,体积大、耗电量大、速度慢、存储容量小、可靠性差、维护困难且价格昂贵。在软件上,通常使用机器语言或者汇编语言来编写应用程序。

(2)晶体管计算机(1957—1964 年)

20 世纪 50 年代中期,晶体管的出现使计算机生产技术得到了根本性的发展,由晶体管代替电子管作为计算机的基础器件,用磁芯或磁鼓作为存储器,在整体性能上,比第一代计算机有了很大的提高。

(3)中小规模集成电路计算机(1964—1971 年)

随着半导体工艺的发展,中小规模集成电路成为计算机的主要部件,主存储器也渐渐过渡到半导体存储器,使计算机的体积更小,大大降低了计算机计算时的功耗,进一步提高了计算机的可靠性。在软件方面,有了标准化的程序设计语言和人机会话式的 Basic 语言,其应用领域也进一步扩大。

(4)大规模和超大规模集成电路计算机(1971 年—现在)

随着大规模集成电路的成功制作并用于计算机硬件生产过程,计算机的体积进一步缩小,性能进一步提高。集成更高的大容量半导体存储器作为内存储器,发展了并行技术和多机系统,软件系统工程化、理论化,程序设计自动化。计算机在社会上的应用范围进一步扩大,几乎所有领域都能看到计算机的“身影”。

3. 计算机发展趋势

如今的计算机技术正朝着巨型化、微型化、网络化和智能化方向发展,在未来有更多新技术会融入计算机的发展中去。

(1)巨型化

指计算机具有极高的运算速度、大容量的存储空间、更加强大和完善的功能,主要用于航空航天、军事、气象、人工智能、生物工程等科学领域。“天河一号”是我国首台千万亿次计算机,它运算 1 小时,相当于全国 13 亿人计算 340 年;“天河二号”在全球超级计算机排名中,连续六次蝉联冠军;我国 2016 年推出的“神威 · 太湖之光”超级计算机的浮点运算处理速度可以达到每秒 93 千万亿次，是目前世界上运算速度最快的计算机。

(2)微型化

从第一块微处理器芯片问世以来，它的发展速度与日俱增。计算机芯片的集成度每 18 个月翻一番，而价格则减一半，这就是信息技术发展功能与价格比的摩尔定律。计算机芯片集成度越来越高，所完成的功能越来越强，使计算机微型化的进程和普及率越来越快。

(3)网络化

计算机网络已广泛应用于政府、学校、企业、科研、家庭等领域，计算机网络将不同地理位置上具有独立功能的不同计算机通过通信设备和传输介质互连起来，在通信软件的支持下，实现网络中的计算机之间共享资源、交换信息、协同工作。计算机网络的发展水平已成为衡量国家现代化程度的重要指标，在社会经济发展中发挥着极其重要的作用。

(4)智能化

让计算机能够模拟人类的智力活动，如学习、感知、理解、判断、推理等能力。具备理解自然语言、声音、文字和图像的能力，具有说话的能力，使人机能够用自然语言直接对话。它可以利用已有的和不断学习到的知识，进行思维、联想、推理，并得出结论，能解决复杂问题，具有记忆、检索有关知识的能力。其中，最具智能化代表的机器人技术已经取得重大突破，机器人将成为人类生产、生活的重要帮手。

(5)量子化

2017 年 5 月，世界上第一台超越早期经典计算机的光量子计算机在我国问世，量子计算机及量子通信技术将为计算机和通信技术开启一个崭新的时代。从理论上来看，量子计算机可以很轻松地“秒杀”传统经典计算机：曾有人打过一个比方，如果现在传统计算机的速度是自行车，量子计算机的速度就好比飞机。

二、计算机系统结构及工作原理

计算机系统总体可以分为硬件系统和软件系统两大部分，如图 1-1-1 所示。硬件相当于人的身体，而软件相当于人的灵魂。计算机就是在硬件、软件的相互配合下，完成各种复杂的工作。

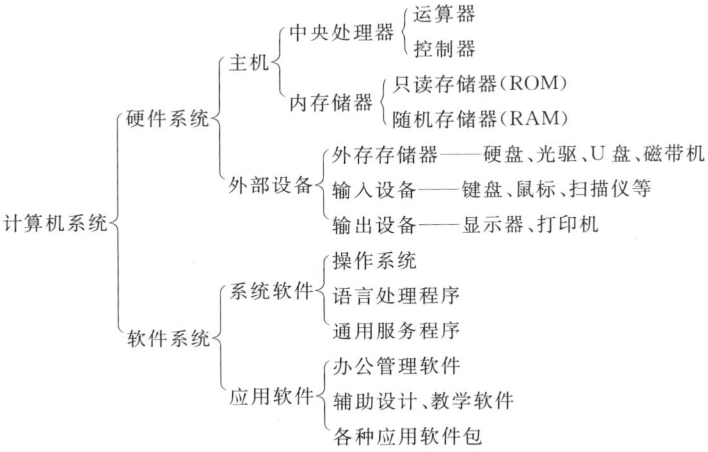

图 1-1-1 计算机系统组成结构图

1. 计算机系统的硬件结构及其主要功能

计算机硬件系统(Computer Hardware)是指计算机系统中由电子、机械和光电元件等组成的各种物理装置的总称。这些物理装置按系统结构的要求构成一个有机整体为计算机软件运行提供物质基础。计算机硬件系统分为主机和外部设备两个部分。主机由中央处理器和内部存储器组成,外部设备由外存储器、输入设备、输出设备组成。如图 1-1-2 所示。

图 1-1-2 计算机的硬件

(1)中央处理器

中央处理器简称 CPU,它是电脑运算和控制的核心,它由运算器和控制器组成。运算器的主要作用是用来完成各种算术运算和逻辑运算。控制器的主要作用是发出各种控制信号,读取分析指令,控制计算机各部件步调一致地自动工作。

(2)存储器

存储器是计算机用来存储信息的重要功能部件,存储器分为内存储器和外存储器。

①内存储器

内存储器(简称内存)用来存放当前要运行的程序和数据,故也称为主存储器。内存储器按功能可分为随机存储器(RAM)和只读存储器(ROM),只读存储器(ROM)只能读出不能写入数据,其中的信息不受断电影响能始终保存。随机存储器(RAM)可随时读出和写入数据,断电后数据会丢失。

②外存储器

外存储器主要用于保存暂时不用但又需要长期保留的程序或数据。外存储器存储容量大,目前常用的外存储器有磁盘、光盘和移动存储器等。

(3)输入设备

输入设备是向计算机输入数据和信息的设备,是计算机与用户以及其他设备通信的桥梁。常用的输入设备有键盘、鼠标和扫描仪等。

(4)输出设备

输出设备是人与计算机交互的一种部件,用于数据的输出。常见的输出设备有显示器、打印机等。

计算机主要硬件在主机箱内部的基本结构如图 1-1-3 所示。

主板:决定电脑性能的重要部件之一,电脑主要零部件都安放在主板上。

内存:电脑临时存储数据的地方,相当于人的记忆。

CPU:也称中央处理器,是电脑运算和控制的核心。

显卡:把图像信息传送给显示器的部件。

声卡:把声音信息传送给音箱的部件。

硬盘:电脑存储数据的地方,电脑里的图片、文档、数据表格等都存储在这里。

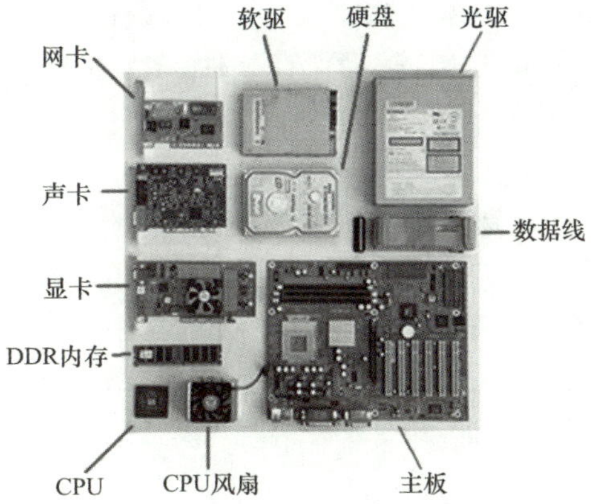

图 1-1-3　计算机主要硬件结构示意图

光驱：用来播放光盘的部件，光驱可以读取光盘上的数据。

电源：主要用于将 220 V 的外接电源转换为各种直流电源，供电脑的各个部件使用。

2. 计算机软件系统及作用

计算机软件是指计算机系统中的程序及其文档，程序是计算任务的处理方法和处理规则的描述；文档是为了便于了解程序所需的阐明性资料。软件是用户与硬件之间的接口界面，用户主要是通过软件与计算机进行交流的。计算机软件总体分为系统软件和应用软件两大类，如图 1-1-4 所示。

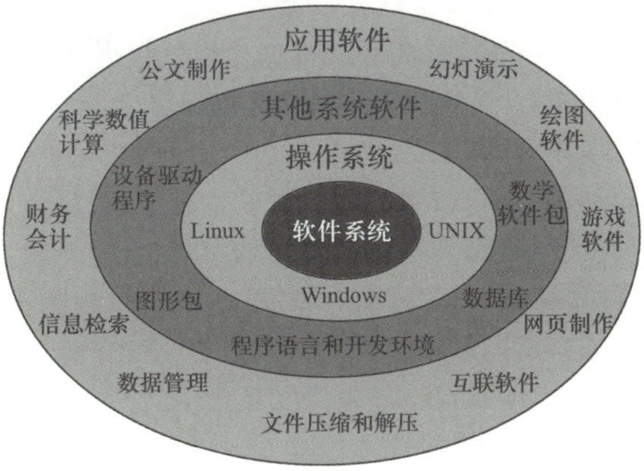

图 1-1-4　计算机软件系统

(1)系统软件

系统软件是指管理、监控和维护计算机软、硬件资源的软件。主要包括操作系统、语言处理程序和通用服务程序等。

操作系统是计算机最基本、最重要的系统软件，常用的操作系统有 Windows、Linux、UNIX 等系统。

语言处理程序是用户用来编写程序的语言，它包括各种程序设计语言及开发环境。

通用服务程序是开发和研制各种软件、诊断测试系统的工具。

(2)应用软件

应用软件是指在操作系统上独立运行的程序，为满足用户不同领域、不同问题的应用需求而提供的那部分软件，如办公管理软件、辅助设计、教学软件、各种应用软件包等。

办公管理软件：如 Office 2010 办公软件、财务管理软件、文件压缩软件等。

辅助设计、教学软件：如 AutoCAD 辅助设计软件、多媒体教学软件(PPT)等。

各种应用软件包：如绘图软件、游戏软件、网页制作软件等。

3. 计算机工作原理

计算机的工作过程实际上就是快速执行指令的过程，计算机在运行时，先从内存中取出第一条指令，通过控制器的译码，按指令的要求，从存储器中取出数据按照指定的算术运算和逻辑操作指令进行加工处理，然后再按地址把结果送到内存中去；接下来，再取出第二条指令，依此进行处理，直至读取到停止指令。这一原理最初是由美籍匈牙利数学家冯·诺依曼于 1945 年提出来的，故称为冯·诺依曼原理。

三、计算机的功能及用途

1. 计算机的基本功能

(1)数据处理

计算机数据处理的功能主要是完成数据的组织、加工、检索及其运算等任务。这些数据能够以多种形式得到，处理的需求也非常广泛。

(2)数据存储

计算机存储数据的功能主要实现将所有需要计算机加工的数据都保存在计算机的存储介质上，包括计算机运行所需的系统文件数据。

(3)数据传输

计算机必须能够在其内部和外部之间传送数据。当数据由某个设备发送到其他外部设备时，此过程就是输入一输出过程。当数据从本地向远端设备或从远端设备向本地设备传输时，就形成了传送过程，也就是数据通信过程。

(4)控制功能

在计算机系统内部，由中央处理单元(CPU)管理计算机的资源，并且协调其运行以响应指令的要求，其数据处理功能、数据存储功能、数据传输功能是由计算机指令提供控制的。

2. 计算机的主要用途

在当今信息化的社会中，计算机已应用于各行各业，总体上，计算机的应用主要可分为以下几个方面。

(1)科学计算

计算机的运算速度和精度是其他任何计算工具都无法比拟的。在航空、航天、军事及核物理等许多科学领域，都需要进行如此复杂的运算，只有计算机能够完成这样的任务。

(2)数据处理

计算机可以在短时间内对各种各样的数据进行分析和处理，以满足信息时代的要求。如，在生物工程中，对大型基因库数据的分析与处理等。计算机数据处理已被广泛应用于银行、邮政、物资、财务、图书、人事、学生管理等行业。目前的云计算、大数据已经发展成为人们分析决策的重要工具。

(3)自动控制

自动控制又叫“过程控制”，是指在工业生产过程中，对控制对象进行“自动控制”和“自动调节”的控制方式。如在化工、电力等生产过程中，使用计算机自动采集各种参数并及时检测生产设备的工作状态。如图 1-1-5 所示。

图 1-1-5　自动化控制系统

(4)计算机辅助系统

计算机辅助系统是利用计算机进行辅助设计、计算机辅助制造、计算机辅助教学和计算机辅助测试。例如计算机辅助设计(CAD)就是用计算机帮助设计人员进行设计,从而降低设计人员的工作量,提高设计的速度和质量。如图 1-1-6 所示。

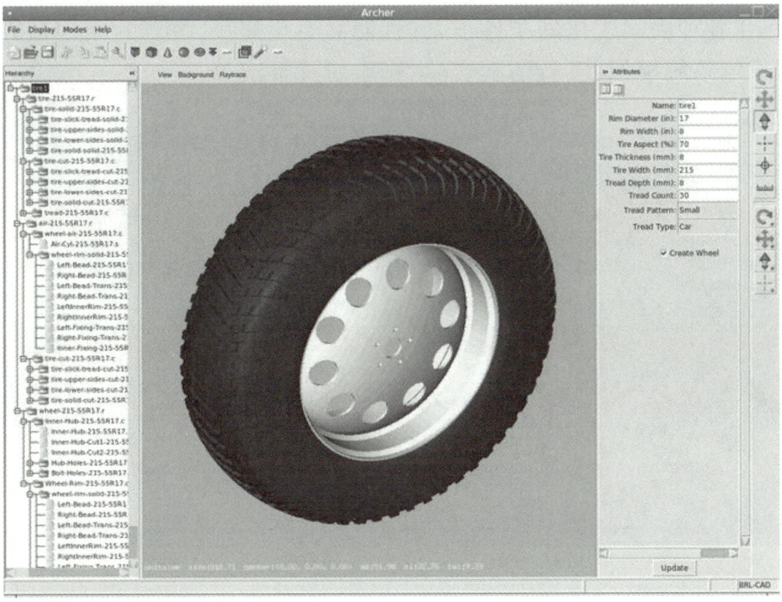

图 1-1-6　计算机辅助设计

(5)网络应用

计算机网络是利用通信线路和通信设备将分布在不同地理位置的具有独立功能的数台计算机连接在一起,在软件的控制下,实现资源共享和通信。“Internet”是全球最大的、最开放的、由众多的网络互连而成的计算机网络。

(6)人工智能

人工智能是使计算机能模拟人类的感知等某些智能行为,如图 1-1-7 所示。从而实现自然语言理解与生成、自动程序设计、自动翻译、图像识别、声音识别、疾病诊断等功能。近年来人工智能的研究走向实用化,人工智能是计算机应用研究的前沿学科。

图 1-1-7　人工智能

(7)多媒体技术

这里的媒体是指表示和传播信息的载体,例如文字、声音、图像等。随着 20 世纪 80 年代以来数字化音频和视频技术的发展,逐渐形成了集声、文、图、像一体化的多媒体计算机系统,它不仅使计算机应用更接近人类习惯的信息交流方式,而且将开拓许多新的应用领域。

(8)系统仿真

系统仿真是利用模型来模仿真实系统的技术,如图 1-1-8 所示。通过仿真模型可以了解实际系统或过程在各种因素变化的条件下,其性能的变化规律。例如,利用计算机进行驾驶模拟训练、发电厂供电系统模拟、飞行仿真实验、军事对抗推演等。

图 1-1-8　某工厂系统仿真

(9)电子商务

电子商务是指在 Internet 上进行的商务活动,它可以改善企业组织的操作流程,降低成本,增加商务处理的效率,提高客户的满意程度。它是涉及企业和个人各种形式的、基于数字化信息处理和传输的商业交易,其中的数字化信息包括文字和图像。例如网络营销、网上购物、网上支付等,如图 1-1-9 所示。

图 1-1-9　电子商务

(10)娱乐

可以用微型计算机进行各种娱乐活动。如玩游戏、听音乐、看电影等。

四、计算机配置与选购

1. 计算机的配置

要让计算机能够安全高效地工作，首先要科学合理地配置计算机的各个组成部分，让计算机的CPU、显卡、主板、内存、硬盘、显示器等部件的性能实现合理匹配。其次，还要在软件选择方面(如操作系统和主要应用程序)满足要求。

(1)硬件方面

①CPU:CPU的运算速度是衡量计算机性能的一项重要指标，它通常采用主频高低来描述。市场上流行的双核CPU，在主频速度提高的同时，采用多核技术。主频越高，运算速度就越快。目前市场主流一般是选择Intel系列和AMD系列CPU。

②内存:内存的性能指标主要指内存容量大小和内存的存取速度，一般来说，内存越大，处理数据能力越强。

③主板:主板主要关注它的核心处理芯片，以及稳定性、抗干扰性等。

④硬盘:硬盘主要关注容量和转速，容量越大的硬盘存的文件就越多(如存放电影、音乐等)。硬盘的数据读取与写入的速度和硬盘的转速有直接关系，硬盘的转速越快，硬盘寻找文件的速度也就越快，相对的硬盘的传输速度也就得到了提高。

⑤显卡:主要关注显存大小、显存速度，显存容量越大，速度也越快越好。目前，市场上比较流行的显卡芯片为NVIDIA、ATI显卡，市场上以独显2 GB甚至更高作为主流显卡。

⑥电源:主要关注功率和稳定性，对于功率，一般300 W就足够一般家庭计算机使用。稳定的电源是很重要的，对于计算机各个电子元件，稳定的电压以及电流都是计算机寿命的关键。

⑦显示器:现在主流的是液晶显示器，液晶显示器主要关注尺寸大小、响应时间、亮度/对比度、接口类型等。

(2)软件方面

①操作系统:一般根据电脑的配置情况，选择市场上主流的操纵系统即可。对于操作系统，在同等配置情况下，软件占用的系统资源越大，速度越慢，反之越快。

目前市场上主流的操作系统有Windows 7、Windows 8、Windows 10等。Windows 7系统以它的超稳定性的优点受到用户的青睐，市场占有率很高。

②应用软件:应根据自己学习和工作需求，选择相应的应用软件。

2. 计算机的选购

(1)选购的原则

①四用:适用、够用、好用和耐用。

②三个“避免”:避免“一步到位”的思想、避免“CPU”决定一切的思想、避免“最新的就是最好”的思想。

(2)选购步骤及技巧

①明确需求

购买计算机之前，首先要确定购买计算机的用途，明确需要计算机为其做哪些工作。只有明确了自己购买的用途，才能建立正确的选购方案。下面列举几种不同的计算机应用领域来介绍其各自相应的购机方案。

商务办公类型:对于办公型计算机，主要用途为处理文档、收发E-mail以及制表等，需要的计算机应该稳定。在商务办公中，计算机能够长时间地稳定运行非常重要。建议配置一款液晶显示器，可以减小长时间使用计算机对人体的伤害。

家庭上网类型：一般的家庭中，使用计算机进行上网的主要作用是浏览新闻、处理简单的文字、玩一些简单的小游戏、看看网络视频等，这样用户不必要配置高性能的计算机，选择一台中低端的配置就可以满足用户需求了。因为用户不运行较大的软件，感觉不到这样配置的计算机速度快慢。

图形设计类：对于这样的用户，因为需要处理图形色彩、亮度，图像处理工作量大，所以要配置运算速度快、整体配置高的计算机，尤其在CPU、内存、显卡上要求较高配置，同时应该配置CRT显示器来达到更好的显示效果。

娱乐游戏类型：当前开发的游戏大都采用了三维动画效果，所以这样的用户对计算机的整体性能要求更高，尤其在内存容量、CPU处理能力、显卡技术、显示器、声卡等方面都有一定的要求。

②确定购买台式机还是笔记本电脑

对于购买台式机还是笔记本电脑，应从以下几点考虑：

应用环境：台式机移动不太方便，对于普通用户或者固定办公的用户，可以选择台式机。笔记本电脑的优点是体积小，携带方便，对于经常出差或移动办公的用户应该选购笔记本电脑。

性能需求：对于同一档次的笔记本电脑和台式机在性能上有一定的差距，并且笔记本电脑的可升级性较差。对有更高性能需求的用户来说，台式机是更好的选择。

价格方面：相同配置的笔记本电脑比台式机的价格要高一些，在性价比上，笔记本电脑比不上台式机。所以，对于价格因素上的选购，台式机相对较便宜。

③确定购买品牌机还是组装机

目前，市场上台式机主要有两大类：一种是品牌机，另一种就是组装机（也称兼容机）。

品牌机：品牌机是指由具有一定规模和技术实力的计算机厂商生产，有独立的注册商标和品牌的计算机。如IBM、联想、戴尔、惠普等都是目前知名的品牌。品牌机出厂前经过了严格的性能测试，其特点是性能稳定，品质有保证，方便易用。

组装机：组装机是计算机配件销售商根据用户的消费需求与购买意图，将各种计算机配件组合在一起的计算机。组装机的特点是计算机的配置较为灵活、升级方便、性价比略高于品牌机，也可以说，在相同的性能情况下，品牌机的价格要高一些。

④了解计算机性能指标

对于一台计算机来说，其性能的好坏不是由一项指标决定的，而是由各部分总体配置决定的。衡量一台计算机的性能，主要看以下几个性能指标：CPU的运算速度、显卡类型、内存储器容量、硬盘大小、主板类型等，对这几项指标，已在本节的计算机配置章节有过论述，在此不再赘述。

五、案例实操

1. 识别计算机硬件：打开一台电脑的主机箱，依次说出机箱内各硬件的名称及其功能。

2. 根据需要拟订一份计算机配置方案。

小明的父亲是一名从事图案设计的工程师，平时有空还喜欢玩玩赛车游戏，他想购置一台组装机，以充分满足他的工作和生活所需。请你通过市场调研，帮助拟订需配置的主要软、硬件设备名称及性能指标。

3. 根据需要拟订一份计算机选购方案。

张华从事市场营销工作，经常出差，他需要配置一台小型笔记本电脑，要求购买性能卓越的品牌机。请你通过市场调研，帮他选购一台价格在 4000～5000 元的笔记本电脑。并拟订选购的思路（明确需求、品牌、类型、性能指标）。

【课题小结】

本课题的内容结构如图 1-1-10 所示。

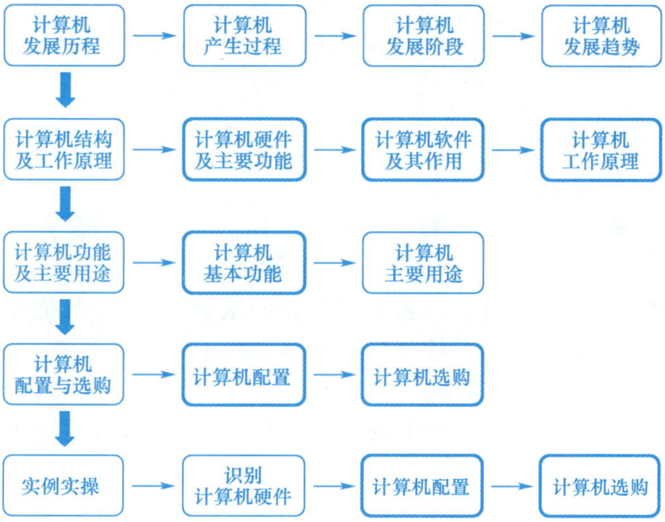

图 1-1-10　本课题内容结构

说明：

1. 本课题是学习计算机的入门课题。对进一步深入学习和了解计算机具有十分重要的作用。

2. 教学过程中应结合实际进行讲授，注意培养学生的学习兴趣。

3. 粗框内为本课题的难点内容，应重点讲解和指导。

4. 应坚持学以致用的原则，指导学生进行市场调研，通过案例实操课题培养学生对计算机的认知能力。

【效果测评】

表 1-1-1　考核评分记录表

考核目标	考核内容	考核要求	评分标准	配分	自评	互评	师评
知识目标	计算机发展阶段及发展趋势	表述清楚、完整	发展阶段 3 分，发展趋势 2 分。回答完整得满分，酌情扣分	5			
	计算机的硬件和软件组成	能准确概述计算机的硬件、软件组成	硬件 5 分，软件 5 分。回答完整得满分。可酌情扣分	10			
	计算机的工作原理	表述清楚、完整	回答完整得满分，可酌情扣分	5			
	计算机的主要功能	表述清楚、完整	回答完整得满分，少一项扣 2 分	5			
	计算机的主要用途	表述清楚、完整	回答完整得满分，少一项扣 1 分	5			
	计算机的配置的基本概念及相关要求	表述清楚、完整	基本概念 5 分，相关要求 5 分。根据回答酌情扣分	10			
	计算机的选购原则及注意事项	表述清楚、完整	选购原则 5 分，注意事项 5 分，可酌情扣分	10			

（续表）

考核目标	考核内容	考核要求	评分标准	配分	自评	互评	师评
能力目标	完成案例实操1：识别计算机硬件并说明其功能	能够准确、清晰地识别各计算机硬件	器件识别5分，功能说明5分。少一项扣2分	10			
	完成案例实操2：拟订一份计算机配置方案	能按要求撰写方案，内容及要素完整	配置方案符合实际要求，具有可行性。可根据情况酌情扣分	20			
	完成案例实操3：拟订一份计算机选购方案	能按要求撰写方案，内容及要素完整	选购方案符合实际要求，具有可行性。可根据情况酌情扣分	20			
总分				100			

课题二　Windows 7 操作系统简介

操作系统是管理、指挥、协调计算机各组成部分的系统程序，是其他用户程序运行的基本平台，是人机对话的桥梁和纽带，学习计算机必须熟悉和了解操作系统。

Windows 7 是 Microsoft 公司推出的基于图形界面的操作系统，目前已成为操作系统的主流，本课题将重点介绍 Windows 7 操作系统的相关概念以及操作系统安装的基本技能。

➤【教学目标】

知识目标：

1. 了解操作系统的基本概念及主要功能。
2. 了解操作系统的分类及常用操作系统。
3. 了解 Windows 7 操作系统的基本组成及功能。
4. 熟悉 Windows 7 操作系统的基本概念。

能力目标：

1. 熟悉及掌握 Windows 7 操作系统的安装技能。
2. 熟悉及掌握资源管理器（文件及文件夹的管理）的操作方法和技能。
3. 熟悉及掌握控制面板的作用和功能。
4. 熟悉及掌握磁盘管理的基本方法和技能。

➤【教学任务】

本课题的主要教学内容：操作系统简介；Windows 7 操作系统；资源管理器（文件及文件夹的管理）；控制面板的使用；磁盘管理。

➤【教·学·做】

一、操作系统

1. 操作系统的概念和功能

操作系统（Operating System，简称 OS）是管理电脑硬件与软件资源的程序，同时也是计算机系统的内核与基石。操作系统管理计算机系统的全部硬件资源，控制程序运行，为其他应用软件提供支持，管理与配置内存，决定系统资源供需的优先次序，控制输入与输出设备，操作网络与管理文件等基本事务。它使计算机系统所有资源最大限度地发挥作用，为用户提供方便、有效、友善的服务界面。

2. 操作系统的产生和发展

在计算机的发展过程中，出现过许多不同的操作系统，其中最为常用的有 DOS、Windows、UNIX、Linux 等。

(1)DOS 系统

DOS 是 Disk Operation System(磁盘操作系统)的简称。早期的 DOS 系统是由微软公司为 IBM 的个人计算机开发的，称为 MS-DOS。后来，其他公司生产的与 MS-DOS 兼容的操作系统，也沿用了这个称呼，如 PC-DOS、R-DOS 等。从 1981 年问世至今，DOS 经历了 7 次大的版本升级，从 1.0 版到现在的 7.0 版，不断地改进和完善。

DOS 系统操作界面是黑底白色文字界面，通过输入 DOS 命令来运行其他应用程序。因 DOS 系统不是视窗操作界面，人机交互性较差，使用者需要熟悉各种操作命令才能使用该系统，因此，有人说 DOS 系统相当于操作系统中的“甲骨文”。目前 DOS 系统主要是计算机专业人士在使用。

(2)Windows 系统

Windows 是 Microsoft 公司于 1985 年 11 月发布的视窗操作系统，它使计算机从此进入图形界面时代。之所以叫图形界面，是因为每一种应用软件都用一个图标表示，用户只需把鼠标移到某图标上，连续双击鼠标左键即可进入该程序。这种界面方式为用户提供了很大的方便，计算机因此在全世界范围内很快得到全面普及应用，微软公司得到广大用户的熟悉和认可，比尔·盖茨也因此一跃成为世界首富。

从 1985 年至今，Windows 系统版本从最初的 Windows 1.0 到 Windows XP、Windows 7、Windows 8、Windows 10，微软一直在致力于提供性能更加优异、使用更为快捷的操作系统。

(3)UNIX 系统

UNIX 系统于 1969 年在贝尔实验室诞生，它是一个强大的多用户、多任务操作系统，它为用户提供了一个分时的系统以控制计算机的活动和资源。UNIX 系统具有如下特点：

①UNIX 系统采用树状目录结构，具有良好的安全性、保密性和可维护性。

②UNIX 系统是一个多用户、多任务的分时操作系统。

③强大的数据库支持功能：UNIX 系统对各种数据库，特别是关系型数据库管理系统提供了强大的支持能力。

④网络功能强：UNIX 系统能方便地与主机、各种广域网和局域网相连。

(4)Linux 系统

Linux 是目前全球最大的自由免费软件，最初由芬兰人 Linus Torvalds 开发，其本身是一个功能可与 UNIX 和 Windows 相媲美的操作系统，它的用法与 UNIX 系统非常相似。Linux 系统具有如下特点：

①系统完全免费而且源代码对外开放。

②支持多用户、多任务同时执行。

③程序兼容性好。

④支持多种硬件平台。

⑤拥有用户界面

⑥具有完备的网络功能。

总结以上几个操作系统：

①DOS 系统不是视窗操作界面，人机交互性较差。

②Windows 系统最方便也最容易上手，人机交互性较好，更适合家庭及普通办公人员使用。

③UNIX 系统主要用于服务器，它的一些功能大多是以命令方式来实现的，安全性好。

④Linux 系统可定制性强，完全免费，源代码开放。

3. 常用操作系统简介

(1)Windows XP

Windows XP 是继 Windows 95、Windows 98、Windows 2000 及 Windows ME 之后的 Windows 操作系统。如图 1-2-1 所示。

图 1-2-1 Windows XP 启动界面

2001 年 10 月发布的 Windows XP 是服务时间最长、影响最广泛的操作系统，使用时间长达 12 年之久。2014 年 4 月 8 日，微软官方正式宣布停止对 Windows XP 的技术支持，宣告了 XP 时代的结束。

(2)Windows 7

Windows 7 是由微软公司继 Windows XP 后开发的新一代操作系统，Windows 7 是目前使用最广泛、性能比较稳定的系统。Windows 7 可供家庭及商业工作环境使用，笔记本电脑、平板电脑等都可使用。2009 年 7 月 14 日，Windows 7 正式开发完成，并于同年 10 月 22 日正式发布。如图 1-2-2 所示。

图 1-2-2 Windows 7 启动界面

(3)Windows 8

Windows 8 是由微软开发的继 Windows 7 之后的新一代操作系统，于 2012 年 10 月 26 日正式推出。

Windows 8 坚持图形界面，它使操作系统进入触摸屏时代，其兼容性更强，可应用于台式机、笔记本电脑、平板电脑上。

2013 年 10 月，微软向 Windows 8 用户推送 Windows 8.1。广义上的 Windows 8 包括 Windows 8 和 Windows 8.1 。如图 1-2-3 所示。

图 1-2-3　Windows 8 启动界面

4. Windows 7 操作系统

Windows 7 是目前应用最广泛、便捷的操作系统，Windows 7 更加适应于笔记本电脑，满足各种个性化需求，视听娱乐功能得到优化。

(1) Windows 7 的桌面

打开计算机后，Windows 7 呈现在我们面前的第一个工作界面称为桌面，如图 1-2-4 所示。Windows 7 的桌面由“开始”图标按钮、任务栏、桌面图标三部分组成。使用计算机时，所有操作都是从桌面开始的。

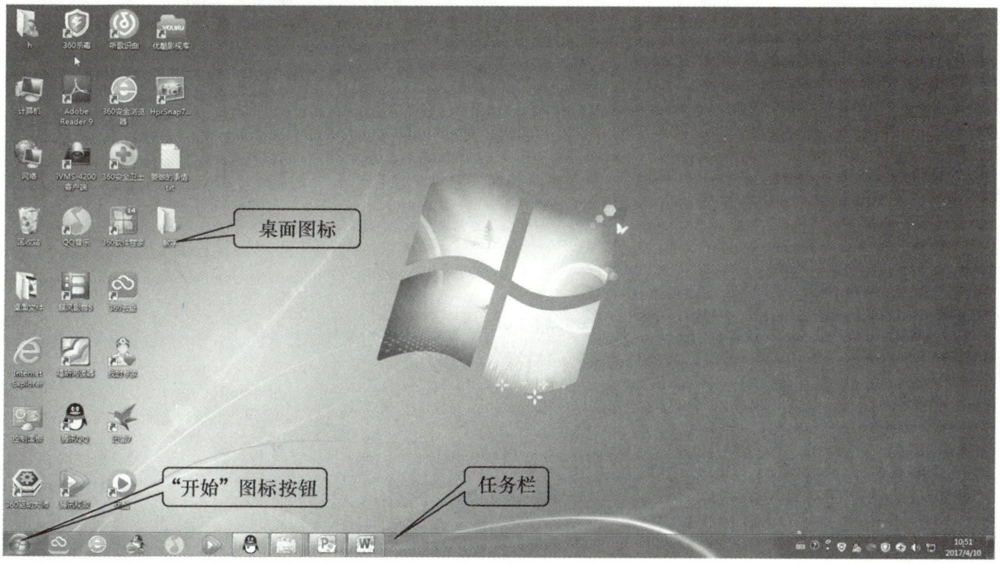

图 1-2-4　Windows 7 的桌面

“开始”图标按钮“ ”：“开始”图标按钮位于桌面的左下角，用来启动“开始”菜单。单击“开始”图标按钮“ ”，就会打开如图 1-2-5 所示的“开始”菜单。

从图 1-2-5 可以看出，开始菜单由若干个程序列表组成，单击某个列表项就可以执行 Windows 7 的某个命令或者启动某个应用程序。

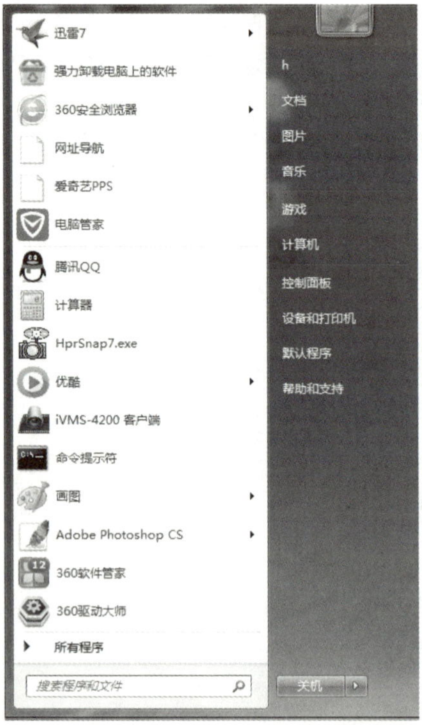

图 1-2-5 “开始”菜单

任务栏：任务栏在桌面的底部，位于“开始”图标按钮的右边，由快速启动工具栏、程序按钮区、语言栏、通知区域、时钟区、显示桌面按钮等部分组成，如图 1-2-6 所示。

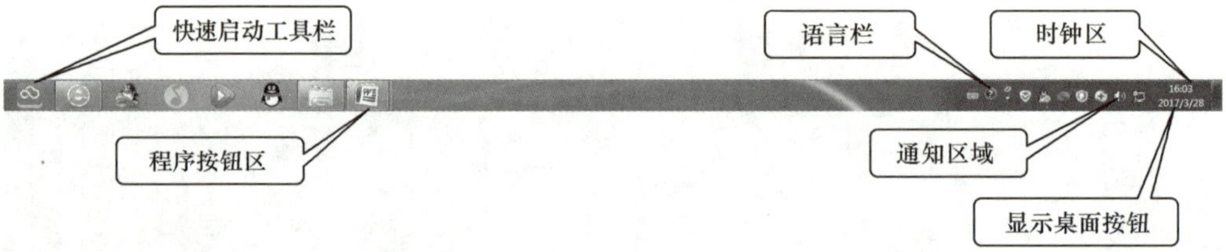

图 1-2-6 任务栏

各部分的作用如下：

快速启动工具栏：用来存放应用程序的快捷方式图标。

程序按钮区：用来存放系统当前执行程序的标记。

语言栏：用来显示当前所使用输入法的图标按钮。

通知区域：位于任务栏的右侧，用来显示系统中活动任务的图标和紧急执行任务的图标。如声卡的图标、显卡的图标、杀毒软件的图标等。

时钟区：用来显示系统当前的时间。

显示桌面按钮：单击该按钮，可以直接切换到 Windows 7 桌面。

桌面图标：默认情况下，桌面图标由“Administrator”“计算机”“回收站”3 个系统图标和“Internet Explorer”快捷方式图标组成。在桌面上还可以放置或新建其他应用程序、文件、文件夹的图标或者它们的快捷方式图标。双击这些图标可以执行相应的程序或者打开一个文件或文件夹。

桌面快捷方式：桌面上有很多图标，这些图标都有一个共同的特点，在每个图标的左下角都有一个非常小的箭头。这个箭头就是用来表明该图标是一个快捷方式的。快捷方式是 Windows 提供的一种快速启动程序、打开文件或文件夹的方法。它是应用程序的快速链接。快捷方式的扩展名为 *.lnk。如图 1-2-7 所示，在桌面上双击“QQ”快捷方式，就可以快速打开该程序。

图 1-2-7　QQ 的快捷方式

(2)Windows 7 的窗口

Windows 7 是一个多窗口的系统，在 Windows 7 平台上运行的每一个应用程序都有一个窗口，各个窗口的具体元素虽不完全相同，但各个窗口界面类似，样式一致。下面以“计算机”窗口为例介绍窗口的组成。双击桌面上的“计算机”图标，桌面上会显示“计算机”窗口，如图 1-2-8 所示。

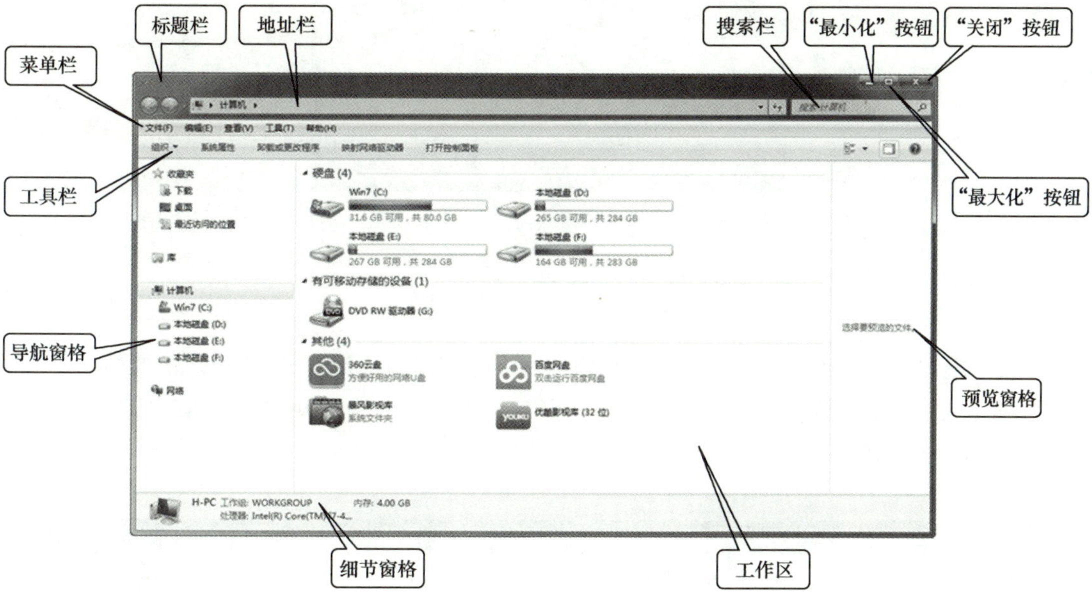

图 1-2-8　Windows 7 窗口

标题栏：标题栏位于窗口的最上面，右边分别是“最小化”“最大化”和“关闭”按钮。

地址栏：地址栏位于标题栏下面的左边区域，用于显示当前窗口的位置，左侧是后退和前进按钮。

菜单栏：位于地址栏的下面，用于显示窗口的菜单项，单击菜单项名就可以打开该菜单项的菜单。

搜索栏：位于地址栏的右边，用来查找目标对象。

工具栏：它由“组织”等诸多选项组成，其中“组织”选项用来进行相应的设置与操作，根据文件夹位置不同，还会出现其他的相应工具项。

导航窗格：用于快速查找文件所在位置。

工作区：用于显示窗口中的操作对象和操作结果。

预览窗格：可以在不打开文件的情况下迅速直接浏览文件内容，既方便又节约时间，对于有些文档甚至还可以进行一些简单的操作。

细节窗格：用来显示选中对象的详细信息。

(3)Windows 7 的对话框

对话框是用户和电脑进行交流的中间桥梁。用户通过对话框的提示和说明,可以进行进一步操作。一般情况下,对话框中包含各种各样的选项。如图 1-2-9 所示为“系统属性”对话框。

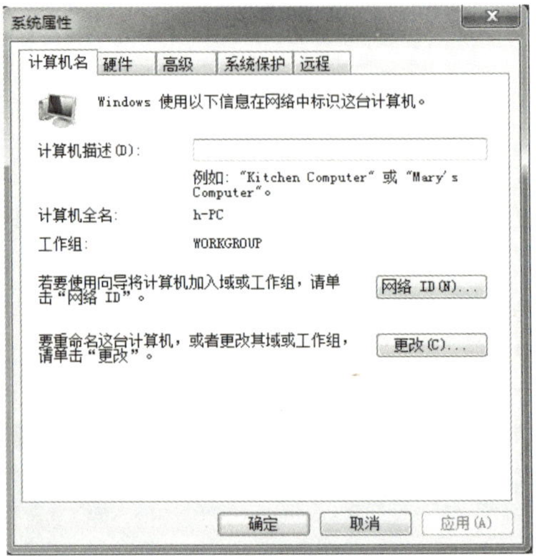

图 1-2-9 “系统属性”对话框

二、资源管理器

资源管理器是 Windows 7 主要的文件浏览和管理工具,资源管理器窗口主要分为 3 个部分:上部分包括标题栏、菜单栏、工具栏等;左侧窗口以树形结构展示文件的管理层次,用户可以清楚地了解存放在磁盘中的文件结构;右侧是用户浏览文件或文件夹有关信息的窗格,如图 1-2-10 所示。

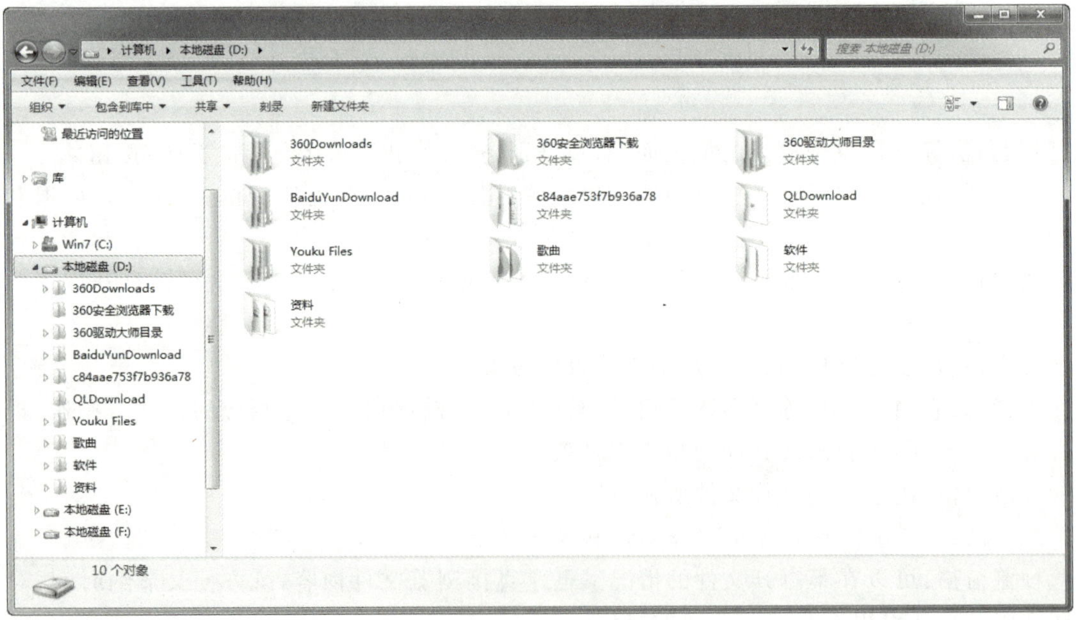

图 1-2-10 资源管理器

1. 进入“资源管理器”

方法 1:双击桌面上“计算机”图标打开资源管理器。

方法 2:右击“开始”按钮,在弹出的快捷菜单中选择“资源管理器”命令。

方法 3:选择“开始”→“所有程序”→“附件”命令,在“附件”菜单中选择“Windows 资源管理器”命令。

2. 文件和文件夹的管理

文件是计算机系统中数据组织的基本单位,文件系统是操作系统的一项重要内容,它决定了文件的建立、存储、使用和修改等各方面的内容。文件名称由文件名和扩展名两部分组成,中间由小圆点间隔,如 ABC. docx,文件名是文件的名称,扩展名为文件的类型。计算机中的文件可分为系统文件、通用文件与用户文件三类。

文件夹是计算机组织管理和存放文件的存储单元。使用文件夹便于文件的分类存放。文件夹的组织形式呈树形结构。

(1)查看文件

Windows 7 资源管理器更便于用户查看和切换文件夹。查看文件夹时,上方目录处会根据目录级别依次显示,中间还有向右的小箭头。当用户单击其中某个小箭头时,该箭头会变为向下,显示该目录下所有文件夹名称。单击其中任一文件夹,即可快速切换至该文件夹访问页面,非常方便用户快速切换目录,如图 1-2-11 所示。

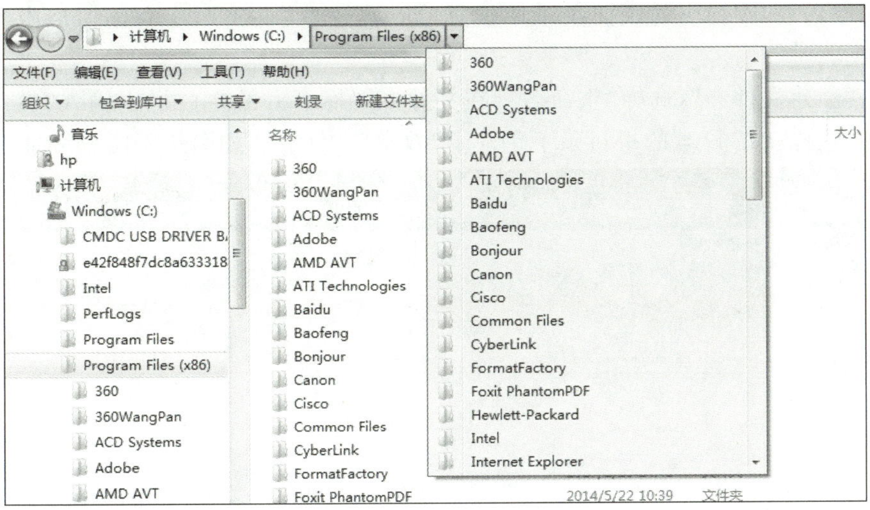

图 1-2-11　查找文件

此外,当用户单击文件夹地址栏处,可以显示该文件夹所在的本地目录地址。

(2)搜索文件

Windows 7 可以更方便地利用资源管理器的搜索功能,方便快捷地找到文件,如图 1-2-12 所示,在搜索框输入文件名,系统自动搜索。

(3)创建文件及文件夹

比如在计算机的 D 盘中创建“教学”文件夹,并在“教学”文件夹中创建“课程. docx”的文件,具体步骤如下:

① 打开资源管理器,在资源管理器中找到“本地磁盘 D”,单击“本地磁盘 D”,进入 D 盘的根目录下。

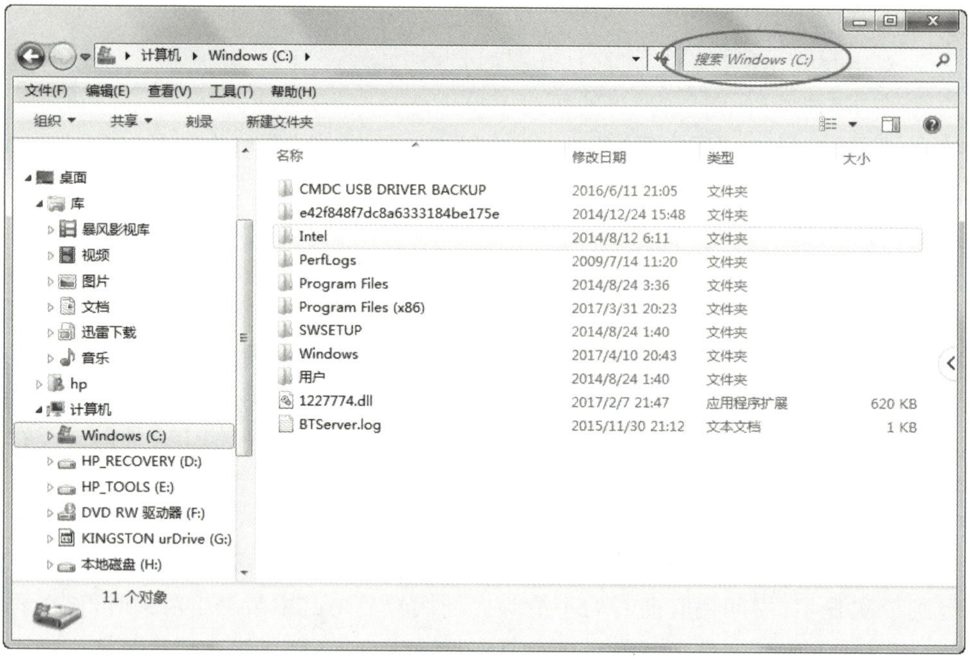

图 1-2-12　文件搜索

②右击空白处，在弹出的快捷菜单中选择“新建”→“文件夹”，在右侧窗格中会生成一个“新建文件夹”。

③右击“新建文件夹”，选择“重命名”，在文件夹图标下方的空白栏中输入“教学”，单击文件夹的图标，这样就在 D 盘的根目录下创建了“教学”文件夹。如图 1-2-13 所示。

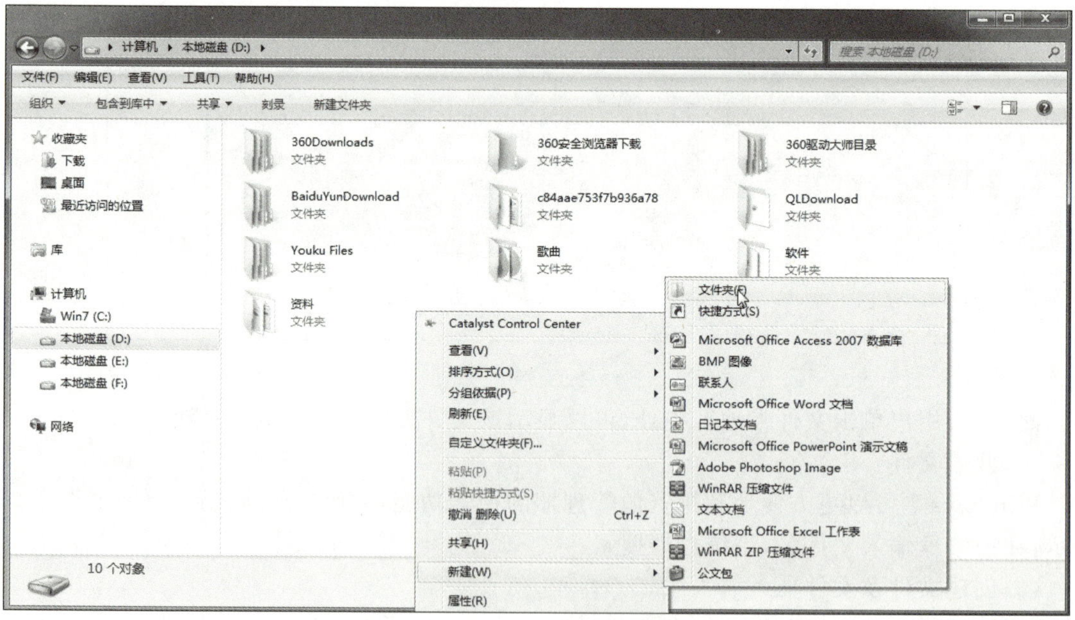

图 1-2-13　新建文件夹

④双击刚才所创建的“教学”文件夹，进入该文件夹，右击空白处，在弹出的快捷菜单中选择“新建”→“Microsoft Office Word”，在右侧窗格中会生成一个“新建 Microsoft Office Word 文档. docx”文档。

⑤右击“新建 Microsoft Office Word 文档.docx”，选择“重命名”，在文件图标下方的空白栏中输入“课程”，单击文件的图标，这样就在 D 盘的根目录下创建了“课程.docx”的文件。

(4)复制、移动文件及文件夹

复制是将选定的文件或文件夹复制到其他位置，复制包括“复制”与“粘贴”两个操作。复制文件或文件夹后，原位置的文件或文件夹不发生任何变化。

移动是将选定的文件或文件夹移动到其他位置，移动包含“剪切”与“粘贴”两个操作。移动文件或文件夹后，原位置的文件或文件夹将被删除。

复制和移动的具体操作步骤如下：

①选择要复制或移动的文件或文件夹。

②右击该文件或文件夹，在弹出的快捷菜单中选择“复制”命令(移动时选择“剪切”命令)。如图 1-2-14 所示。

③打开要把对象复制或移动到的目标文件夹，在工作区空白处右击并在弹出的快捷菜单中选择“粘贴”命令。

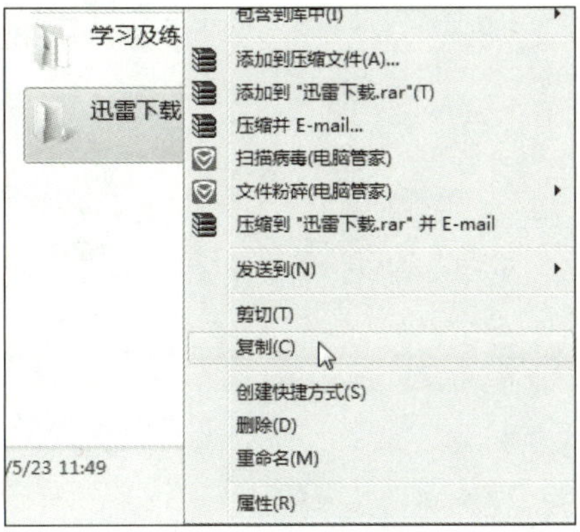

图 1-2-14　复制文件夹

(5)文件删除与还原

删除文件：删除文件或文件夹时，首先选定要删除的对象，然后用以下方法执行删除操作。

①右击该文件或文件夹，在弹出的快捷菜单中选择“删除”选项。

②按 Del 键。

③选择“文件”→“删除”按钮。

④在工具栏中单击“组织”，选择“删除”。

⑤用鼠标直接将对象拖到“回收站”。

用前四个方法执行删除操作时，会弹出“删除文件”对话框，如图 1-2-15 所示。选择“是”即可删除文件。

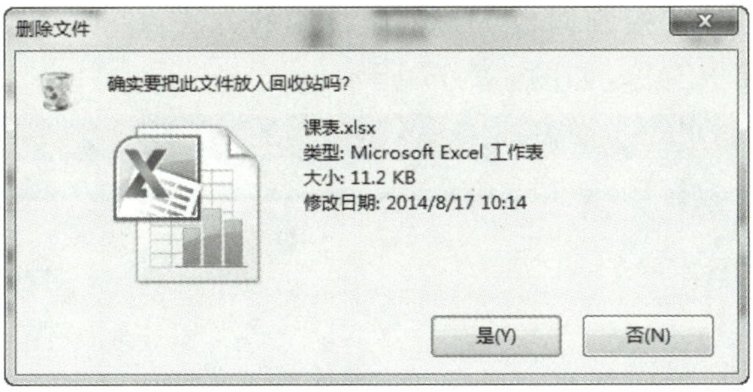

图 1-2-15　“删除文件”对话框

文件还原：在 Windows 中，删除的文件被存放到“回收站”中，利用回收站还原文件的操作方法如下：

①打开“回收站”窗口。

②选中要还原的文件，单击窗口左侧“回收站任务”窗格中“还原此项目”，或右击要恢复的文件，在弹出的快捷菜单中选择“还原”命令，如图 1-2-16 所示。

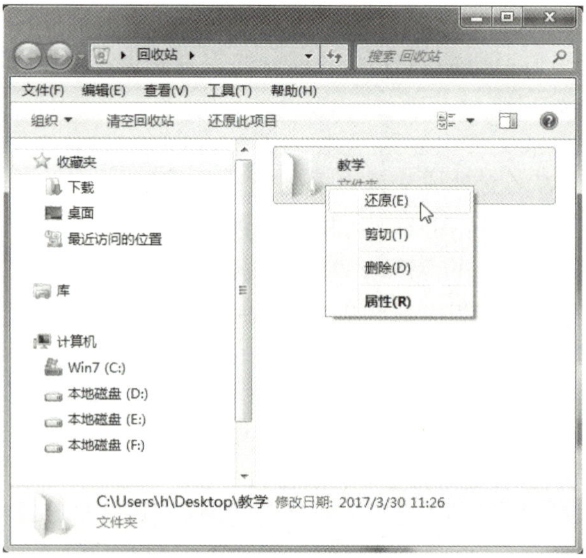

图 1-2-16 文件还原

三、控制面板

控制面板(Control Panel)是 Windows 图形用户界面一部分,可通过开始菜单访问。Windows 安装后会立即自动检测计算机系统中的各个设备,然后自动将整个系统调整到最佳使用状态。如果用户想更改系统默认设置,控制面板允许用户查看并操作基本的系统设置,比如添加/删除软件,控制用户帐户,更改辅助功能选项等。

在 Windows 7 系统中,控制面板一般以类别的形式来显示功能菜单,分为系统和安全、用户帐户和家庭安全、网络和 Internet、外观和个性化、硬件和声音、程序等类别,在每个类别下显示一些常用功能。

1. 启动控制面板

可以使用多种方法启动"控制面板",其中最常用的方法:单击"开始"按钮→"开始"菜单→"控制面板"项。"控制面板"窗口如图 1-2-17 所示。

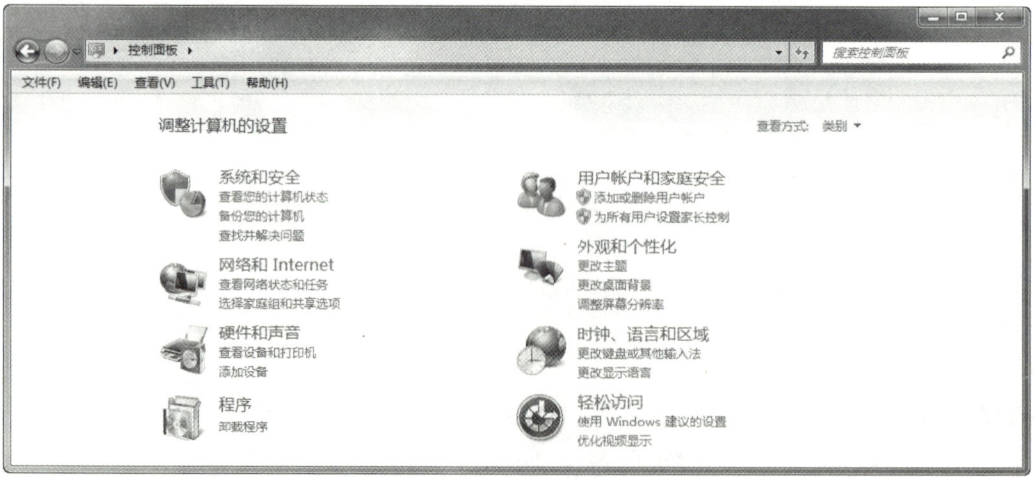

图 1-2-17 "控制面板"窗口

2. 控制面板的类别和功能

(1)外观和个性化:更改桌面项目的外观,应用主题或屏幕保护程序,或自定义开始菜单和任务栏等,如图 1-2-18 所示。

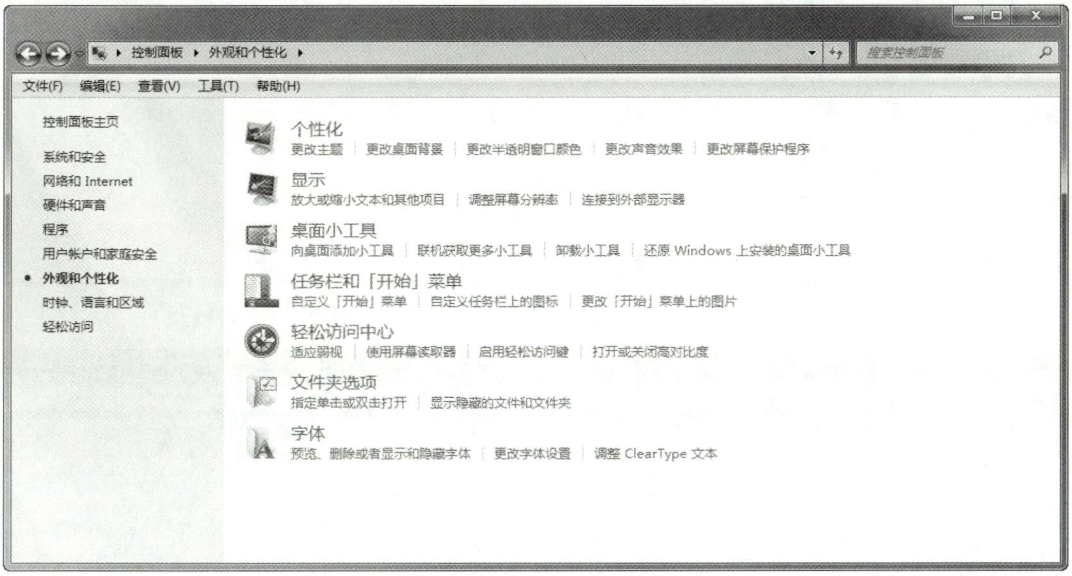

图 1-2-18 “外观和个性化”窗口

(2)系统和安全:查看并更改系统和安全状态,备份并还原文件和系统设置,更新计算机,查看 RAM 和处理器速度,检查防火墙,等等,如图 1-2-19 所示。

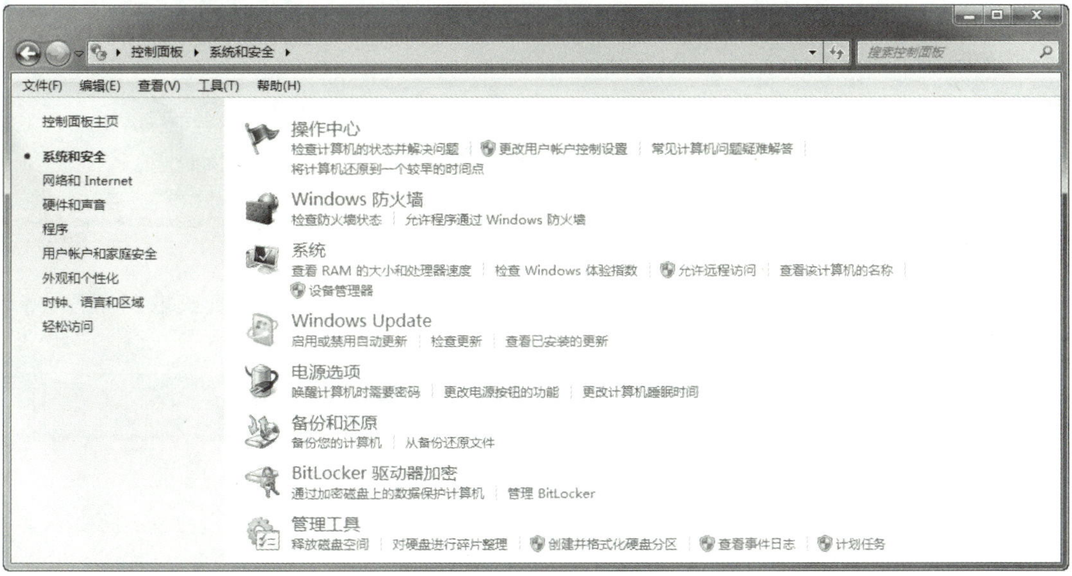

图 1-2-19 “系统和安全”窗口

(3)网络和 Internet:检查网络状态并更改设置,设置共享文件和计算机的首选项,配置 Internet 显示和连接,等等,如图 1-2-20 所示。

(4)硬件和声音:添加或删除打印机和其他硬件,更改系统声音,自动播放 CD,节省电源,更新设备驱动程序,等等,如图 1-2-21 所示。

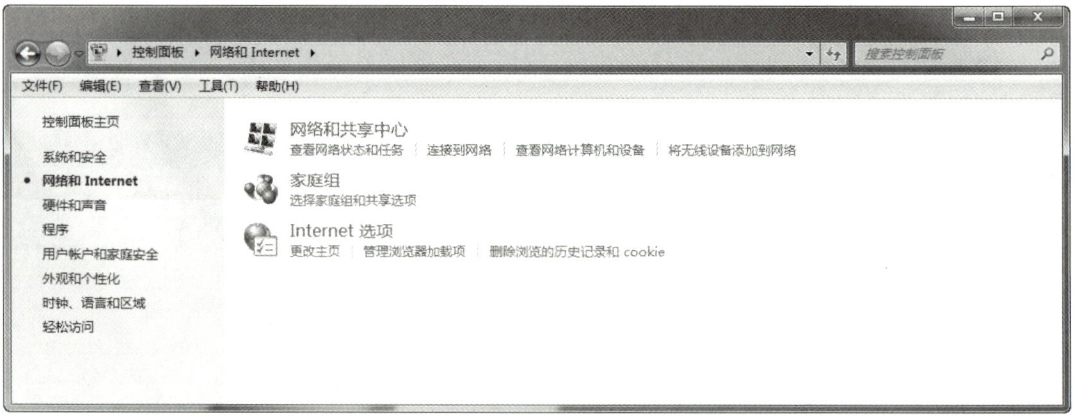

图 1-2-20 "网络和 Internet"窗口

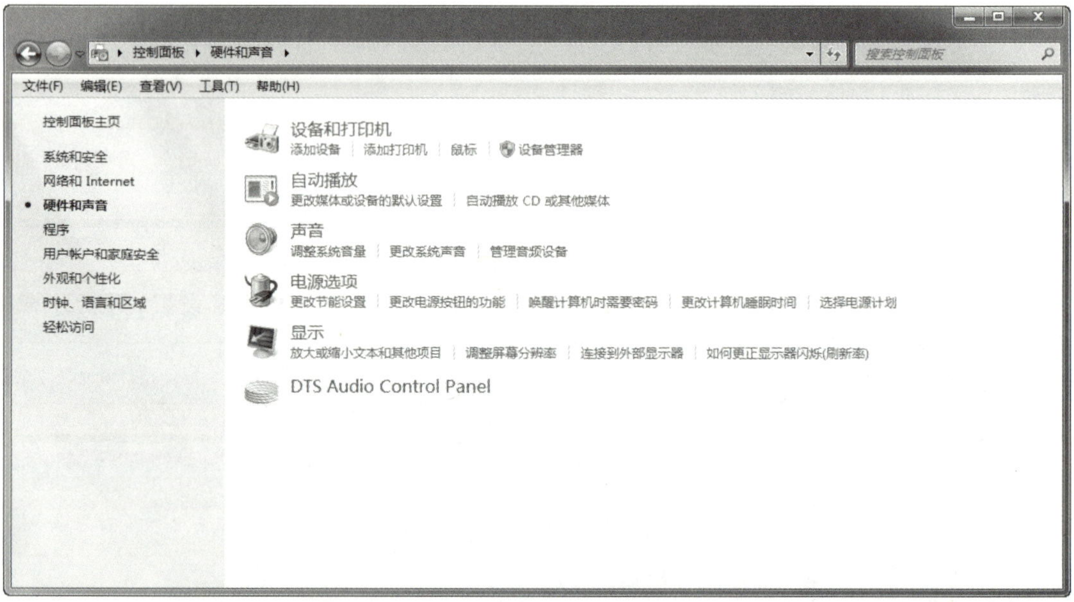

图 1-2-21 "硬件和声音"窗口

（5）程序：卸载程序或 Windows 功能，卸载小工具，从网络或通过联机获取新程序，等等，如图 1-2-22 所示。

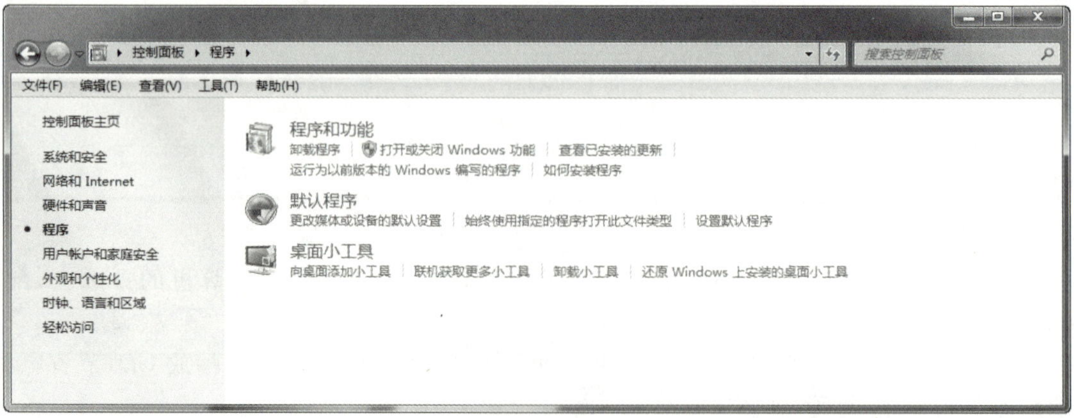

图 1-2-22 "程序"窗口

(6)用户帐户和家庭安全：更改用户帐户设置和密码，设置家长控制，等等，如图 1-2-23 所示。

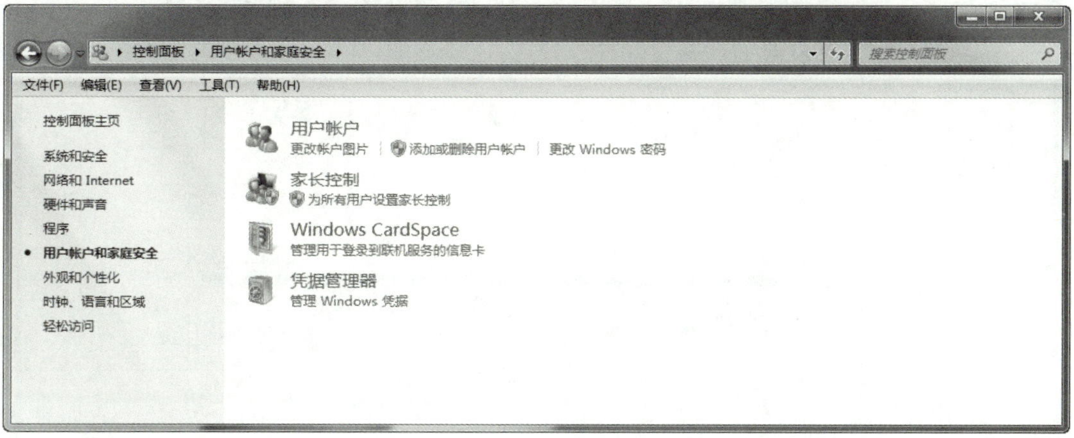

图 1-2-23　“用户帐户和家庭安全”窗口

(7)时钟、语言和区域：为计算机更改时间、日期、时区，使用的语言以及日期、时间的显示方式，如图 1-2-24 所示。

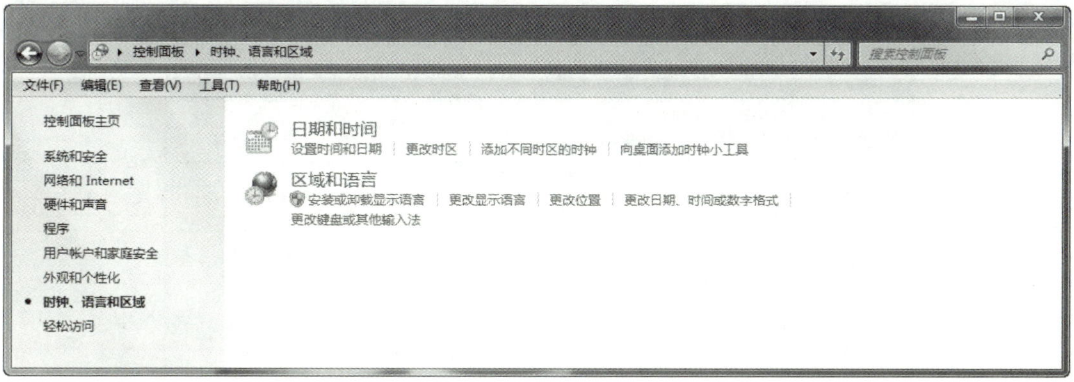

图 1-2-24　“时钟、语言和区域”窗口

四、磁盘管理

磁盘是存储数据的场所，需要对磁盘定期进行管理维护，以提高磁盘使用性能并保障数据安全。

在 Windows 7 系统内，专门有一个磁盘管理的工具，打开磁盘管理的一般方法：右击桌面计算机图标→选择“管理”选项→打开“计算机管理”窗口→选择“磁盘管理”。磁盘管理窗口如图 1-2-25 所示。

利用磁盘管理工具，我们可以查看磁盘使用状态、磁盘的文件系统、容量、可用空间大小等，并可在此磁盘管理界面进行各种操作来进行磁盘管理。

1. 清理磁盘

计算机在使用过程中会产生一些临时文件，这些文件不但会占据一定的磁盘空间，还会降低系统的运行速度，因此需要定期清理磁盘。清理磁盘的操作方法如下：

(1)在需要清理的磁盘上右击，在弹出的快捷菜单中选择“属性”选项，如图 1-2-26 所示。

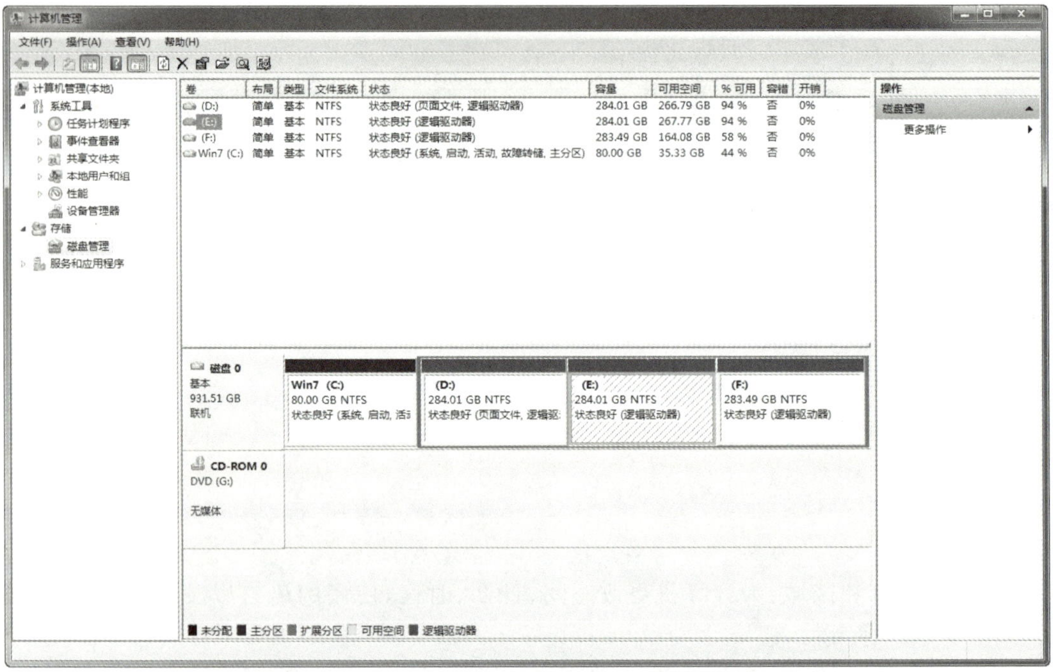

图 1-2-25 磁盘管理窗口

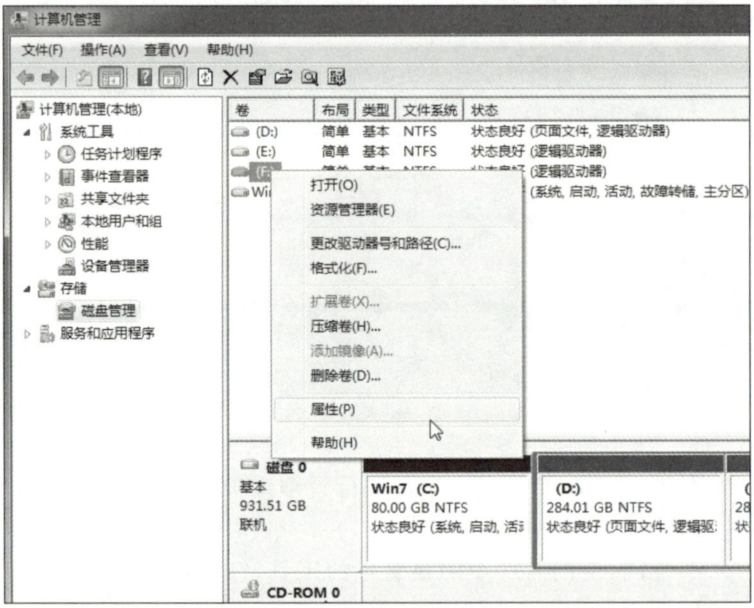

图 1-2-26 磁盘管理右键菜单

（2）在磁盘属性对话框的“常规”选项卡中单击“磁盘清理”按钮，如图 1-2-27 所示。

（3）系统开始计算可以在当前磁盘上释放多少空间，计算完毕后打开“磁盘清理”对话框，在“要删除的文件”列表框中选中要清理的文件类型，然后单击“确定”按钮。

（4）系统弹出询问对话框，单击“删除文件”按钮，系统开始删除文件。

2. 整理磁盘碎片

使用计算机时，用户需要经常安装或卸载程序，同时还要大量转移文件，这将导致计算机中存在大量碎片文件，这些文件需要定期整理。

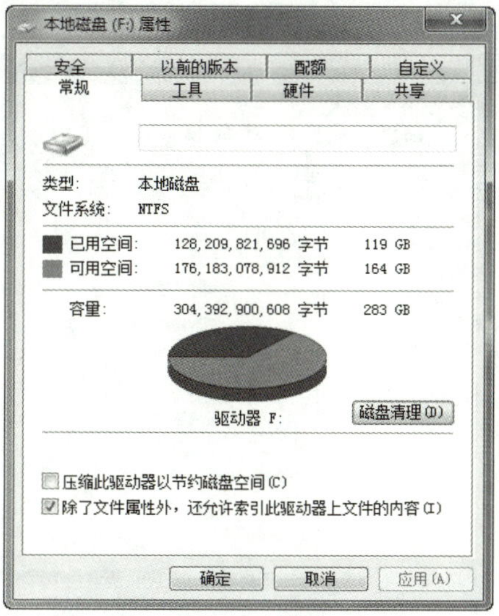

图 1-2-27 磁盘属性对话框

(1)使用上述方法打开磁盘属性文件，切换到“工具”选项卡，单击“立即进行碎片整理”按钮，在弹出的对话框中选择要整理的磁盘，然后单击“分析磁盘”按钮，如图 1-2-28 所示。

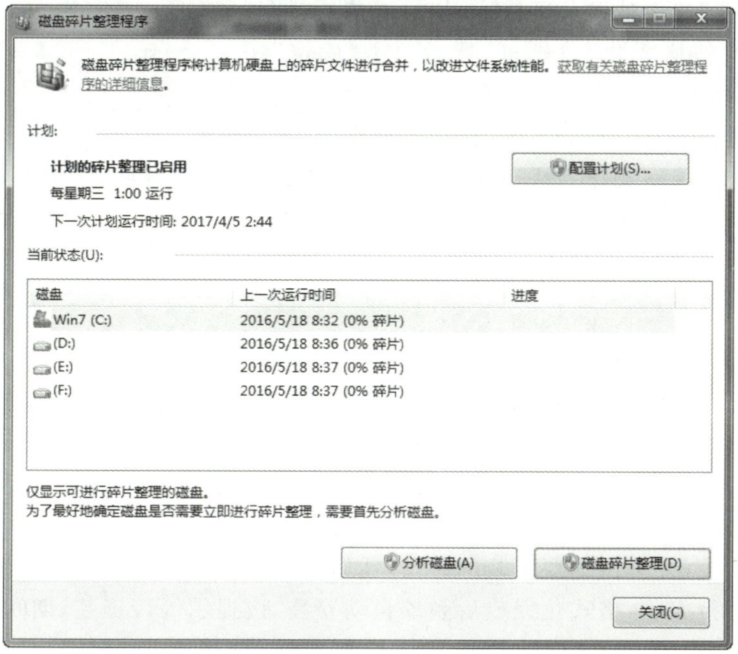

图 1-2-28 “磁盘碎片整理程序”对话框

(2)系统开始分析磁盘文件数量、使用频率以及碎片状况，分析完成后将显示磁盘上碎片所占比例，单击“磁盘碎片整理”按钮后系统开始整理碎片，整理完毕后，单击“关闭”按钮。

3. 格式化磁盘

格式化磁盘将彻底删除磁盘上的数据或者将磁盘设置为新的分区格式，因此，在格式化磁盘前，应将重要的资料文件及时备份，转移到其他存储设备上。

(1)在需要格式化的磁盘上右击，在弹出的快捷菜单中选择“格式化”命令，如图 1-2-29 所示。

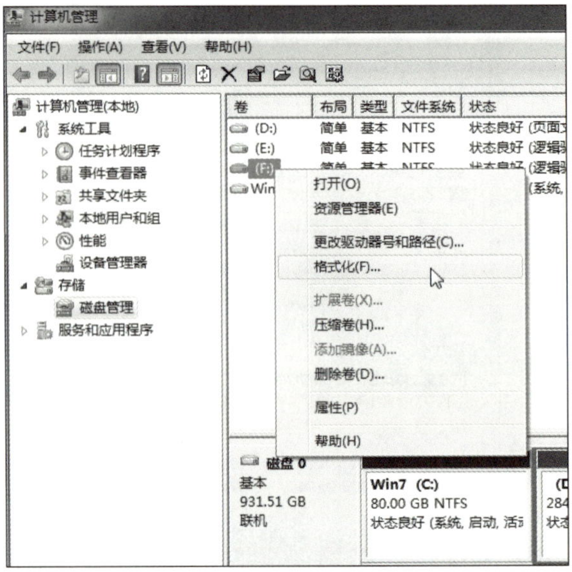

图 1-2-29 磁盘格式化右键菜单

(2)在弹出的窗口中选取分区格式,如果要节约时间,可以选中“执行快速格式化”复选框,然后单击“确定”按钮,如图 1-2-30 所示。

(3)磁盘格式化会导致数据丢失,在正式操作前,系统通常会提示警告信息,格式化完成后,系统会提示“格式化完毕”。

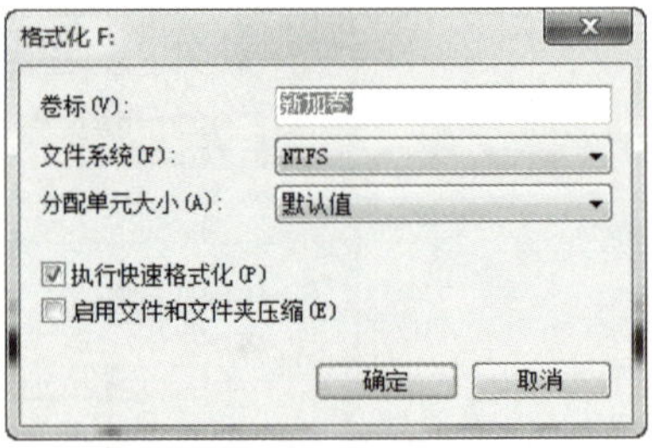

图 1-2-30 磁盘格式化对话框

五、案例实操

1. 安装 Windows 7 操作系统

(1)插入光盘:把准备好的系统安装盘插入计算机的光驱,读取光盘,单击“安装”。

(2)接受许可:安装程序提示是否接受软件许可条款,单击“接受许可”按钮。

(3)选择安装类型:安装程序提示是“升级”还是“自定义”安装,选择“自定义”安装。

(4)选择系统盘:选择系统即将安装的驱动器盘(如 C 盘)。

(5)格式化系统盘:单击你要安装的磁盘,然后单击“格式化”。

(6)按提示进行安装:格式化完成后系统自动安装,按提示等待安装,期间会有一次重启。

(7)基本设置:计算机重启后,进行计算机基本设置(用户名、密码、日期、时间、推荐设置等)。

(8)设置完成,进入系统界面,完成安装。

2. 新建文件夹及文件

(1)新建文件夹:在“D 盘”根目录下,新建一个名称为“学生”的文件夹。

(2)新建文件:在“学生”文件夹里面,新建一个名称为“成绩. docx”的文件。

3. 移动文件

(1)复制粘贴:把上一任务的“成绩. docx”文件复制粘贴到“F 盘”根目录下。

(2)剪切粘贴:把上一任务的“成绩. docx”文件剪切粘贴到“F 盘”根目录下。

4. 磁盘管理

(1)清理磁盘：对计算机上的“D 盘”进行磁盘清理。

(2)碎片整理：对计算机上的“D 盘”进行磁盘碎片整理。

【课题小结】

本课题的内容结构如图 1-2-31 所示。

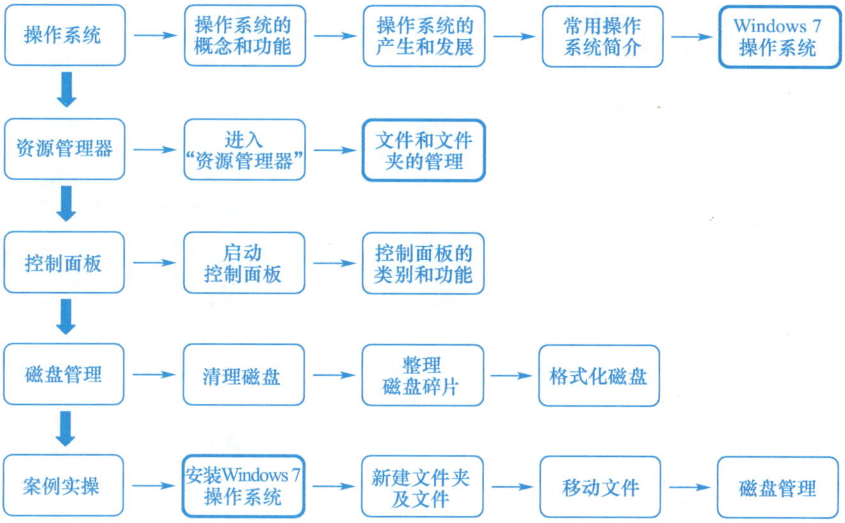

图 1-2-31　本课题内容结构

说明：

1. 本课题简要介绍了操作系统的概念、功能、种类和特点；介绍了 Windows 7 的桌面、窗口、资源管理器和控制面板的使用方法；介绍了键盘管理的基本方法。对于学习计算机应用具有奠基性的作用。

2. 课题内容较多，教学过程注意循序渐进，理实结合。

3. 粗框内为本课题的难点也是重点，应重点讲解和指导。

4. Windows 7 操作系统的安装，教师应加强指导，帮助学生独立完成。

【效果测评】

表 1-2-1　考核评分记录表

考核目标	考核内容	考核要求	评分标准	配分	自评	互评	师评
知识目标	操作系统的基本概念及主要功能	表述清楚、完整	概念清楚、完整得满分，酌情扣分	5			
	操作系统的分类及常用操作系统	表述清楚、完整	表述清楚、完整得满分，酌情扣分	5			
	Windows 7 操作系统的基本概念	表述清楚、完整	概念清楚、完整得满分，酌情扣分	5			
	Windows 7 操作系统的基本组成及功能	表述清楚、完整	表述清楚、完整得满分，酌情扣分	5			

（续表）

考核目标	考核内容	考核要求	评分标准	配分	自评	互评	师评
能力目标	完成案例实操 1：安装操作系统	熟悉安装过程，熟练完成安装	共有 8 个安装步骤，每个步骤 5 分。安装成功得满分，其他情况按操作步骤酌情扣分	40			
	完成案例实操 2：新建文件及文件夹	熟悉操作步骤，熟练完成操作	共有 2 个任务，每个任务 5 分。每个任务全面完成得满分，少一步扣 2 分	10			
	完成案例实操 3：移动文件及文件夹	熟悉操作步骤，熟练完成操作	共有 2 个任务，每个任务 5 分。每个任务全面完成得满分，少一步扣 2 分	10			
	完成案例实操 4：磁盘整理	熟悉操作步骤，熟练完成操作	共有 2 个任务，每个任务 10 分。每个任务全面完成得满分，少一步扣 2 分	20			
总分				100			

课题三　Microsoft Office 2010 办公软件简介

Microsoft Office 是微软公司开发的基于 Windows 操作系统的办公软件套装，是目前应用最广泛的办公应用软件。它为计算机的普及应用做出了杰出贡献，具有划时代的意义。Microsoft Office 2010 是微软办公软件中的一个重要版本，它功能齐备，性能稳定，使用方便，深得用户的好评。本课题将简要介绍 Microsoft Office 2010 办公软件的组成结构及各组件的用途；重点介绍 Word 2010、Excel 2010、PowerPoint 2010 三大常用组件的主要功能和基本特点，为后续的深入学习进行奠基。

【教学目标】

知识目标：

1. 了解 Microsoft Office 2010 办公软件的组成结构及各组件的用途。
2. 了解 Microsoft Office 2010 常用组件的功能和特点。

能力目标：

1. 熟悉 Microsoft Office 2010 常用组件的结构形式。
2. 掌握 Microsoft Office 2010 软件安装的操作技能。

【教学任务】

本课题的主要教学内容：1. Microsoft Office 2010 办公软件的组成；2. Microsoft Office 2010 办公软件功能、特点、用途。

【教·学·做】

一、Microsoft Office 2010 的组成

Microsoft Office 2010 组件如图 1-3-1 所示。

1. 常用组件

(1)Word 2010：图文编辑程序，用来创建和编辑文档，如信函、论文、报告及其他文件。

(2)Excel 2010：数据处理程序，用来执行计算、分析信息以及显示电子表格中的数据。

(3)PowerPoint 2010：演示文稿制作程序，用来创建和编辑用于教学培训、产品推介、学术交流、总结演讲等的演示文稿。

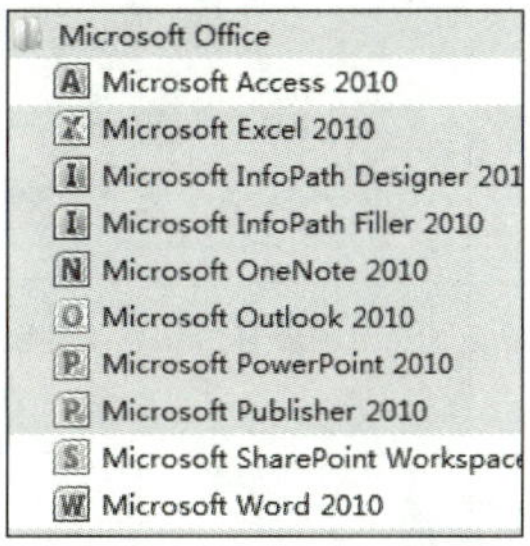

图 1-3-1 Microsoft Office 2010 的组件

2. 其他组件

(1)Access 2010：数据库管理程序，用于创建数据库以跟踪与管理信息。

(2)Outlook 2010：电子邮件客户端程序，用来发送和接收电子邮件。

(3)InfoPath Designer 2010：表单设计制作程序，主要用于企业收集信息及制作动态表单。

(4)InfoPath Filler 2010：表单填写程序，主要用于企业收集信息及填写动态表单。

(5)OneNote 2010：电子笔记程序，主要用来组织、查找和共享笔记和信息。

(6)Publisher 2010：出版物制作程序，用来创建具有专业品质的出版物制作程序。

(7)SharePoint Workspace 2010：实现桌面内容与微软 SharePoint 平台文档和列表实时同步的客户端程序，能大大加强企业内外部协同工作、增强企业业务流程管理能力。

二、Office 2010 常用组件

1. Word 2010

Word 2010 是微软公司的一个文字处理程序，它是 Office 2010 的主要程序，作为 Office 2010 套件的核心程序，Word 2010 提供了许多易于使用的文档创建工具，即使只使用 Word 2010 最基本的文本格式化操作或图片处理工具，也可以使简单的文档变得比只使用纯文本更具吸引力。图 1-3-2 所示为 Word 2010 的工作界面。

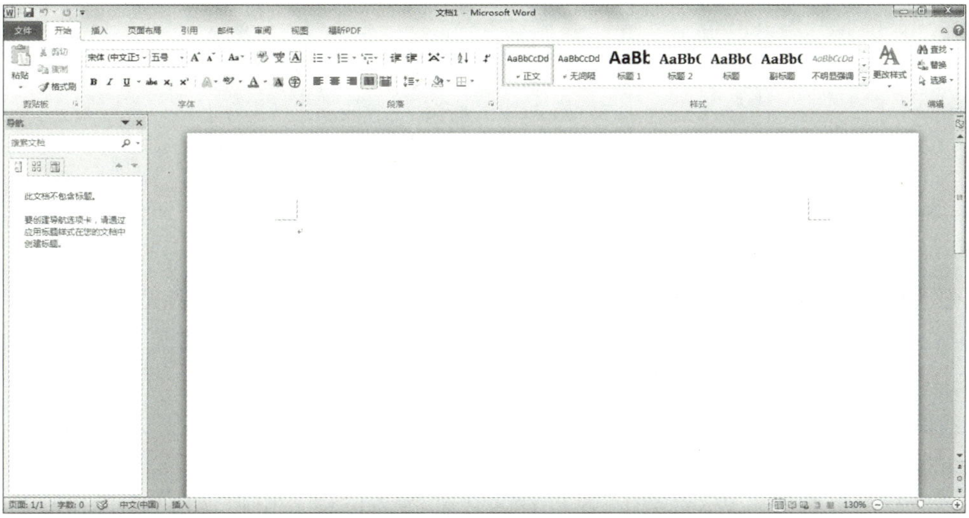

图 1-3-2 Word 2010 的工作界面

(1)主要功能

①文字处理功能。Word 2010 具有强大的文字编辑功能，我们可以利用 Word 2010 进行各种文字的编辑，建立美观专业的文档，如图 1-3-3 所示。

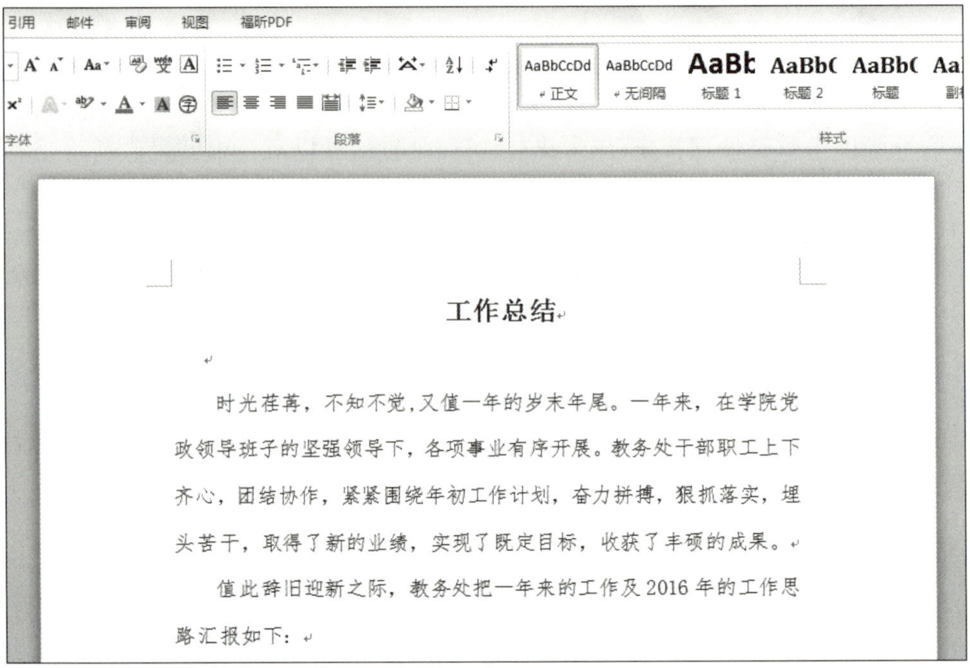

图 1-3-3 Word 文字处理

②图文排版功能。Word 2010 具有便捷图文排版功能。可以将图片与文字有机整合,例如传单、宣传页、各种彩页等。为此,Word 2010 专门提供了很多这样的模板,如图 1-3-4 所示。

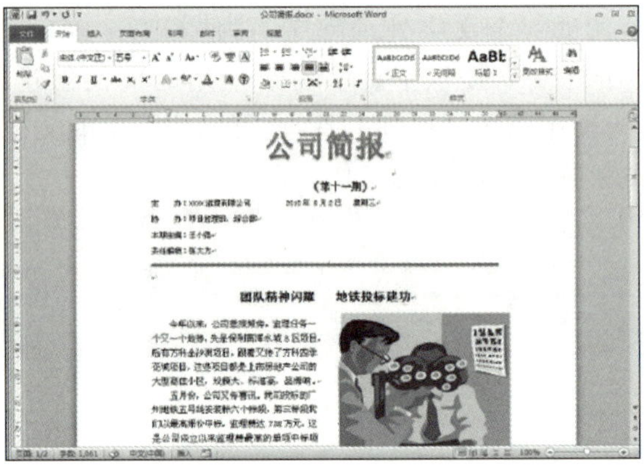

图 1-3-4 Word 图文排版

③强大的制表功能。Word 2010 还具有强大的制表功能。利用其制表功能,可以方便灵活地在 Word 文档中设计制作各种各样的表格,以满足用户的实际需要。例如,可以利用 Word 2010 来制作招聘表、入职表、简历表等,如图 1-3-5 所示。

④绘图功能。Word 2010 具有便捷的绘图功能。利用它的插入形状功能(如图 1-3-6 所示),就可以像我们平时用的绘图软件一样,绘制出精美专业的图形。

⑤模板与向导功能。Word 2010 提供有各式各样的模板。用户在编辑文档时,利用这些模板,能快速制作专业而精美的文档。而且,程序还允许用户自己定义模板,为创建特殊需要的文档提供了高效而快捷的方法。

⑥丰富的帮助功能。Word 2010 程序还具有帮助功能。用户遇到问题时,能够利用帮助功能,找到解决问题的方法。形象而方便的帮助,为用户自学提供了方便。

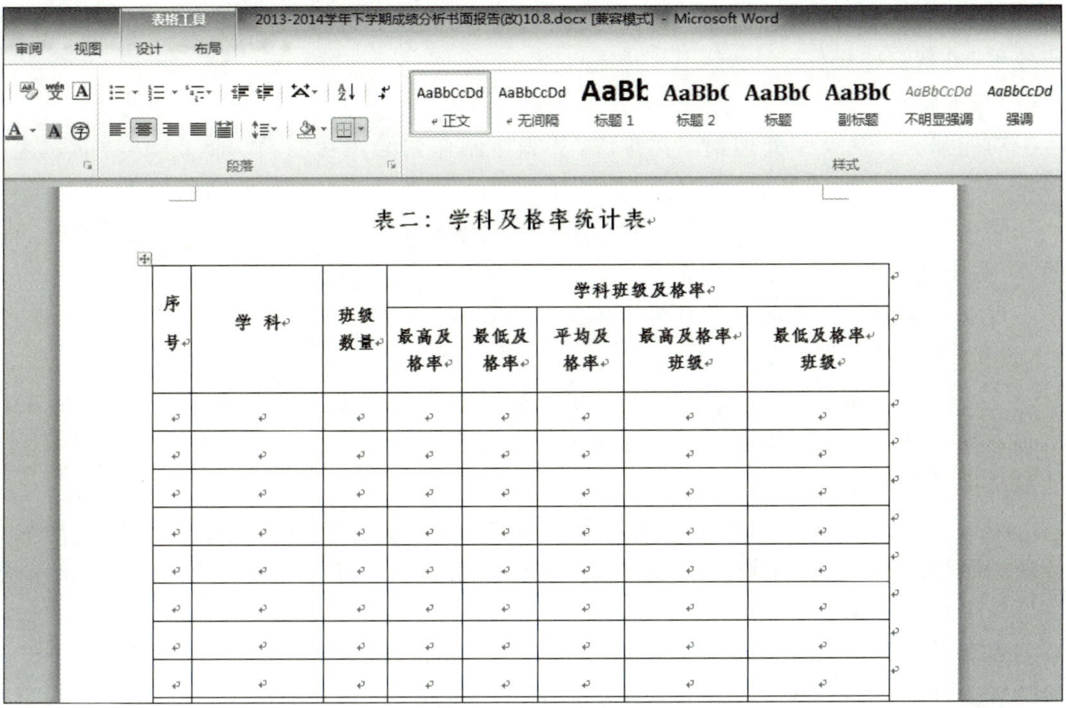

图 1-3-5　Word 表格功能

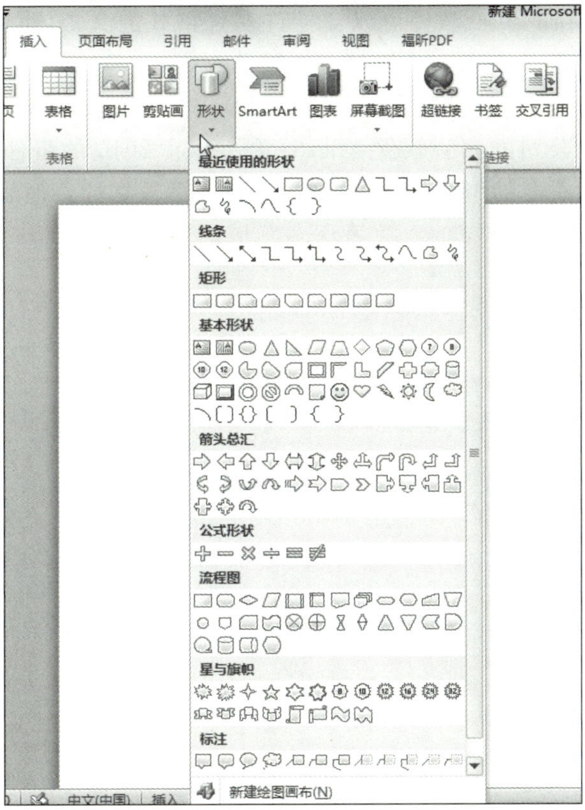

图 1-3-6　Word 绘图功能

⑦强大的打印功能。Word 2010 程序具备文档打印功能。利用打印功能可以方便地进行

打印参数设置,匹配打印属性。文档编辑完成后,利用打印预览功能,查看文档结构,设置所需打印效果,进行打印操作。

(2)基本特点

①功能强大。从文字处理到图文排版,从表格制作到绘图功能,Word 2010 功能强大,内容丰富。

②简单易学。Word 2010 提供了的灵活便捷的编辑工具,利用鼠标就可以完成选择、排版等操作,对于初学者来说,很容易上手。

③视觉效果突出。丰富多彩的图片和文字特效,可以将许多亮丽的效果应用于文本和图片、图表和 SmartArt 图形的形状上。

④工作简化效率高。Word 2010 提供了节省时间和简化工作的工具,包括改进后的导航窗格和查找工具。使用这些新增功能可以比以往更容易地进行浏览、搜索甚至直接从一个易用的窗格重新组织文档内容。

⑤增加 SmartArt 图形功能。在 Word 2010 中,利用新增的 SmartArt 图形图片布局,您可以使用照片或其他图像来讲述故事。您只需在图片布局图表的 SmartArt 形状中插入图片即可。每个形状还具有一个标题,您可以在其中添加说明性文本。

⑥界面友好直观。Word 2010 界面清晰,各种功能直观,屏幕效果一目了然。

⑦Web 工具支持。Word 2010 软件提供了 Web 的支持,用户根据 Web 页向导,可以快捷而方便地制作出 Web 页(通常称为网页)。

⑧超强兼容性。Word 2010 软件可以支持许多种格式的文档,也可以将 Word 编辑的文档以其他格式的文件存盘。

2. Excel 2010

Excel 2010 是微软公司的办公软件 Microsoft Office 2010 的组件之一,Excel 2010 是微软办公套装软件的一个重要的组成部分,它可以进行各种数据的处理、统计分析和辅助决策操作,广泛地应用于管理、统计、财经、金融等众多领域。Microsoft Office Excel 2010 的工作界面如图 1-3-7 所示。

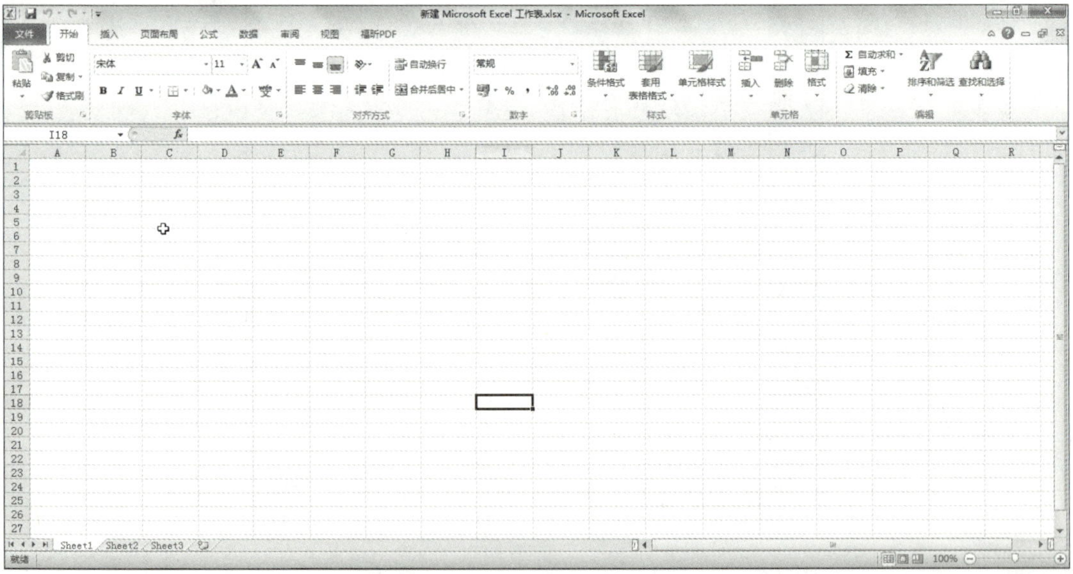

图 1-3-7 Excel 2010 的工作界面

(1)主要功能

①创建数据表格功能。Excel 2010 的制表功能就是把数据输入 Excel 2010 中以形成表格，在 Excel 2010 中实现数据的输入时，首先要创建一个工作簿，然后在所创建的工作簿的工作表中输入数据，如图 1-3-8 所示。

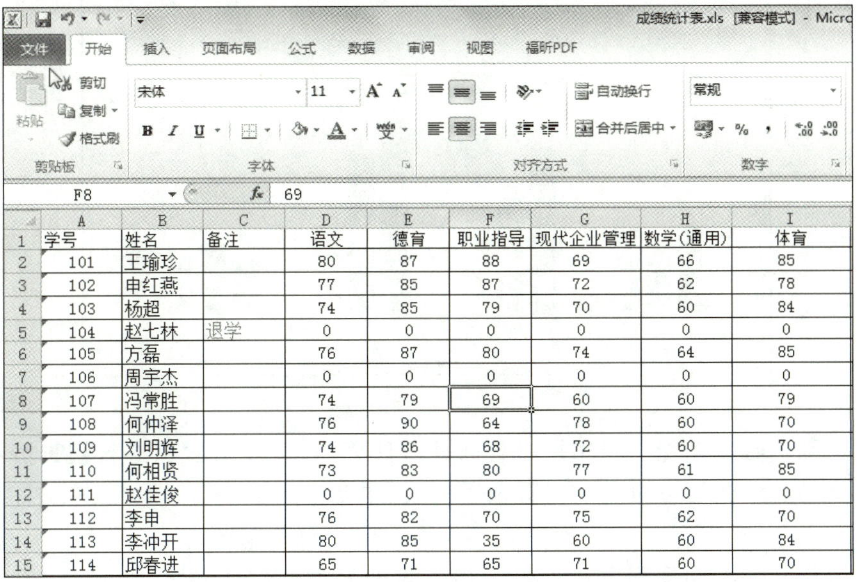

	A	B	C	D	E	F	G	H	I
1	学号	姓名	备注	语文	德育	职业指导	现代企业管理	数学(通用)	体育
2	101	王瑜珍		80	87	88	69	66	85
3	102	申红燕		77	85	87	72	62	78
4	103	杨超		74	85	79	70	60	84
5	104	赵七林	退学	0	0	0	0	0	0
6	105	方磊		76	87	80	74	64	85
7	106	周宇杰		0	0	0	0	0	0
8	107	冯常胜		74	79	69	60	60	79
9	108	何仲泽		76	90	64	78	60	70
10	109	刘明辉		74	86	68	72	60	70
11	110	何相贤		73	83	80	77	61	85
12	111	赵佳俊		0	0	0	0	0	0
13	112	李申		76	82	70	75	62	70
14	113	李冲开		80	85	35	60	60	84
15	114	邱春进		65	71	65	71	60	70

图 1-3-8　Excel 数据表格

②数据计算功能。在 Excel 2010 的工作表中输入完数据后，还可以对用户所输入的数据进行计算，比如求和、平均值、最大值以及最小值等。此外 Excel 2010 还提供强大的公式运算与函数处理功能，可以对数据进行更复杂的计算工作，如图 1-3-9 所示。

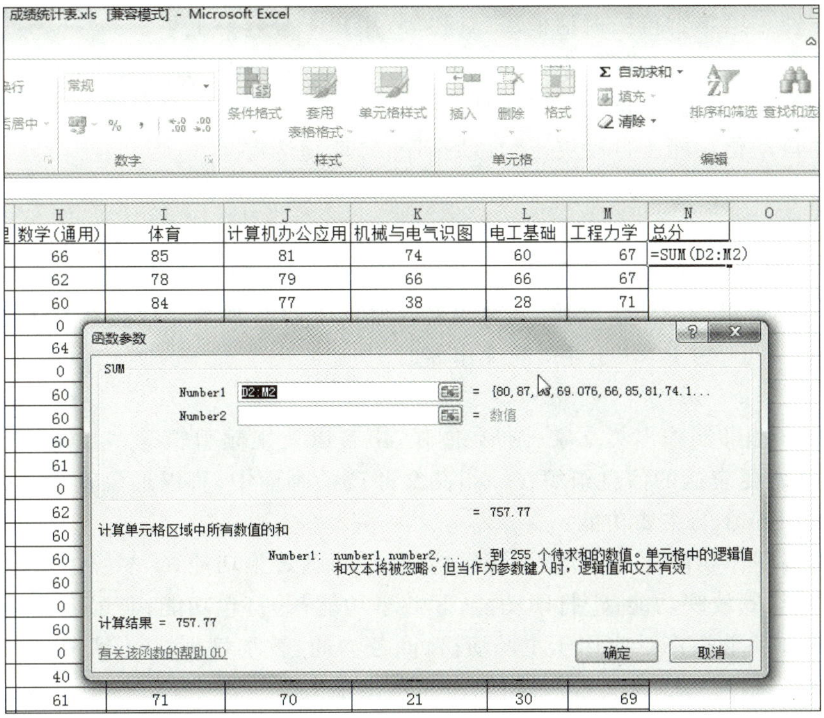

图 1-3-9　Excel 数值计算

③统计图表功能。在 Excel 2010 中，可以根据输入的数据来建立统计图表，以便更加直观地显示数据之间的关系，让用户可以比较数据之间的变动、成长关系以及趋势等，如图 1-3-10 所示。

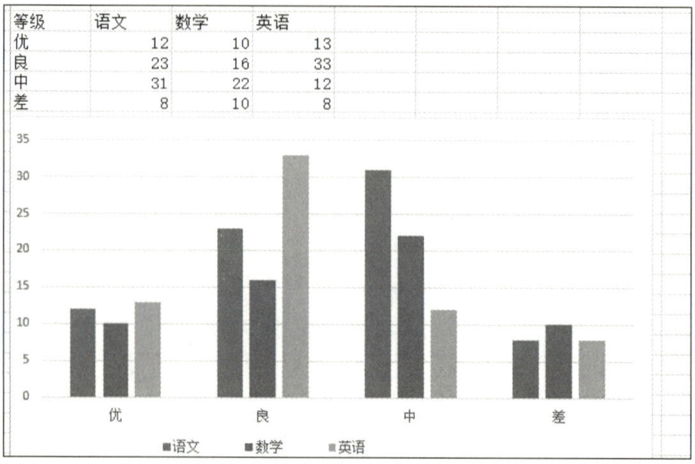

图 1-3-10 Excel 统计图表

④分析与筛选数据功能。当用户对数据进行计算后，就要对数据进行统计分析。如可以对它进行排序、筛选，还可以对它进行数据透视表、单变量求解、模拟运算表和方案管理统计分析等操作。

⑤打印数据功能。当使用 Excel 2010 电子表格处理完数据之后，为了能够让其他人看到结果或成为材料进行保存，通常都需要进行打印操作。进行打印操作前先要进行页面设置，然后进行打印预览，最后才进行打印。

(2)基本特点

①功能全面。几乎可以处理各种数据。

②操作方便。菜单、窗口、对话框、工具栏等，用户十分容易上手。

③函数功能强大。丰富的数据处理函数，完全可以满足用户各种要求。

④强大的图表功能。能自动创建各种图表，图表形式多样，能满足各种需求。

⑤丰富的自动化功能。自动更正、自动排序、自动筛选等。

3. PowerPoint 2010

PowerPoint(简称 PPT)，是微软公司的演示文稿软件。用户可以在投影仪或者计算机上进行演示，也可以将演示文稿打印出来，制作成胶片，以便应用到更广泛的领域中。利用 PowerPoint 不仅可以创建演示文稿，还可以在互联网上召开视频会议或在网上给观众展示演示文稿。如图 1-3-11 为 PowerPoint 的工作界面。

(1)主要功能

PowerPoint 能够制作出集文字、图形、图像、声音以及视频剪辑等多媒体元素于一体的演示文稿，把自己所要表达的信息组织在一组图文并茂的画面中，可以形象直观的展示所要传达的信息。PowerPoint 的主要功能：

①演示文稿制作功能；②图形图表制作功能；③动画效果功能；④多媒体功能；⑤制作旁白和背景音乐功能；⑥放映功能；⑦打印功能；⑧共享功能；⑨打包功能；⑩远程放映功能等。

PowerPoint 目前被广泛应用于主题演讲、商务沟通、教学培训、工作汇报、广告宣传、产品推介、学术交流、项目论证、论文答辩等场合，显示出强大的生命力。

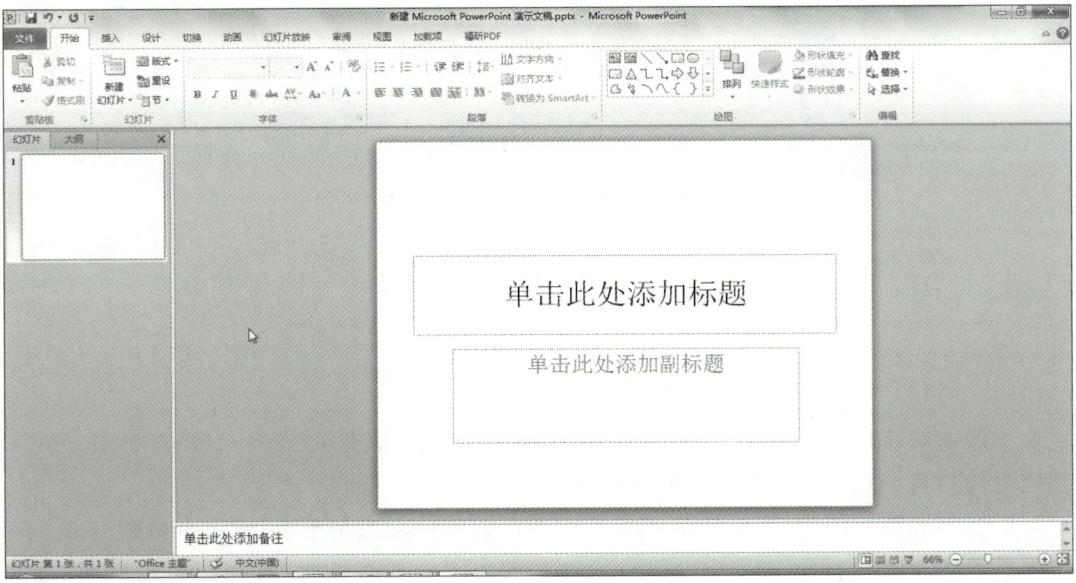

图 1-3-11　PowerPoint 工作界面

(2)基本特点

①强大的制作功能。文字编辑功能强、段落格式丰富、文件格式多样、绘图手段齐全、色彩表现力强等。

②通用性强,易学易用。PowerPoint 是在 Windows 操作系统下运行的专门用于制作演示文稿的软件,其界面与 Windows 界面相似,与 Word 和 Excel 的使用方法大部分相同,提供有多种幻灯版面布局,多种模板及详细的帮助系统。

③强大的多媒体展示功能。PowerPoint 演示的内容可以是文本、图形、图表、图片或有声图像,并具有较好的交互功能和演示效果。

④较好的 Web 支持功能。利用工具的超级链接功能,可指向任何一个新对象,也可发送到互联网上。

⑤一定的程序设计功能。提供了 VBA 功能,可以融合 VB 进行开发。

三、案例实操

安装 Microsoft Office 2010 程序。

(1)插入安装光盘:把光盘插入光驱,运行安装程序。

(2)接受软件协议:开始安装后,会出现许可协议界面,勾选接受此条款,并单击继续,进行安装。

(3)选择所需的安装:在选择所需的安装界面,可以选择"立即安装",也可以选择"自定义",单击"立即安装"。

(4)选择安装路径:选择软件安装的位置(驱动器及文件夹位置),选择完成后,单击"确定"。

(5)按安装提示,等待,完成安装。

➤【课题小结】

本课题的教学内容结构如图 1-3-12 所示。

图 1-3-12 本课题的教学内容结构

说明：

1. 本课题对认识 Microsoft Office 2010 及其 Word 2010、Excel 2010、PowerPoint 2010 三大常用组件具有全局性、基础性、先导性作用。

2. 课题内容结构图中，粗框内的知识点为本课题的难点也是重点，应重点讲解。

3. 安装 Microsoft Office 2010 程序，是计算机应用的基本技能，教师应加强指导，帮助学生独立完成。

➤【效果测评】

表 1-3-1 考核评分记录表

考核目标	考核内容	考核要求	评分标准	配分	自评	互评	师评
知识目标	Office 2010 的组件及其基本用途	表述清楚、完整	三个常用组件总分 15 分，其他组件总分 15 分。回答完整得满分，酌情扣分	30			
	Word 2010 主要功能、基本特点	表述清楚、完整	主要功能 5 分，基本特点 5 分。酌情扣分	10			
	Excel 2010 主要功能、基本特点	表述清楚、完整	主要功能 5 分，基本特点 5 分。酌情扣分	10			
	PowerPoint 2010 功能、用途、基本特点	表述清楚、完整	主要功能 5 分，基本特点 5 分。酌情扣分	10			
能力目标	案例实操：安装 Microsoft Office 2010 程序	按操作要求，独自完成安装	共有 5 个操作步骤，每个步骤 8 分。独立安装成功得满分，其他情况按操作步骤酌情扣分	40			
总分				100			

第二单元

文字录入技术

概述

随着计算机的全面普及和广泛使用，熟练地使用计算机已成为人们必不可少的一种能力。文字录入是计算机操作的最基本技能，主要包括英文输入和中文输入。使用输入法软件熟练、快速、准确地录入文字是计算机用户和文字工作者必备的基本功。本单元主要介绍文字录入的操作方法、相关知识和输入法的基本常识。

课题一　键盘操作

键盘是计算机系统的重要组成部分，是文字录入的基本工具和操作平台，学习文字录入应从熟悉和掌握键盘的基本功能入手。只有熟练掌握键盘操作才能为后续的计算机应用打下良好的基础。在操作键盘时，正确的坐姿可以避免长时间使用计算机对身体造成的损伤，而且有助于提高文字录入的效率，科学的操作手法则会让文字录入更加专业、快速。因此，正确、熟练地掌握键盘和操作键盘具有非常重要的意义。

【教学目标】

知识目标：熟悉键盘布局、掌握常用键的功能、掌握键盘指法分工。

能力目标：会选择适当的文字输入方法，掌握输入法之间的切换。

【教学任务】

本课题的主要教学内容：键盘分区；键位功能；操作姿势及指法要求；常用输入法介绍。

【教·学·做】

一、键盘分区及功能

微课

键盘分区及功能

键盘如图 2-1-1 所示，键盘一般分为：主键盘区、功能键区、控制键区、数字键区和状态指示区五个部分。

图 2-1-1 键盘示意图

1. 主键盘区

这是键盘的主体部分，包括 26 个字母键、10 个数字键、21 个符号键和 14 个控制键，共 71 个键位，主要用于在文档中输入数字、文字和符号等文本。下面对几个特殊的键及用法做简单介绍。

(1)空格键

空格键是键盘上最长的条形键。每按一下会出现一个空格符。

(2)Enter 键

Enter 键有两个作用：一是确认输入的执行命令，二是在文字处理中起换行的作用。

(3)Caps Lock 大写字母锁定键

在打字键区左边。该键是一个开关键，用来转换字母大小写状态。

(4)Shift 换档键

Shift 换档键位于键盘两侧，主要用于输入符号键和数字键上方的符号。

(5)←/Back Space 退格键

在主键盘区的右上方。主要作用是删除当前光标左侧的字符。每按一次该键，删除一个字符。

2. 功能键区

它位于键盘的最上方，包括 Esc、F1～F12 键、Print Screen 屏幕打印键、Scroll Lock 滚动暂停键和 Pause Break 中断键，这些按键用于完成一些特定的功能。

(1)Esc 取消键或退出键

它位于键盘左上方，用于取消目前所执行的功能或取消输入，如在 Windows 7 系统桌面上单击“开始”按钮，弹出开始菜单，在键盘上按下 Esc 键即可取消开始菜单。

(2)F1～F12 特殊功能键

F1～F12 位于键盘上方中间，被均匀分成三组。

F1——帮助键，如在 Windows 7 系统桌面上按下 F1 键可以打开 Windows 帮助和支持窗口。

F2——重命名键，如选中准备重命名的文件按下 F2 键即可开始重命名操作。

F5——刷新键，如在 Windows 7 系统桌面上按下 F5 键即可刷新桌面。

(3)Print Screen 屏幕打印键

对整个屏幕进行截图。在使用 Print Screen 进行屏幕截图时，同时按下 Alt 键，就会只截取当前活动窗口。

(4)Scroll Lock 滚动暂停键

一般用于将滚动的屏幕显示暂停，也可以在应用程序中定义其他功能。

(5)Pause Break 中断键

此键与 Ctrl 键联合使用可以中断某些程序的执行。

3. 控制键区

它位于主键盘区的右侧，包括所有对光标进行操作的按键以及一些页面操作功能键，这些按键用于进行文字处理时控制光标的位置。

4. 数字键区

它位于键盘的右侧，又称为“小键盘区”，包括数字键和常用的运算符号键，这些按键主要用于输入数字和运算符号。

5. 状态指示区

它用于指示当前某些键盘区域的输入状态。

- Num Lock：指示灯亮，表示小键盘区的数字键处于可用状态。
- Caps Lock：指示灯亮，表示当前处于英文大写字母输入状态。
- Scroll Lock：指示灯亮，在 DOS 状态下表示屏幕滚动显示。

微课

打字姿势和指法

二、打字姿势与指法

1. 坐姿

头正、颈直、身体挺直、双脚平踏在地，身体正对屏幕，使眼睛舒服。眼睛平视屏幕，保持 30～40 厘米的距离，每隔十分钟视线从屏幕上移开一次。手肘高度和键盘平行，手腕不要靠在桌子上，双手要自然垂直在键盘上，如图 2-1-2 所示。

图 2-1-2 坐姿

2. 手型

手指要保持弯曲，手要形成勺状，两食指总保持在左手 F 键处，右手 J 键处的位置，大多数键盘的 F 键和 J 键上都有凸起记号。

3. 指法

指法是按键的手指分工。键盘的排列是根据字码在英文打字中出现的频率而精心设计的，正确的指法可以提高手指击键的速度，同时也可以提高文字的输入速度。

主键盘区有 8 个基准键，如图 2-1-3 所示。

图 2-1-3 基准键

准备打字时，除拇指外其余的 8 个手指分别放在基准键上，拇指放在空格键上，十指分工明确。键盘的手指分工如图 2-1-4 所示。只有按照正确的手指分工打字，才能实现盲打和提高打字速度。

4. 击键

击键时以手指尖垂直向键位使用冲击力，力量要在瞬间爆发出来，并立即反弹回去。击键要领：轻、快、准。

轻：向下击键，感觉“咔擦”一下，便迅速弹起。用力过度手指容易疲劳，也容易损坏键盘。

图 2-1-4 指法分工

快:击键时要瞬间发力,立即反弹,像手指被针刺一样。

准:击键时,要击在按键的中部。

5. 节奏

敲击键盘要有节奏,击上排键时手指伸击,击下排键时手指缩回,击完后手指立即回至原始标准位置。

三、输入法介绍

1. 输入法常识

20 世纪 80 年代以来,计算机汉字输入技术获得重大突破,各种输入方法百花齐放,通过计算机进行汉字处理变得相当方便。我们可以将汉字的输入方法分两大类,即键盘输入法和非键盘输入法。

键盘输入法是利用键盘向计算机输入文字的一种方法。这种方法利用汉字形成的特点(如读音、字形等),将这些特点进行编码使其和键盘相关联,再将每个汉字进行分离,使这些分离了的汉字通过键盘编码,建立起汉字和键盘各种组合的对应关系,完成汉字编码,达到输入汉字的目的。常用的汉字输入法分为五类,有对应码、音码、形码、音形码、混合输入法。

非键盘输入方式无非是手写、听、听写、读听写等方式,分为四类:手写输入法、语音输入法、扫描输入法、混合输入法。

如果对汉语拼音熟练,可以使用全拼输入法。按规范的汉语拼音输入,输入过程与书写汉语拼音的过程一致。搜狗拼音输入法具有全拼输入模式,目前在我国是比较主流的拼音输入法之一。

2. 常用输入法简介

Windows 7 操作系统默认情况下是使用英文输入法,此外它还自带有微软拼音输入法等。其他公司也开发了一些中文输入法,常用的输入法有搜狗拼音输入法、五笔输入法等。

(1)微软拼音输入法

微软拼音输入法(MSPY)是一种基于语句的智能型的拼音输入法,采用拼音作为汉字的录入方式,用户不需要经过专门的学习和培训,就可以方便使用并熟练掌握这种汉字输入技术。微软拼音输入法更为一些地区的用户着想,提供了模糊音设置,对于那些说话带口音的用户,不必担心微软拼音输入“听不懂”您的非标准普通话。

（2）搜狗拼音输入法

搜狗拼音输入法是搜狗（Sogou）公司于 2006 年 6 月推出的一款 Windows/Linux/Mac 平台下的汉字输入法。搜狗拼音输入法的最大特点是实现了输入法和互联网的结合。该输入法会自动更新自带热门词库，这些词库源自搜狗搜索引擎的热门关键词。这样，用户自造词的工作量减少，提高了效率。

（3）五笔字型输入法

五笔字型输入法（简称五笔）是王永民在 1983 年 8 月发明的一种汉字输入法。因为发明人姓王，所以也称为“王码五笔”。五笔字型完全依据笔画和字形特征对汉字进行编码，是典型的形码输入法。五笔是目前中国以及一些东南亚国家如新加坡、马来西亚等国的最常用的汉字输入法之一。五笔相对于拼音输入法具有重码率低的特点，熟练后可快速输入汉字。五笔字型自 1983 年诞生以来，先后推出三个版本：86 五笔、98 五笔和新世纪五笔。20 世纪末，智能拼音流行，使用五笔的人数急剧下降。

3. 切换输入法

（1）用鼠标选择

单击桌面右下角的输入法按钮，打开输入法列表，如图 2-1-5 所示，从列表中选择所需的输入法。

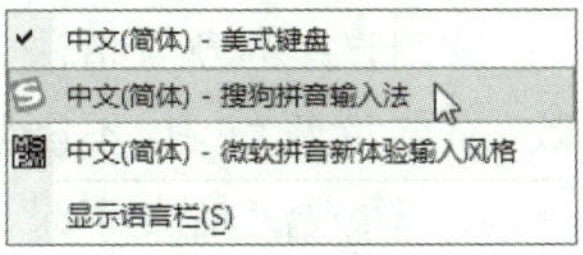

图 2-1-5　输入法列表

（2）用键盘切换

- 按 Ctrl＋空格键组合键可以切换中、英文输入法。
- 按 Ctrl＋Shift 组合键可以在英文输入和各种中文输入法之间按顺序循环切换。

四、案例实操

1. 输入法切换练习

（1）用鼠标选择

使用鼠标在输入法列表中选择搜狗拼音输入法。

（2）用键盘切换

①使用 Ctrl＋Shift 组合键顺序切换输入法至搜狗拼音输入法。

②使用 Ctrl＋空格键组合键切换输入法为英文输入法，再使用 Ctrl＋空格键组合键切换输入法为搜狗拼音输入法。

2. 指法适应性训练

指法训练时注意基本指法，即开始打字前，左手小指、无名指、中指和食指应分别虚放在“A、S、D、F”键上，右手的食指、中指、无名指和小指应分别虚放在“J、K、L、;”键上，两个大拇指则虚放在空格键上。练习时，按规定把手指分布在基准键上，有规律地练习每个手指的指法和键盘感。其中 F 键和 J 键上有凸起，将两手食指固定其上。可在“金山打字通”软件中单击“新手入门”，然后单击“字母键位”进行指法练习。

➤【课题小结】

本课题的内容结构如图 2-1-6 所示。

说明：

1. 键盘是文字录入的物质基础，通过教学要逐步掌握键盘的分区及键位功能，对键盘分区及键位功能入脑入心，有助于快速提升文字录入的速度和效率。

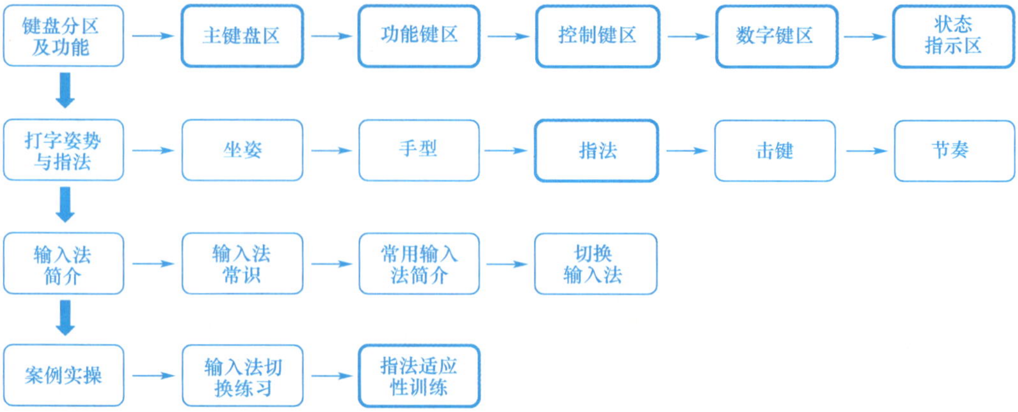

图 2-1-6 本课题内容结构

2. 打字姿势与指法的教学能够帮助学生树立良好的行为习惯，使文字录入变得专业和有效，需要反复练习，不断巩固。

3. 输入法是文字录入的基本途径，对其做一定的了解是十分必要的。本课题把搜狗拼音输入法作为介绍的重点，熟练掌握该输入法即可满足文字录入的一般要求。对学习其他输入法也具有举一反三的作用。

4. 粗框内容为难点内容，教学中应循序渐进，逐步掌握，指法的学习需要指导学生反复练习。

【效果测评】

表 2-1-1 考核评分记录表

考核目标	考核内容	考核要求	评分标准	配分	自评	互评	师评
知识目标	键盘分区及布局情况	熟悉键盘分区及布局情况	记住键盘的五个分区并指出区域界线(15 分)。视情况酌情扣分	15			
	键位基本功能	掌握常用键位的功能	记住键盘常用按键的功能(15 分)。视情况酌情扣分	15			
	打字姿势与指法	坐姿规范、手型正确、指法标准、击键力度合理、节奏符合要求	坐姿规范 4 分，手型正确 4 分，指法标准 10 分，击键力度合理 4 分，节奏符合要求 3 分	25			
	输入法的概念、种类及切换方法	概念清楚，种类熟悉，切换方法正确	概念清楚 5 分，种类熟悉 3 分，切换方法回答正确 2 分	10			
能力目标	切换输入法	会选择适当的文字输入方法，掌握输入法的切换	能用两种方法(使用键盘和鼠标)切换指定的输入法。每种方法 5 分	10			
	键盘与指法的适应性练习	熟悉手指与键位的分工	对键盘分区及键位功能及指法分工了然于心。指法动作规范不越界	25			
总 分				100			

课题二　文字录入

文字录入主要包括英文录入和汉字录入。不管是英文录入还是汉字录入，都要掌握键盘指法，熟练操作，以提高录入速度。首先进行键位的练习，在掌握键盘指法的基础上进行全拼输入汉字的练习。主要使用搜狗拼音输入法和金山打字通软件进行训练。

【教学目标】

微课

文字录入

知识目标：熟悉搜狗拼音输入法的词频功能、智能组词功能。

能力目标：熟练掌握键盘录入的指法，熟练掌握全拼输入法，通过文字录入训练，达到一定的输入速度和准确率，具备较强的文字录入能力。

【教学任务】

本课题的主要教学内容：录入英文及标点；录入中文及标点；案例实操。

【教·学·做】

一、英文录入

1. 字母键位练习

双击桌面上的“金山打字通”软件图标 金山打字通 ，界面如图 2-2-1 所示。

图 2-2-1　金山打字通界面

在“金山打字通”界面中单击“新手入门”，然后单击“字母键位”进行练习，如图 2-2-2 所示。

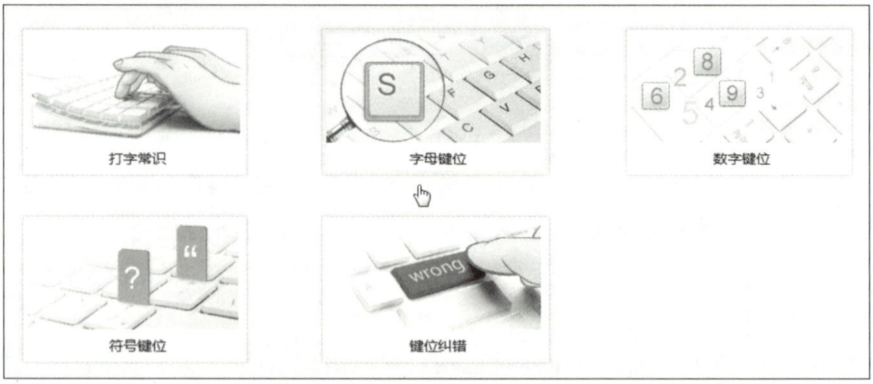

图 2-2-2 “新手入门”界面

字母键位练习分为 6 个阶段的练习，分别为：基准键位、中排键位、上排键位、下排键位、分指练习、综合练习。

2. 指法综合练习

双击桌面上的“金山打字通”软件图标，在界面中单击“英文打字”→“文章练习”，打开“文章练习”界面，如图 2-2-3 所示。

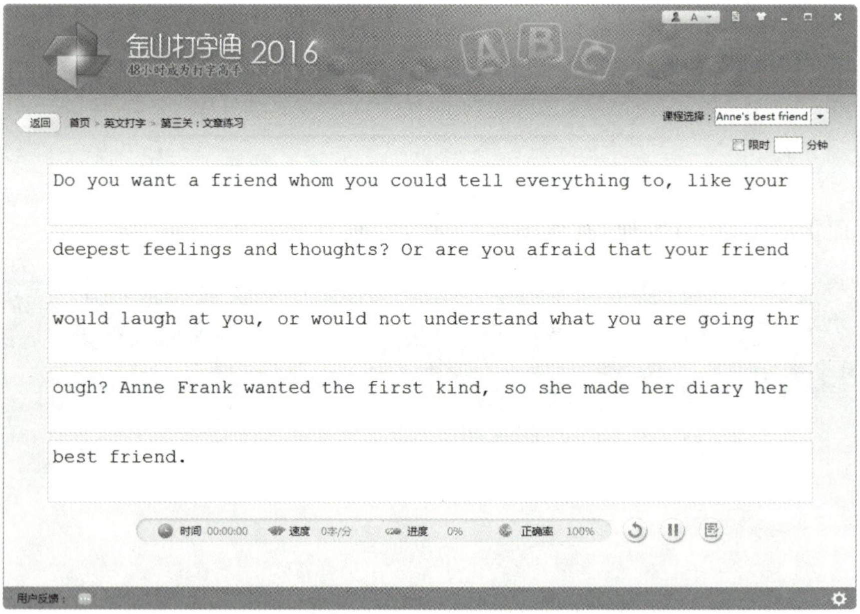

图 2-2-3 “文章练习”界面

在“文章练习”界面的右上角“课程选择”下拉列表中，可以选择更多的文章进行练习。

二、中文录入

在指法基本掌握的情况下可以进行中文汉字的录入练习，本练习主要使用的是搜狗拼音输入法的全拼输入，练习还是使用“金山打字通”进行。

1. 切换输入法

将输入法切换为“搜狗拼音输入法”。

方法一：按 Ctrl+Shift 组合键循环切换至“搜狗拼音输入法”。

方法二：单击桌面右下角的输入法按钮，显示系统已安装的输入法菜单，如图 2-2-4 所示，单击“搜狗拼音输入法”。

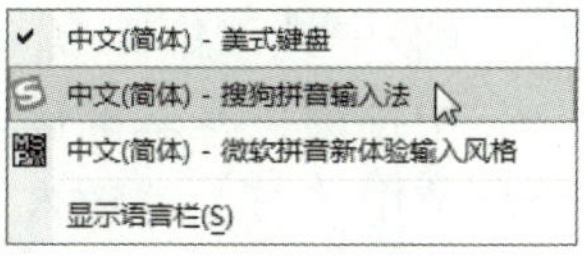

图 2-2-4　输入法列表

2. 词组录入练习

双击桌面上的“金山打字通”软件图标，在界面中单击“拼音打字”→“词组练习”，打开“词组练习”界面，如图 2-2-5 所示。

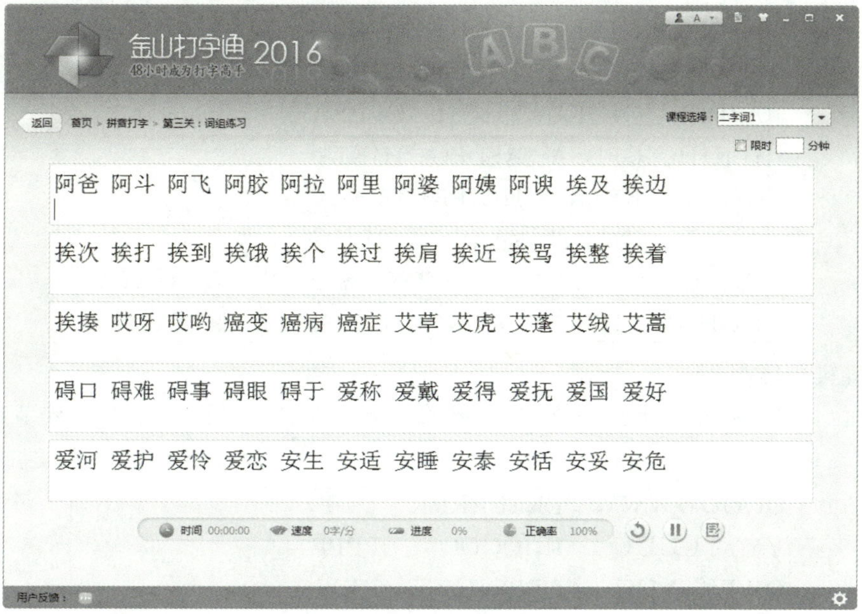

图 2-2-5　“词组练习”界面

在“词组练习”界面的右上角“课程选择”下拉列表中，可以选择二字词、三字词、多字词进行练习。

3. 汉字录入技巧

（1）词组短句连打

对于汉字的录入尽量使用词组、短语、短句连打的方式能提高打字速度。

（2）拼音首字母连打

对于一些常用词组、成语可以使用拼音首字母连打进行输入，不用全部拼写出来。

三、案例实操

1. 字母键位练习

（1）基准键位练习

练习时，按规定把手指分布在 8 个基准键上。在“金山打字通”软件中单击“新手入门”，然后单击“字母键位”进入第 1 个环节：基准键位。请输入以下内容：

AAAASSSS	DDDDFFFF	JJJJKKKK	LLLL;;;;
ASDFJKL;	;LKJFDSA	ASDFJKL;	;LKJFDSA
ASDFFDSA	JKL;;LKJ	JKL;;LKJ	FDSAASDF
AAAASSSS	DDDDFFFF	JJJJKKKK	LLLL;;;;
ASDFJKL;	;LKJFDSA	ASDFJKL;	;LKJFDSA
ASDFFDSA	JKL;;LKJ	JKL;;LKJ	FDSAASDF

(2)中排键位练习

中排键位是基准键所处的这一排字母键，位于键盘主键盘区最中间。在“字母键位”第 2 个环节中练习。请输入以下内容：

```
AAAASSSS  DDDDFFF  FGGGG
HHHHJJJJ  KKKKLLLL;;;;
ASDFG  HJKL;  ;LKJH  GFDSA
;LKJH  GFDSA  ASDFG  HJKL;
ASDF  GHJKL; ;LKJH  GFDSA
;LKJH  GFDSA  ASDFG  HJKL;
GHFJD  KSLA;  HGJFK  DLS;A
A;SLD  KFJGH  ;ALSK  DJFHG
GJGJG  JFJFJF  DKDKDK  SLSLSL  A;A;A;A
HGHGHG JFJFJF  KDKDKD  LSLSLS  ;A;A;A
```

(3)上排键位练习

上排键位位于中排键的上方一排，数字键的下方。在“字母键位”第 3 个环节中练习。请输入以下内容：

```
QQQQWWWW  EEEERRRR  TTTT
YYYYUUUU  IIIIOOOO  PPPP
QWERTYUI  OPPOIUYT  REWQ
POIUYTRE  WQWERTY  UIOP
TYRUEIWO  QPYTURIE  OWPQ
QPWOEIRU  TYPQOWIE  URYT
TYTYTY  RURURU  EIEIEI  WOWOWO  QPQPQP
YTYTYT  URURUR  IEIEIE  OWOWOW  PQPQPQ
QWERT  YUIOP  POIUY  TREWQ
POIUY  TREWQ QWERT YUIOP
```

(4)下排键位练习

下排键位位于中排键的下方一排，空格键的上方。在“字母键位”第 4 个环节中练习。请输入以下内容：

```
ZZZZXXXX CCCCVVVV BBBB
NNNNMMMM ,,,,....////
ZXCVB NM,./ /.,MN BVCXZ
/.,MN BVCXZ ZXCVB NM,./
BNVMC ,X.Z/ NBMV, C.X/Z
Z/X.C ,VMBN /Z.X, CMVNB
BNBNBN VMVMVM C,C,C, X.X.X.Z/Z/Z/
NBNBNB MVMVMV ,C,C,C .X.X.X /Z/Z/Z
ZXCVB NM,./ /.,MN BVCXZ
/.,MN BVCXZ ZXVCB NM,./
```

(5)分指练习

在"字母键位"第 5 个环节为分指练习。

左手食指练习：

```
TTTTGGGGBBBBRRRRFFFFVVVV
TGBTGBRFVRFVBGTBGTVFRVFR
TRTRTRGFGFGFBVBVBV RTRTRTFGFGFGVBVBVB
RFVVFRTGBBGTVFRRFVBGTTGB
RBVTGFVTRBFGVTRBFGTVBRGF
```

右手食指练习：

```
YYYYHHHHNNNNUUUUJJJJMMMM
YHNYHNUJMUJMNHYNHYMJUMJU
YUYUYUHJHJHJNMNMNM UYUYUYJHJHJHMNMNMN
UJMMJUYHNNHYMJUUJMNHYYHN
UNMYHJMYUNJHMYUNJHYMNUHJ
```

左手中指练习：

```
EEEEDDDDCCCCEEEEDDDDCCCC
EDCEDCCDECDEECDECDCEDCED
```

右手中指练习：

```
IIIIKKKK,,,,IIIIKKKK,,,,
IK,IK,,KI,KIKIKI
```

左手无名指练习：

```
WWWWSSSSXXXXWWWWSSSSXXXX
WSXWSXXSWXSWWSXWSXXSWXSW
```

右手无名指练习：

```
OOOOLLLL....OOOOLLLL....
OL.OL..LO.LOLOLO
```

左手小指练习：

```
QQQQAAAAZZZZQQQQAAAAZZZZ
QAZQAZZAQZAQQAZQAZZAQZAQ
```

右手小指练习：

```
PPPP;;;;//// PPPP;;;;////
P;/P;//;P/;P
```

(6)综合练习

在"金山打字通"软件中单击"新手入门"，然后单击"字母键位"，进行第 6 个环节：综合练习。输入以下内容：

QWERTYUIOP　ASDFGHJKL;　ZXCVBNM,./

POIUYTREWQ　;LKJHGFDSA　/.,MNBVCXZ

QAZ WSX EDC RFV TGB YHN UJM IK, OL. P;/

QPWOEIRUTY　A;SLDKFJGH　Z/X.C,VMBN

ABCDEFGHIJKLMNOPQRSTUVWXYZ

ABCDEFGHIJKLMNOPQRSTUVWXYZ

2. 文章录入练习

双击桌面上的“金山打字通”图标，在打开的界面中单击“拼音打字”→“文章练习”，打开“文章练习”界面，如图 2-2-6 所示。

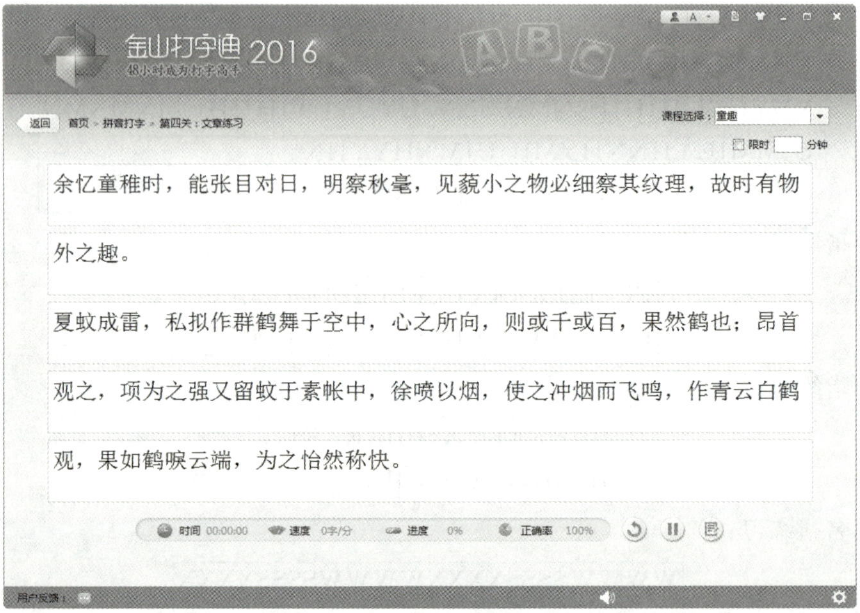

图 2-2-6 “文章练习”界面

在“文章练习”界面的右上角“课程选择”下拉列表中，可以选择更多的文章进行练习。文章练习中包含大量的中文汉字、标点符号，也有少量的英文和标点。选择文章时最好选择白话文，不要选择文言文。文言文生僻字较多，不适合使用音码的录入。白话文比较贴近日常工作和学习，作为打字练习比较合适。

【课题小结】

本课题的内容结构如图 2-2-7 所示。

说明：

1. 熟悉字母键位和熟练掌握指法是文字录入的关键，要以循序渐进的方式进行键盘的打字和指法练习。

2. 在掌握指法的基础上，利用拼音的方式录入中文，在掌握了英文标点符号的输入后，中文的标点符号的输入就简单得多了。

3. 只有正确的指法和更多的练习，学会盲打键盘，才能提高打字速度。

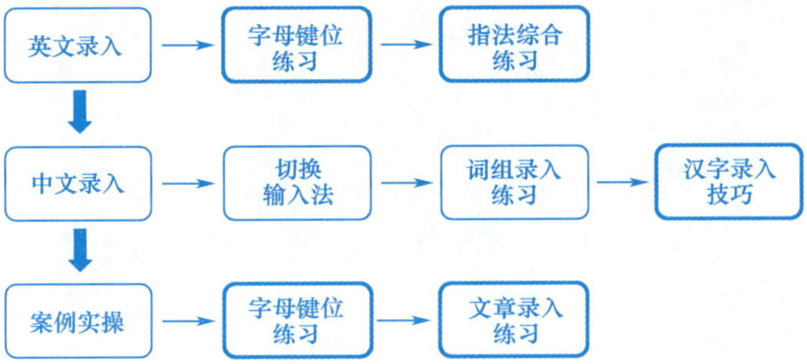

图 2-2-7　本课题内容结构

4. 粗框内为难点内容，教学中需要重点着力。

5. 高手的秘诀：正确的指法＋键盘记忆＋集中精力＋准确输入＝打字高手。

➤【效果测评】

表 2-2-1　　考核评分记录表

考核目标	考核内容	考核要求	评分标准	配分	自评	互评	师评
知识目标	键盘录入指法	熟练掌握键盘录入的指法。十指指法分工明确	十指指法分工明确，回答正确。每指 2 分	20			
	汉字录入技巧	思路清晰，回答正确	两层意思，每层 5 分。回答过程中视准确程度酌情扣分	10			
能力目标	字母键位练习	基准键位、中排键位、上排键位、下排键位、分指练习、综合练习。以此逐项考核	每项 5 分，一分钟录入 45 个字以上为满分（5 分），35 个字为良好（4 分），25 个字为及格（3 分）	30			
	文字录入速度	熟练掌握搜狗拼音输入法的使用及文字录入技巧。通过文字录入训练，达到一定的输入速度和准确率，具备较强的文字录入能力	一分钟录入 45 个字以上为满分（40 分），35 个字为良好（30 分），25 个字为及格（25 分）；其余酌情给分	40			
总分				100			

第三单元

Word 2010文字处理

概述

文字处理，即文字的书写、编辑和排版打印，是人类交流和传播信息的客观需要。20 世纪 90 年代以来，随着计算机技术的发展和普及应用，人们的文字处理，告别了漫长的纯手工制作阶段，进入依靠计算机进行文字处理的新时期。科技发展日新月异，20 多年后的今天，文字处理的电子化、无纸化、自动化已成为现代办公的基本要求。

支撑计算机进行文字处理的是文字处理程序。在众多的文字处理程序中，最具有代表性的是美国微软公司研发的 Word 文字处理程序，从问世至今，已经推出了若干版本，深受用户欢迎。其中，Office 2010 办公处理套装程序中的文字处理程序 Word 2010，是目前应用比较广泛、性能稳定、功能全面的文字处理软件，它可以帮助办公人员轻松地进行文字处理，创建专业而又美观的文档。

课题一　文档的基本操作

合抱之木生于毫末，九层之台起于垒土。学习书法要从最基本的认识笔墨纸砚开始，学习计算机办公应用也要从创建图标、新建文档、认识工作界面开始，要从熟悉和掌握文档的插入、复制、粘贴、删除、查找和替换等基本功能起步。

➢【教学目标】

知识目标：

1. 了解 Word 2010 的基本功能。
2. 熟悉 Word 2010 的特点、适用场合。
3. 掌握 Word 2010 文档的编辑与格式设置等方法。

能力目标：

1. 掌握快捷图标的创建方法。
2. 掌握文档的创建与保存方法。
3. 熟悉 Word 2010 的工作界面和功能分区情况。
4. 熟悉软件的插入、复制、剪切、粘贴、删除、查找和替换功能。

➢【教学任务】

本课题的主要教学内容：Word 2010 快捷图标的创建；Word 2010 新建文档的保存；Word

2010 的工作界面和功能分区；复制、剪切、粘贴与删除功能；查找和替换功能；插入功能；案例实操。

➤【教·学·做】

一、创建快捷图标与新建文档

1. 创建快捷图标

启动 Word 2010 有多种方法，常规方式是单击桌面左下角“开始”按钮，在“所有程序”菜单中，单击“Microsoft Office”展开该程序组，在列表中，单击“Microsoft Word 2010”，即可打开 Word 2010 工作界面。如果每次打开 Word 2010 都这样做，就显得较为麻烦。便捷的方法是在电脑桌面上创建一个快捷图标，单击这个快捷图标就可以直接打开 Word 2010。具体操作方法如下：

(1)打开“开始”菜单，进入“Microsoft Office”程序组，在列表中，右击“Microsoft Word 2010”，在弹出的“右键快捷菜单”中，单击“发送到”，在弹出的“扩展菜单”中，单击“桌面快捷方式”，即可在桌面上创建一个“Microsoft Word 2010”的快捷图标，如图 3-1-1 所示。

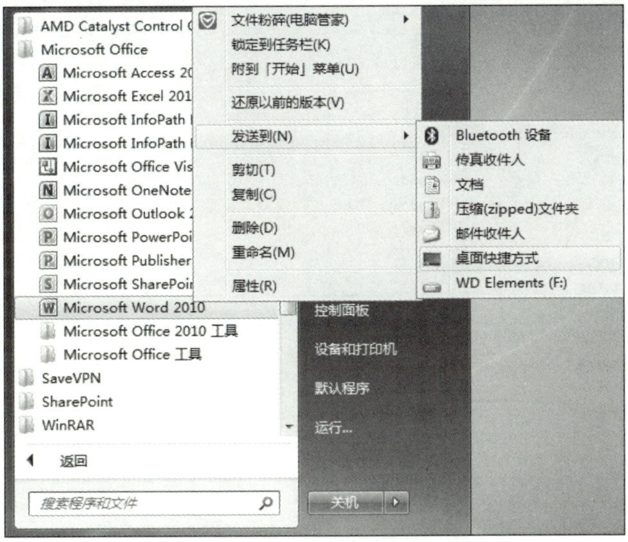

图 3-1-1 Word 2010 快捷图标的创建

(2)返回 Windows 桌面，可以在屏幕上找到快捷图标，双击该图标，即可打开 Word 2010 工作界面。

2. 文档的新建与保存

(1)新建文档

在 Word 2010 工作界面，单击左上角“文件”按钮，在弹出的下拉列表中选择“新建”选项，在“可用模板”界面中，选择“空白文档”，单击“创建”按钮，即可创建一个新文档，如图 3-1-2 所示。

(2)保存文档

新建一个文档，就需要对文档进行保存，以免文档的丢失。保存文档需要设置保存位置和文件保存类型，以便查找和对文档进行统一管理。具体做法是，在 Word 2010 工作界面，单击

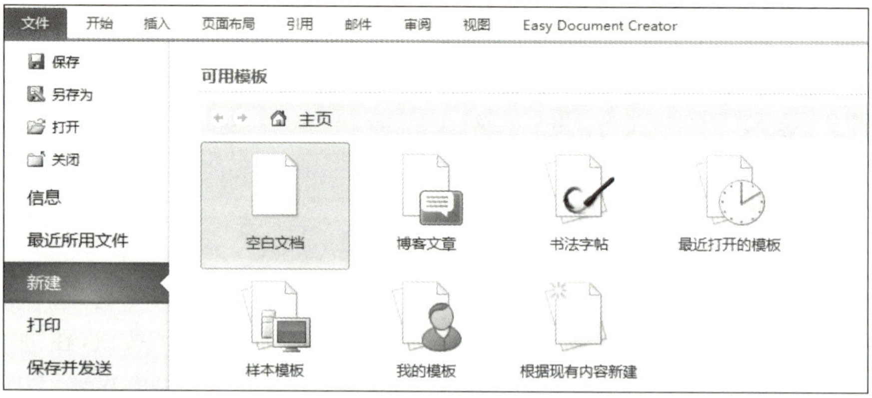

图 3-1-2 新建空白文档

左上角“文件”按钮，出现下拉列表。如果是第一次保存正在编辑的文档，可以在下拉列表中单击“保存”选项，在弹出的对话框中选择保存路径，例如：C:\我的文档；输入文档的名称，在“保存类型”下拉列表中选择所需的文件格式保存当前文档(软件默认是以“Word 文档”类型保存，后缀名为 *.docx)，如图 3-1-3 所示。

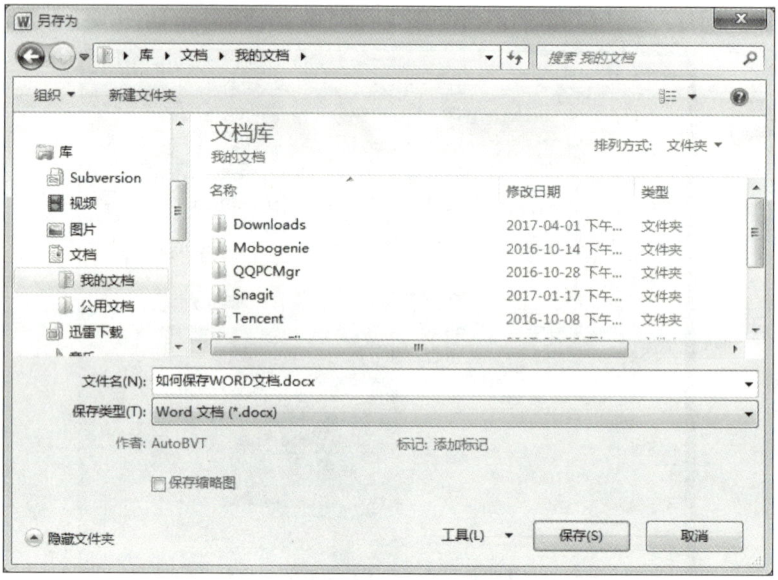

图 3-1-3 “另存为”对话框

如果当前编辑的文档之前保存过一次，在选择“保存”选项后，会直接用新文件覆盖上次保存过的文档；如果想保存修改后的文档，又不想覆盖修改前的文档，可以选择“另存为”选项。

在文档的编辑过程中，要及时对文档进行保存。为防止因停电、死机等意外事故而使编辑的文档来不及保存而丢失，Word 还具有自动保存功能，用户可根据需要设定自动保存时间间隔。操作方法：在 Word 2010 工作界面，单击左上角“文件”按钮，在其下拉列表中，单击“选项”选项，出现“Word 选项”对话框；单击“保存”选项，在“保存自动恢复信息时间间隔”对话框中设定间隔时间(如 10 分钟)，则系统每隔 10 分钟就自动保存一次，如图 3-1-4 所示。设置完毕单击“确定”按钮。

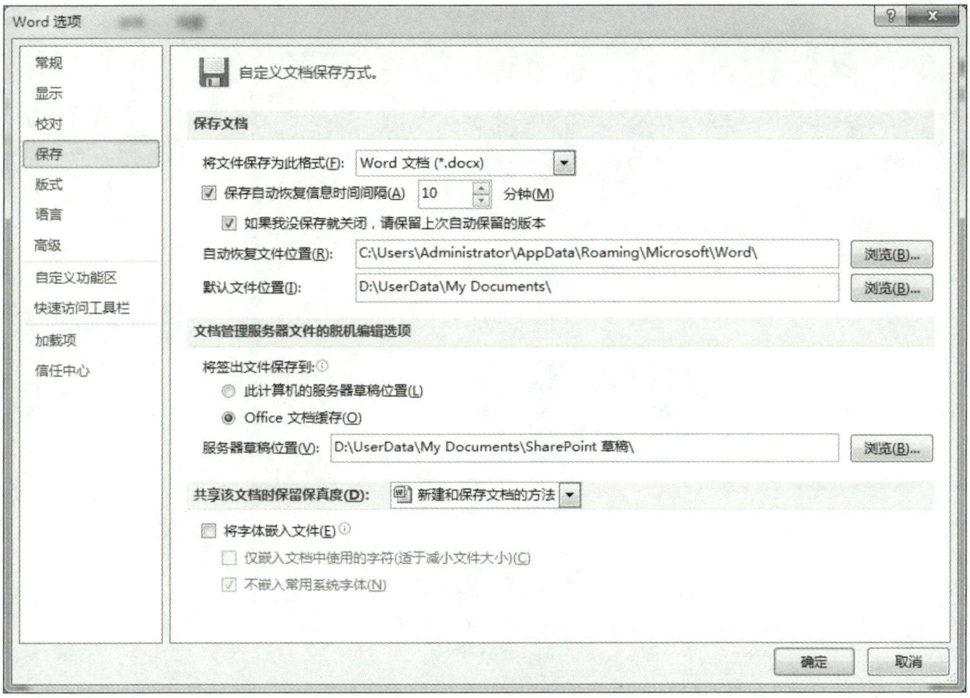

图 3-1-4 自动保存时间设定

二、Word 2010 的工作界面和功能分区

1. 初识工作界面

Word 2010 的工作界面分为六个区域，依次为“快速访问工具栏”“标题栏”“选项卡栏”“功能区”“文档编辑区”和“状态栏”，如图 3-1-5 所示。

在快速访问工具栏中，用户可以实现保存、撤消、恢复、打印预览和快速打印等功能。

标题栏显示了当前打开文档的名称，在右边有最小化，最大化(还原)和关闭按钮，借助这些按钮可以快速地执行相应的功能。

文档编辑区是用户工作的主要区域，用来实现文档的显示和编辑。在这个区域中经常使用到的工具还包括水平标尺、垂直标尺、对齐方式、显示段落等。

状态栏是为用户提供页码情况、字数统计、拼音语法检查、视图方式、显示比例等辅助功能的区域，实时地为用户显示当前工作信息。

Word 2010 同以往版本最显著的变化，就是使用“选项卡”和“功能区”代替了过去传统的“菜单操作”方式。单击各选项卡名称时会切换到与之相对应的功能区面板。每个功能区根据功能的不同又分为若干个组，每个功能组又有多项具体的功能。选择和操作这些功能，就可以完成对文档的编辑工作，编制出精美的文档。

2. 选项卡及主要功能

Word 2010 为用户设置了“文件”“开始”“插入”“页面布局”“引用”“邮件”“审阅”“视图”等选项卡可供选择。根据文档编辑需要，单击所需选项卡，就进入对应的功能区。

(1)“文件”功能区

单击“文件”选项卡，出现下拉列表，如图 3-1-6 所示。弹出的下拉列表中包含保存、另存为、打开、关闭、信息、最近所用文件、新建、打印、保存并发送、帮助、选项和退出等菜单选项。

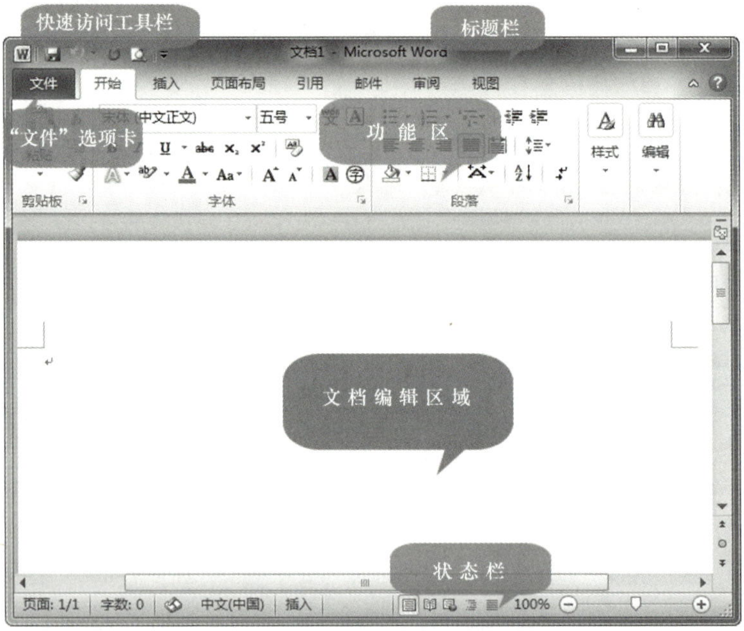

图 3-1-5 Word 2010 工作界面分区

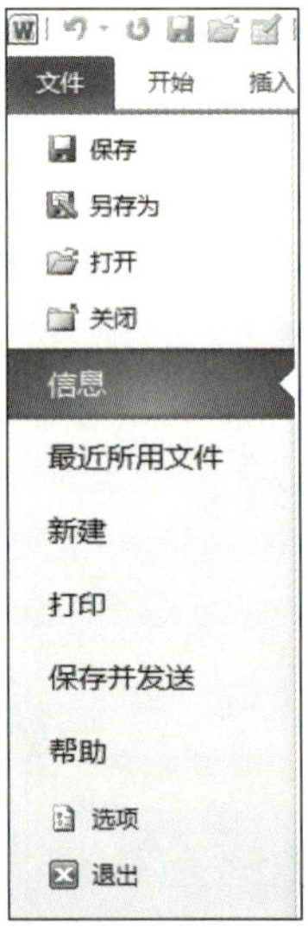

图 3-1-6 "文件"选项卡

(2)"开始"功能区

"开始"功能区中包括剪贴板、字体、段落、样式和编辑五个组，该功能区主要用于帮助用户对 Word 2010 文档进行文字编辑和格式设置，是用户最常用的功能区，如图 3-1-7 所示。

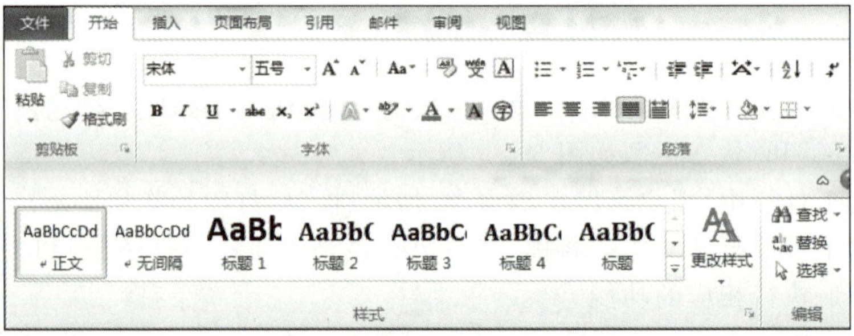

图 3-1-7 "开始"功能区

(3)"插入"功能区

"插入"功能区包括页、表格、插图、链接、页眉和页脚、文本、符号几个组，对应 Word 2003 中"插入"菜单的部分命令，主要用于在 Word 2010 文档中插入各种元素，如图 3-1-8 所示。

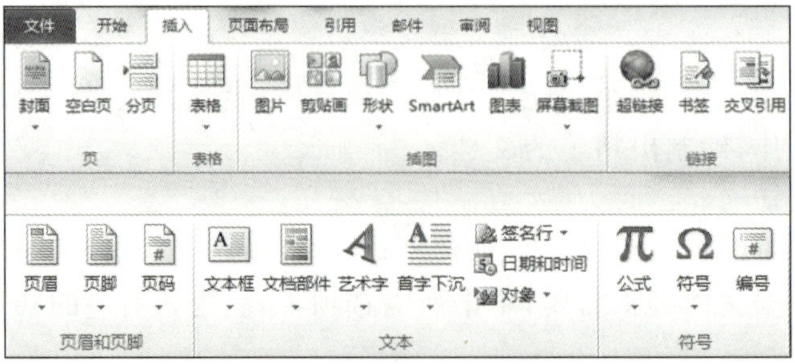

图 3-1-8 "插入"功能区

(4)“页面布局”功能区

“页面布局”功能区包括主题、页面设置、稿纸、页面背景、段落、排列几个组，用于帮助用户设置 Word 2010 文档页面样式，如图 3-1-9 所示。

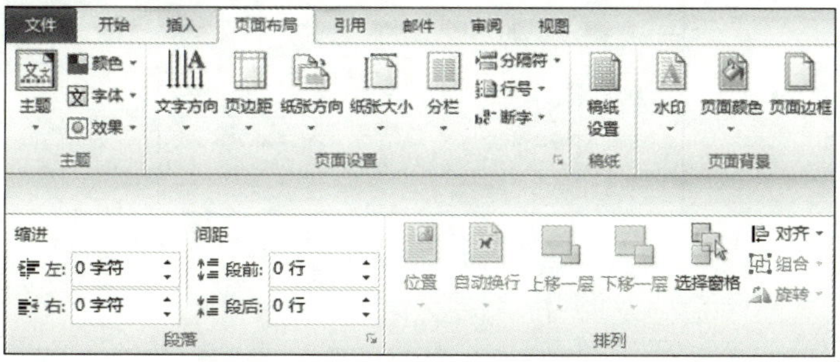

图 3-1-9　“页面布局”功能区

(5)“引用”功能区

“引用”功能区包括目录、脚注、引文与书目、题注、索引和引文目录几个组，用于实现在 Word 2010 文档中插入目录等比较高级的功能，如图 3-1-10 所示。

(6)“邮件”功能区

“邮件”功能区包括创建、开始邮件合并、编写和插入域、预览结果和完成几个组，该功能区的作用比较专一，用于在 Word 2010 文档中进行邮件合并方面的操作，如图 3-1-11 所示。

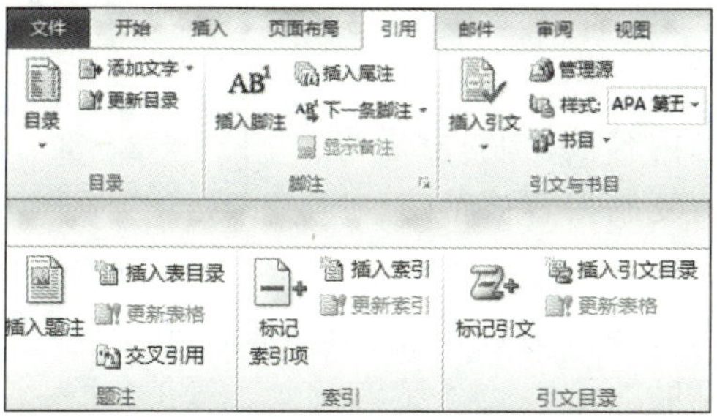

图 3-1-10　“引用”功能区

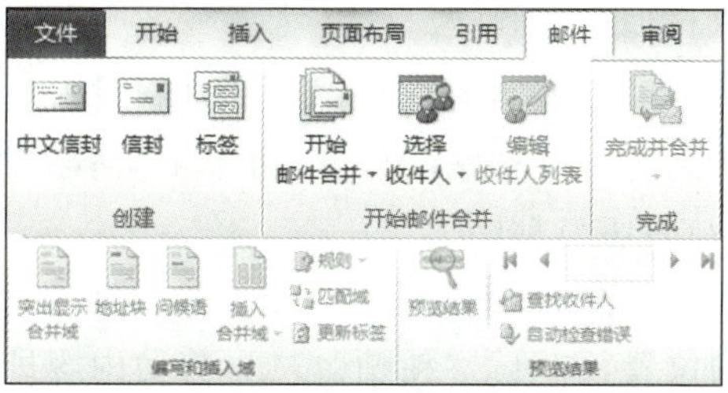

图 3-1-11　“邮件”功能区

(7)“审阅”功能区

“审阅”功能区包括校对、语言、中文简繁转换、批注、修订、更改、比较和保护几个组，主要用于对 Word 2010 文档进行校对和修订等操作，适用于多人协作处理 Word 2010 长文档，如图 3-1-12 所示。

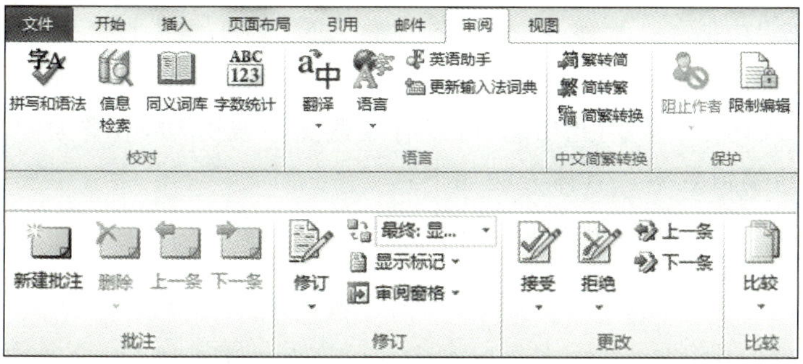

图 3-1-12　“审阅”功能区

(8)“视图”功能区

“视图”功能区包括文档视图、显示、显示比例、窗口和宏几个组，主要用于帮助用户设置

Word 2010 操作窗口的视图类型，以方便操作，如图 3-1-13 所示。

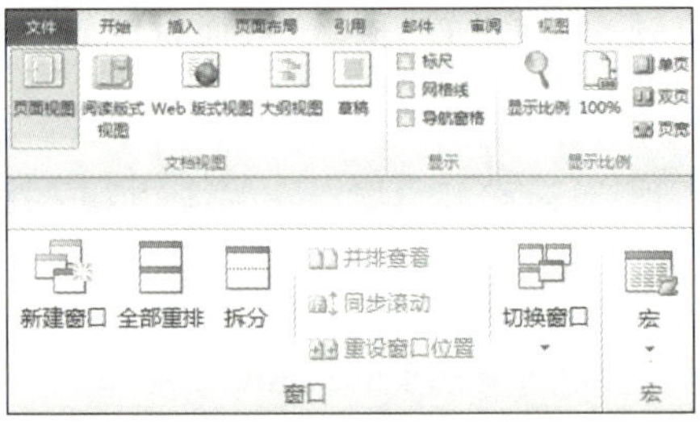

图 3-1-13 “视图”功能区

三、基本功能

1.“复制、粘贴、剪切与删除”功能

在编辑 Word 文档时，复制、剪切、粘贴、删除功能是最常用的功能。利用这组功能可以便捷灵活地对文档内容根据需要进行编辑，达到所需要的效果。此外，通过复制、粘贴功能还可以将网络上的有用的图片及文字等内容快速地进行复制，并粘贴到 Word 文档中。对于文档中不需要的对象，在选中后，使用删除键即可。

复制、剪切、粘贴、删除功能位于“开始”功能区左侧，如图 3-1-14 所示。具体操作方法分别说明如下：

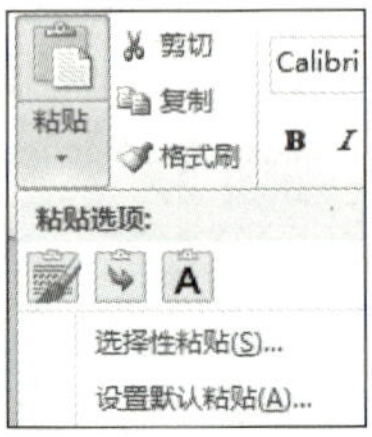

图 3-1-14 复制与粘贴等功能

（1）复制与粘贴

选中需要复制的内容，单击“复制”按钮，所选内容被复制；然后将光标移到所需要粘贴的位置，再单击“粘贴”按钮，复制内容被粘贴。

（2）剪切与粘贴

选中需要剪切的内容，单击“剪切”按钮，所选内容被剪切并保存；然后将光标移到所需要粘贴的位置，再单击“粘贴”按钮，剪切内容即被粘贴。

（3）删除

选中需要删除的内容，单击“删除”按钮，所选内容即被删除。

复制、剪切、粘贴、删除功能的操作，除了上述方法外，还可以通过选中对象后右击进行操作；当操作熟练以后，也可以通过快捷键：复制（快捷键 Ctrl＋C）、粘贴（快捷键 Ctrl＋V）、剪切（快捷键 Ctrl＋X）和删除（快捷键 Delete）进行操作，这样可以进一步提高文档编辑的效率。

2.“查找和替换”功能

利用查找和替换功能，可以对文档中的文字或词组进行查找，并替换为更加合适的文字或词组。利用此功能，可以有效避免重复劳动，节省大量的时间，提高文档编辑效率。具体方法如下：

单击“开始”选项卡，进入其功能区，右侧即有“编辑”功能组，如图 3-1-15 所示。

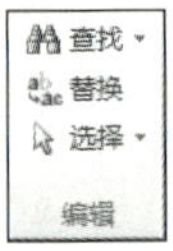

图 3-1-15 查找与替换功能组

（1）查找功能

在编辑功能组中，单击“查找”下拉按钮，在文档的左边便会弹出“导航”任务窗格，在里面输入要查找的词语，任务窗格中会将搜索出该词所在的句子列出来，而在文档的正文部分，被搜索出来的词语都会用黄色的标签框标注起来。

例如，在“荷塘月色”的一段文字中，要查找“采莲”二字，单击“查找”下拉按钮，即弹出“导航”任务窗格，如图 3-1-16 所示。在里面输入“采莲”，任务窗格中随即搜索出该词在文档中有 7 个匹配项，并且将搜索出来的“采莲”词语用黄色的标签框标注起来，如图 3-1-17 所示。

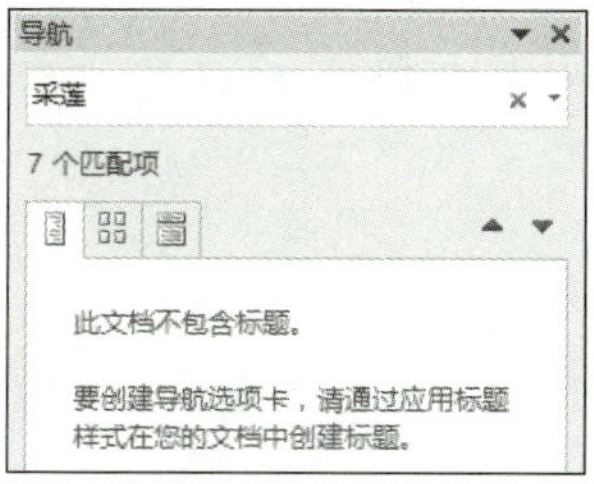

图 3-1-16 “查找”导航

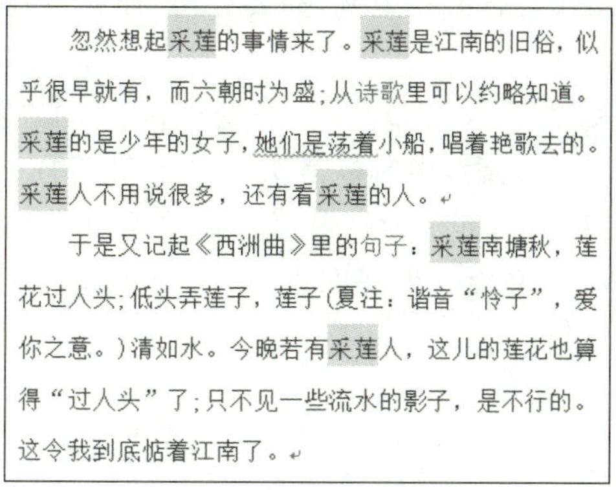
忽然想起采莲的事情来了。采莲是江南的旧俗，似乎很早就有，而六朝时为盛；从诗歌里可以约略知道。采莲的是少年的女子，她们是荡着小船，唱着艳歌去的。采莲人不用说很多，还有看采莲的人。

于是又记起《西洲曲》里的句子：采莲南塘秋，莲花过人头；低头弄莲子，莲子(夏注：谐音“怜子”，爱你之意。)清如水。今晚若有采莲人，这儿的莲花也算得“过人头”了；只不见一些流水的影子，是不行的。这令我到底惦着江南了。

图 3-1-17 查找“采莲”

(2)替换功能

在编辑功能组中，单击“替换”按钮，便会弹出“查找和替换”对话框，如图 3-1-18 所示。在“查找内容”文本框中输入需要查找的文字如“采莲”，在“替换为”文本框中输入需要替换的文字如“采花”。然后选择替换方式。若单击“全部替换”按钮，关闭对话框返回文本中，则文档中全部“采莲”文字替换为“采花”文字，如图 3-1-19 所示。

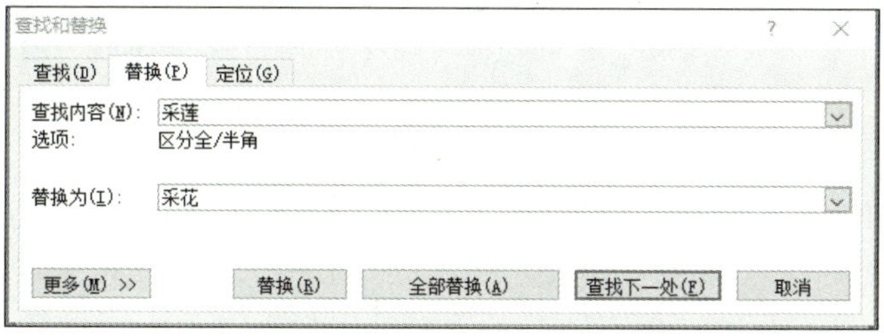

图 3-1-18 “查找和替换”对话框

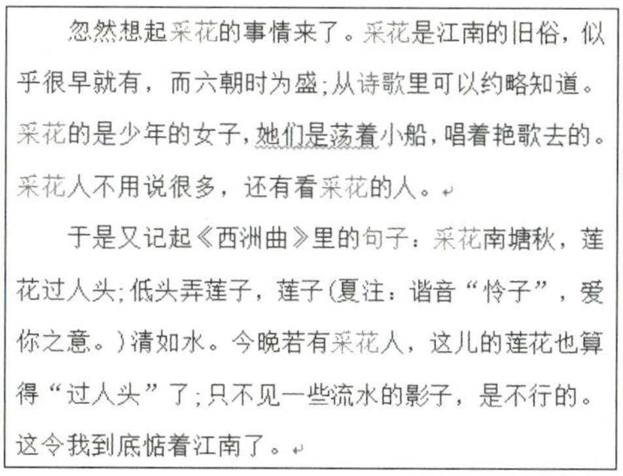
忽然想起采花的事情来了。采花是江南的旧俗，似乎很早就有，而六朝时为盛；从诗歌里可以约略知道。采花的是少年的女子，她们是荡着小船，唱着艳歌去的。采花人不用说很多，还有看采花的人。

于是又记起《西洲曲》里的句子：采花南塘秋，莲花过人头；低头弄莲子，莲子(夏注：谐音“怜子”，爱你之意。)清如水。今晚若有采花人，这儿的莲花也算得“过人头”了；只不见一些流水的影子，是不行的。这令我到底惦着江南了。

图 3-1-19 “采莲”替换为“采花”

3.“插入”功能

“插入”功能，相当于一个综合调用功能，通过“插入”功能，能够将表格、图片、形状、图表、文本、公式、符号等要素资源融入 Word 文档之中，与 Word 文档实现有机整合，增强文本的综合表现力；通过“插入”功能，还能够便捷地设置页眉、页脚和页码，使文本更加完整；此外，通过

“插入”功能，还能够实现文本内部的交叉引用以及与外部网页、图片、电子邮件等的链接，进一步拓展文本的应用范围和应用方式。

“插入”功能是一种非常有用的文档编辑利器。本课题以插入表格、文本框、公式、页眉页脚为例，简要介绍“插入”功能的使用方法。

（1）插入表格

单击“插入”选项卡，进入“插入”功能区，单击“表格”下拉按钮，出现“插入表格”下拉列表，用鼠标箭头从左上角至右下角方向划过，相应区域（4×3 表格）的边框变为红色，如图 3-1-20 所示。单击该红色格子，相应地就在 Word 文档中出现如表 3-1-1 所示表格。

图 3-1-20 插入 4×3 表格

表 3-1-1 插入 4×3（4 列 3 行）表格

（2）插入文本框

文本框是用于输入文字以形成独立要素的一种框格。文本框主要用于对图片进行标注说明。单击“插入”选项卡，进入“插入”功能区，在“文本”功能组中单击“文本框”下拉按钮，出现文本框下拉列表，如图 3-1-21 所示。里面有各种各样风格的可选文本框，单击任一风格框格，在文档中就会出现相应的文本框，在其中可以输入文字或插入图片，以形成一个相对独立的整体。

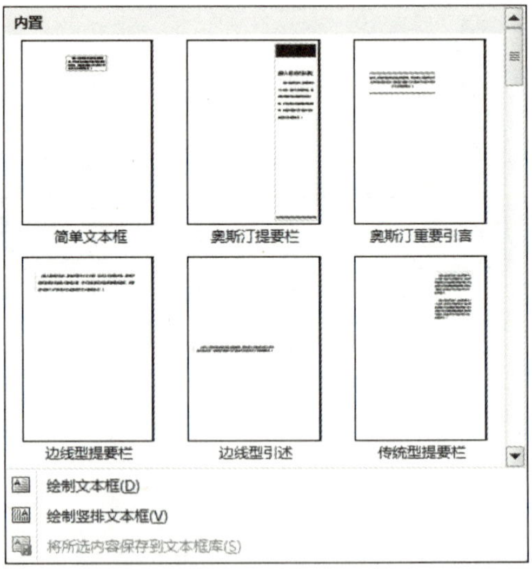

图 3-1-21 文本框下拉列表

此外，单击“绘制文本框”按钮，鼠标的光标将变为“+”，按住左键进行拖动，就可以得到一个所需要的文本框，在其中输入文字，如图 3-1-22 所示。

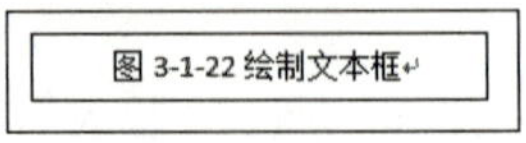

图 3-1-22 绘制文本框的应用

(3)插入公式

单击“插入”选项卡,进入“插入”功能区,“公式”位于其功能区右侧的“符号”功能组,如图 3-1-23 所示。

图 3-1-23 符号功能组

单击“公式”下拉按钮,出现“公式”下拉列表,如图 3-1-24 所示。该列表中罗列了多种公式模板,根据需要单击所需的公式框格,就在文档中得到所需要的公式,如单击“二次公式”栏,就得到 $x=\frac{-b\pm\sqrt{b^2-4ac}}{2a}$,对其进行简单的修改即可满足要求。

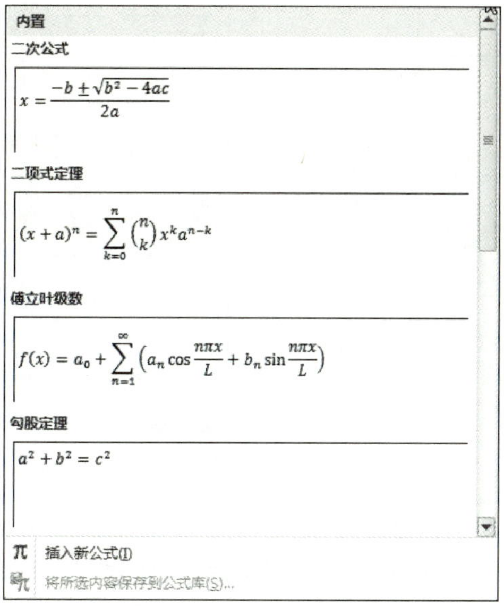

图 3-1-24 公式下拉列表

如果所要编辑的公式在公式列表中没有现成的模板,则单击公式下拉列表下部的“插入新公式”按钮,随即出现“公式工具-设计”功能区,此功能区主要包含“工具”“符号”和“结构”三个功能组,如图 3-1-25 所示。其中,单击“结构”功能组的中任一公式结构下拉按钮,均可出现其下拉列表,单击其中符号需要的公式结构,对其填写相应的英文符号或数字,即可得到所需结构的公式;根据需要,单击“符号”功能组中的数学符号,可以实现各种公式结构的结合。以此类推,可以实现对各种各样所需公式的编辑。

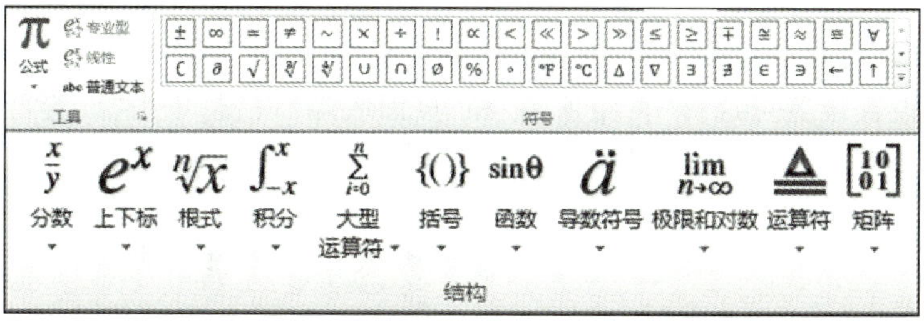

图 3-1-25 新公式设计功能区

(4)插入页眉和页脚

页眉是文档中每个页面的顶部区域,页脚是文档中每个页面的底部的区域。页眉和页脚常用于显示文档的附加信息。比如,页眉中可以插入时间、图形、公司微标、文档标题、文件名或作者姓名;而页脚中可以插入文本、页码、日期、公司徽标、名称、文件名或作者名等。

页眉和页脚不同于正文，不受正文排版的影响，需要单独进行设置。具体操作如下：

切换到“插入”功能区，选择“页眉和页脚”功能组，如图 3-1-26 所示。

分别单击“页眉”和“页脚”下拉按钮，则分别出现页眉、页脚样式列表，如图 3-1-27 和图 3-1-28 所示。

图 3-1-26 页眉和页脚功能组

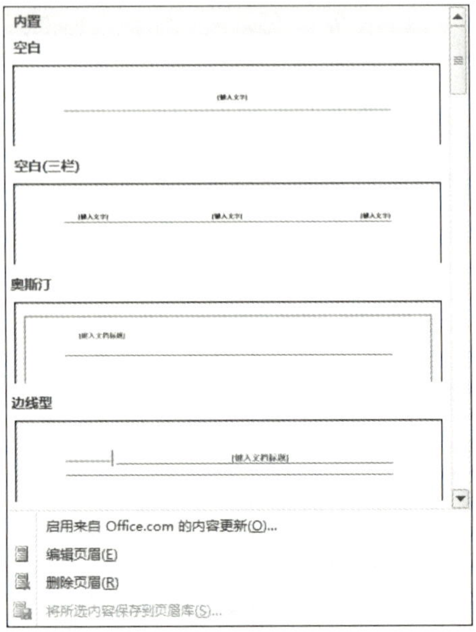

图 3-1-27 页眉样式列表

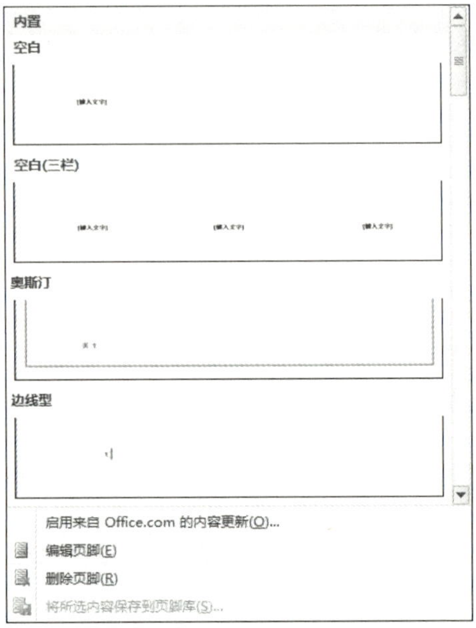

图 3-1-28 页脚样式列表

分别选择页眉样式列表和页脚样式列表中的所需样式，就进入页眉页脚编辑状态，在页眉页脚的位置分别出现相应的编辑窗格，在工作界面的上端出现页眉页脚设计功能区，如图 3-1-29 所示。在功能区中，可以插入日期、图片、剪贴画；可以单击“插入‘对齐方式’选项卡”对页眉、页脚对齐方式进行设置；可以调整页眉顶端距离和页脚底端距离；还可以在页眉与页脚之间直接跳转，进行设置。

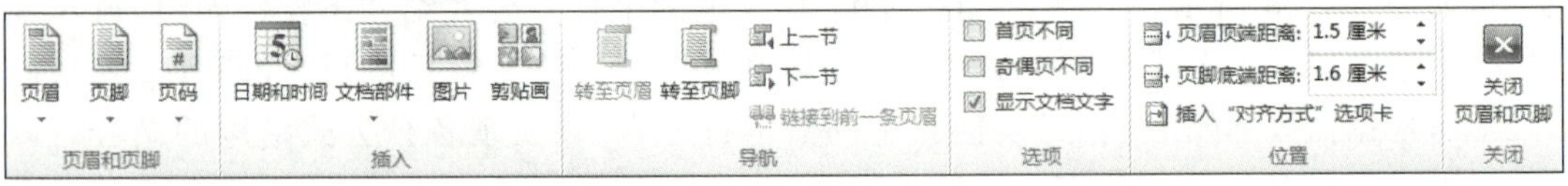

图 3-1-29 页眉页脚设计工具

此外，还可以进行页码设置。单击“页码”下拉按钮，弹出页码按钮下拉列表，如图 3-1-30 所示。根据页码设置位置可选择“页面顶端”和“页面底端”设置；单击“设置页码格式”按钮，弹出“页码格式”对话框，如图 3-1-31 所示，在其中选择所需要的页码格式。

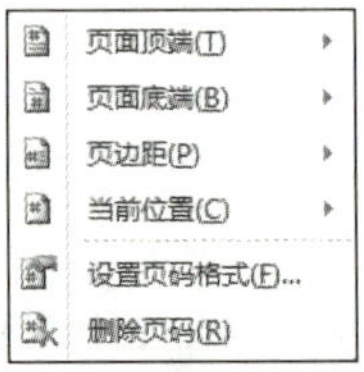

图 3-1-30 页码下拉列表

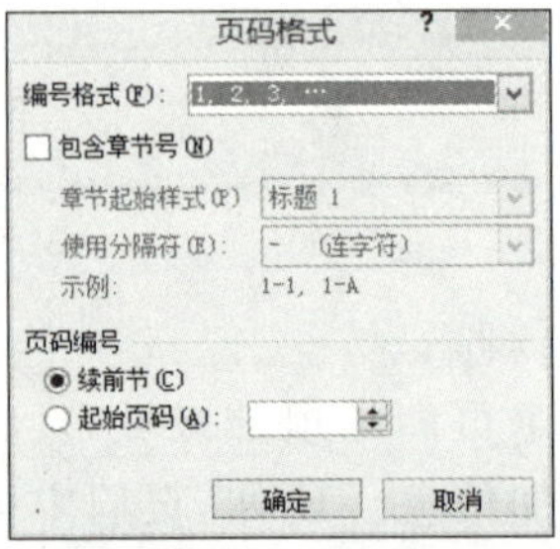

图 3-1-31 页码格式对话框

页眉、页脚和页码设置完毕，单击“关闭页眉和页脚”按钮即可。

有关“插入”的功能还有很多，可以在学习上述内容的基础上，再逐步地深入学习。

四、案例实操

1. 创建 Word 2010 快捷图标

在桌面上创建 Word 2010 的快捷图标。

2. 新建并保存一个 Word 文档

在桌面新建一个以“课题一 · 实操题 · 班级 · 姓名 · 学号”为文件名的 Word 文档；设置自动保存时间为 5 分钟。

3. 基本功能操作

在新建文档中，以“自我介绍”为题，按照以下顺序输入你个人的基本信息：

个人简历

姓名：xxxxxx；　出生年月：xxxxxxxx；　民族：xxx；　家庭住址：xxxxxxxxxxxx；
学历：xxxxxx；　兴趣爱好：xxxxxxxx；　专业：xxxxxxx；　入学时间：xxxxxxxx；
电话：xxxxxxxxxxxxxx。

(1)复制与粘贴

接上述操作，另起一行，使用复制与粘贴功能，将上述个人简历的全部内容进行复制并粘贴。

(2)文字查找和替换

使用“替换”功能，将文档中自己的名字，替换为自己的学号，用快捷键保存文档。

(3)插入表格

在上述文档下面，插入一张 5×6 的表格。

(4)插入公式

在上述表格下面，插入公式：

$$Y = a^b \pm \sin\frac{a}{2}\sqrt[3]{abc} - \lim_{n\to\infty}(1+\frac{1}{n})^n$$

微课

插入公式

(5)插入页眉页脚

继上述操作，插入页眉：计算机应用基础；插入页脚：页码(第 x 页共 x 页)。

(6)剪切、粘贴与删除

将(1)复制与粘贴的内容剪切并粘贴到(4)插入公式之后；将课题开始时录入的“个人简历”全部内容删除。

【课题小结】

本课题的内容结构如图 3-1-32 所示。

说明：

1. 本课题为本单元的入门课题，重点介绍了 Word 2010 的基本知识和操作技能，是学习后续课题的基础。教学中要循序渐进，依次进行，逐步深入。

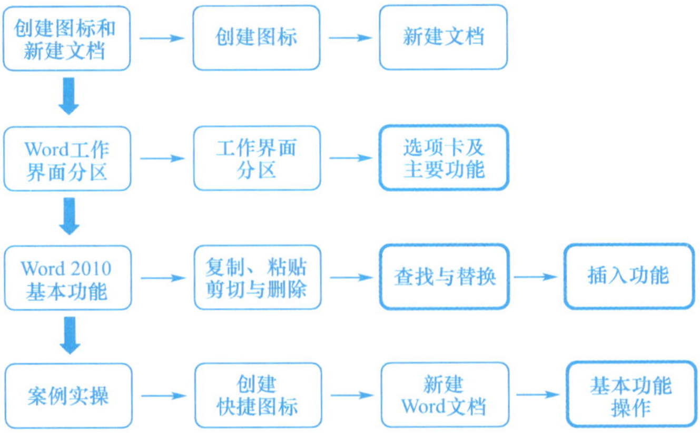

图 3-1-32 本课题内容结构

2. 粗框内为本课题难点内容，要悉心指导，帮助学生全面掌握。

➤【效果测评】

表 3-1-2 考核评分记录表

考核目标	考核内容	考核要求	评分标准	配分	自评	互评	师评
知识目标	Word 2010 的工作界面分区情况	思路清楚，回答完整	工作界面分区情况 5 分；位置说明 5 分。根据情况酌情扣分	10			
	Word 2010 的选项卡数量及名称	思路清楚，回答完整	选项卡数量 5 分；名称 5 分。根据情况酌情扣分	10			
	“开始”选项卡包含的功能组	思路清楚，回答完整	数量 5 分；名称 5 分。根据情况酌情扣分	10			
	“插入”选项卡包含的功能组	思路清楚，回答完整	数量 5 分；名称 5 分。根据情况酌情扣分	10			
	“公式工具-设计”功能区包含的功能组及其作用	思路清楚，回答完整	功能组名称 5 分，作用 5 分	10			
	“页眉和页脚工具-设计”功能区包含的功能组及其作用	思路清楚，回答完整	功能组名称 3 分，作用 2 分	5			
能力目标	案例实操 1：创建 Word 2010 快捷图标	方法正确，操作熟练	操作正确得 3 分；操作熟练得 2 分。根据情况酌情扣分	5			
	案例实操 2：新建并保存一个 Word 文档	方法正确，操作熟练	保存位置与名称正确得 5 分；自动保存时间设置正确得 5 分。根据情况酌情扣分	10			
	案例实操 3：基本功能操作	方法正确，操作熟练	共 6 项，每项 5 分(操作正确得 3 分，操作熟练得 2 分)。根据情况酌情扣分	30			
总 分				100			

课题二　文档的格式设置

要制作一个精美的文档，需要对字体、字号、行列、段落、页面等要素进行统一设定，这就是文档的格式设置。利用文档的格式设置可以对现有的一篇文档进行格式化处理，得到所需要的标准化、规范化的文档。此外，文档的格式设置也可以在录入文字之前进行，文档的格式一经设定，文字录入后就会按照格式化的设定要求进行排列，让用户直观地看到文档的排列状况，并进行相应调整；这样做能达到事半功倍的效果，提高文档制作的效率和质量。

【教学目标】

知识目标：

1. 熟悉和掌握字符格式化的基本概念及内容。
2. 熟悉和掌握段落格式化的基本概念及内容。
3. 熟悉和掌握页面格式化的基本概念及内容。

能力目标：

1. 熟练掌握字符格式化的设置方法和步骤。
2. 熟练掌握段落格式化的设置方法和步骤。
3. 熟练掌握页面格式化的设置方法和步骤。

【教学任务】

本课题的主要教学内容：字符格式化；段落格式化；页面格式化；案例实操。

【教·学·做】

微课

字符格式化

一、字符格式化

字符格式化就是对字符的字体、字号、字形、颜色等进行设置的过程。

具体方法如下：

单击“开始”选项卡，进入“开始”功能区，可以利用“字体”功能组中的相应功能对字符格式进行设置。“字体”功能组，如图 3-2-1 所示。

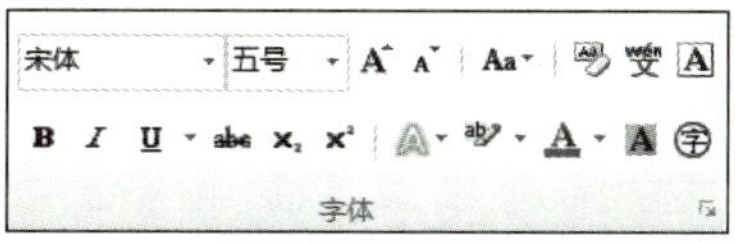

图 3-2-1　“字体”功能组

1. 字体设置

选中需要设置的文字内容，在“字体”功能组中，单击“字体”下拉按钮，出现字体下拉列表，如图 3-2-2 所示，选择并单击所需字体即可。

2. 字号设置

选中需要设置的文字内容，在“字体”功能组中，单击“字号”下拉按钮，出现字号下拉列表，如图 3-2-3 所示，选择并单击所需字号即可。

3. 字形设置

字形有“常规”“倾斜”“加粗”“加粗倾斜”四种字形。根据实际需要，选中需要设置的文字内容，在“字体”功能组中，单击相应的按钮即可实现。

4. 字体颜色设置

选中需要设置的文字内容，在“字体”功能组中，单击“字体颜色”下拉按钮，出现字体颜色下拉列表，如图 3-2-4 所示，根据需要单击选择所需字体颜色即可。

图 3-2-2 字体下拉列表

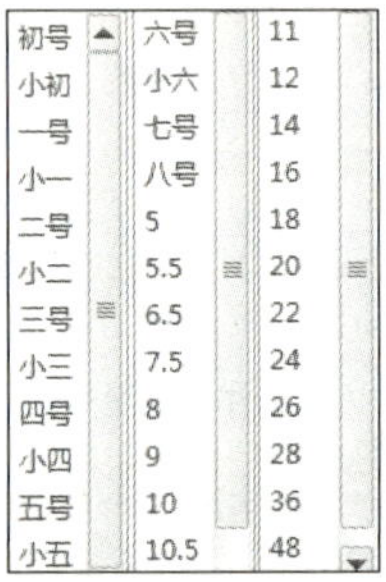

图 3-2-3 字号下拉列表

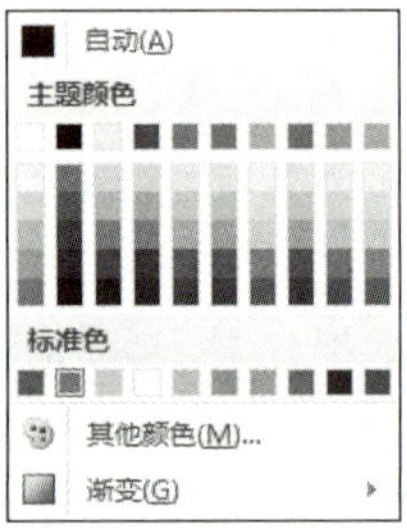

图 3-2-4 颜色下拉列表

字符格式化除了上述设置方法，还可以通过“字体”功能组下拉对话框进行设置。选中文档中需要设置的文字内容，单击“字体”功能组下拉按钮，出现“字体”功能组对话框，如图 3-2-5 所示，可对字体、字号、字形、颜色等参数进行方便快捷的设置。

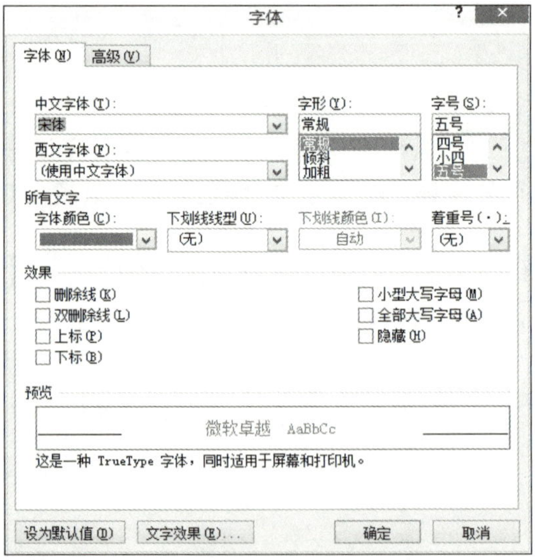

图 3-2-5 字体功能组对话框

当设置完毕，单击左下方的“设为默认值”按钮，就将此字体、字号、字形、字体颜色等参数模式设定为默认值，文档中的文字就被格式化了，后面在该文档中输入的文字均以此设置模式出现。

此法对于字符的格式化便捷有效。

二、段落格式化

微 课

段落格式化

段落格式化是对段落的对齐方式、段落缩进、段间距、行间距、项目符号及编号等进行设置的过程。具体方法如下：

单击“开始”选项卡，进入“开始”功能区，可以利用“段落”功能组中的相应功能对段落格式进行设置，如图 3-2-6 所示。

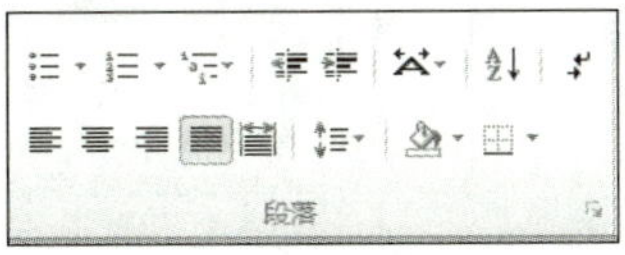

图 3-2-6　“段落”功能组

1. 对齐方式设置

对齐方式有“左对齐”“右对齐”“居中对齐”“分散对齐”等几种方式。选择相关段落，根据需要单击相应的对齐方式按钮，即可获得相应的对齐效果。

2. 项目符号设置

选择相关段落，在“段落”功能组中，单击“项目符号”下拉按钮，出现下拉列表，如图 3-2-7 所示，根据需要单击所需项目符号即可。

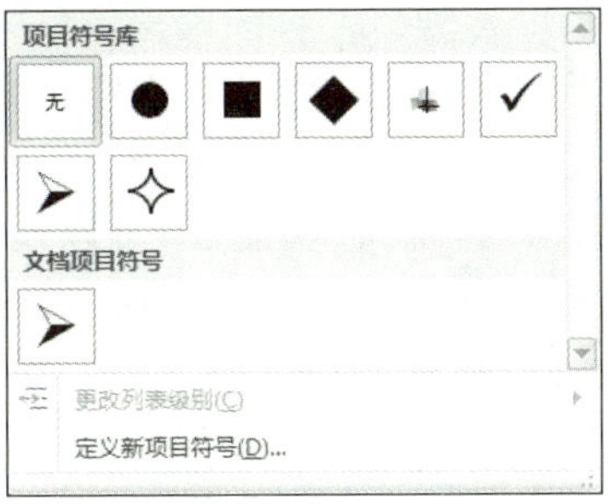

图 3-2-7　项目符号下拉列表

如果要去除段落项目符号，则选择相关段落，进入项目符号下拉列表，单击“无”按钮，则段落项目符号被去除。

如果对符号库中所列符号不满意，还可以单击“定义新项目符号”按钮，进入“定义新项目符号”对话框进行设置，可以在其“符号”列表中选择所需符号作为段落的项目符号；也可以进入“图片”对话框，通过导入所需图片作为段落项目符号。

3. 项目编号设置

选择相关段落，在“段落”功能组中，单击“编号”下拉按钮，出现“编号”下拉列表，如图 3-2-8 所示，根据需要单击所需项目编号方式即可。

如果对列表中的编号方式不满意，可以单击“更改列表级别”按钮进行更改；还可以单击“定义新编号格式”按钮，对编号格式进行进一步的设定。

如果要删除段落编号，只需选择相关段落，在编号库中单击“无”按钮，所有编号即被删除。

4. 段落缩进与间距设置

单击“段落”功能组的下拉按钮，进入“段落”功能组下拉对话框，如图 3-2-9 所示。根据需要对“缩进和间距”参数进行设置。其中包括“对齐方式”、左右侧“缩进”字符、“首行缩进”距离、段落“间距”“行距”等参数设置。设置完毕，若单击“设为默认值”按钮，就将设置参数确定为默认值，此后文档的段落间距、行距、首行缩进等参数全部被格式为设定的参数。

图 3-2-8 编号下拉列表

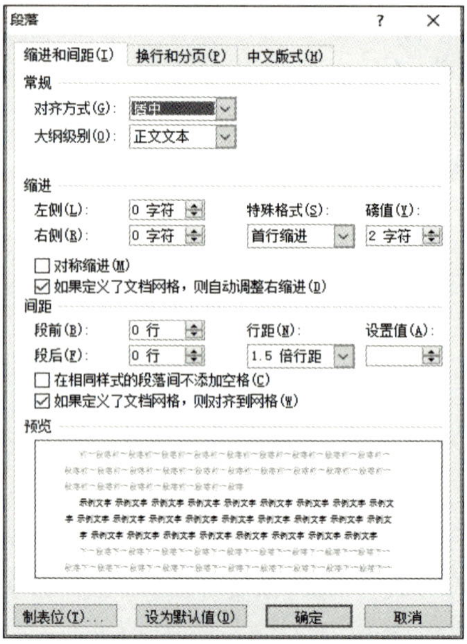

图 3-2-9 段落功能组下拉对话框

三、页面格式化

微课

页面格式化

页面格式化是对页面的纸张大小、方向、页边距、文字方向、分栏、边框、底纹等参数设置的过程。具体方法如下：

单击“页面布局”选项卡，进入“页面布局”功能区，可以利用“页面设置”功能组中的相应功能对页面格式进行设置。如图 3-2-10 所示。

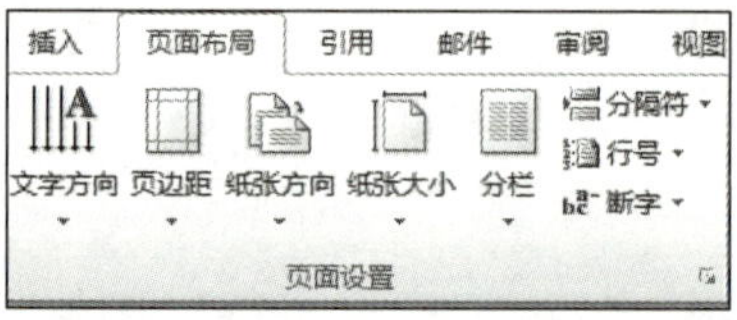

图 3-2-10 “页面设置”功能组

1. 纸张大小和方向设置

（1）纸张大小设置

单击“纸张大小”下拉按钮，出现下拉列表，如图 3-2-11 所示，根据需要单击所需规格的纸张即可。

（2）纸张方向设置

单击“纸张方向”下拉按钮，出现下拉列表，其中有“横向”和“纵向”两个选项，根据需要单击所需规格的纸张即可。

2. 页边距和文字方向设置

（1）纸张页边距设置

页边距是文档中字符与纸张页面四周的距离。单击“页边距”下拉按钮，出现下拉列表，如图 3-2-12 所示，根据需要单击所需规格的纸张页边距即可。

（2）文字方向设置

单击“文字方向”下拉按钮，出现下拉列表，如图 3-2-13 所示，根据需要单击所需文字方向即可。

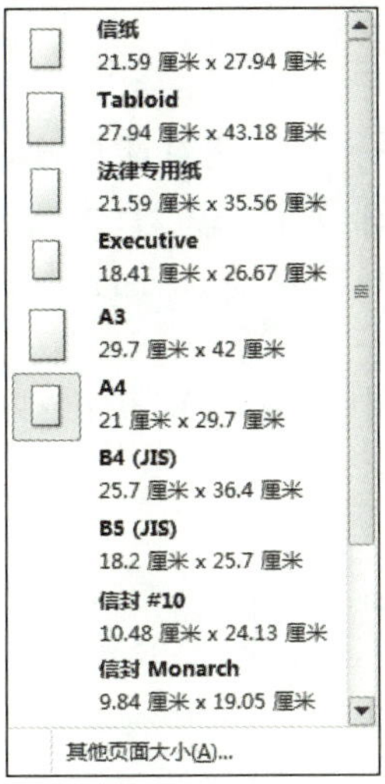

图 3-2-11　纸张大小下拉列表

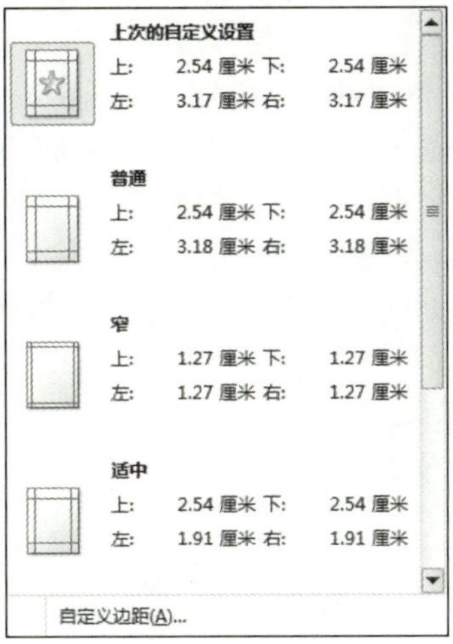

图 3-2-12　页边距下拉列表

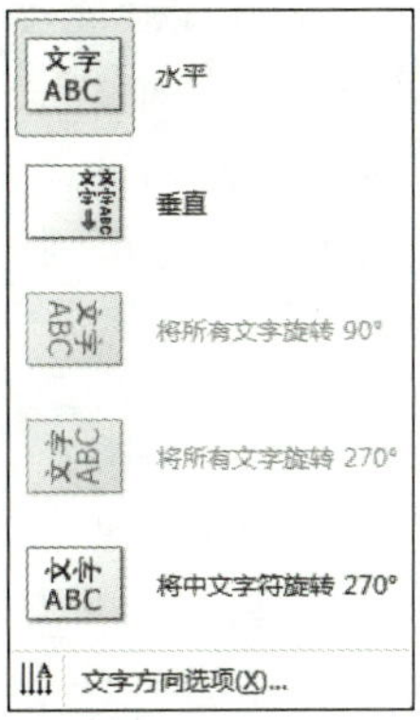

图 3-2-13　文字方向下拉列表

3. 分栏设置

分栏设置是对页面的内容进行分栏的方法，常用于报纸、杂志的排版处理，有利于文档图文结合更加紧凑美观。

设置方法：选择需要分栏的文字内容，单击“分栏”下拉按钮，出现下拉列表，如图 3-2-14 所示，根据需要单击所需分栏选项即可。

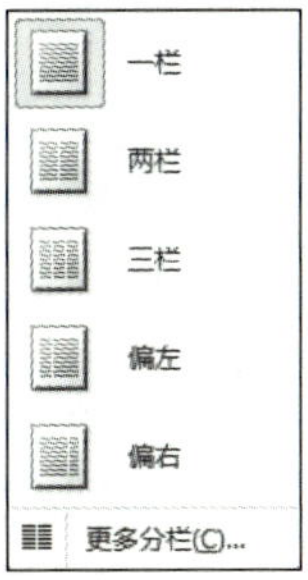

图 3-2-14　分栏下拉列表

上述设置，还可以单击“页面设置”功能组的下拉按钮，进入“页面设置”对话框进行设置，如图 3-2-15 所示。

在“页面设置”对话框中，设置有“页边距”“纸张”“版式”和“文档网格”四个选项卡，通过这些选项卡，可以更加方便地实现对页面参数的设置。

其中，在设置页边距时，一般在有装订线要求的一侧要略为留宽一些为好。

4. 页面边框和底纹设置

在图 3-2-15 的上部，单击“版式”选项卡，出现“版式”选项卡界面，如图 3-2-16 所示。

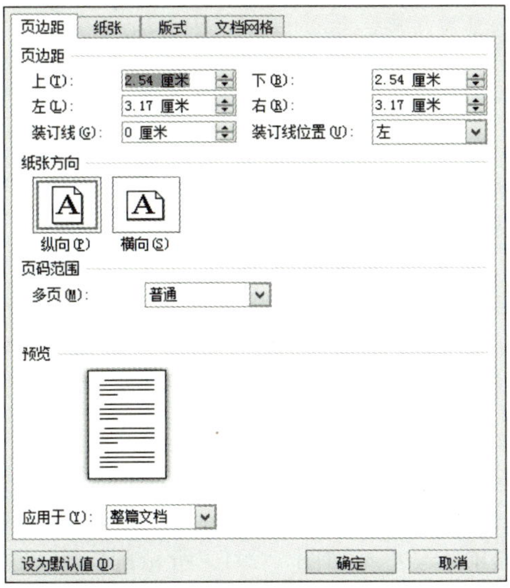

图 3-2-15　“页面设置”对话框

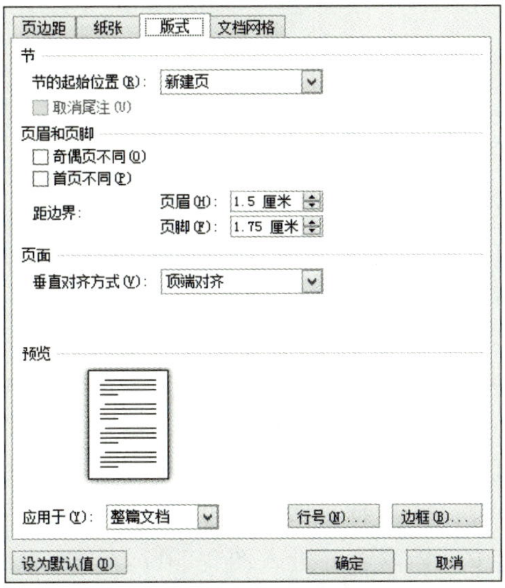

图 3-2-16　“版式”选项卡

(1)页面边框设置

页面边框设置是对页面设置边框的过程。方法如下:

单击“边框”按钮,出现“边框和底纹”对话框,如图 3-2-17 所示。在该对话框中,设置有“边框”“页面边框”和“底纹”三个选项卡,电脑默认为“页面边框”选项卡。在“页面边框”选项卡中,有各种页面边框样式、页面边框线条样式和线条宽度等选项,根据需要进行设置即可为页面设置所需边框。设置完毕,单击“确认”按钮。

若要消除页面边框,只需在“页面边框”选项卡中,在“设置”一列,单击“无”按钮,页面边框就被消除。

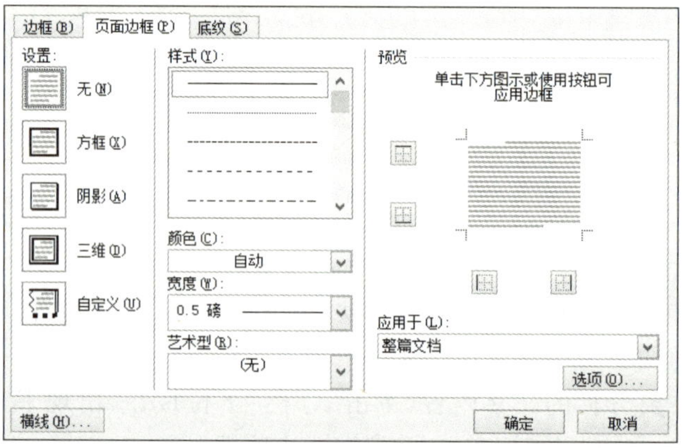

图 3-2-17 “边框和底纹”对话框

(2)底纹设置

底纹设置是对文档中选中的文字进行底纹或颜色的设置过程。方法如下:

选中需要设置底纹的段落文字,进入图 3-2-17,单击“底纹”选项卡,进入如图 3-2-18 所示的“底纹”选项卡界面。通过“填充”和“图案”对话框,单击“填充”下拉按钮或“图案”对话框中的“样式”下拉按钮,就可以很方便地为选中的文字或文档设置填充各种颜色和底纹图案。

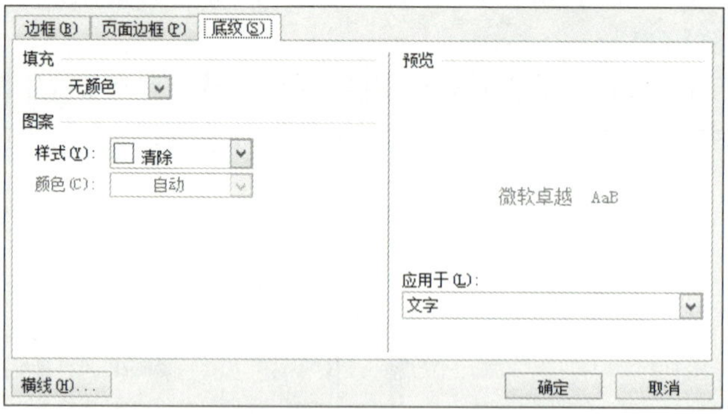

图 3-2-18 “底纹”选项卡

要消除底纹,只需选中需要消除底纹的文字,进入如图 3-2-18 所示的“底纹”选项卡界面,在“填充”下拉颜色列表中选择“无颜色”,或者在“图案”样式下拉列表中单击“清除”按钮,底纹即被清除。设置完毕,单击“确认”按钮。

(3)边框设置

边框设置是对文档内容设置边框的过程。具体方法如下:

选中文档内容。进入图 3-2-17,单击“边框”选项卡,进入如图 3-2-19 所示的“边框”选项卡界面。和页面边框设置的情况类似,在“边框”选项卡中,有各种边框样式、边框线条样式和线条宽度等对话框，根据需要进行设置即可为选中的内容设置所需边框。设置完毕，单击“确认”按钮。

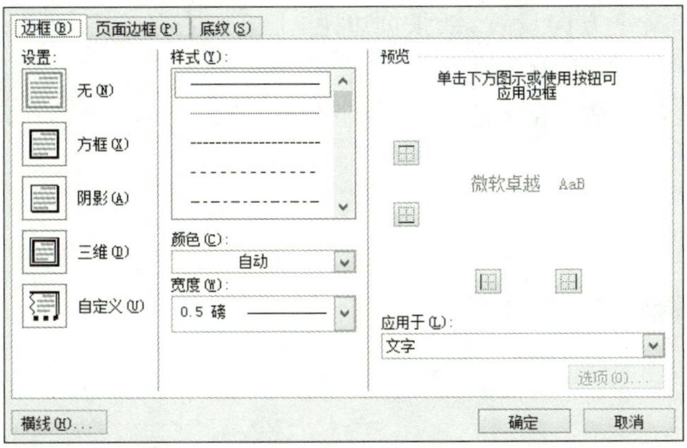

图 3-2-19 “边框”选项卡

若要消除文档内容边框，首先选中内容，然后进入“边框”选项卡中，在“设置”一列，单击“无”按钮，选中内容边框就被消除。

四、案例实操

启动 Word 2010，打开素材库中“气候变暖. docx”文件，按下列要求操作并保存。分栏及图文混排位置应与样张大致相同，如图 3-2-20 所示。

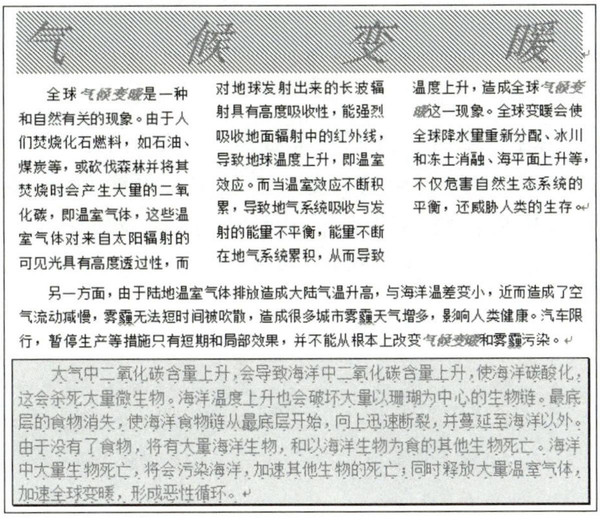
气候变暖

全球***气候变暖***是一种和自然有关的现象。由于人们焚烧化石燃料，如石油、煤炭等，或砍伐森林并将其焚烧时会产生大量的二氧化碳，即温室气体，这些温室气体对来自太阳辐射的可见光具有高度透过性，而对地球发射出来的长波辐射具有高度吸收性，能强烈吸收地面辐射中的红外线，导致地球温度上升，即温室效应。而当温室效应不断积累，导致地气系统吸收与发射的能量不平衡，能量不断在地气系统累积，从而导致温度上升，造成全球***气候变暖***这一现象。全球变暖会使全球降水量重新分配、冰川和冻土消融、海平面上升等，不仅危害自然生态系统的平衡，还威胁人类的生存。

另一方面，由于陆地温室气体排放造成大陆气温升高，与海洋温差变小，进而造成了空气流动减慢，雾霾无法短时间被吹散，造成很多城市雾霾天气增多，影响人类健康。汽车限行，暂停生产等措施只有短期和局部效果，并不能从根本上改变***气候变暖***和雾霾污染。

大气中二氧化碳含量上升，会导致海洋中二氧化碳含量上升，使海洋碳酸化，这会杀死大量微生物。海洋温度上升也会破坏大量以珊瑚为中心的生物链。最底层的食物消失，使海洋食物链从最底层开始，向上迅速断裂，并蔓延至海洋以外。由于没有了食物，将有大量海洋生物，和以海洋生物为食的其他生物死亡。海洋中大量生物死亡，将会污染海洋，加速其他生物的死亡；同时释放大量温室气体，加速全球变暖，形成恶性循环。

图 3-2-20 案例实操题

1. 字符格式化

(1)标题设置：小初、加粗、字符间距加宽到 12 磅、分散对齐。

(2)最后一段设置为红色、小四号、着重号。

(3)将正文中所有的“气候变暖”替换为红色、粗斜体。

2. 段落格式化

(1)设置正文中所有段落首行缩进 2 字符；(2)段前间距为 0.3 行；(3)行距：固定值 18 磅。

3. 页面格式化

（1）纸张大小和方向设置：16 开纸；方向：纵向。

（2）纸张页边距和文字方向设置：纸张页边距：上下左右各 2.5 厘米；文字方向：水平。

（3）分栏设置：将第 1 段分为等宽三栏。

（4）页面边框和底纹设置：给标题加“浅色下斜线”样式底纹；给第三段加带阴影边框，并设置 10%样式底纹。

【课题小结】

本课题的内容结构如图 3-2-21 所示。

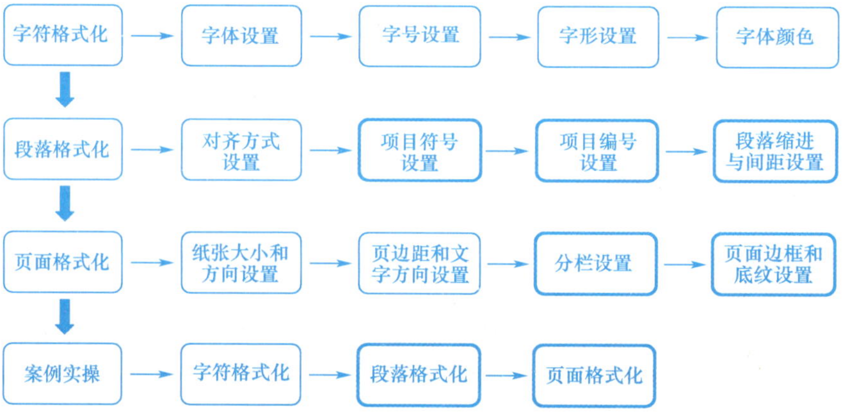

图 3-2-21　本课题内容结构

说明：

1. 本课题主要介绍了字符、段落和页面三个方面的问题，这是 Word 文档编辑中非常重要的问题。熟练掌握这三个方面的问题至关重要。教学中要循序渐进，逐步深入。

2. 课题实践性强，教学中要注意理实结合，边讲边练，增强教学互动。

3. 粗框内为难点内容，应反复训练，加强指导。

【效果测评】

表 3-2-1　考核评分记录表

考核目标	考核内容	考核要求	评分标准	配分	自评	互评	师评
知识目标	字符格式化的定义和主要内容	思路清楚，回答完整	定义 5 分，内容 5 分。能够完整说出得满分。根据回答酌情扣分	10			
	段落格式化的定义和主要内容	思路清楚，回答完整	定义 5 分，内容 5 分。能够完整说出得满分。根据回答酌情扣分	10			
	页面格式化的定义和主要内容	思路清楚，回答完整	定义 5 分，内容 5 分。能够完整说出得满分。根据回答酌情扣分	10			
	页面边框设置与边框设置的含义？二者有什么区别？	思路清楚，回答完整	二者的含义各 3 分；联系与区别各 2 分。能够完整说出得满分。根据回答酌情扣分	10			

（续表）

考核目标	考核内容	考核要求	评分标准	配分	自评	互评	师评
能力目标	案例实操 1：字符格式化	方法正确，操作熟练	共 3 项，每项 5 分（正确 3 分，熟练 2 分）。根据实操酌情扣分	15			
	案例实操 2：段落格式化	方法正确，操作熟练	共 3 项，每项 5 分（正确 3 分，熟练 2 分）。根据实操酌情扣分	15			
	案例实操 3：页面格式化	方法正确，操作熟练	(1)(2)(3)每项 5 分。每项操作正确得 3 分，操作熟练得 2 分。根据实操酌情扣分	15			
		方法正确，操作熟练	(4)15 分，其中每项操作 5 分。每项操作正确得 3 分，操作熟练得 2 分。根据实操酌情扣分	15			
总分				100			

课题三　用好 Word 2010 中的表格工具

在对事物进行说明或反映事物的变化规律时，凡是涉及数据方面的问题，文字的描述远远没有表格来的简明、直观。因此，表格与文档的有机结合，效果更加突出，应用十分普遍。熟悉和掌握 Word 文档中表格的处理方法，非常重要。

【教学目标】

1. 掌握在 Word 文档中创建表格的方法。
2. 掌握行列操作，合并或拆分表格。
3. 熟悉表格格式及边框处理方法。

【教学任务】

本课题的主要教学内容：Word 文档中表格的创建；表格的行列操作；合并或拆分表格；表格格式及边框处理；案例操作。

【教·学·做】

一、Word 2010 中表格的创建

在 Word 中除了文字编辑排版，还需要用表格来丰富文档的表现形式，例如：签到表、课程表等。表格的创建有多种方法，其中最常用的就是在“插入”功能区，使用“表格”选项来插入表格、绘制表格、快速创建表格。方法如下：

1. 快捷插入表格

启动 Word 2010，新建空白文档。单击“插入”功能区下的“表格”按钮，在弹出的下拉菜单中，可以看到一个表格网格框。在网格框中，把鼠标指针指向左上第一格并向右下移动鼠标至

需要的方格位置后单击，即可完成表格的插入，这种方法能够绘制的最大表格为八行十列，如图 3-3-1 所示。

2. 自定义表格插入

如果需要绘制的表格的列数或行数很多，无法使用上述方法绘制，可以在弹出的下拉菜单中选择“插入表格”项，就会弹出“插入表格”对话框，输入要插入表格的列数和行数，单击“确定”按钮，工作区就会出现一个满足设置要求的表格，如图 3-3-2 所示。

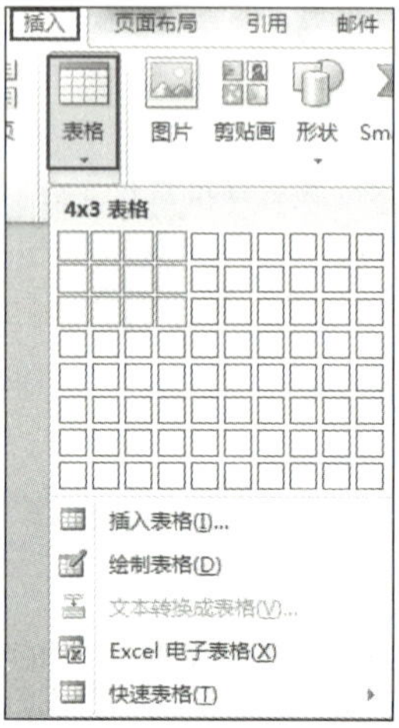

图 3-3-1 快速插入表格

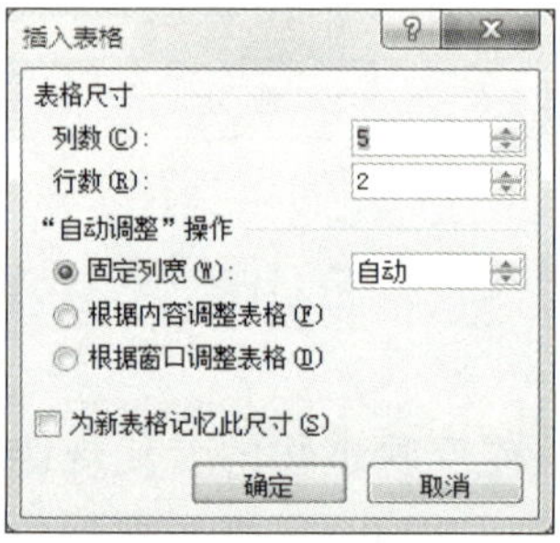

图 3-3-2 自定义表格行列数

二、行列及单元格操作

在表格中，根据横竖两个方向，可将表格中的格子定义为单元格，竖向的单元格组成列，横向的单元格组成行。在编辑表格内容时，会出现增加或删除单元格、行、列的情况。对于一个单元格，根据文档编辑需要，可以对选定的单元格进行拆分，即一个单元格可拆分为多个单元格，也可对多个单元格进行合并，将需要合并的单元格选中，通过合并功能，使之合并为一个大的单元格。单元格、行、列的操作方法如下：

1. 插入行或列

把插入点定位于单元格内，右击并在弹出的快捷菜单中选择“插入”命令，在弹出的下级子菜单中选择“在上方插入行”“在下方插入行”“在左侧插入列”“在右侧插入列”命令并单击，新行或新列出现在光标所在行的相应位置，如图 3-3-3 所示。

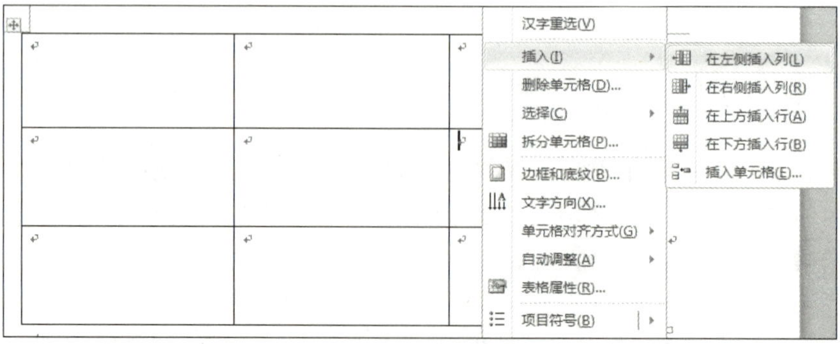

图 3-3-3 插入行列

2. 删除行或列

将鼠标移到待删除行的左侧或待删除列的上端，当鼠标出现箭头状时，单击鼠标左键，要删除的行或列即被选定，右击，选定“删除行”或“删除列”命令，选定的行或列即被删除，如图 3-3-4 所示。

3. 合并单元格

合并单元格是把几个相邻的单元格中间的表格线删除，变为一个大的单元格。选中行与列中相邻的要合并的两个以上的连续单元格，在“布局”功能区中单击“合并单元格”按钮，被选定的几个单元格合并为一个单元格，如图 3-3-5 所示。

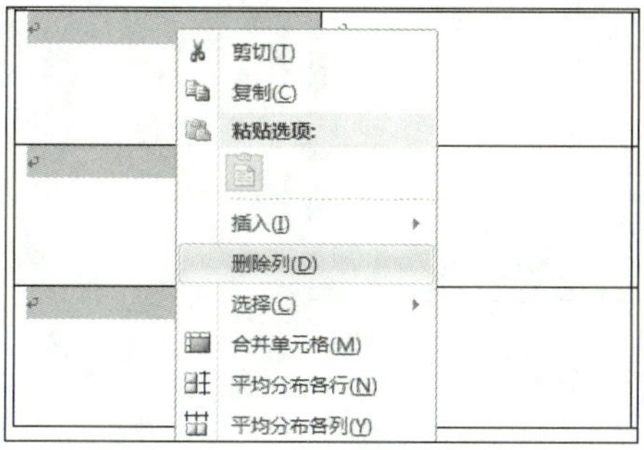

图 3-3-4　删除列

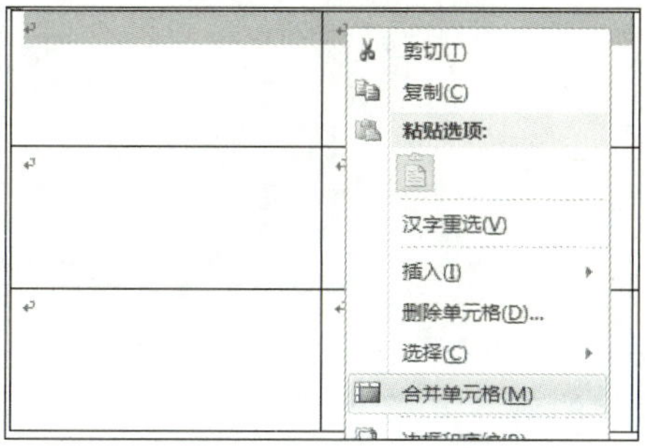

图 3-3-5　合并单元格

4. 拆分单元格

拆分单元格是把一个单元格拆分为几个小单元格，一般在单元格数目不够用时使用这个功能。选中要拆分的单元格，然后在“布局”功能区中单击“拆分单元格”按钮，弹出“拆分单元格”对话框，在对话框中输入要拆分成行数和列数，单击“确定”按钮，如图 3-3-6 所示。

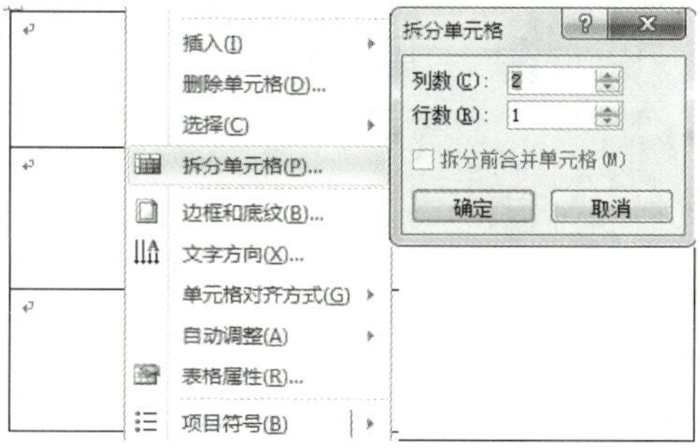

图 3-3-6　拆分单元格

三、表格格式及边框处理

在文档排版时，需要对表格进行精细化的操作，对单元格、行、列的宽度、高度，以及表格边框的线条都可以灵活修改，对于单元格内的文字，可以设置不同的对齐方式。

在 Word“表格工具-设计”功能区，预设了多种表格样式，用户可以根据需要快捷地选择表格样式，极大地提高工作效率。

1. 表格的列宽或行高设置

把鼠标指针移到单元格的右边框上，当鼠标指针变为双垂直细线，带有左右的双向箭头时按下鼠标左键，并拖动列边框移动。当列宽拖到适当宽度时，放开鼠标左键。使用鼠标改变行高和列宽的方法十分快捷，但无法精确设置列宽和行高的具体值。拖动时在标尺上看到的列宽或行高的值并不准确。使用"表格属性"对话框则可以精确地调整表格中的行高和列宽，如图 3-3-7 所示。

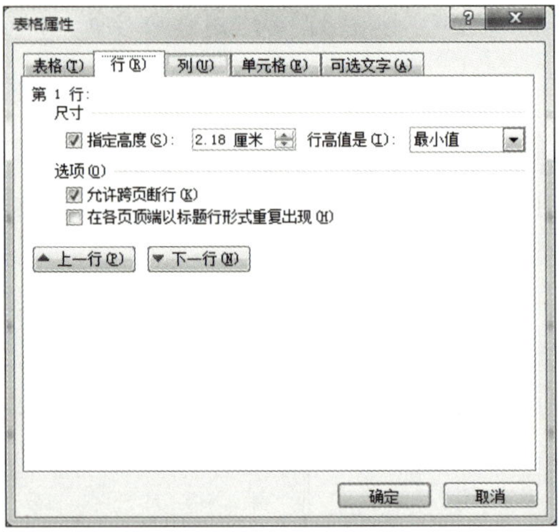

图 3-3-7 列宽行高

2. 表格的对齐方式设置

单击表格中的任意位置，右击，在弹出的快捷菜单中选择"表格属性"命令，弹出"表格属性"对话框，如图 3-3-8 所示。

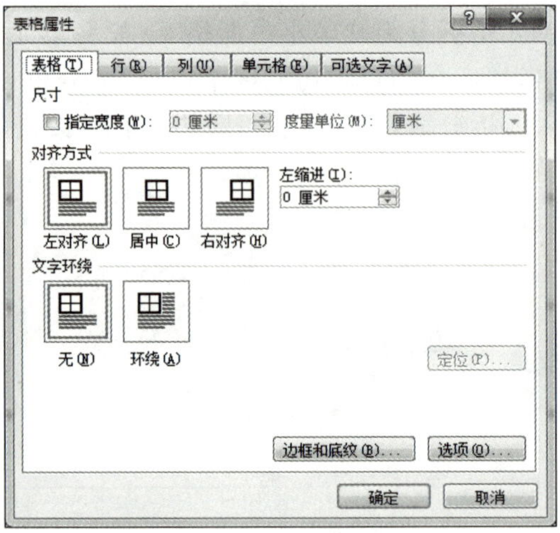

图 3-3-8 表格对齐方式

(1)表格对齐方式

表格在文档中的对齐方式有三种：左对齐、居中、右对齐。选择所需要的对齐方式，单击"确定"按钮，即得到所需的对齐方式。若需要表格与文字段落左对齐，则单击"左对齐"按钮，就得到文字与段落"左对齐"的效果。假若在旁边的"左缩进"对话框输入 2 厘米，则表格左侧随之缩进 2 厘米。而在"居中"与"右对齐"两种对齐方式下，"左缩进"对话框不起作用。

(2)文字环绕方式

文字环绕方式是指表格在文档中与文字的结合方式。具体有两种方式：一种是无环绕，即表格处于文字段落的上方或下方；另一种是环绕，即文字环绕在表格周围，文字与表格结合紧密。

3. 单元格的对齐方式

单元格中对齐方式是指单元格中内容的对齐方式。单元格的对齐方式可以通过“表格属性”对话框的“单元格”选项卡中进行设置。单元格的垂直对齐方式有三种方式可选：靠上、居中、靠下。

单元格的对齐方式可以通过“单元格对齐方式”快捷按钮进行设置，如图 3-3-9 所示。该快捷按钮预设了 9 种对齐方式可供用户选择，根据需要单击即可。

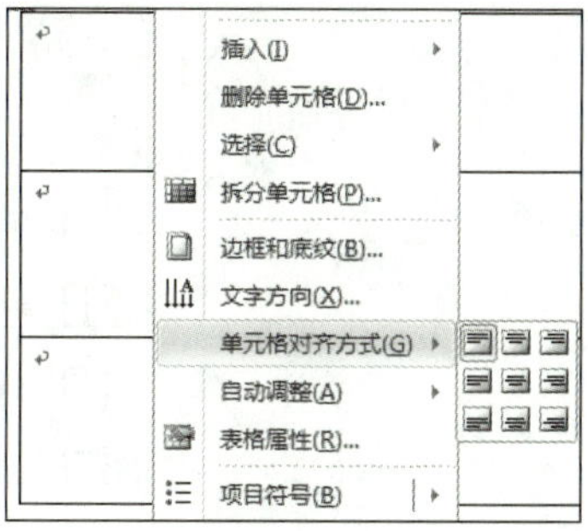

图 3-3-9 单元格对齐方式

4. 预设表格样式

为了让插入的表格在文档中显得更加专业，系统中还预设了若干的表格样式供用户快速套用。需要套用预设表格样式时，首先单击需要使用预设表格样式的表格，随即出现“表格工具”选项卡，单击打开“设计”功能区，单击“表格样式”功能组的下拉按钮，出现表格样式的下拉列表，如图 3-3-10 所示。在弹出的下拉列表中选定一种样式，即可完成表格样式的设置。

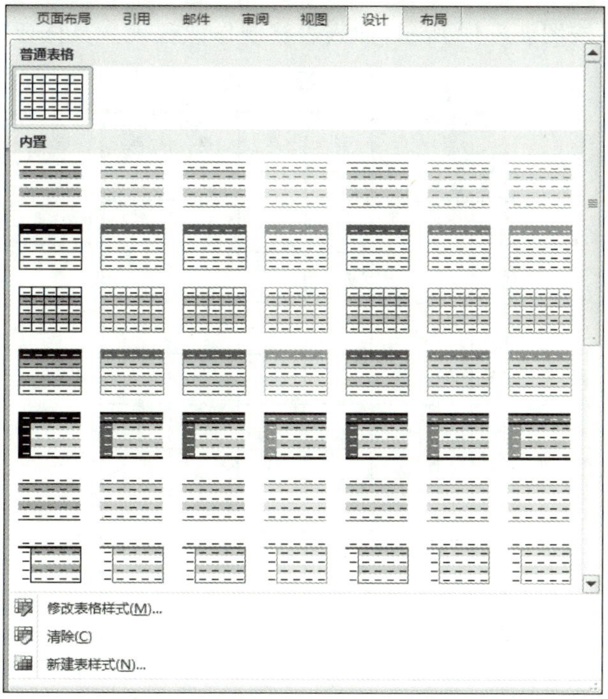

图 3-3-10 预设表格样式下拉列表

5. 表格边框和底纹设置

对表格设置边框和底纹，可以提升表格的表现力，增强表格的艺术效果。设置方法如下：首先单击需要设置的表格，随即出现“表格工具”选项卡，单击打开“设计”功能区。

(1)方法 1：可以使用“表格样式”功能组的“边框”和“底纹”按钮分别进行设置。

(2)方法 2：还可以使用“绘图边框”功能组的下拉对话框进行设置。单击“绘图边框”功能组的下拉按钮，随即出现“边框和底纹”对话框，如图 3-3-11 所示。表格边框和底纹的设置与前面课题二中页面边框和底纹的设置方法类似，在此不再赘述。

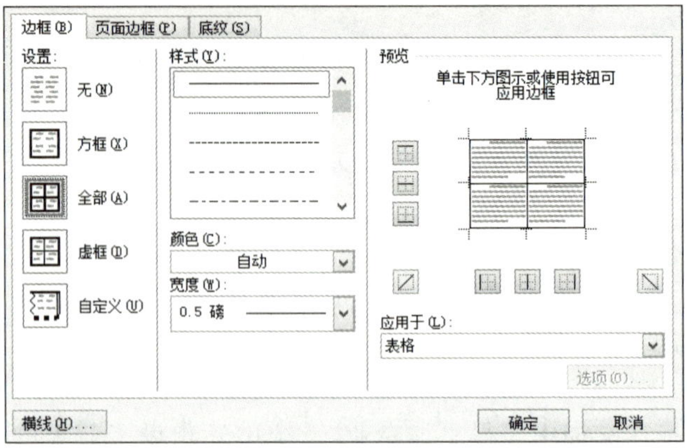

图 3-3-11 “边框和底纹”对话框

四、案例操作

在 Word 2010 中，按图 3-3-12 所示，插入表格制作课程表。具体要求如下：

课　程　表

课程/星期/节次		一	二	三	四	五
早读						
上午	1					
	2					
	3					
	4					
下午	5					
	6					
	7					
晚自习	1					
	2					
	3					

图 3-3-12 课程表

微课

课程表制作

1. 插入表格。在“插入”功能区，使用“表格”功能，按照图 3-3-12 表格的样式插入表格。

2. 插入、删除行列。根据制作课程表的实际需要，进行增加或删除行、列操作。

3. 合并、拆分单元格。根据制作课程表的实际需要，进行合并或拆分单元格操作。

4. 边框与底纹设置。根据制作课程表的实际需要，设置双线外框效果，将表头及早读、上午、下午、晚自习四个部分的底纹分别设置为“浅橙色”“金色”“浅蓝色”“浅绿色”。

5. 完成课程表的制作后，以“课题二案例实操 · 班级 · 姓名 · 学号”为文件名将文档保存在桌面上。

➤【课题小结】

本课题的内容结构如图 3-3-13 所示。

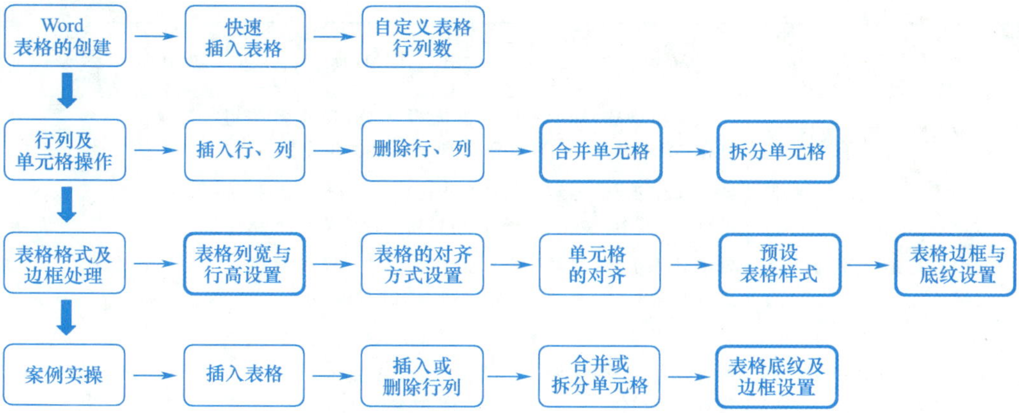

图 3-3-13　本课题内容结构

说明：

1. 本课题主要介绍了 Word 文档中表格的应用方法。这是 Word 文档编辑中经常要面对的问题。熟悉和掌握本课题的内容十分重要。教学中要循序渐进，逐步深入。

2. 课题实践性强，教学中要注意理实结合，边讲边练，增强教学互动。

3. 粗框内为难点内容，应反复训练，加强指导。

➤【效果测评】

表 3-3-1　　　　考核评分记录表

考核目标	考核内容	考核要求	评分标准	配分	自评	互评	师评
知识目标	Word 文档中创建表格的意义和方法	思路清楚，回答完整	意义 3 分；方法 7 分。能够完整说出得满分。根据回答酌情扣分	10			
	表格行、列及单元格的基本概念	思路清楚，回答完整	能够完整说出得满分。根据回答酌情扣分	5			
	表格列宽及行高的处理方法	完整理解，准确把握	能够完整说出得满分。根据回答酌情扣分	5			
	表格对齐方式的含义和种类	完整理解，准确把握	含义 3 分，种类 5 分。能够完整说出得满分。根据回答酌情扣分	8			
	文字环绕方式的定义和种类	完整理解，准确把握	定义 3 分，种类 2 分。能够完整说出得满分。根据回答酌情扣分	5			
	单元格的对齐方法和种类	完整理解，准确把握	方法 4 分，种类 3 分。能够完整说出得满分。根据回答酌情扣分	7			
	设置表格边框和底纹的目的和步骤	完整理解，准确把握	目的 5 分，步骤 5 分。能够完整说出得满分。根据回答酌情扣分	10			

（续表）

考核目标	考核内容	考核要求	评分标准	配分	自评	互评	师评
能力目标	案例实操 1：插入表格	熟悉操作步骤，能够进行熟练操作	操作正确得 3 分，操作熟练得 2 分；根据实操酌情扣分	15			
	案例实操 2：插入、删除行、列	熟悉操作步骤，能够进行熟练操作	每项操作正确得 3 分，操作熟练得 2 分；根据实操酌情扣分	5			
	案例实操 3：合并、拆分单元格	熟悉操作步骤，能够进行熟练操作	操作正确得 3 分，操作熟练得 2 分；根据实操酌情扣分	10			
	案例实操 4：表格边框与底纹设置	熟悉操作步骤，能够进行熟练操作	外侧框线 5 分，斜下框线 5 分，底纹设置 5 分。每项操作正确得 3 分，操作熟练得 2 分；根据实操酌情扣分	15			
	案例实操 5：文档命名及保存	熟悉操作步骤，能够进行熟练操作	操作正确得 3 分，操作熟练得 2 分；根据实操酌情扣分	5			
总分				100			

课题四　图文混排

随着人们认知的不断发展和进步，对文档的要求越来越高，纯文字的文档，已经无法满足人们的需要。在文档中适当添加一些与内容相关联的精美图片，能够让文档产生图文并茂的效果。这不但能够有效地吸引读者的眼球，而且还能够让文档主题更加鲜明、重点更加突出、效果更加凸显。因此，图文混排是 Word 文档的一项重要内容。

【教学目标】

知识目标：

1. 熟悉和掌握"形状"的概念、种类、功能和作用。
2. 熟悉和掌握插入图片的功能、路径和方法。
3. 熟悉和掌握插入艺术字的方法。

能力目标：

1. 熟练掌握插入形状的操作步骤。
2. 熟练掌握插入图片的操作步骤和处理方法。
3. 熟练掌握插入艺术字的操作步骤和处理方法。

【教学任务】

本课题的主要教学内容：插入形状；插入图片；插入艺术字；案例操作。

【教·学·做】

一、插入形状

形状是各种几何图形的集合。形状包括线条、各种矩形、基本形状、箭头总汇、公式形状、星与旗帜、标注共七大类，每一类形状又有若干的图形样式。在 Word 的文档编辑中，通过插入这些线条和图形元素，可以绘制各种各样的图形，增强文档的表现力和说服力，达到文字无法表述的效果。插入形状的操作方法如下：

1. 插入形状

在“插入”功能区，单击“形状”按钮，弹出形状下拉列表，如图 3-4-1 所示。

根据需要单击所需要的线条和各种形状的图形，该线条和图形即被选中，光标随即变为“＋”形状，按住鼠标左键，向右侧拉动，就出现所需要的各种线条和图形，如图 3-4-2 所示。

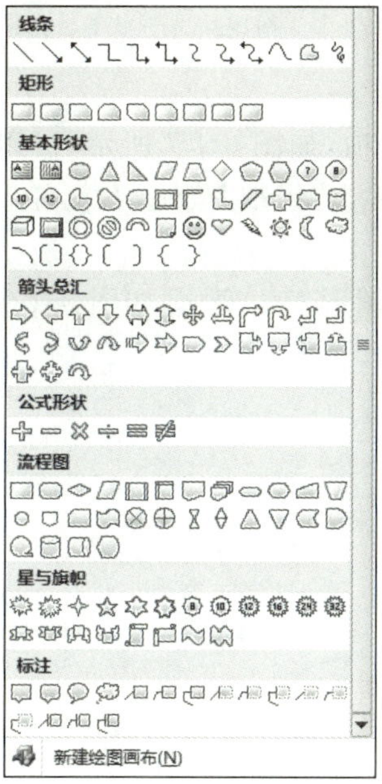

图 3-4-1　形状下拉列表

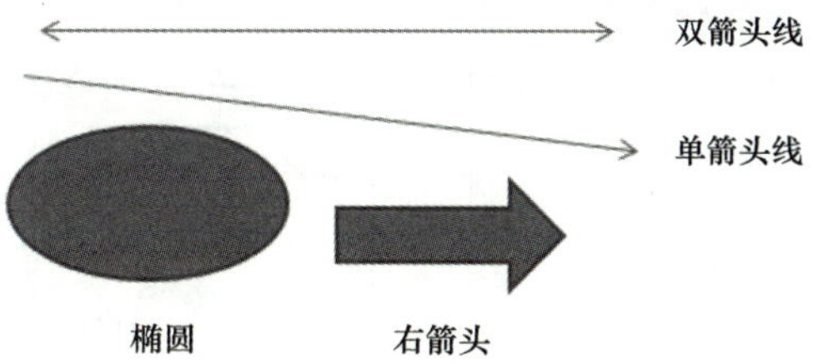

图 3-4-2　插入形状

2. 修改形状

插入形状后，如果对插入的形状不满意，还可以利用形状编辑处理工具，对插入的对形状进行修改。单击需要修改的形状，在工作界面顶端弹出“绘图工具-格式”选项卡，单击“格式”按钮，进入“格式”功能区，其形状编辑处理工具，如图 3-4-3 所示。

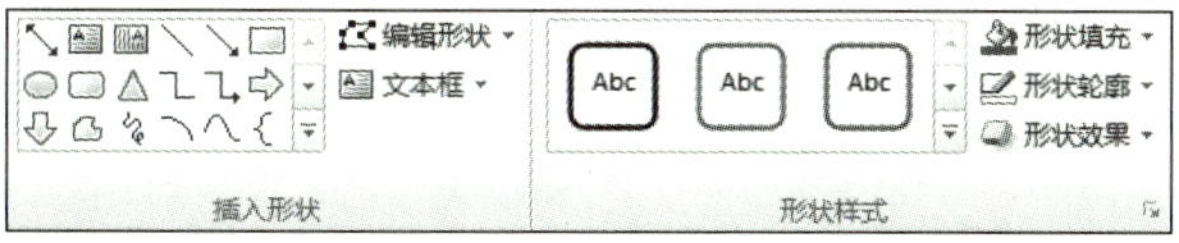

图 3-4-3　形状编辑处理工具

(1)更改形状

选中形状，单击“编辑形状”按钮，进入对话框，单击“更改形状”按钮，进入形状列表，选择并单击要更改的形状如“圆角矩形”，椭圆就变为圆角矩形，如图 3-4-4 所示。

(2)修改形状填充

选中形状，单击“形状填充”下拉按钮，弹出形状填充下拉列表，如图 3-4-5 所示，可以根据需要任意选择填充颜色。如选择并单击“无填充颜色”按钮，则椭圆形状中间的颜色就被去除，如图 3-4-6 所示。

图 3-4-4 更改形状样式

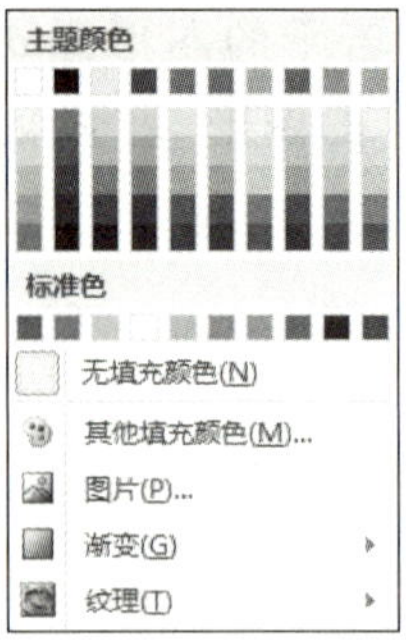

图 3-4-5 形状填充选项

图 3-4-6 形状无填充

(3)修改形状轮廓

选中形状,单击“形状轮廓”下拉按钮,弹出形状轮廓选项,如图 3-4-7 所示,可以根据需要任意选择轮廓颜色。如果需对轮廓线的粗细进行设置,则单击“粗细”按钮,右侧弹出线条下拉列表,如图 3-4-8 所示。

如轮廓线选择颜色为“红色”,粗细为“1 磅”,则选中的图形发生变化,如图 3-4-9 所示。

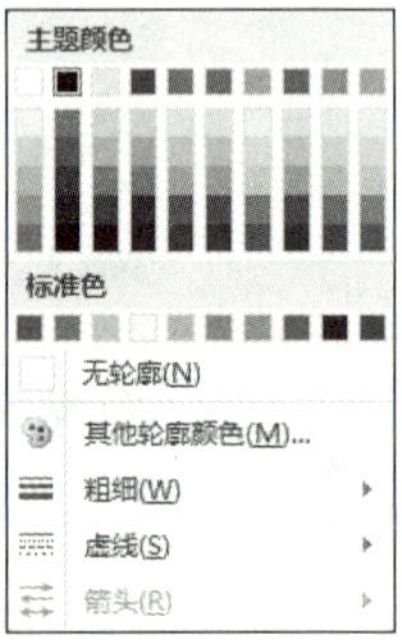

图 3-4-7 形状轮廓选项

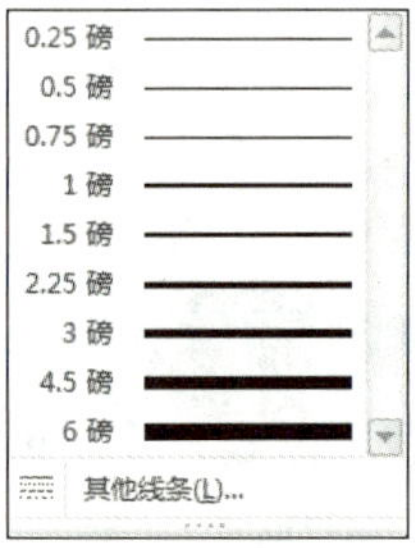

图 3-4-8 轮廓线粗细

图 3-4-9 形状轮廓线的修改

(4)形状效果设置

如果要对形状效果进行设置,则选中形状,单击“形状效果”下拉按钮,弹出效果选项下拉列表,如图 3-4-10 所示,可以根据需要任意选择形状效果。选择并单击“棱台”按钮,进一步弹出棱台效果列表,如图 3-4-11 所示。单击其中所需样式,即可得到需要的形状效果。

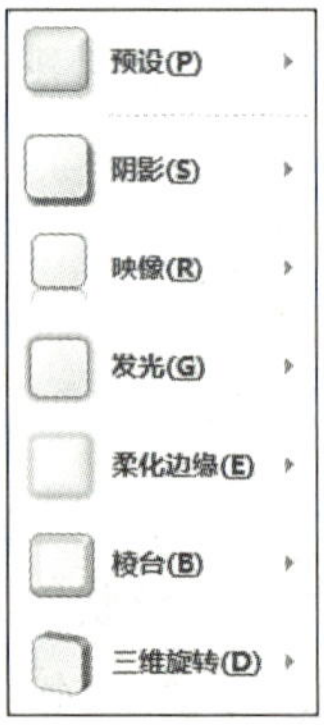

图 3-4-10 效果选项

图 3-4-11 棱台效果列表

例如,现在插入形状“爆炸形 1”,现对其进行效果处理,形状填充为:纹理(编织物);形状轮廓为:颜色(红色),粗细(6 磅);形状效果为:棱台(角度)。通过设置处理,形状效果如图 3-4-12 右图所示。

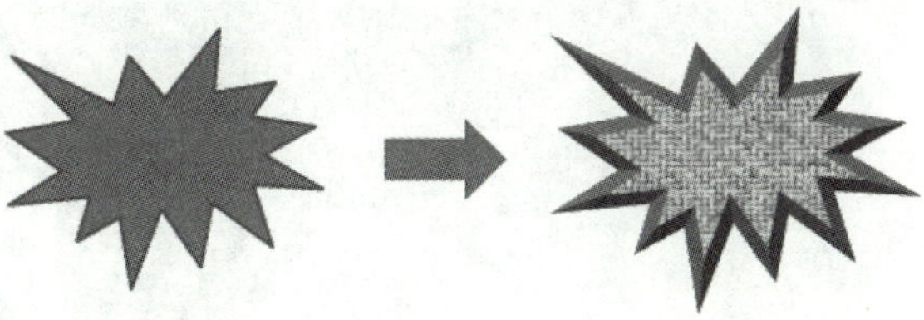

图 3-4-12　形状综合处理

二、插入图片

在 Word 文档中，对图片的应用是一项非常重要的技能。根据需要插入图片，并对图片进行处理，能够让你的 Word 文档变得高端、大气、上档次。图片的处理方法如下：

1. 插入图片

在“插入”功能区，“图片”位于“插图”功能组，如图 3-4-13 所示。

图 3-4-13　插图功能组

从图中可以看出，通过本功能组可以插入图片、剪贴画、形状、SmartArt 图形、图表及屏幕截图六项。插入图片是应用最为普遍的功能。插入图片的具体方法如下：

单击“图片”按钮，弹出“插入图片”对话框，如图 3-4-14 所示。

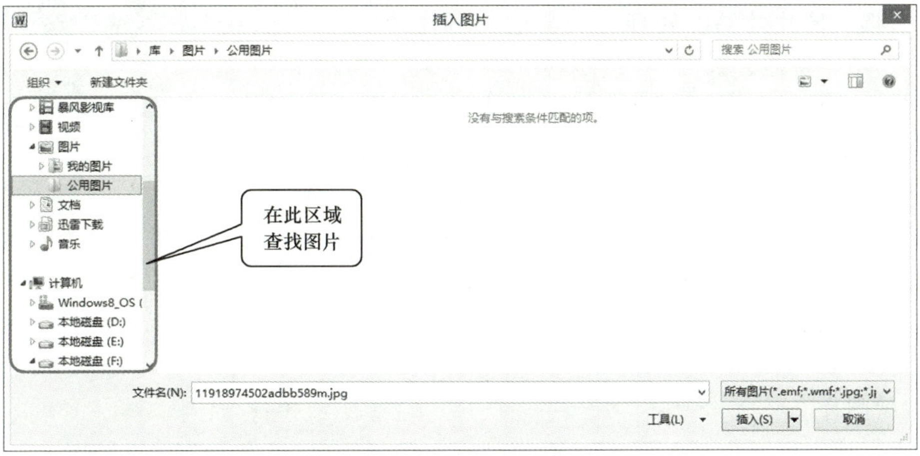

图 3-4-14　插入图片对话框

通过资源管理器，进入图片存放位置，找到所需要的图片并单击选中图片，单击右下角“插入”按钮，图片即插入 Word 文档，如图 3-4-15 所示。

2. 美化图片

单击选中图片，工作界面的顶端弹出“图片工具-格式”选项卡，单击“格式”按钮，出现图片格式功能区，该功能区包含“调整”“图片样式”“排列”“大小”四个功能组。

（1）图片样式

图片样式是利用“图片样式”功能组中的功能对图片进行格式化处理。图片样式功能组，如图 3-4-16 所示。

图 3-4-15 插入图片

图 3-4-16 图片样式功能组

图片样式列表中预设了 28 种样式，选中图片，根据实际需要选择并单击其中一种样式，图片随即被该样式格式化。应用这种方法，可以对图片高效快捷地进行处理。上述图片采用“金属椭圆”样式化处理后的图形，如图 3-4-17 所示。

图 3-4-17 金属椭圆样式处理

图片边框及图片效果的处理方法与前面所述的形状处理一致，不再赘述。

图片的其他样式效果及图片边框和效果的处理由读者去逐步实践。

(2)调整图片

通过图片调整功能，可以对图片的亮度、对比度、颜色、艺术效果等进行设置调整，以期达到更好的艺术效果；可以通过“删除背景”按钮，自动删除不需要的部分图片，以突出图片的主题；还可以压缩图片以减小尺寸、更改图片名另外保存、通过重设图片以放弃对图片的全部格式更改。

(3)裁剪图片

为了更好地突出图片的主题，需要对图片进行裁剪处理，删除不需要的部分。需要裁剪图片时，首先选中图片，在如图 3-4-18 所示的功能组中，单击“裁剪”按钮，用鼠标向右拖动裁剪标尺，图片变为如图 3-4-19 所示形状。黑框面积即剪出的部分。同理，用鼠标拖动另外一边及其余四个角的裁剪标尺，能够方便快捷地剪出不需要的部分。

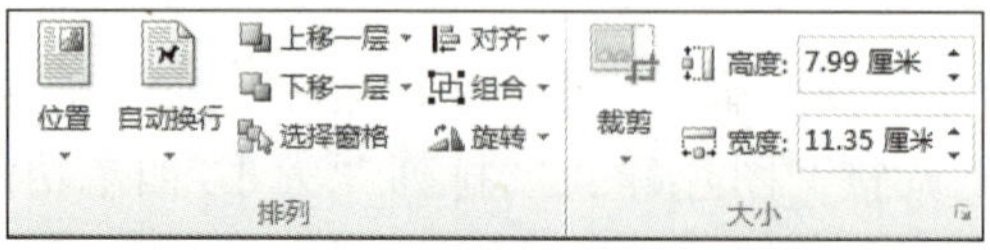

图 3-4-18 排列和大小功能组

此外，应用裁剪下拉按钮，还能够将图片裁剪为所需要的不同形状。单击“裁剪”下拉按

图 3-4-19 图片的裁剪

钮，弹出裁剪下拉列表，如图 3-4-20 所示，单击“裁剪为形状”按钮，出现如图 3-4-1 所示的形状下拉列表，单击所需要的形状，图片随即被按照相应的形状进行裁剪。例如，选中图 3-4-15 所示图片，选择裁剪为椭圆形状，则裁剪结果如图 3-4-21 所示。

图 3-4-20 裁剪列表

图 3-4-21 裁剪为椭圆形状

3. 排列图片

图片通过美化处理以后，还需要处理好图片与图片之间、图片与文字之间的关系，使其整齐划一，规范美观。为此，需要处理好图片的排列问题。图片的排列一般应用图片的排列功能就能够得到妥善处理。具体方法如下：

(1)图片的对齐

选中多个图片(对象)，如图 3-4-22 所示，选中的图片被框线包围，表示已被选中。单击“排列”功能组中的“对齐”按钮，弹出对齐方式列表，如图 3-4-23 所示。

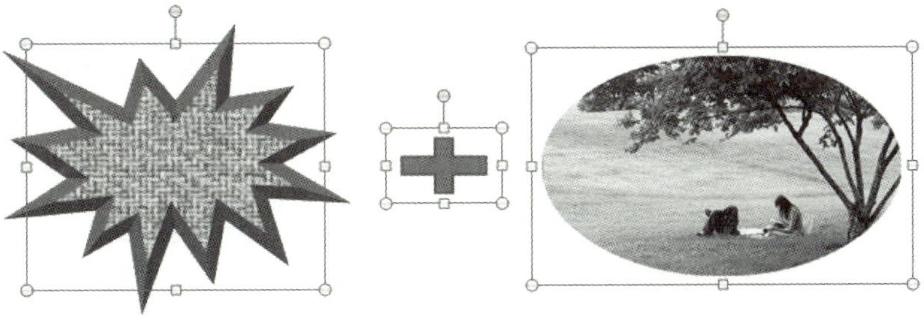

图 3-4-22 选中多张图片

其中，有各种对齐方式，根据实际需要，选择所要对齐方式，单击对应的对齐按钮即可。三个对象需要进行的是上下居中对齐，只需单击“上下居中”按钮就完成对齐操作。

多张图片对齐以后，为防止图片在文档编辑过程中发生移位，最好的方式是将已对齐的图片进行合并处理。方法很简单，就是将选中并已经对齐的多张图片，单击“组合”按钮即可。被组合的多个对象就变成了一个统一的整体。当然，若要解除组合，只需单击选中被组合的对象，然后单击“组合”按钮进入组合选项列表，选择单击“取消组合”按钮即可。

(2)图片在文档中的布局

要使图片在文档中处于合适的位置，可以用手动调整的方式移动图片以满足要求，但这种方法不规范也不准确。合理的方法是使用“排列”功能组中的“位置”功能来实现。选中对象，在排列功能组中，单击“位置”按钮，弹出对象布局列表，如图 3-4-24 所示。

图 3-4-23　对齐方式

图 3-4-24　对象布局列表

列表中列出了文字与图片等对象排列的九种常见方式，根据实际情况选择其中之一即可。如果实际情况不符合这九种情况，则单击“其他布局选项”按钮，弹出“布局”对话框，如图 3-4-25 所示，左图为“位置”选项卡，根据需要勾选“水平”和“垂直”等选项进行设置。左图设置完毕，单击上端的“文字环绕”选项卡，切换到右图所示的界面中，单击选择所需环绕方式、自动换行方式，设置图片等对象四周与正文的距离。设置完毕，单击“确定”按钮即可。

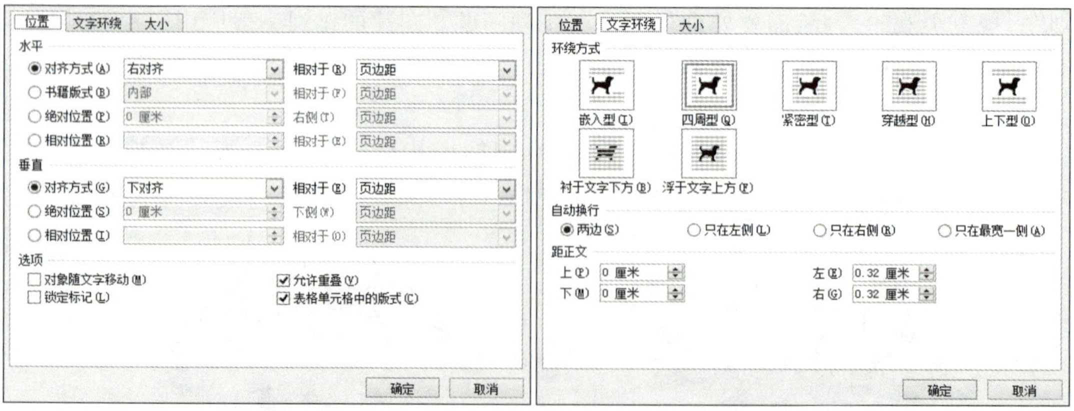

图 3-4-25　“布局”对话框

三、插入艺术字

艺术字是一种装饰性文字，在 Word 文档中适当插入合适的艺术字，可以让文档变得更加美观，更具有表现力。

1. 插入艺术字

单击“插入”选项卡，进入“文本”功能区，在“文本”功能组中单击“艺术字”下拉按钮，出现艺术字下拉列表，如图 3-4-26 所示。

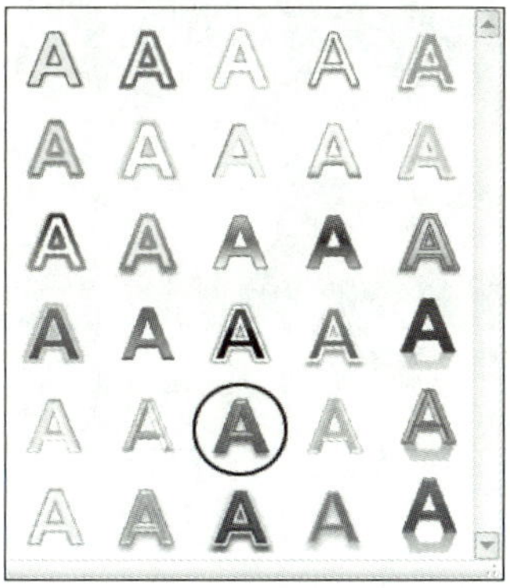

图 3-4-26　艺术字下拉列表

列表中列出了 30 种不同样式的艺术字，单击合适的样式，如圆圈内所示（填充-红色，强调文字颜色 2，暖色粗糙棱台），文档中的光标处随即出现该样式艺术字的输入对话框，如图 3-4-27 所示，框内出现“请在此放置您的文字”，删除该文字，输入所需文字，即得到所需要的艺术字。

图 3-4-27　艺术字输入对话框

2. 艺术字的修改

插入艺术字以后，还可进一步对输入的艺术字的字体、字号、字形、颜色等进行修改，以期得到令你更为满意的效果。在 Word 2010 中修改艺术字非常简单，单击艺术字即可进入编辑状态，在修改文字的同时，用户还可以对艺术字进行字体、字号、颜色等格式设置。在此不再赘述。

四、案例操作

打开本课题的素材文件，按照以下要求进行操作。制作如图 3-4-28 所示期刊封面。

具体操作要求如下：

1. 按要求新建并保存文档

以“班级・姓名・学号・课题 4”为名，新建文档并另存在电脑桌面。

2. 插入及修改艺术字

（1）插入艺术字：在文本的第 1 行插入“填充-橙色，强调文字颜色 6，渐变轮廓-强调文字颜色 6”的艺术字型，内容为“润物无声”，且分散对齐。

（2）修改艺术字：将“润物无声”艺术字字体设置为宋体，字号为 48，字形为加粗，将形状效果设置为“外部右下斜偏移阴影”。

图 3-4-28 期刊封面效果

3. 插入及美化图片

（1）插入图片：在素材库中选择图片“润物无声. tiff”，图片大小为原图的 80%，环绕方式为“四周型环绕”。

（2）美化图片：将该图片添加“矩形投影”的边框。

➤【课题小结】

本课题的内容结构如图 3-4-29 所示。

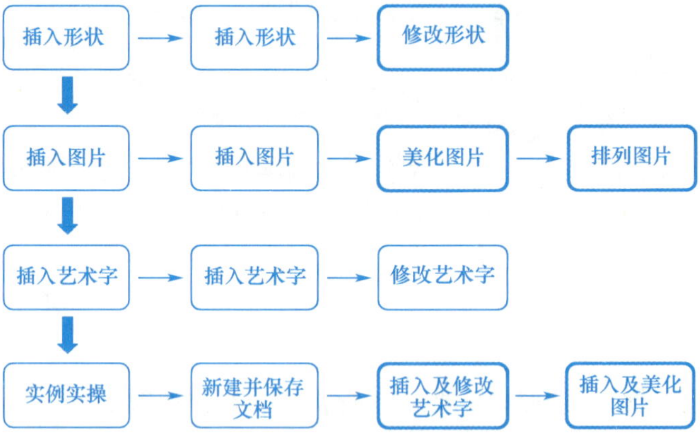

图 3-4-29 本课题内容结构

说明：

1. 本课题主要介绍了 Word 文档中经常会遇到的形状、图片、艺术字的插入、美化和排列，以及图文混排的编辑处理方法。学习本课题，对于提高文档的编辑能力十分重要。学习和掌握本课题的内容非常必要。

2. 本课题操作实践性强，教学中要注意循序渐进，讲练结合，逐步深入，全面掌握。

3. 粗框内为难点内容，应增强教学互动，反复训练，加强指导。

【效果测评】

表 3-4-1 考核评分记录表

考核目标	考核内容	考核要求	评分标准	配分	自评	互评	师评
知识目标	形状的作用及分类	思路清楚，回答完整	作用 5 分，分类 5 分。根据实际情况酌情扣分	10			
	形状的插入和更换方法	思路清楚，回答完整	插入方法 5 分，形状更换 5 分。根据实际情况酌情扣分	10			
	图片工具的功能分类和作用	完整理解，准确把握	功能分类 5 分，作用 5 分。根据实际情况酌情扣分	10			
	图片美化的目的和方法	完整理解，准确把握	目的 5 分，美化方法 5 分。根据实际情况酌情扣分	10			
	艺术字的作用和插入方法	完整理解，准确把握	作用 5 分，插入修改方法 5 分。根据实际情况酌情扣分	10			
能力目标	案例实操 1：按要求新建并保存文档	熟悉操作步骤，能够进行熟练操作	正确 3 分，熟练 2 分。根据实际情况酌情扣分	5			
	案例实操 2：艺术字的插入及修改	熟悉操作步骤，能够进行熟练操作	(1)5 分；(2)5 分。根据实际情况酌情扣分	10			
	案例实操 3：插入图片	熟悉操作步骤，能够进行熟练操作	全面完成实操得满分。少 1 步扣 2 分	5			
	案例实操 4：裁剪图片	熟悉操作步骤，能够进行熟练操作	全面完成实操得满分。少 1 步扣 2 分	10			
	案例实操 5：修改图片	熟悉操作步骤，能够进行熟练操作	全面完成实操得满分。少 1 步扣 2 分	10			
	案例实操 6：美化图片	熟悉操作步骤，能够进行熟练操作	全面完成实操得满分。少 1 步扣 2 分	10			
总分				100			

课题五 Word 2010 的高级应用

在 Word 文档的编撰过程中，常常会遇到一个普遍性的问题，即如何对内容较多、结构复杂的文档进行快速、有效的编辑。Word 2010 为此专门提供了标题样式、大纲级别及目录索引等重要功能，熟悉和掌握这些功能的设置和使用方法，能够让我们如虎添翼，快捷处理这些问题，使我们的文档制作水平变得更加专业和富有效率。

【教学目标】

1. 熟练掌握标题样式的设置方法。
2. 熟练掌握大纲级别编号的设置方法。
3. 熟练掌握目录的生成方法。
4. 熟悉大纲视图的使用方法。

➤【教学任务】

本课题的主要教学内容：设置标题样式；大纲级别编号；目录生成方法；大纲视图的应用；案例操作。

➤【教·学·做】

一、标题样式

文档一般都由标题和正文组成。标题用来提纲挈领地反映文档的核心内容，一般是一段文字的关键词和关键句。而一个结构复杂的文档，往往包含多个标题，标题下面还有若干标题。正是这些不同级别的标题组成了文档的基本架构，这些标题也是生成文档目录的基础。对文档进行编辑，就需要对文档的不同级别的标题进行系统、规范的设置和处理。如果采用手工格式化操作的方式来对文档中这些繁杂的对象进行重复操作，不仅非常麻烦，还很容易出错，导致文档对象格式的不一致。Word 2010 提供了一种便利的操作方式，即利用“样式”对这些标题和正文进行统一设置，从而极大地提高书籍文档的编辑排版效率。

所谓样式就是应用于文本的一系列字符格式和段落格式的组合体。简单地说，样式就是格式的集合。通常所说的“格式”往往指单一格式，例如，“字体”“字号”格式等，每次设置格式，都需要选择某一种格式，如果文字的格式比较复杂，就需要多次进行不同的格式设置。而样式作为格式的集合，它几乎可以包含所有的格式。当使用“样式”进行操作时，只需执行一步操作就能把其中包含的各种格式一次性设置到标题或段落上。

1. 应用标题样式

标题样式是指应用于标题格式化的内置样式。Word 设置了 9 个不同级别的内置样式，即标题 1～标题 9。标题排列具有从属关系，2 级从属于 1 级，3 级从属于 2 级……9 级从属于 8 级。通常，标题 1 的字体最大，标题 9 的字体最小。一般的文档的标题也就 2～3 级，能够用到 2～3 级的样式就可以了。下面以三级标题文档（例如文章的章、节、小节）为例，说明应用标题样式对文档标题进行格式化处理的方法，具体如下：

单击“开始”选项卡，进入开始功能区，“样式”功能组，如图 3-5-1 所示，在其上端显示的为“快速样式列表”。

图 3-5-1　样式功能组

(1)1 级标题格式化

把光标定位在 1 级标题，单击“标题 1”快速样式按钮，章标题即被“标题 1”样式格式化。

(2)2 级标题格式化

把光标定位在 2 级标题，单击“标题 2”快速样式按钮，节标题即被“标题 2”样式格式化。

(3)3 级标题格式化

把光标定位在 3 级标题，单击“标题 3”快速样式按钮，小节标题即被“标题 3”样式格式化。

(4)格式刷的应用

在上述基础上，若配合“格式刷”的应用，就可以对其他标题进行快捷的格式化处理。具体方法是，应用如图 3-5-2 所示的“剪贴板”功能组中“格式刷”按钮，依次双击已经被标题样式格式化的标题，然后用“格式刷”单击文档中其他相同级别的标题，就可对相同级别的标题快速进行格式化处理。

同理，其他级别的标题一样如法炮制，通过标题样式进行处理。

2. 修改标题样式

文档中的内容采用系统预设的标题样式进行处理，格式可能不能完全符合实际需要。例如，“标题 1”样式的字号太大，而且是左对齐方式，希望采用小一点的字号并居中对齐，这时就需要对预设的样式进行修改。修改预设样式的方法如下：

将鼠标指针移动到“快速样式列表”中的“标题 1”样式，右击，弹出快速样式列表，如图 3-5-3 所示。单击“修改”按钮。弹出“修改样式”对话框，如图 3-5-4 所示。

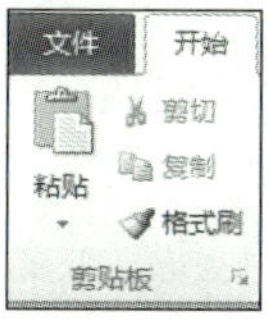

图 3-5-2　“剪贴板”功能组

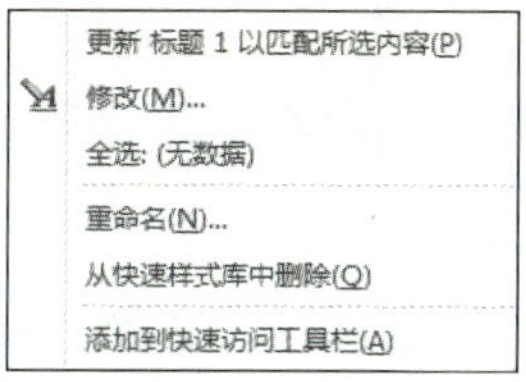

图 3-5-3　快速样式列表

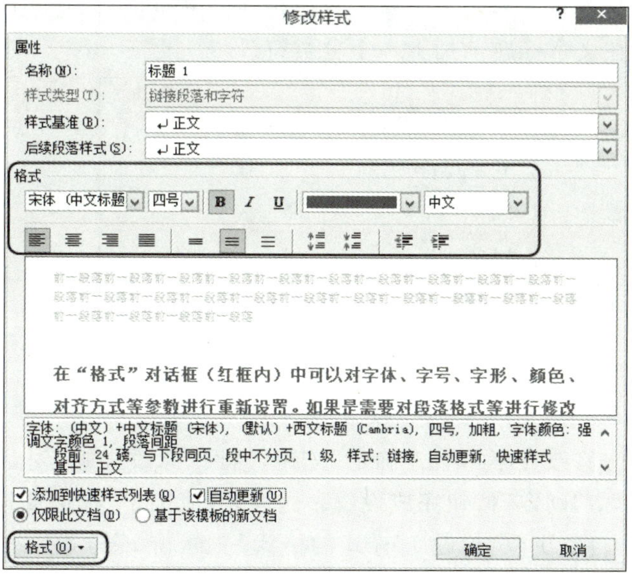

图 3-5-4　“修改样式”对话框

在“修改样式”对话框的“格式”栏中可以对字体、字号、字形、颜色、对齐方式等参数进行重新设置。若要对段落格式等进行修改调整，则单击其左下角的“格式”下拉按钮，弹出下拉列表，选择“段落”，弹出“段落”对话框，如图 3-5-5 所示。

“段落”对话框有“缩进和间距”“换行和分页”以及“中文版式”三个选项卡。系统默认为“缩进和间距”选项卡，可以根据实际情况和具体需要对“对齐方式”“大纲级别”“缩进”“间距”等参数进行调整。

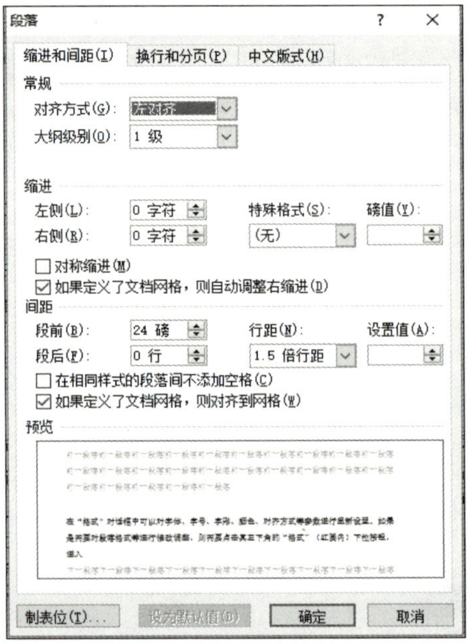

图 3-5-5 “段落”对话框

单击“换行和分页”按钮，切换到“换行和分页”选项卡，如图 3-5-6 所示。将“孤行控制”选中，这样可以防止 Word 在页面顶端打印段落末行或者在页面底端打印段落首行。勾选“段前分页”选项，可以避免每一章内容与上一章内容出现在同一页面，而且当应用文章标题样式后，Word 2010 就会自动在文章标题前加上一个分页符。

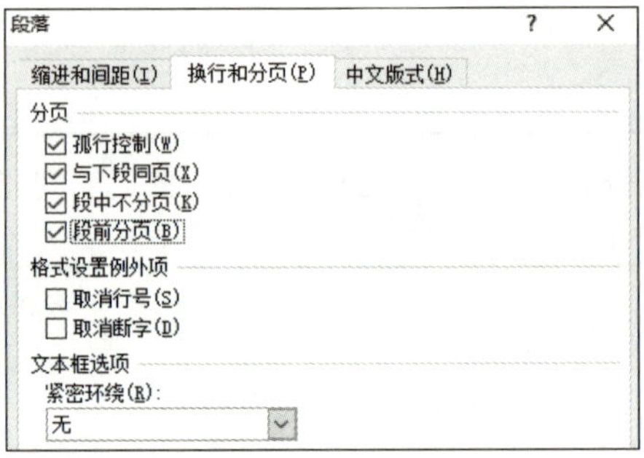

图 3-5-6 换行与分页设置

在“段落”对话框中修改完毕，单击“确定”按钮，返回“修改样式”对话框(图 3-5-4)。勾选“自动更新”复选框，单击“确定”按钮完成设置。这样，当应用了“标题 1”样式的文字和段落的格式发生改变时，就会自动更改“标题 1”样式的格式。“标题 1”样式改变了，文档中所有采用“标题 1”样式的文字和段落都会一起随之改变格式，而无须用格式刷逐个改变。

3. 新建标题样式

对于一些格式具有共性的复杂文档，如总结、报告、学术论文等文档，每次使用系统预设的标题样式进行处理，都要进行必要的修改，显得比较麻烦一些。用户可以通过新建标题样式的方法建立自己的标题样式来进行处理。具体方法如下：

(1)规划标题样式

首先要对文档的各级标题的设置要求进行统计分类，明确标题设置要求。例如，现有一个四级标题的文档，需要设置用户所需要的标题样式，以便对这个文档标题进行格式化处理。已知这个文档由“单元”“章”“节标题”和“小节标题”四级标题组成。各级标题的格式要求见表 3-5-1。

表 3-5-1　　标题设置参数统计表

标题	级别	字符格式	编号格式	段落设置	编号位置	文字位置	备注
单元标题	1 级	黑体、小二号	第一单元	居中，段前段后间距 0.5 行，1.5 倍行距	1. 同级编号左对齐；2. 相对页边距 0 厘米	与编号相距 1.5 厘米，缩减量为 0 厘米	
课题标题	2 级	微软雅黑、三号	课题一	左对齐，段前段后间距 1 行，1.5 倍行距		与编号相距 1.5 厘米，缩减量为 0 厘米	
节标题	3 级	宋体、小三号，加粗	一	左对齐，段前段后间距 1 行，1.5 倍行距		与编号相距 1 厘米，缩减量为 0 厘米	
小节标题	4 级	宋体、小四号，加粗	1.	左对齐，段前段后间距 1 行，1.5 倍行距		与编号相距 1.5 厘米，缩减量为 0 厘米	

（2）新建“单元”标题样式

根据上述统计表，对新建标题样式进行设置，使之符合标题规划要求。具体方法如下：

单击“样式”功能组右下角的下拉按钮，弹出“样式”对话框，如图 3-5-7 所示。

在其左下角单击“新建样式”按钮，出现“根据格式设置创建新样式”对话框，如图 3-5-8 所示。

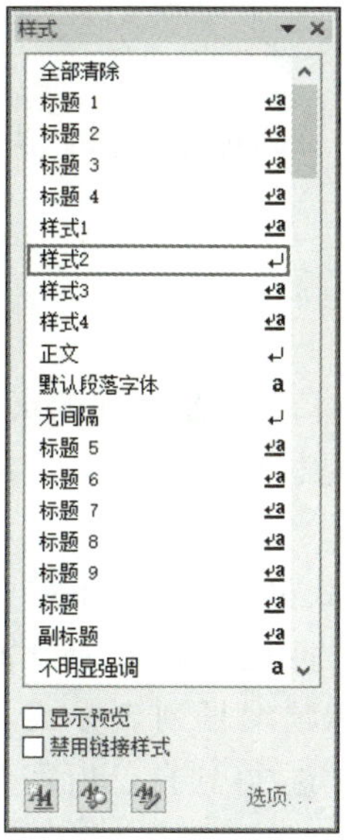

图 3-5-7　样式对话框

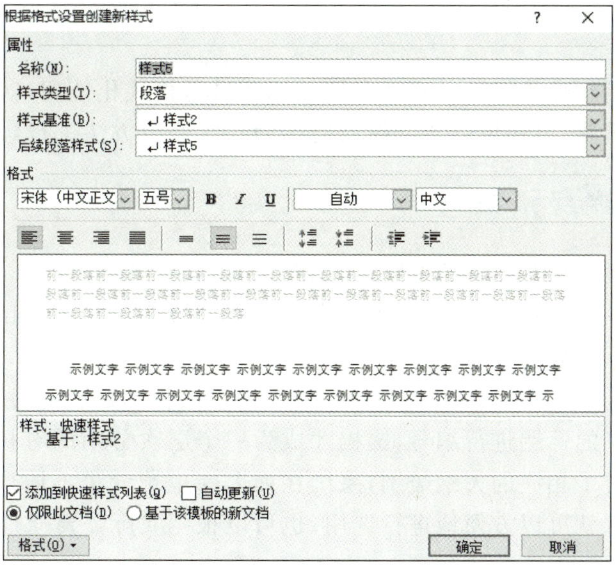

图 3-5-8　创建新样式对话框

在“名称”文本框中输入“单元样式”。单击左下角的“格式”下拉按钮，弹出格式设置下拉列表，如图 3-5-9 所示。

单击“字体”按钮，进入“字体”对话框，对字体、字号、字形、对齐方式等参数进行设置；单击“段落”按钮，进入“段落”对话框，根据前述统计表中所列要求，对段落对齐方式（此标题为 1 级标题）、大纲级别、缩进、间距等参数依次进行设置。

设置完毕，单击“确定”按钮，返回创建新样式对话框（图 3-5-8），勾选“添加到快速样式列表”，单击“确定”按钮，完成此样式的设置。新创建的标题样式就自动出现在快速样式列表中。

(3)新建“课题”及其他级别的标题样式

同理,依次新建“课题”标题样式及其他标题样式。在新建样式过程中,除了字体、段落对齐方式等重要参数的设置;也别忘记标题级别、名称的设置;还要注意勾选“添加到快速样式列表”和“自动更新”两个选项。

另外,单击“样式”组中的“更改样式”按钮,弹出下拉对话框,单击其中“样式集”命令,弹出如图 3-5-10 所示样式集列表,用户可以直接选择十几种样式方案,而无须复杂的配置过程,就可以为自己的文档设置规范、美观的样式。

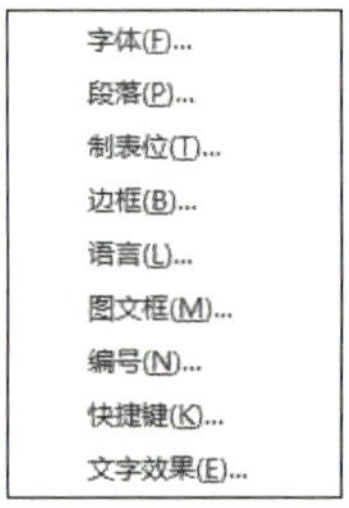

图 3-5-9 格式设置下拉列表

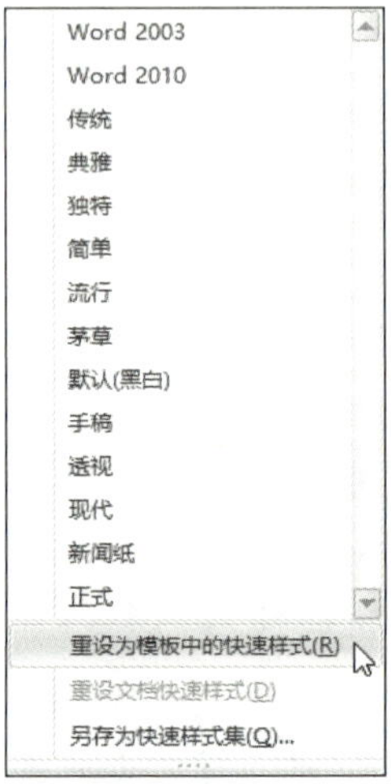

图 3-5-10 样式集列表

利用新建的标题样式对文档的标题进行格式化处理,就得到想要的标题效果。当然,如果感觉不满意,也还可以通过前面所述的样式修改方法进行修改。

二、大纲级别编号

大纲就是写文章的提纲,比如有大标题、小标题……。不同的标题设置不同的大纲级别,大标题一般设置成一级,小标题设置二级,依次顺推。大纲级别就是标题段落所处层次的级别编号,Word 提供 9 级大纲级别。

Word 使用层次结构来组织文档,大纲文档的标题通过标题样式处理以后,还需要对这些不同级别的标题进行编号,文档才成为一个层次分明的有机整体。标题在修改和设置过程中已经设置了相应的大纲级别,系统在列表库也预设了不同形式的标题编号列表方式,编号时,直接进入就可以方便地进行选用;也可以根据实际需要通过自主设定,得到自己所需要的标题编号效果。方法分述如下:

1. 标题样式设置法

标题样式设置法,是通过标题样式的修改或新建,依次对各级标题进行设置的方法。二者殊途同归,方法一致,现以修改单元标题的编号方式加以说明。在快速样式列表中,单击“单元标题”按钮,进入图 3-5-9 中,单击“编号”按钮,进入“编号和项目符号”对话框,如图 3-5-11 所示。

单击“定义新编号格式”按钮,弹出“定义新编号格式”对话框,如图 3-5-12 所示。

图 3-5-11　编号和项目符号列表

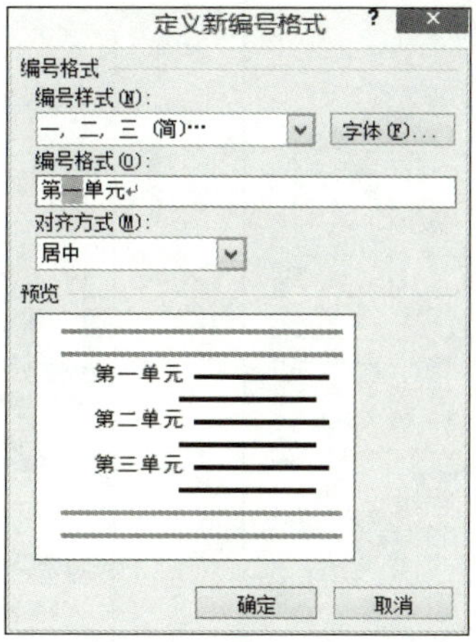

图 3-5-12　定义新编号格式

(1)确定编号样式

由于单元编号为“第 x 单元”模式，所以在“编号样式”下拉列表框中选择所需要的编号样式，如图选择为“一，二，三(简)…”。

(2)设定编号格式

编号样式确定以后，在“编号格式”文本框中就出现“一”的编号格式。在“一”的前面输入“第”；在“一”的后面输入“单元”。

(3)对齐方式设置

由于“单元标题”应处居中位置，因此在“对齐方式”下拉列表框中选择“居中”。

设置之后，就在“预览”窗口显示出所设置的结果。如果预览结果不符合需要，就要查找原因，重新设置。设置完毕，单击“确定”，关闭此对话框，回到“编号和项目符号”对话框，如图 3-5-13 所示。

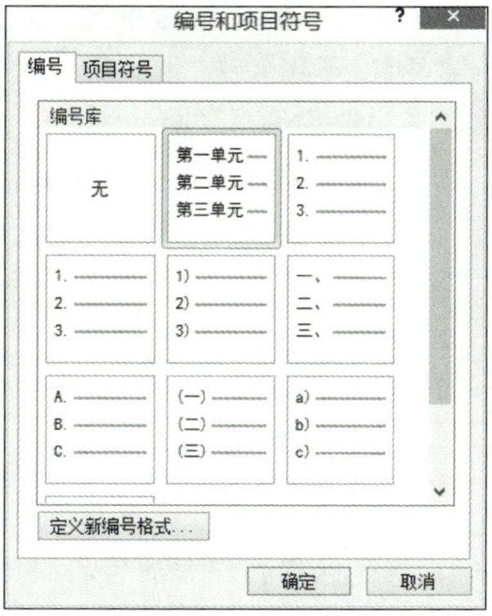

图 3-5-13　选择单元标题编号

(4)选择“单元标题”编号样式

比较图 3-5-11 和图 3-5-13，发现后者的编号库中增加了“单元标题”编号列表。单击选择此列表框，单击“确定”按钮，回到“修改样式”对话框，勾选“自动更新”及“添加到快速样式列表”，完成“单元标题”编号的设置。

如果在此忘记选择“单元标题”编号样式，文档中的单元标题编号就是其他样式。

依次类推，可完成“课题标题”编号的设置。

2. 多级列表设置法

多级列表设置法，是通过多级列表下拉对话框进行设置的方法。在此以 2 级标题(课题标题)为例，对其编号设置方法进行说明如下：

在“开始”功能区“段落”功能组，单击“多级列表”按钮，弹出多级列表备选框，如图 3-5-14 所示。从中看到，我们所需要的“课题 xxx”的编号样式在列表库中没有，所以需要新建。

单击“定义新的多级列表”按钮，弹出“定义新多级列表”对话框，如图 3-5-15 所示。

图 3-5-14 多级列表备选框

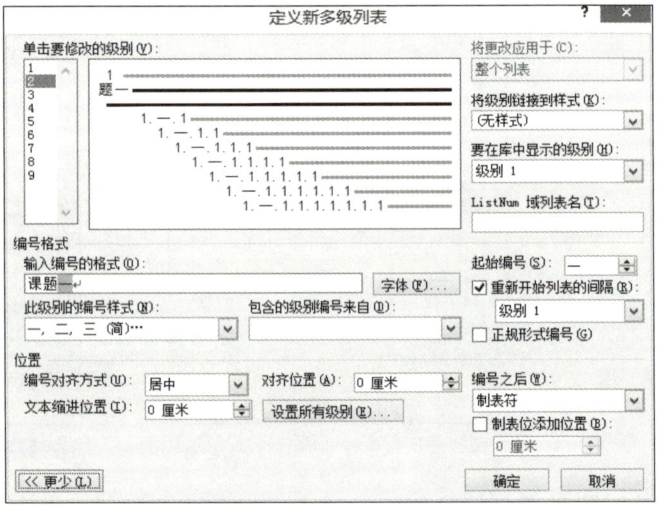

图 3-5-15 “定义新多级列表”对话框

(1)选择标题级别

由于课题标题属于 2 级标题,所以在左上角的 1～9 级列表中,选择“2”。

(2)设置编号格式

因标题样式为“课题 xxx”,所以在“此级别的编号样式”下拉列表框中选择“一,二,三(简)…”样式;在“输入编号的格式”文本框中“一”之前输入“课题”。此编号不属于“正规形式编号”,所以不用勾选“正规形式编号”选项。

(3)设置编号位置

编号对齐方式:居中;对齐位置:0 厘米;编号之后:空格(给编号与课题名称之间留空)。

文本缩进位置:0 厘米。设置完毕,单击“确定”按钮。完成此标题编号设置。

同理,可以对其他级别的标题编号逐一进行设置。

三、目录生成方法

文档的标题及编号设置完毕以后,即可进行文档的目录设置。具体方法如下:

1. 创建目录

将光标移到需要放置目录的位置,一般在文档的开头位置。单击“引用”选项卡,进入目录功能组,如图 3-5-16 所示。

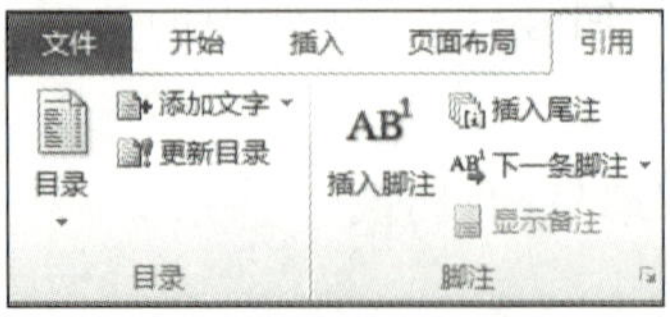

图 3-5-16 目录功能组

单击“目录”下拉按钮,弹出目录下拉列表,如图 3-5-17 所示;单击“插入目录”按钮,弹出“目录”对话框,如图 3-5-18 所示,根据实际需要,设置目录“格式”和“显示级别”。现在目录“格式”设置为“来自模板”,“显示级别”设置为“3”,设置完毕,单击“确定”按钮,目录自动生成。

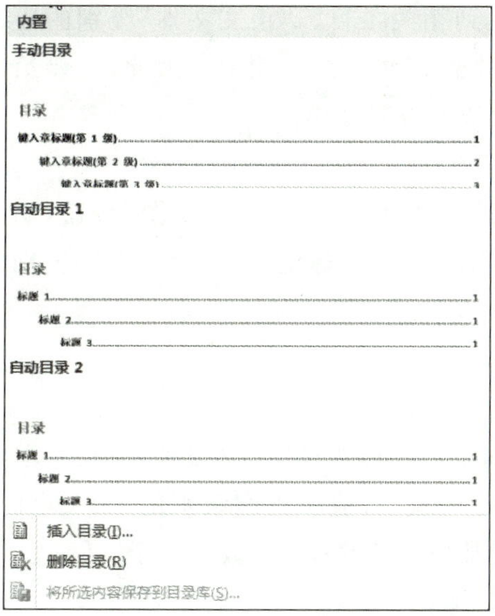

图 3-5-17 目录下拉列表

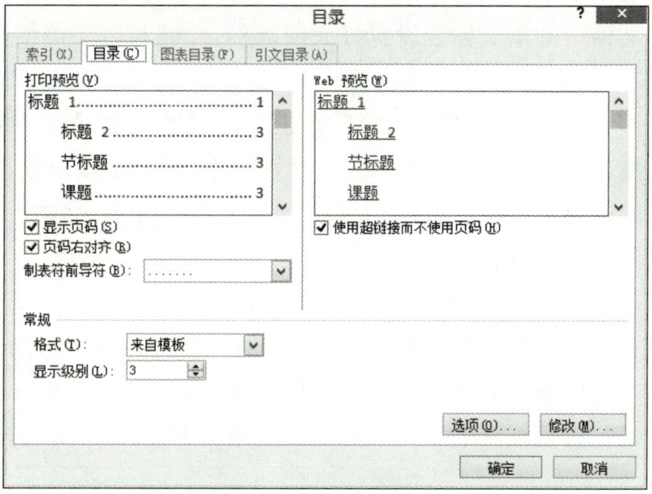

图 3-5-18 目录对话框

2. 更新目录

目录生成以后，随着文档的进一步修改和完善，文档的标题、页码也会随之发生变化，需要对目录进行更新。需要更新目录时，单击“目录”功能组中的“更新目录”按钮，出现如图 3-5-19 所示“更新目录”对话框。如果只更新页码而不更新目录，就勾选“只更新页码”，然后单击“确定”按钮；如果页码和标题内容都发生了变化，那就勾选“更新整个目录”，单击“确定”按钮以后，整个目录全部得到更新。

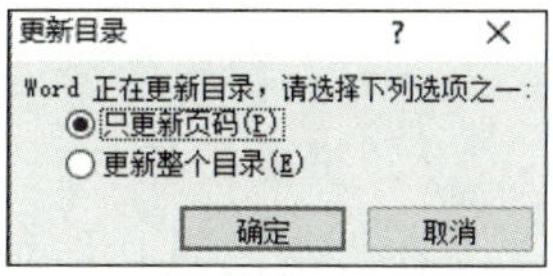

图 3-5-19 “更新目录”对话框

四、大纲视图的应用

大纲级别的设置除了上述方法外，还可以通过大纲视图进行设置和处理，在大纲视图中设置大纲级别。大纲视图方式是按照文档中标题的层次来显示文档，用户可以折叠文档，只查看主标题，或者扩展文档，查看整个文档的内容，从而使得用户查看文档的结构变得十分容易。在这种视图方式下，用户还可以通过拖动标题来移动、复制或重新组织正文，方便了用户对文档大纲的修改。这对于编辑书籍等大型文档是非常有用的。具体应用方法如下：

1. 导航窗格与大纲视图

(1)导航窗格

打开 Word 2010 文档窗口，单击“视图”选项卡，切换到“视图”功能区。在如图 3-5-20 所示的“显示”功能组中勾选“导航窗格”复选框，开启导航窗格，在工作界面的左侧出现导航窗格。

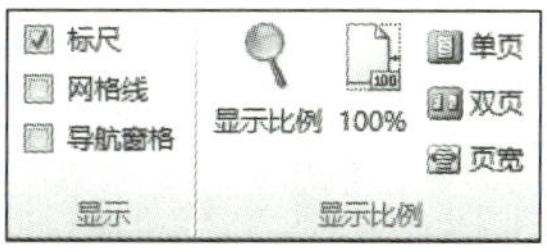

图 3-5-20 显示功能组

在导航窗格中，单击“浏览您的文档中的标题”按钮可以查看文档结构图，从而通览 Word 文档的标题结构。

文档结构图与大纲视图结合快速定位并修改文档。在左边的文档结构图中看见很多分好级别的标题目录，当单击一个标题，在右侧的文档中，光标就会自动定位到相应的位置。利用文档结构图的这一功能查阅文档(特别是长文档)的时候会非常方便。

如果文档没有设置大纲级别，则在文档结构图中看不到相关条目。“正文文本”级别的段落不会出现在文档结构图中。只有其他级别的段落才会排列在文档结构图中。因此，先要给文档中的章节标题设置好大纲级别，才能利用文档结构图快速查看文档。

(2)大纲视图

打开一篇 Word 文档，单击“视图”选项卡，进入“视图”功能区。单击“大纲视图”按钮，切换到大纲视图。在 Word 大纲视图中，每一个段落前面都显示有一个标记，在未设置大纲级别的前提下，所有段落的大纲级别一般都是正文文本。

2. 大纲工具

(1)大纲级别

将光标定位到标题处，然后在如图 3-5-21 所示的大纲工具功能组的“大纲级别”下拉菜单中选中想要设置的大纲级别。文档中的标题等级 1 级至 9 级，对应于大纲级别的 1 级至 9 级。大纲级别的排列具有从属关系，2 级从属于 1 级，3 级从属于 2 级……9 级从属于 8 级。

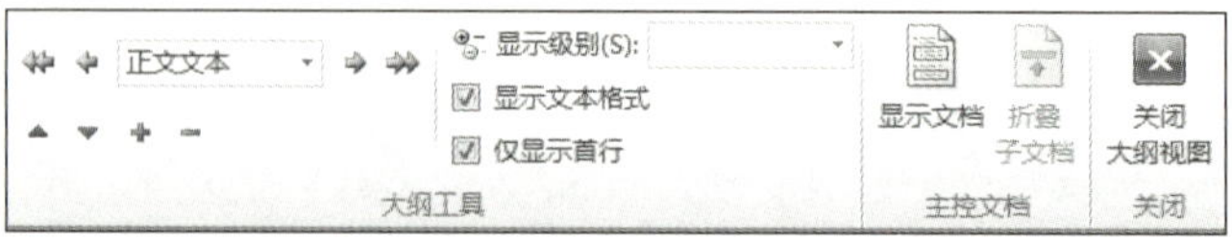

图 3-5-21　大纲工具功能组

(2)折叠按钮(“＋”和“－”)

在大纲工具功能组上单击“折叠”按钮“－”，可以把从属在它下面的其他级别的段落和“正文文本”逐层折叠起来。同样的道理，单击大纲工具功能组上的“展开”按钮“＋”，也可以把从属在该段落下面的其他段落逐层展开。

在大纲视图中，除了可以使用折叠和展开的方法快速地查阅文档，我们还可以利用它重新组织文档和快速地改变段落的大纲级别。

(3)上下移动按钮(▲▼)

利用上下移动按钮，可以在大纲视图中快速移动标题和段落，从而调整它们的顺序。先把段落下面的内容完全折叠起来，单击文档前面的⊕标记选中这个段落，然后单击大纲工具功能组上的“向下移动”按钮，该段落整体下移一段。利用这种方法，可以快速地重新组织文档内各部分的内容，这比用剪切、粘贴的方法方便多了。

(4)升级和降级按钮(➡⬅)

利用升级和降级按钮，可以提升或降低标题和段落的级别。把光标定位在一个大纲级别为“正文文本”的段落前，在大纲工具功能组上单击“提升”按钮，这个段落就和它的上一级段落同级了；把光标定位在一个大纲级别为 1 级的段落前，单击大纲工具功能组上的“降低”按钮，这个段落的大纲级别就降低了一级，单击大纲工具功能组上的“降为正文”按钮，这个段落的大纲级别就变为“正文文本”了。利用这种方法，就不用打开对话框设置“段落”的大纲级别，非常方便。

3. 创建和更新目录

文档修改完毕，单击“关闭大纲视图”按钮，返回页面视图状态。把光标定位到目录存放的位置，然后，打开“引用”选项卡，单击“目录”下拉列表，选择所需目录样式，文档的目录就生成了。如果对文档进行过修改，需要更新目录，则按照上述目录更新方法进行更新即可。

五、案例操作

打开本课题的素材文件，按照以下要求进行操作。

1. 应用大纲视图编辑文档

(1)打开本课题的源文件，如图 3-5-22 所示，以“班级·姓名·学号·课题 5.1”为名，将源文件另存在电脑桌面。

软件设计师

职位定义：

负责产品的软件研发，承担软件设计、代码编写、软件测试方案制订、代码调试和测试等。

负责产品软件的客制化工作，按照客户需求定制软件用户界面，定制驱动程序，开发安装程序等。

工作内容：

参与项目需求分析，进行系统框架和核心模块的详细设计；

根据新产品开发进度和任务分配，开发相应的软件模块；

根据公司技术文档规范编写相应的技术文档；

根据需要不断修改完善软件；

编制项目文档、记录质量测试结果；

完成程序测试；

研究项目技术细节，编写相应的说明书。

职位背景、现状和前景：

IT 行业的平稳增长必然会带来软件工程师需求的增长，目前随着 IT 产品出现的技术融合，软件行业需要的也是复合型人才，软件工程师需要掌握更多的编程语言。

软件工程师理想的状态是走向软件架构师、项目经理、研发经理等职位。

当今社会不论什么职业的都需要一个不断学习的环节，软件工程师也一样。虽然软件工程师的工作不同于程序员，但是一个软件工程师，其前身必定是一个优秀的程序员，软件的开发工具、开发技术在不断地发展。在校学生所能学到的东西很难跟得上发展的需要但是也不能说那些东西完全没有用，只有在完全理解了相应的基本技能之后你才能很轻松地掌握新的技能，软件技术都是一个循序渐进的过程。所以学好学校所能提供的专业课程是相当重要的。

图 3-5-22　“软件工程师”源文件

(2)开启导航窗格，进入大纲视图。

(3)应用大纲工具对文章的标题设置大纲级别。

(4)启动“多级列表”，进入列表库，按照图 3-5-23 所示大纲编号，选择合适的列表方式，对文档标题进行编号处理。

目录

1. 职位定义……1
2. 工作内容……2
   2.1 参与项目需求分析，进行系统框架和核心模块的详细设计……2
   2.2 根据新产品开发进度和任务分配，开发相应的软件模块……2
   2.3 根据公司技术文档规范编写相应的技术文档……2
   2.4 根据需要不断修改完善软件……2
   2.5 编制项目文档、记录质量测试结果……2
   2.6 完成程序测试……2
   2.7 研究项目技术细节，编写相应的说明书……2
3. 职位背景、现状和前景……2
   3.1 背景……2
   3.2 现状……2
   3.3 前景……2

图 3-5-23　案例实操 1

(5)在设置完文档的标题格式和大纲编号以后，引用目录功能插入“来自模板”样式、显示级别为 2 级的目录，如图 3-5-23 所示。

2. 新建标题样式并编辑文档

(1)打开本课题的源文件，如图 3-5-22 所示，以“班级·姓名·学号·课题 5.2”为名，将源文件另存在电脑桌面。

(2)根据表 3-5-2 中明细要求，依次新建 3 级标题样式，分别以“章标题”“节标题”“三级标题”为名进行保存，并显示在“快速样式列表”中。

表 3-5-2　　新建标题样式明细表

标题样式名称	级别	字符格式	编号格式	段落设置	编号位置	文字位置	备注
章标题	1 级	黑体、小二号	第 x 章	居中，段前段后间距 0.5 行，1.5 倍行距	1. 同级编号左对齐；2. 相对页边距 0 厘米	与编号相距 1.5 厘米，缩减量为 0 厘米	
节标题	2 级	微软雅黑、三号	第 x 节	左对齐，段前段后间距 1 行，1.5 倍行距		与编号相距 1.5 厘米，缩减量为 0 厘米	
三级标题	3 级	宋体、小三号，加粗	—	左对齐、段前段后间距 1 行，1 倍行距		与编号相距 1 厘米，缩减量为 0 厘米	

（3）应用新建标题样式对文档标题进行格式化处理。

（4）应用标题样式修改功能，分别进入上述新建标题样式的“修改样式”对话框，对标题编号进行定义，设置所需编号。

（5）创建文档目录。在设置完文档的标题格式和大纲编号以后，引用目录功能创建“自动目录 1”样式的目录，结果如图 3-5-24 所示。

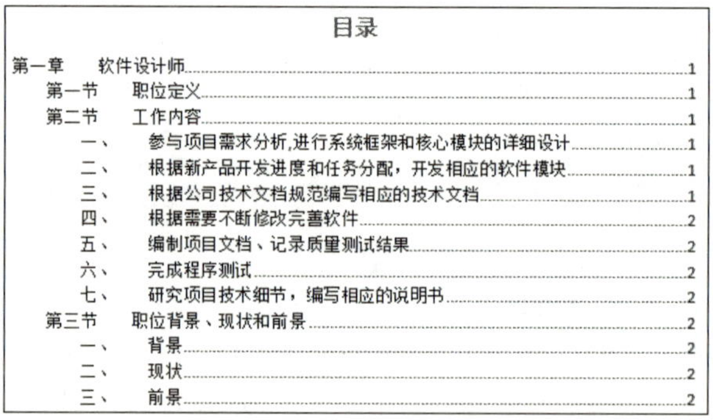
目录

第一章　软件设计师......1
第一节　职位定义......1
第二节　工作内容......1
一、　参与项目需求分析，进行系统框架和核心模块的详细设计......1
二、　根据新产品开发进度和任务分配，开发相应的软件模块......1
三、　根据公司技术文档规范编写相应的技术文档......1
四、　根据需要不断修改完善软件......2
五、　编制项目文档、记录质量测试结果......2
六、　完成程序测试......2
七、　研究项目技术细节，编写相应的说明书......2
第三节　职位背景、现状和前景......2
一、　背景......2
二、　现状......2
三、　前景......2

图 3-5-24　案例实操 2

➤【课题小结】

本课题的内容结构如图 3-5-25 所示。

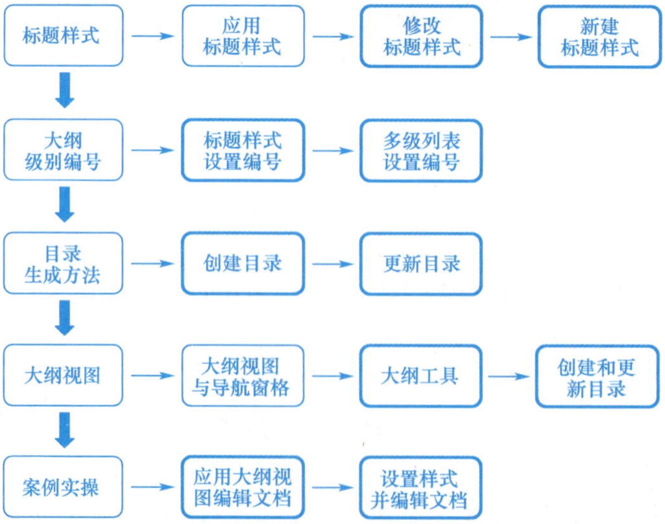

图 3-5-25　本课题内容结构

说明：

1. 本课题主要介绍了复杂文档的编辑处理方法。这是对包括论文、总结、报告以及书籍在内的 Word 文档编辑时要面对的突出问题。学习本课题，对于提高文档的编辑能力具有重要意义。熟悉和掌握本课题的内容非常必要。

2. 本课题操作路径较为复杂，实践性强，教学中要注意，边讲边练，循序渐进，逐步深入。

3. 粗框内为难点内容，应增强教学互动，反复训练，加强指导。

【效果测评】

表 3-5-3 考核评分记录表

考核目标	考核内容	考核要求	评分标准	配分	自评	互评	师评
知识目标	样式的基本概念。样式与格式的关系	概念准确，思路清晰，回答完整	样式 4 分，格式 4 分。回答正确得 5 分，熟练掌握得 3 分。根据回答情况酌情扣分	8			
	标题样式的作用	概念准确，思路清晰，回答完整	回答正确得 3 分，熟练掌握得 2 分。根据回答情况酌情扣分	5			
	内置样式的种类及其相互关系	概念准确，思路清晰，回答完整	种类 3 分，关系 2 分。根据回答情况酌情扣分	5			
	大纲级别的分类及相互关系	概念准确，思路清晰，回答完整	分类 3 分，关系 2 分。根据回答情况酌情扣分	5			
	大纲级别的编号方法	概念准确，思路清晰，回答完整	回答正确得 3 分，熟练掌握得 2 分。根据回答情况酌情扣分	5			
	内置样式与大纲级别的内在关系	概念准确，思路清晰，回答完整	回答正确得 3 分，熟练掌握得 2 分。根据回答情况酌情扣分	5			
	大纲视图与导航窗格的作用	概念准确，思路清晰，回答完整	大纲视图 4 分，导航窗格 4 分。根据回答情况酌情扣分	8			
	大纲工具的作用和功能	概念准确，思路清晰，回答完整	作用 3 分，功能 4 分。根据回答情况酌情扣分	7			
	创建目录和更新目录的方法	概念准确，思路清晰，回答完整	创建目录 4 分，更新目录 3 分。根据回答情况酌情扣分	7			
能力目标	案例实操 1：应用大纲视图编辑文档	熟悉操作步骤，能够进行熟练操作	每步 4 分。全面完成实操得满分。根据实际情况酌情扣分	20			
	案例实操 2：新建标题样式并编辑文档	熟悉操作步骤，能够进行熟练操作	每步 5 分。根据实际情况酌情扣分	25			
总分				100			

课题六 页面设置检查及文档打印

文档编辑完成后，需要对文档进行打印输出。在打印之前还需要对页面设置情况进行检查，并根据打印预览对参数进行调整，以确保打印出来的文档符合实际需要。同时，还要对需要打印的文档进行打印参数的设置。因此，页面设置检查及文档打印设置是必须学习和掌握的重要内容。

【教学目标】

知识目标：

1. 掌握文档打印前进行页面设置检查的作用和意义。
2. 熟悉和掌握页面设置检查的内容。
3. 熟悉和掌握打印参数设置的内容。

能力目标：

1. 熟练掌握页面设置的步骤和方法。
2. 能够根据打印预览并合理调整页面设置参数。
3. 熟悉和掌握文档打印参数的设置方法和步骤。

【教学任务】

本课题的主要教学内容：页面设置情况检查；文档打印参数设置；案例实操。

【教·学·做】

一、检查页面设置

1. 检查设置情况

文档编辑完成后，需要进行打印输出，为确保文档编辑的质量符合实际需要，满足工作要求，需要对文档进行打印前的把关检查，检查页面设置情况，包括纸张大小、方向、页边距、页眉、页脚等参数的设置是否达到预期效果。具体方法如下：

单击“文件”选项卡，进入“文件”下拉列表，单击“打印”按钮，其右侧出现文档打印对话框（如图 3-6-1 所示）及打印预览窗口（如图 3-6-2 所示）。

从打印预览窗口能够看到文档打印结果的基本情况。特别是文档的页面设置情况通过打印预览能够一目了然地展示给用户，这样就避免了打印出来看效果的做法，能极大地减少打印耗材的浪费，节约打印成本，提高经济效益。

如果通过打印预览显示的文档设置没有达到预期效果，可以通过打印对话框右下角的“页面设置”功能进行重新设置和调整相关参数，直到符合要求为止。

打印预览窗口可以通过调整显示比例观察到 1 页至多页的不同排列情况，还可以通过翻页功能从头到尾查看文档的所有页面。

2. 调整页面设置

如果发现页面设置没有达到理想效果，不必退出打印对话框，也不需要返回文档编辑状态再进入“页面布局”选项卡功能区去重新进行调整。而是通过单击“打印对话框”右下角的“页面设置”按钮，直接进入“页面设置”对话框进行设置和调整相关参数。具体方法如下：

在如图 3-6-1 所示文档打印对话框，单击右下角的“页面设置”按钮，出现“页面设置”对话框，如图 3-6-3 所示。

（1）页边距参数的检查调整

该对话框默认显示的为“页边距”选项卡，通过此选项卡可以对上下左右页边距、装订线距离、装订线位置、纸张方向、页码范围、应用范围等参数进行设定和调整。可以将调整后的参数情况设定为默认值，以减少类似文档的设置麻烦。

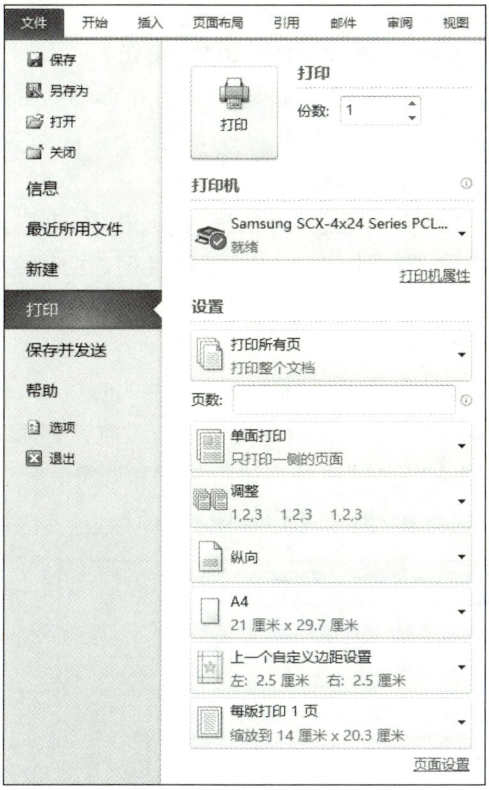

图 3-6-1　文档打印对话框

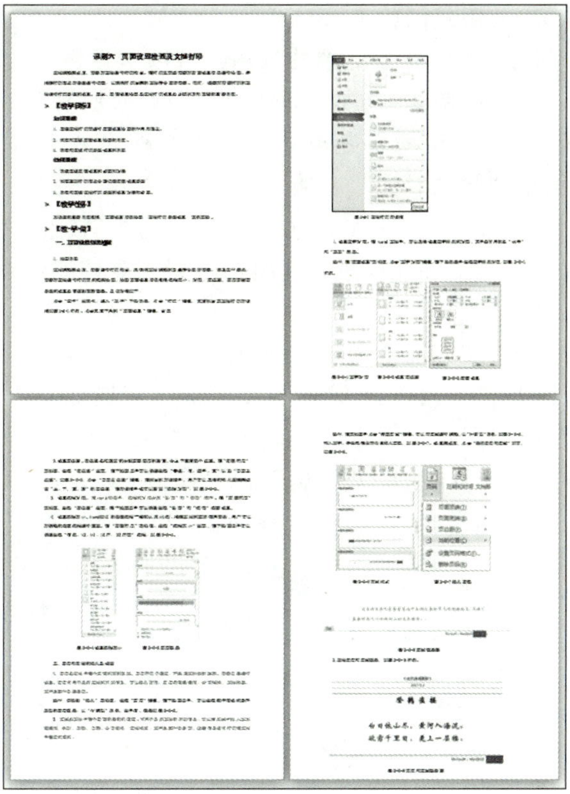

图 3-6-2　打印预览窗口

(2)纸张的检查调整

单击图 3-6-3 上端的“纸张”选项卡按钮，切换到“纸张”选项卡，如图 3-6-4 所示。在此可以对纸张大小进行设置和调整，以满足实际需要。“纸张来源”选项主要是对打印机的纸张来源进行设置。“应用于”对话框中有“整篇文档”和“插入点之后”两个选项。其中，单击选择“整篇文档”时，此设置应用于整篇文档；而当单击选择“插入点之后”按钮时，则此设置仅仅用于鼠标光标插入点之后的文档。

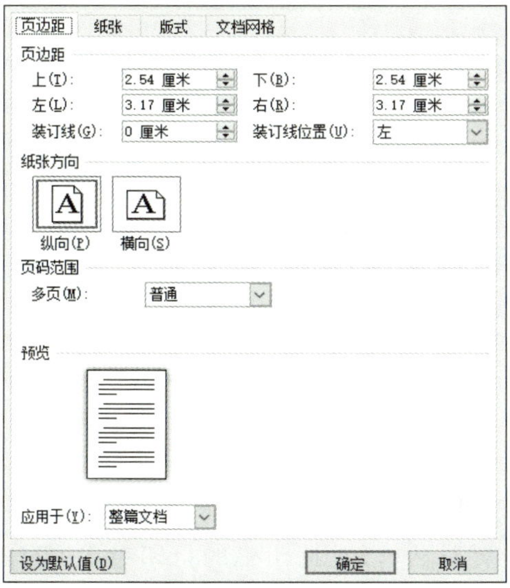

图 3-6-3　“页面设置”对话框

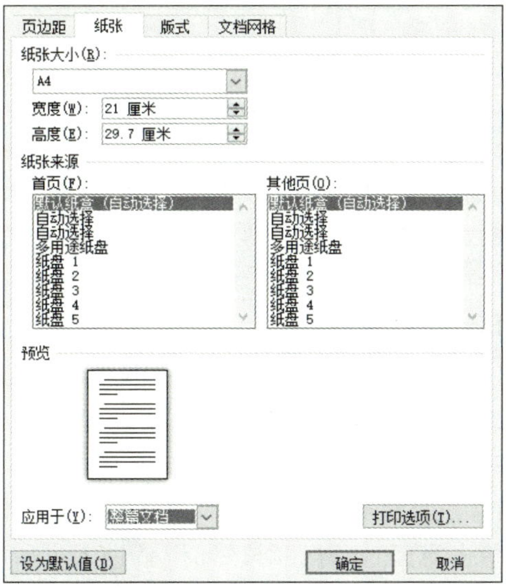

图 3-6-4　“纸张”选项卡

(3)版式的检查调整

单击图 3-6-4 上端的“版式”选项卡按钮,切换到“版式”选项卡,如图 3-6-5 所示。

通过“版式”选项卡,可以对页眉、页脚和页面垂直对齐方式进行设置。页面和页脚的参数减小,则页面、页脚距离边界的距离随之减小。反正亦然。页面垂直对齐方式有“顶端对齐”“居中”“两端对齐”“底端对齐”四种方式,根据需要进行设置和调整。

在此选项卡中,单击右下角的“边框”按钮,将弹出“边框和底纹”对话框,进入其中,可以对文档的边框和底纹进行调整与设置。具体方法在前面的课题中已专门进行过说明,在此不再赘述。

(4)文档网格的检查调整

单击上面所示对话框上端的“文档网格”选项卡按钮,切换到“文档网格”选项卡,如图 3-6-6 所示。在此对话框中,对文字排列方向、每行字符数、每页行数都可以进行设置。如果对字体不满意,还可以单击其右下角的“字体设置”按钮,进入“字体”对话框进行设置和调整。

页面设置的四个选项卡内容设置完毕,单击“确定”按钮,返回文档打印对话框。

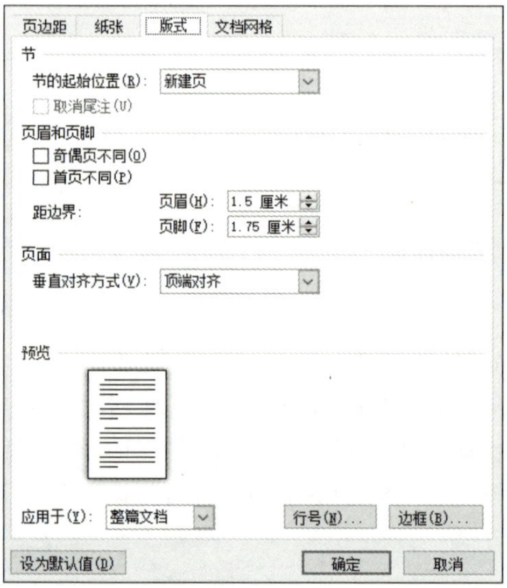

图 3-6-5 “版式”选项卡

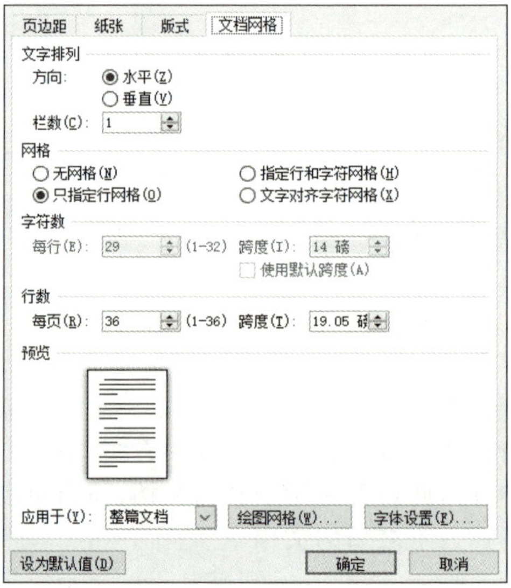

图 3-6-6 “文档网格”选项卡

二、文档打印参数设置

在如图 3-6-1 所示的文档打印对话框中,从上到下设置有打印份数、打印机属性、打印范围、打印顺序、打印方向、打印纸张、自定义页边距、每版打印页数等参数设置。

1. 打印份数与打印机属性设置

(1)打印份数设置

打印份数设置是指对需要打印文档的份数进行的设置,如图 3-6-7 所示,如果需要打印 1 份就设置为 1;如果需要打印 3 份,就设置为 3。

(2)打印机属性设置

打印机属性设置是对打印机打印参数和效果进行控制的参数设置方式。如图 3-6-8 所示,当单击“打印机属性”按钮时,就进入打印机设置对话框,对打印机的打印布局、打印纸张、打印质量等进行设置。打印布局设置包括打印方向、打印顺序等;打印纸张设置是指根据纸张页面的大小、厚薄选择符合最佳打印效果的打印方式。另外还设置有“纸张规格”和“省墨”打印功能。

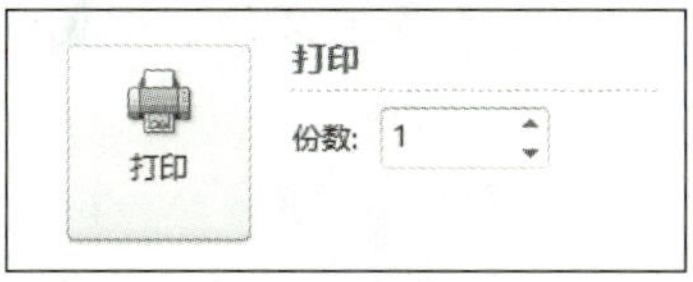

图 3-6-7　“打印”按钮及打印份数

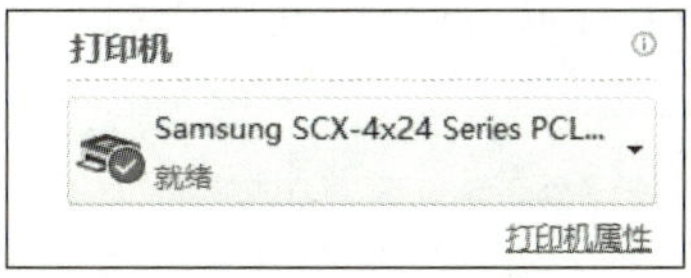

图 3-6-8　打印机属性

一般地，打印机属性设置在安装打印机时就进行了设置。通常情况下，如果打印纸张和质量要求没有发生变动是不需要经常去进行调整的。

2. 打印范围与打印顺序设置

(1)打印范围设置

打印范围设置是指对文档的页面打印范围进行的设置。如图 3-6-9 所示，设置有打印所有页、打印所选内容、打印当前页面、打印自定义范围四个选项。打印所有页是对文档的全部页面进行打印；打印所选内容仅打印选中的内容；打印当前页面是打印预览中显示的当前页面进行打印；打印自定义范围是自定义打印指定的页码或内容。根据需要选择其中之一即可。

(2)打印顺序设置

打印顺序是指在需要打印多份文档的情况下，对页面的打印顺序的设置。如图 3-6-10 所示，有两种方式可供选择：一种是“调整 1,2,3　1,2,3　1,2,3”；另一种是“取消排序 1,1,1　2,2,2　3,3,3”。根据需要选择即可。

3. 纸张方向与纸张规格设置

(1)纸张方向设置

纸张方向分为纵向和横向两种，如图 3-6-11 所示。根据需要进行选择。

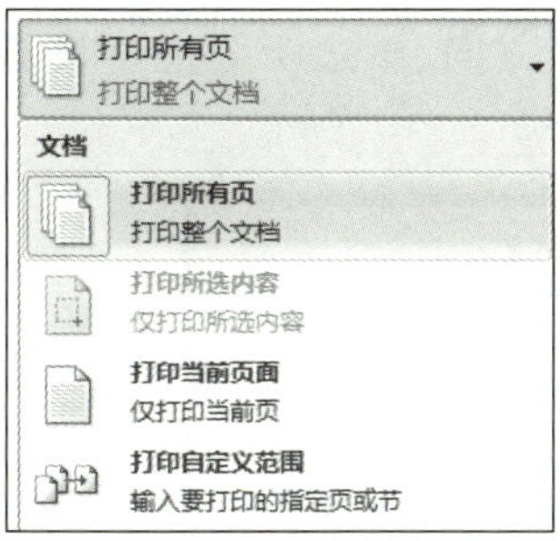

图 3-6-9　打印范围选项

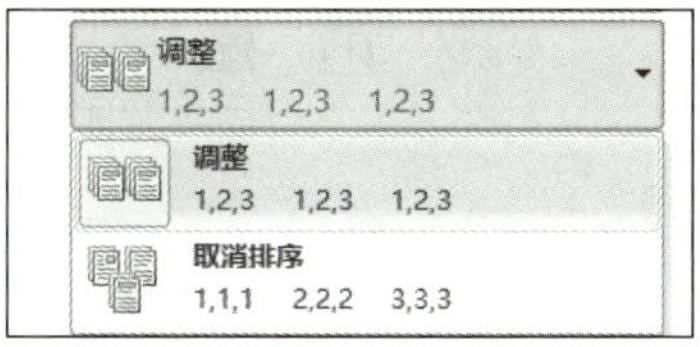

图 3-6-10　打印顺序选项

图 3-6-11　纸张方向选项

(2)纸张规格设置

如图 3-6-12 所示，纸张有信纸、A3、A4、A5、B4、B5 等种类，每种纸张都有其尺寸规格，根据实际情况进行设置即可。此外，还可以通过单击“其他页面大小”按钮，进入其下拉列表进行选择。

4. 页边距与版面设置

(1)页边距设置

如图 3-6-13 所示，在文档打印对话框中还设有纸张页边距的选择功能，每种纸张都有标准的页边距设置，根据纸张规格进行选择即可。如果对其设置不满意，则可以单击“自定义边距”按钮，进入“页面设置”对话框进行设置。

(2)版面设置

版面设置是对每版打印页数的设置。每版打印页数是指纸张一个版面所打印的文档页面数量。如图 3-6-14 所示,每个版面可以打印 1、2、4、6、8、16 等页文档。根据需要选择即可。

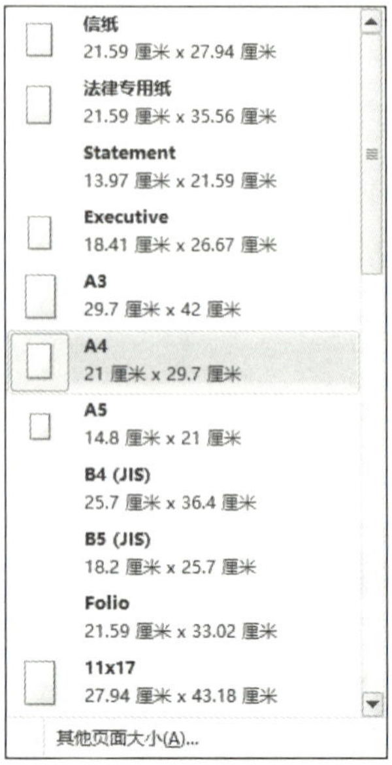

图 3-6-12 打印纸张规格选项

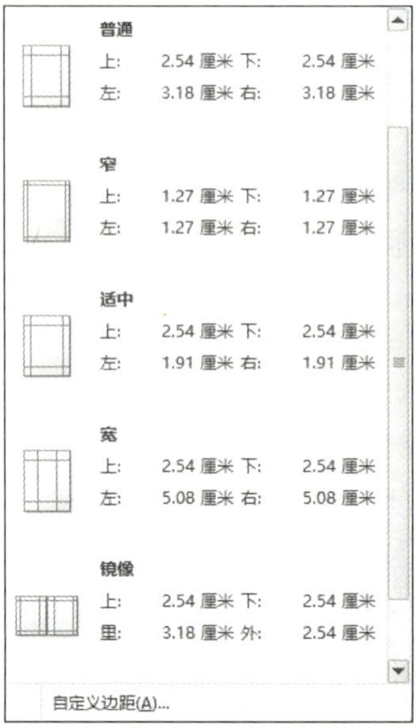

图 3-6-13 页边距设置选项

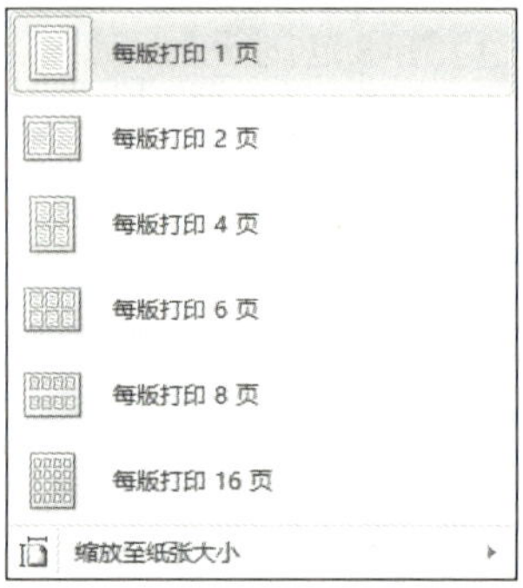

图 3-6-14 每版打印页面设置

三、案例操作

设置和打印邀请函:

以图 3-6-15 为例,对文字进行排版,按要求对纸张大小、纸张方向、页边距等进行设置,通过打印预览来查看最终效果,调整打印设置并进行打印。

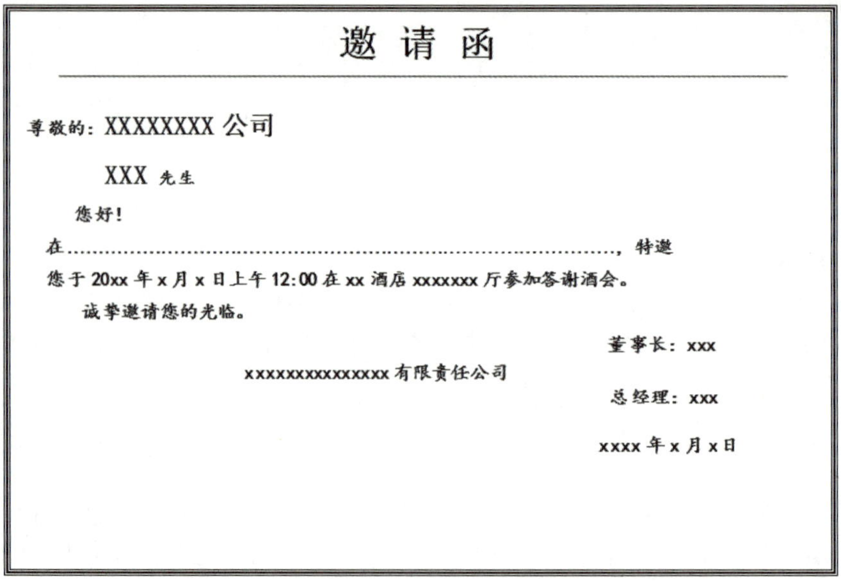

图 3-6-15 邀请函页面示意图

1. 页面设置：纸张大小为 A4；纸张方向为横向；页边距为左右各 1 厘米，上 1.3 厘米，下 1.6 厘米。

2. 打印设置：打印范围设置为默认，打印份数可以根据实际需要进行设置。

【课题小结】

本课题的内容结构如图 3-6-16 所示。

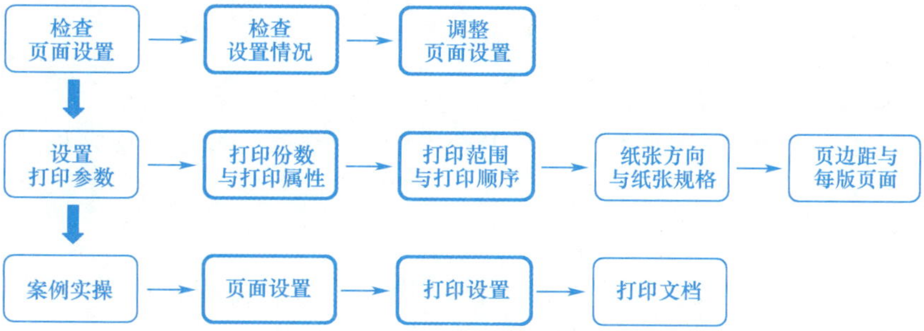

图 3-6-16 本课题内容结构

说明：

1. 本课题主要介绍了 Word 文档打印功能及其应用方法。这是 Word 文档编辑中经常要面对的问题。熟悉和掌握本课题的内容十分重要。

2. 课题实践性强，教学中要注意理实结合，边讲边练，增强教学互动。

3. 粗框内为难点内容，应反复训练，加强指导。

【效果测评】

表 3-6-1 考核评分记录表

考核目标	考核内容	考核要求	评分标准	配分	自评	互评	师评
知识目标	打印前进行文档检查的目的和意义	思路清楚，回答完整	能够完整说出得满分。根据回答酌情扣分	10			
	文档检查的主要内容	完整理解，准确把握	能够完整说出得满分。根据回答酌情扣分	10			
	调整页面设置的选项	熟悉操作步骤，能够进行熟练操作	能够完整说出得满分。根据回答酌情扣分	10			
	文档的打印参数	思路清楚，回答完整	能够完整说出得满分。根据回答酌情扣分	10			
	打印范围的设置方法	思路清楚，回答完整	能够完整说出得满分。根据回答酌情扣分	10			
能力目标	案例实操：设置和打印邀请函	熟悉操作步骤，能够进行熟练操作	页面设置 25 分。每项操作正确得 3 分，操作熟练得 2 分；根据实操酌情扣分	25			
		熟悉操作步骤，能够进行熟练操作	打印设置 25 分。每项操作正确得 3 分，操作熟练得 2 分；根据实操酌情扣分	25			
总 分				100			

课题七　综合技能训练

学习的目的在于应用。在熟悉和掌握前面知识和技能的基础上，综合应用各种工具，结合实际解决问题，有利于巩固相关知识和技能，全面提升教学效果，进一步提高学生的 Word 2010 综合运用能力。

【教学目标】

1. 复习前面的相关知识。
2. 通过综合技能训练，全面熟悉并掌握 Word 文字处理软件的基本技能和方法。

【教学任务】

本课题内容包括两个综合案例。一是广告制作；二是图文混排。使用素材文件，综合应用 Word 的各项功能，按要求制作、编辑 Word 文档。

【教·学·做】

一、广告制作

应用 Word 文档的表格处理功能，制作一份商场电子产品促销活动广告，如图 3-7-1 所示。

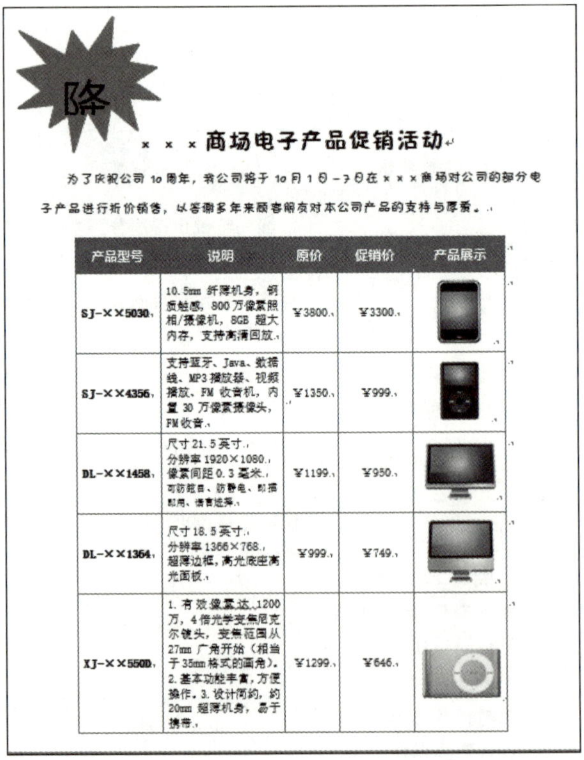
降

××× 商场电子产品促销活动

为了庆祝公司 10 周年，我公司将于 10 月 1 日－7 日在 ××× 商场对公司的部分电子产品进行折价销售，以答谢多年来顾客朋友对本公司产品的支持与厚爱。

产品型号	说明	原价	促销价	产品展示
SJ-××5030	10.5mm 纤薄机身，钢质触感，800 万像素照相/摄像机，8GB 超大内存，支持高清回放	¥3800	¥3300	
SJ-××4356	支持蓝牙、Java、数据线、MP3 播放器、视频播放、FM 收音机，内置 30 万像素摄像头，FM 收音	¥1350	¥999	
DL-××1458	尺寸 21.5 英寸 分辨率 1920×1080 像素间距 0.3 毫米 可防眩目、防静电、即插即用、语言选择	¥1199	¥950	
DL-××1364	尺寸 18.5 英寸 分辨率 1366×768 超薄边框，高光底座高光面板	¥999	¥749	
XJ-××550D	1. 有效像素达 1200 万，4 倍光学变焦尼克尔镜头，变焦范围从 27mm 广角开始（相当于 35mm 格式的画角）。2. 基本功能丰富，方便操作。3. 设计简约，约 20mm 超薄机身，易于携带。	¥1299	¥646	

图 3-7-1　商场电子产品促销活动广告

制作具体要求如下：

1. 新建文档

以“班级·姓名·学号·课题 7.1”为名，新建文件于电脑桌面。

2. 页面格式化

打开新建文档，设置页面。(1)纸张大小和方向：A4 纸，纵向；(2)页边距：上下左右各 1.27 厘米；(3)文字方向：水平；(4)页眉页脚：页眉 4 厘米，页脚 0 厘米；(5)页面颜色：其他颜色(淡黄色)。

3. 字符格式化

(1)标题：小一，方正少儿简体，居中；(2)正文：方正卡通简体，四号，左对齐，首行缩进 2 字符，段后 1 行，单倍行距。

4. 插入形状

(1)页面左上角插入“爆炸形 1”；(2)修改形状：形状填充为红色；形状轮廓为无轮廓。

5. 插入文本框

(1)绘制文本框：横排文本框；(2)文字处理：输入“降”，汉真广标 56.5 号字(或黑体 36 号)；调整文本框，让“降”露出半字；(3)形状填充：无色；形状轮廓：无边框。

6. 对象组合

(1)对齐：将形状与字体选中，上下居中，左右居中；(2)组合：将两个对象组合。

7. 表格应用

(1)插入表格：表格样式为浅色列表-强调文字颜色 2；(2)表头文字：微软雅黑 4 号；(3)表格文字：第 1 列，宋体小四加粗，居中；第 2 列，宋体小四，左对齐；第 3、4 列，宋体小四，居中。

8. 插入图片

(1)从本课题素材文件夹中调取与产品型号对应的图片，插入“产品展示”列中相应位置；(2)图片居中处理。

二、图文混排

综合应用 Word 的图文混排及标题样式、大纲级别、目录生成等重要功能编辑文档，按照图 3-7-2 所示的文档结构图，编辑本课题“学生宿舍管理系统”的源文件。制作具体要求如下：

1. 新建文档

以“班级·姓名·学号·课题 7.2”为名，将源文件另存于电脑桌面，并在此文件中操作。

2. 设置标题级别

对文档中的标题分别设置为一级、二级、三级，具体格式和参数见表 3-7-1。

图 3-7-2 文档结构图

表 3-7-1　　标题设置格式汇总表

格式名称		题 目	一级	二级	三级
文字	字体字号	黑体 28 号	宋体二号	黑体三号	宋体四号
	字形颜色	黑色	加粗，黑色，字距调整 2 号	加粗，黑色	加粗，黑色 字间距 1 磅
段落	对齐方式	居中	居中	左对齐	左对齐
	大纲级别	1 级	1 级	2 级	3 级
	缩进	左右缩进 0	左右缩进 0	左右缩进 0	左右缩进 0
	间距	段前 20 磅，段后 20 磅；多倍行距 1.3	段前 15 磅，段后 15 磅；多倍行距 1.5	段前 10 磅，段后 10 磅；多倍行距 1.5	段前 6 磅，段后 6 磅；多倍行距 1.25
换行分页		与下段同页，段中不分页	与下段同页，段中不分页	与下段同页，段中不分页	

3. 插入页眉页脚

按图 3-7-3 所示设置页眉效果，并在页脚插入页码，页码居中。

图 3-7-3　设置页眉

4. 应用大纲视图

应用大纲视图和导航窗格，设置大纲级别，进行多级列表编号。

5. 应用标题样式

修改标题样式，格式化处理文档标题。

6. 生成文档目录

对文档的标题级别设置完成后，生成文档的目录及页码，如图 3-7-4 所示。

目录
学生宿舍管理系统......1
第一章 引 言......1
1.1 系统开发的背景......2
1.2 系统开发的意义......2
1.3 系统开发的主要任务......2
1.4 论文的组织结构......2
第二章 开发工具简介......2
2.1 Microsoft Visual Studio 2005 介绍......2
2.2 C#语言介绍......2
2.3 SQL Server 2000 介绍......2
第三章 系统分析与设计......2
3.1 系统分析......2
3.1.1 需求分析......2
3.1.2 原型设计流程图......2
3.2 系统性能及输入输出......2
3.2.1 系统性能......2
3.2.2 系统的输入......2
3.2.3 系统的输出......2
第四章 系统实现......2
4.1 系统设计......2
4.2 系统实现......2
4.2.1 系统登入逻辑流程图......2
第五章 结论......2

图 3-7-4　文档目录样式

7. 图文混排

在文章的第二章 2.1、2.2、2.3 节的标题下方，分别插入图片作为内容的介绍，效果如图 3-7-5 所示。

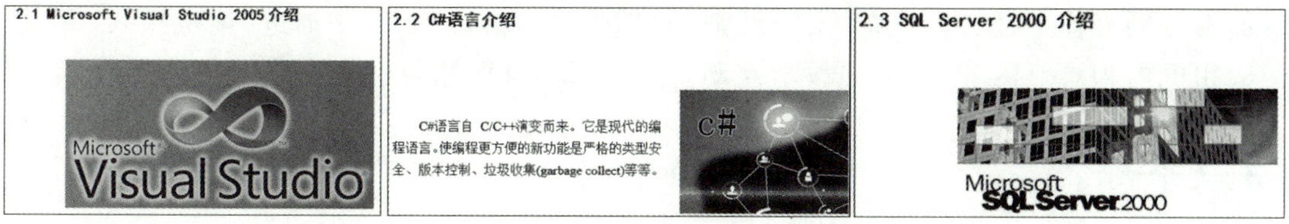

图 3-7-5　插入图片位置效果示意图

8. 绘制表格

在“4.1 系统设计”的标题下方，绘制一个 11 行 3 列的表格，输入内容如图 3-7-6 所示。

模块	功能名称	功能描述
学生	查看个人信息	用户登录系统后可浏览个人信息
		修改密码页面
	查看值班教师	查看宿舍楼的值班教师
	安全退出	退出系统
宿舍管理员	查看个人信息	用户登录系统后可浏览个人信息
		修改密码页面
	学生房间分配	查看学生分配房间信息
		查看未分配房间信息及房间空闲情况
	查看值班教师	查看宿舍楼值班教师
	安全退出	退出系统

图 3-7-6　绘制表格样式

9. 应用“形状”绘制流程图

在“4.2.1 系统登入逻辑流程图”标题下方，使用插入形状命令，选择合适的图形，并在“格式”功能区内为插入的图形分别设置“文本框样式”，绘制系统流程图，效果如图 3-7-7 所示。

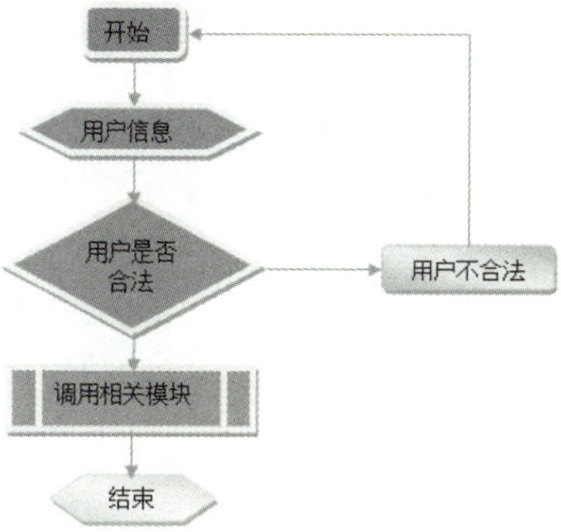

图 3-7-7　绘制系统流程图

10. 更新目录

更新目录，保存文档。

通过以上各项设置，完成案例二的全部操作，保存为“案例实操 3-7-2.docx”，并与效果文件进行对比。

【课题小结】

本课题的内容结构如图 3-7-8 所示。

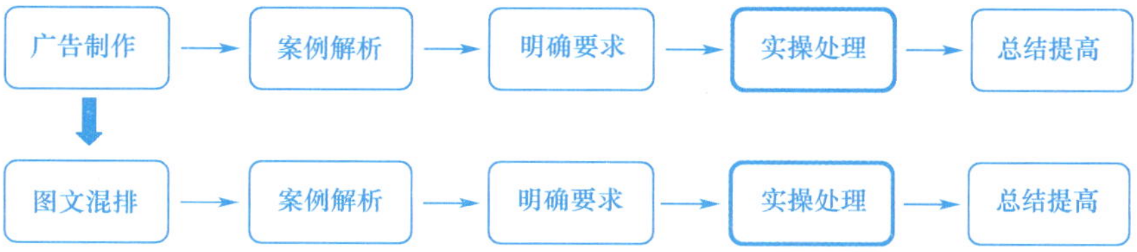

图 3-7-8　本课题内容结构

说明：

1. 本课题主要介绍了复杂文档的编辑处理方法。这是对包括论文、总结、报告以及书籍在内的 Word 文档编辑中要面对的突出问题。学习本课题，对于提高文档的编辑能力具有重要意义。熟悉和掌握本课题的内容非常必要。

2. 本课题操作路径较为复杂，实践性强，教学中要边讲边练，循序渐进，逐步深入。

3. 粗框内为难点内容，应增强教学互动，反复训练，加强指导。

➤【效果测评】

表 3-7-2　　　　考核评分记录表

考核目标	考核内容	考核要求	评分标准	配分	自评	互评	师评
知识目标	新建目录	方法正确，操作熟练	方法正确 2 分，操作熟练 1 分	3			
	页面格式化	方法正确，操作熟练	方法正确 3 分，操作熟练 2 分	5			
	字符格式化	方法正确，操作熟练	方法正确 3 分，操作熟练 2 分	5			
	插入形状	方法正确，操作熟练	方法正确 2 分，操作熟练 1 分	3			
	插入文本框	方法正确，操作熟练	方法正确 2 分，操作熟练 1 分	3			
	对象组合	方法正确，操作熟练	方法正确 2 分，操作熟练 1 分	3			
	表格应用	方法正确，操作熟练	方法正确 3 分，操作熟练 2 分	5			
	插入图片	方法正确，操作熟练	方法正确 2 分，操作熟练 1 分	3			
能力目标	新建文档	方法正确，操作熟练	方法正确 2 分，操作熟练 1 分	3			
	设置标题级别	方法正确，操作熟练	方法正确 12 分，操作熟练 3 分	15			
	插入页眉页脚	方法正确，操作熟练	方法正确 3 分，操作熟练 2 分	5			
	应用大纲视图	方法正确，操作熟练	方法正确 7 分，操作熟练 3 分	10			
	应用标题样式	方法正确，操作熟练	方法正确 8 分，操作熟练 2 分	10			
	生成文档目录	方法正确，操作熟练	方法正确 3 分，操作熟练 2 分	5			
	插入图片	方法正确，操作熟练	方法正确 3 分，操作熟练 2 分	5			
	绘制表格	方法正确，操作熟练	方法正确 3 分，操作熟练 2 分	5			
	绘制流程图	方法正确，操作熟练	方法正确 7 分，操作熟练 3 分	10			
	更新目录	方法正确，操作熟练	方法正确 1 分，操作熟练 1 分	2			
总分				100			

第四单元

Excel 2010 电子表格处理

概述

表格是人们在生产、生活中用来计算、分析和处理数据的重要工具，它能直观地反映数据之间的内在关系和变化趋势，揭示事物发展、变化的基本规律，是人们认识自然和改造自然的重要手段。因此，表格在长期的社会实践中获得了最为广泛的应用。以往，表格都是使用铅笔、直尺等绘图工具在纸上进行绘制，再在其中填入相关数据，然后进行运算分析。自从计算机得到推广和普及应用以后，人们就告别了过去那种传统的制表方式和数据分析方法，转而利用计算机来实现表格的制作和数据的分析和处理工作。

Excel 电子表格程序，通常简称 Excel 电子表格或 Excel，它是微软公司推出的 Microsoft Office 系列办公自动化软件中的一个重要组件，是一个简单易学和功能强大的电子表格处理程序。自 Excel 问世以来，它以简便实用的表格制作方式和功能强大的数据分析处理功能，得到了各个领域的充分认可，在国家机关、企事业单位、金融系统、家庭及个人得到广泛的应用。利用 Excel 可以处理各式各样的表格数据、财务报表，完成许多复杂的数据运算、数据的分析和预测，为决策者提供重要依据。

Excel 2010 是众多 Excel 版本中的一个版本，此版本投放市场几年来，性能稳定，功能强大，操作使用便捷，受到用户的广泛好评。

课题一　电子表格的基本操作

本课题是学习 Excel 2010 的入门课题，主要介绍 Excel 2010 的工作界面及相关概念，重点介绍 Excel 2010 工作簿和工作表的基本操作方法，是深入学习和掌握 Excel 2010 的基础。熟练掌握工作簿和工作表的基本操作，对于进一步学好 Excel 2010 具有非常重要的作用。

➤【教学目标】

知识目标：

1. 了解和熟悉 Excel 2010 的操作界面组成及其功能。
2. 熟悉和掌握 Excel 2010 相关的基本概念。

能力目标：

1. 掌握工作簿的基本操作。
2. 掌握工作表的基本操作。
3. 掌握数据录入的方法。

➤【教学任务】

本课题的主要教学内容：操作界面及基本概念、工作簿的基本操作、工作表的基本操作、数据录入、案例实操。

➤【教·学·做】

一、初识 Excel 2010

1. Excel 2010 的启动

(1)利用菜单。单击任务栏上的“开始”按钮，从弹出的菜单中选择“所有程序”→“Microsoft Office”→“Microsoft Excel 2010”命令。

(2)利用快捷方式。若桌面上已有 Excel 2010 的快捷方式，只要双击桌面上的快捷图标即可。

(3)利用已有 Excel 文档。双击任意一个 Excel 2010 文档，即可启动。

2. Excel 2010 的退出

(1)单击 Excel 窗口右上角的按钮。

(2)单击 Excel 窗口左上角的按钮 文件，从弹出的下拉菜单中选择“退出”。

(3)单击 Excel 窗口左上角的按钮，从弹出的下拉菜单中选择“关闭”。

(4)双击 Excel 窗口左上角的按钮。

(5)使用组合键“Alt+F4”。

3. Excel 2010 的操作界面

启动 Excel 2010 之后，便会出现如图 4-1-1 所示的操作界面。

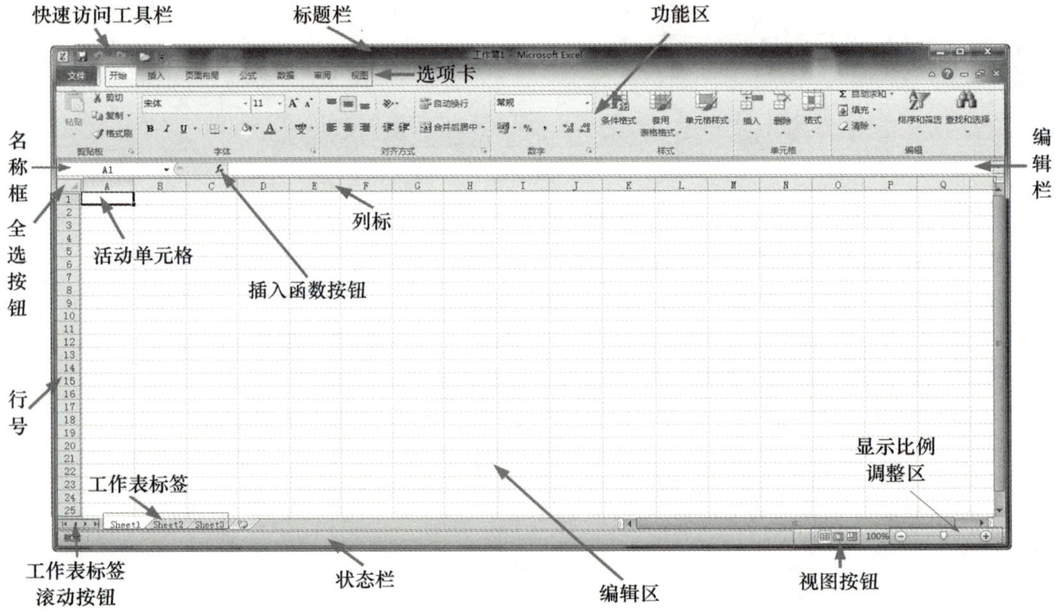

图 4-1-1 Excel 2010 操作界面

(1)标题栏

Excel 2010 的标题栏位于窗口最顶部(如图 4-1-1 所示),主要用于显示当前文档的文件名以及软件名称。

(2)快速访问工具栏

快速访问工具栏位于窗口的左上角(如图 4-1-1 所示),里面放置了用户在使用 Excel 2010 时经常用到的命令,方便用户快速编辑。

(3)功能区

功能区位于标题栏的下方(如图 4-1-1 所示),包括文件、开始、插入、页面布局、公式、数据、审阅、视图等 8 个选项卡。Excel 2010 以功能区的方式展示,替代了以往“菜单”式的操作,使用户的操作更加直观。

(4)名称框

名称框位于功能区左下角(如图 4-1-1 所示),用来显示当前单元格的名称。

(5)编辑栏

编辑栏位于名称框右侧(如图 4-1-1 所示),主要用于显示当前单元格的内容以及对当前单元格内容的修改。

(6)列标和行号

列标和行号分别位于编辑区的上方和左侧(如图 4-1-1 所示),列标用来标识列的名称,行号用来标识行的名称。

(7)工作表标签

工作表标签位于窗口下端(如图 4-1-1 所示),用于标识当前工作表的位置以及工作表的名称。Excel 2010 默认情况下显示 3 张工作表标签,当工作表数量很多时,可能无法显示所有工作表标签,可以使用其左侧的按钮(如图 4-1-1 左下角所示)来查看被隐藏了的工作表标签。

(8)状态栏

状态栏位于窗口底部(如图 4-1-1 所示),用于显示文档当前的工作状态。

4. Excel 2010 基本概念

(1)工作簿

工作簿是指 Excel 环境中用来储存并处理工作数据的文件。也就是说 Excel 文档就是工作簿。Excel 2010 默认的扩展名为“. xlsx”。启动 Excel 2010 后,系统会自动生成一个工作簿,默认文件名为“工作簿 1. xlsx”。

(2)工作表

工作表是显示在工作簿窗口中的表格。每个工作簿中可以包含多张工作表,一个工作簿所能包含的最大工作表数受内存的限制。默认情况下一个工作簿中有 3 张工作表(工作表名称默认为 Sheet1、Sheet2、Sheet3),用户可以根据需要添加工作表。

一个工作表由 1048576 行和 16384 列构成。用来标识行的名称的即“行号”,用来标识列的名称的即“列标”。行号显示在工作表编辑区左侧,列标显示在工作表编辑区上方,如图 4-1-1 所示。行号用阿拉伯数字“1、2、3……”表示,列标用英文字母“A、B、C……”表示。

(3)单元格

单元格指的是工作表中行与列相交围成的矩形区域,它是工作簿中用来存储数据和公式的基本单位,Excel 用列标和行号表示对应的单元格名称,列标在前,行号在后。例如:E5 指的是第 E 列、第 5 行的单元格,A3 指的是第 A 列、第 3 行的单元格。

二、工作簿的基本操作

1. 创建工作簿

（1）启动 Excel 2010，系统会自动创建一个空白的工作簿，默认文件名为“工作簿 1. xlsx”。

（2）单击窗口左上角的“文件”→“新建”，在“可用模板”列表中选择相应选项，如图 4-1-2 所示，例如单击“空白工作簿”→“创建”按钮，即可创建空白工作簿。

（3）利用组合键：Ctrl＋N。

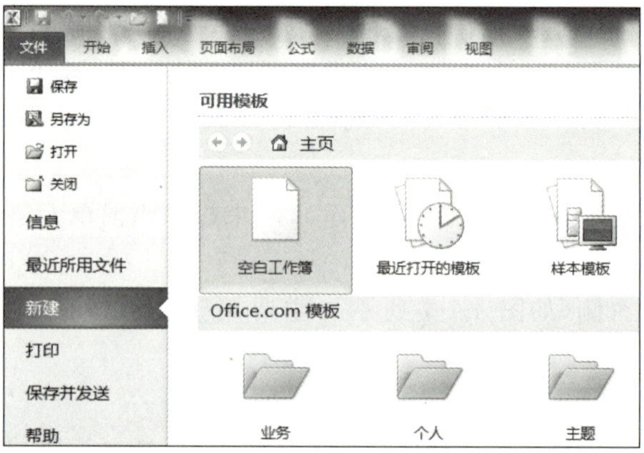

图 4-1-2 “创建工作簿”菜单

2. 打开工作簿

（1）在安装有 Excel 2010 软件的电脑上，直接双击工作簿文件或者文件快捷方式即可打开。

（2）启动 Excel 2010，单击“文件”→“打开”，便会弹出如图 4-1-3 所示的对话框，找到文件存放位置，选择要打开的文件，然后单击“打开”按钮，打开工作簿文件。

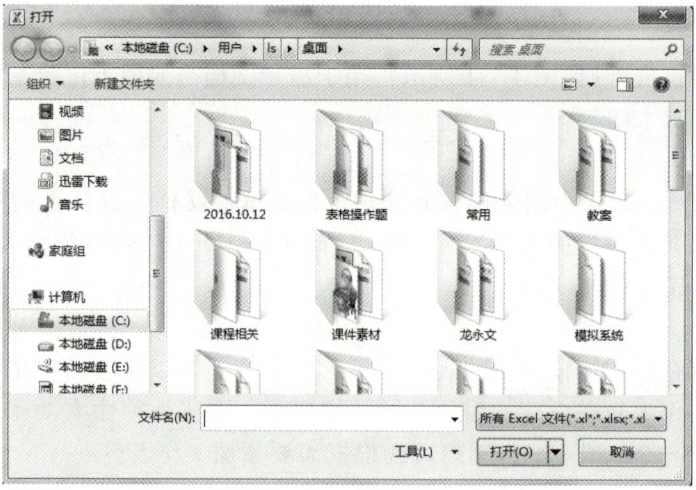

图 4-1-3 “打开”对话框

3. 保存工作簿

（1）新工作簿的保存

单击窗口左上角的“文件”，从弹出的下拉菜单中选择“保存”，或者按组合键：Ctrl＋S。

（2）已有工作簿的保存

单击窗口左上角的“文件”→“另存为”，可以对存储路径进行选择设置和对工作簿进行名称编辑，如图 4-1-4 所示。在选择完存储路径和对文件名编辑完成之后单击“保存”按钮即可。

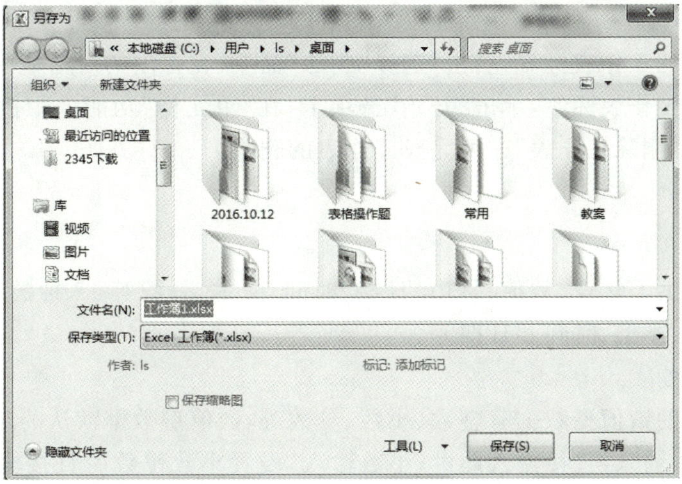

图 4-1-4　“另存为”对话框

4. 关闭工作簿

工作簿的关闭和 Word 相同：

(1)单击窗口右上角的“关闭”按钮。如果更改了工作簿内容，执行了保存，则直接关闭工作簿，退出 Excel 2010；如果更改了内容但没有执行保存，则会弹出是否保存更改对话框，用户可以根据需要选择。

(2)单击窗口左上角的“文件”→“退出”，即可关闭工作簿，退出程序。

(3)双击窗口左上角的控制菜单按钮，即可关闭工作簿，退出程序。

(4)利用组合键：Alt+F4。

三、工作表的基本操作

1. 重命名工作表

在 Excel 2010 中，工作表默认的文件名为：Sheet1、Sheet2、Sheet3……，但在实际应用中，为了便于管理，可将工作表改名为直观且有意义的名称，工作表重命名有如下几种方法：

(1)选中需要重命名的工作表标签，右击，在弹出的快捷菜单中选择“重命名”，然后输入工作表的新名称，输完按 Enter 键即可。

(2)双击要重命名的工作表标签，然后输入工作表的新名称，输入完成按 Enter 键即可。

2. 插入工作表

默认情况下一个工作簿中有 3 张工作表(Sheet1、Sheet2、Sheet3)，当已有工作表不够用时，可往工作簿中插入新的工作表，插入方法如下：

(1)选择插入位置，右击并从弹出的快捷菜单中选择“插入”。

(2)打开“开始”选项卡，单击“单元格”功能区中的“插入”按钮，从弹出的下拉菜单中选择“插入工作表”。

3. 移动工作表

当工作表的位置插入错误，或需要将工作表移动位置时，可单击需要移动的工作表标签，按住鼠标左键不放拖动到所需位置后放开鼠标。

4. 复制工作表

选中需要复制的工作表标签，右击后选择“移动或复制”，在弹出的“移动或复制工作表”对话框中勾选“建立副本”前面的复选框。

5. 删除工作表

选中需要删除的工作表标签，右击，选择“删除”命令，在弹出的对话框中单击“删除”按钮；或者选中要删除的工作表标签，单击“开始”选项卡，在“单元格”功能区中选择“删除”按钮，从弹出的下拉菜单中“删除工作表”亦可完成工作表的删除。

四、数据录入

Excel 2010 提供了常规、数值、货币、日期、时间、文本、分数等 12 种数字格式。其中最常用到的是数值型、文本型、时间和日期等。

1. 数值型数据的输入

Excel 2010 中的数值型数据有整数、小数、分数等，数值型数据默认的对齐方式是右对齐。

输入方法：整数输入，直接输入即可；小数输入，设置小数位数后直接输入，或先输入再设置小数位数；分数输入，先输入“0”，再输入空格，最后输入分数。

2. 文本型数据的输入

Excel 2010 中文本型数据主要有汉字、字母、数字、符号等。若要输入的是中文或英文及其他符号，可直接输入。若输入的文本型数据是纯数字，则需要先设置其单元格数字分类为文本型，再进行输入，或者输入数字前先输入英文输入状态下的单撇号。文本型数据的默认对齐方式是左对齐。

3. 时间、日期型数据的输入

输入日期：年、月、日之间用“/”或者“-”隔开，以表示具体日期。例如：要表示“2016 年 1 月 1 日”，我们可以输入“2016-1-1”或者“2016/1/1”。按组合键“Ctrl＋；”可快速输入当前系统日期。

输入时间：“时”“分”“秒”之间用“：”隔开，例如：“12 时 30 分 30 秒”，可以表示为“12：30：30”。按组合键“Ctrl＋Shift＋；”可快速输入当前系统时间。

4. 填充输入

填充柄是 Excel 中非常实用的一个工具，用于往单元格中自动填充数据。“填充柄”指的是选定单元格或者选定区域后右下角断开的一个黑色小方块，如图 4-1-5 所示。当鼠标指针移动到填充柄上时，鼠标会变成黑色实心十字形状，此时，按住鼠标左键拖拽，即可完成填充操作。

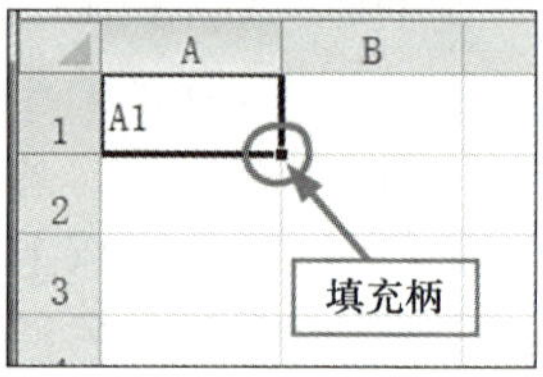

图 4-1-5 填充柄

(1)自动填充

自动填充是指根据 Excel 2010 自带的数据序列填充，例如：“1、2、3……”“A1、A2、A3……”。使用自动填充时，若需要填充的是数值型数据，则输入第一个序号后，选中该单元格，把鼠标放在填充柄上，按住 Ctrl 键不放，同时按住鼠标左键向需要的方向拖动即可。若需要填充的是非数值型数据，则输入第一个序号后把鼠标放到填充柄处直接拖动即可。

(2)填充有规律变化的序列

例如：等差数列“1、3、5……”，先分别在某列或某行的第一个和第二个单元格中输入序列的前两个数值并选定，然后将鼠标移到填充柄上，按住鼠标左键向需要填充数据的单元格方向拖动即可。

五、案例实操

1. 新建工作簿。在桌面上新建一个工作簿，以自己的姓名命名。

2. 重命名工作表。打开工作簿，将 Sheet1 工作表重命名为“表 1”，将 Sheet2 工作表重命名为“表 2”，将 Sheet3 工作表重命名为“表 3”。

3. 移动工作表。将工作表“表 2”移动至工作表“表 3”之后。

4. 插入工作表。在工作表“表 3”后插入一个新的工作表，并命名为“表 4”。

5. 输入数据。

(1)对照“图 4-1-6”，在工作表“表 4”相应单元格内输入数据。

	A	B	C	D	E	F	G	H	I
1	数据录入				自动填充				
2	数据	示例	试一试		示例	试一试		示例	试一试
3	小数	123.45			1			A1	
4		678.90			2			A2	
5		789.00			3			A3	
6	分数	1/2			4			A4	
7		2/3			5			A5	
8		3/4			6			A6	
9	百分数	15%			7			A7	
10		20%			8			A8	
11		32.50%			9			A9	
12	编号	0001			10			A10	
13		0002			11			A11	
14		0003			12			A12	
15		1234567890987654321			13			A13	
16	日期	1月2日			14			A14	
17		2月3日			15			A15	
18		2018年3月4日			16			A16	

图 4-1-6　示例数据

(2)分别在 F3、I3 单元格中输入“1”“A1”，用填充柄输入的方式，完成 F3:F18、I3:I18 的输入。

【课题小结】

本课题内容结构如图 4-1-7 所示。

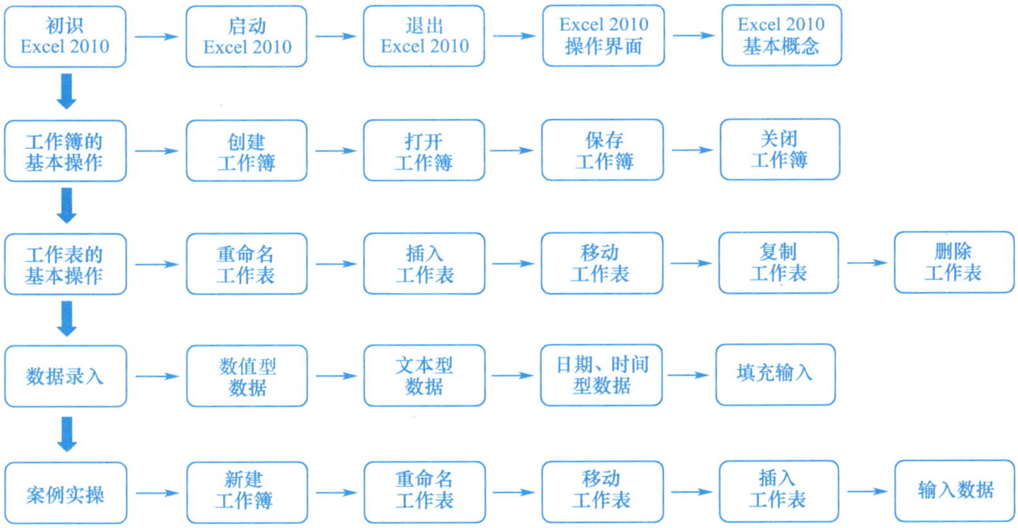

图 4-1-7　课题内容结构示意图

说明：

1. 本课题包含五个方面的内容，主要阐述了电子表格的基本概念和基本操作，是学习和掌握电子表格的基础。

2. 课题实践性强，教学中要注意理实结合，学练结合，教学做结合，教师要做好精心辅导，学生要做到熟练掌握，为后续课题的学习奠定坚实的基础。

【效果测评】

表 4-1-1 考核评分记录表

考核目标	考核内容	考核要求	评分标准	配分	自评	互评	师评
知识目标	启动和退出 Excel 2010 的基本方法	思路清晰，回答完整	全部回答正确，表述完整得满分，回答不全面可视具体情况酌情扣分	5			
	Excel 2010 操作界面的组成及名称	思路清晰，回答完整		10			
	工作簿的基本概念	概念准确，表述完整	能正确表述工作簿和工作表的概念，并能够把握二者的相互关系得满分。可视情况扣分	5			
	工作表的基本概念	概念准确，表述完整		5			
	单元格的基本概念	概念准确，表述完整	表述准确完整，简明扼要得满分。可视回答情况酌情扣分	5			
	掌握各种数据类型及其输入方法	概念清楚，回答准确	能够说出 5 种常用数据类型得 5 分；输入方法回答正确得 10 分	15			
能力目标	打开、关闭工作簿	操作正确、熟练	操作正确得 5 分；能够熟练操作得 5 分。操作不准确不得分；在操作正确的基础上视操作熟练程度可酌情给分	5			
	熟练完成案例实操 1	操作正确、熟练		10			
	熟练完成案例实操 2	操作正确、熟练		10			
	熟练完成案例实操 3	操作正确、熟练		10			
	熟练完成案例实操 4	操作正确、熟练	能够熟练操作各项设置	10			
	熟练完成案例实操 5	操作正确、熟练	能够熟练录入 5 种不同类型的数据	10			
总分				100			

课题二　电子表格的格式设置

电子表格格式化指对工作表表格区域格式的设定，以达到一定的实用性和美观性效果，包括单元格、行和列的基本操作，数据内容的字符格式设置，表格边框和底纹设置。需要学习者掌握单元格和单元格区域的选择、单元格的合并以及拆分、行与列的基本操作等，能够根据需要设置出具有一定风格特征的表格。

【教学目标】

1. 掌握选择单元格的方法。
2. 掌握单元格合并和拆分的方法。
3. 掌握单元格格式的设置。

4. 掌握行、列的基本操作。

5. 掌握表格边框和底纹的设置。

➢【教学任务】

本课题的主要教学内容：选定单元格，单元格的合并与拆分，行和列的基本操作，单元格格式设置，表格边框和底纹设置。

➢【教·学·做】

一、选定单元格

1. 选择单个单元格

直接在需要选择的单元格上单击，或者在名称框（图 4-2-1）中输入需要选择的单元格地址，然后按 Enter 键即可。

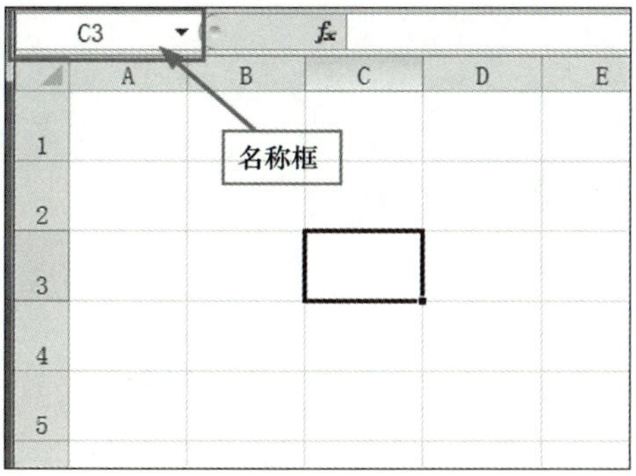

图 4-2-1 名称框

例如，选中 F5 单元格。

方法：将鼠标放在 F5 单元格上，直接单击鼠标。或者在名称框中输入：F5，按 Enter 键即可选中。如图 4-2-2 所示。

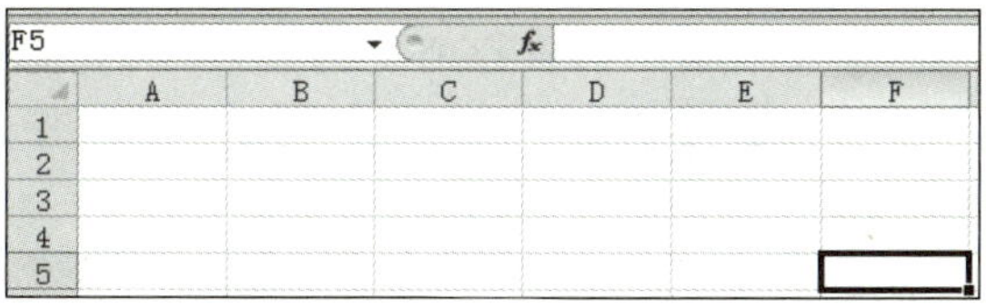

图 4-2-2 单个单元格的选择

2. 选择多个单元格

选择多个相邻单元格：选择起始单元格，按住鼠标左键不放拖拽至最后一个单元格，或先选中第一个单元格，然后按住 Shift 键不放，再单击需要选择的最后一个单元格即可。

选择多个不相邻单元格：先选择好所需的一个单元格后按住 Ctrl 键不放，再依次选择其他单元格。

3. 选择整行或整列

单击需要选择的行号或列标，如图 4-2-3 所示。若要选择相邻的多行或多列，单击同时按住鼠标左键不放在行号或列标上向需要的方向拖动。

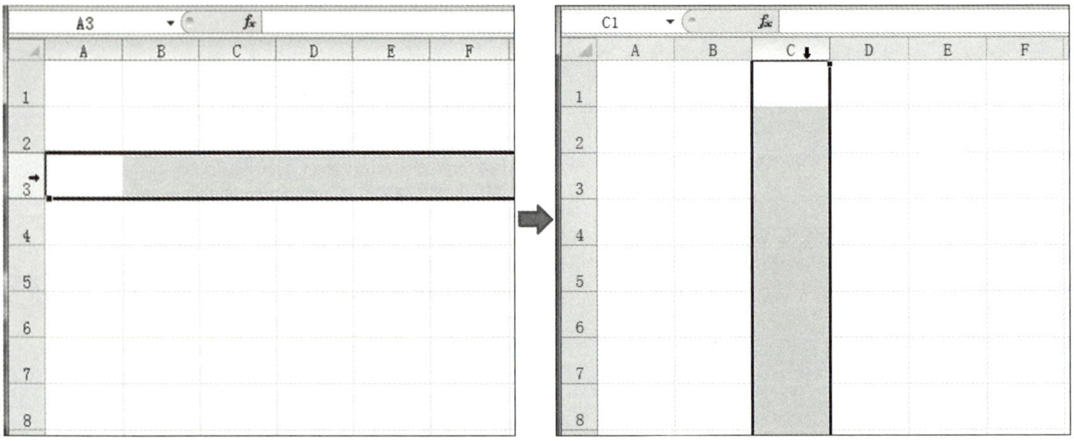

图 4-2-3 行和列的选择

4. 选择所有单元格(全选)

单击行号和列标左上角交叉处的“全选”按钮,如图 4-2-4 所示,或使用组合键“Ctrl＋A”。

图 4-2-4 全选按钮

二、合并单元格

1. 合并单元格

在编辑表格的过程中,为了使表格结构看起来更美观,层次更清晰,有时需要对某些单元格进行合并操作。具体方法:选择需要合并的单元格,然后打开“开始”选项卡,单击“对齐方式”功能区中的“合并后居中”按钮,如图 4-2-5 所示。

图 4-2-5 “合并后居中”按钮

2. 取消合并

选中已经合并了的单元格,再次单击“合并后居中”按钮。或者单击“开始”选项卡下“对齐方式”功能区右下角的按钮,在打开的“设置单元格格式”对话框中,打开“对齐”选项卡,将“文本控制”下方的“合并单元格”复选框前面的“√”去掉。如图 4-2-6 所示。

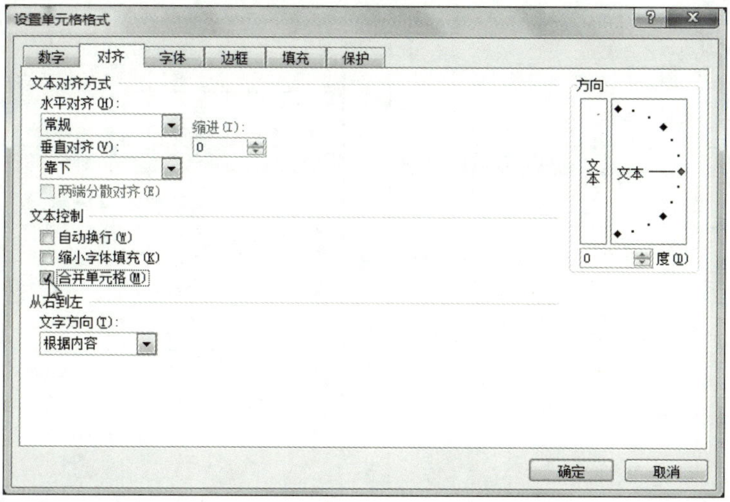

图 4-2-6　“对齐”选项卡

三、行、列的基本操作

1. 插入行或列

选择行或列插入位置，将鼠标移到选区上，右击，从弹出的快捷菜单中选择“插入”。

例：在如图 4-2-7 所示的“考试成绩统计表”的“学号”为“A0003”一行的上面插入一行。

	A	B	C	D	E
1	考试成绩统计表				
2	学号	姓名	成绩1	成绩2	成绩3
3	A0001	王一	97	94	93
4	A0002	张清	80	73	69
5	A0003	李响	85	71	67
6	A0004	吴越	88	81	73
7	A0005	陈欢	89	62	77
8	A0006	马燕	91	68	76
9	A0007	王晓	86	79	80
10	A0008	贾莉	93	73	78
11	A0009	李林	94	84	60
12	A0010	马萍	55	59	98
13	A0011	高云	74	77	84
14	A0012	王然	88	74	77

图 4-2-7　考试成绩统计表

步骤：选中“学号”为“A0003”的行(即第 5 行)，然后将鼠标移到选区上，右击，从弹出的快捷菜单中选择“插入”，如图 4-2-8 所示。

2. 删除行或列

选择要删除的行或列，将鼠标移到选区上，右击，从弹出的快捷菜单中选择“删除”。

3. 行、列的移动

行的移动：选中要移动的行，将鼠标移动到选区的上边框线或下边框线上，当鼠标指针变成✥时，按住 Shift 键的同时按住鼠标左键不放向目的位置拖动，到达目的位置后，先释放鼠标再放开 Shift 键。

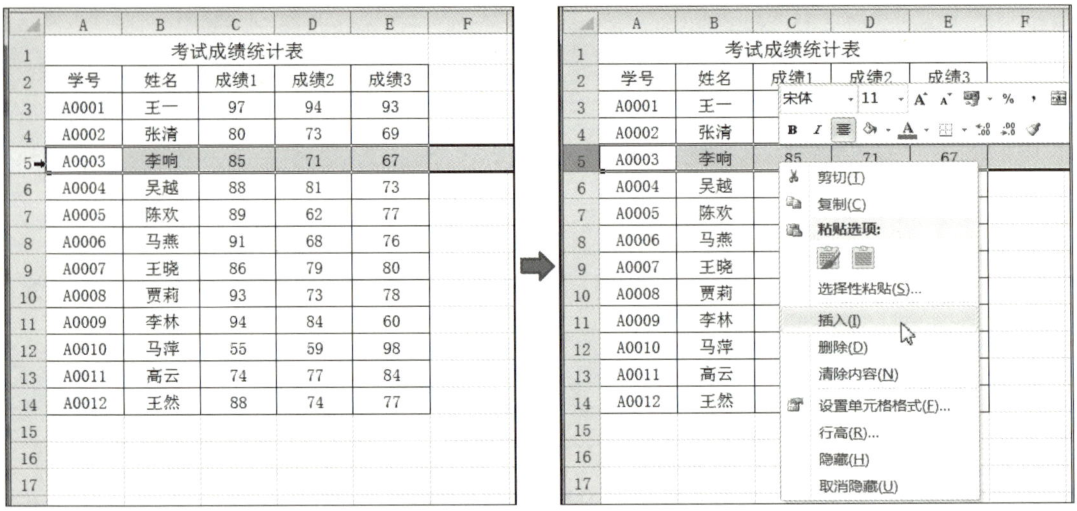

图 4-2-8 插入行示例

列的移动：选中要移动的列，将鼠标移动到选区的左边框线或右边框线上，当鼠标指针变成时，按住 Shift 键的同时按住鼠标左键不放向目的位置拖动，到达目的位置后，先释放鼠标再放开 Shift 键。

4. 行、列的复制

选中要复制的行或列，用复制的方法将所选行或列粘贴到目的位置。

5. 设置行高、列宽

（1）设置行高

方法一：将鼠标指针移动到需要调整行的行号的下框线上，当鼠标指针变为形状时，按住鼠标左键拖拽调整。

方法二：选中需要调整的行，将鼠标移动到选区上右击，在弹出的快捷菜单中选择“行高”即可设置，如图 4-2-9 所示。

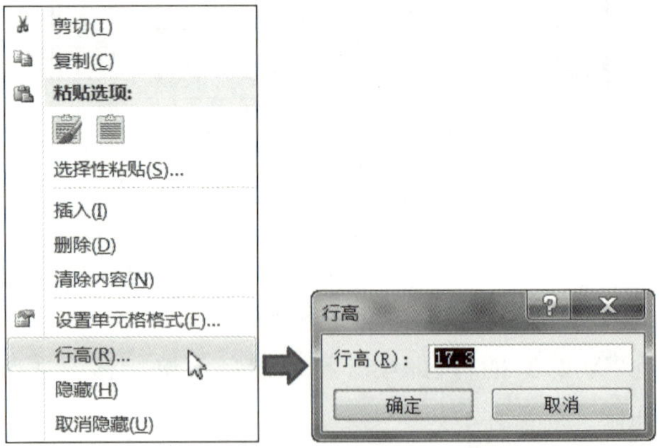

图 4-2-9 行高设置

方法三：选中需要调整的行，打开“开始”选项卡，单击“单元格”功能区中的“格式”按钮，从弹出的下拉菜单中选择“行高”即可设置。

（2）设置列宽

方法一：将鼠标指针移动到需要调整列的列标的右框线上，当鼠标指针变为形状时按住鼠标左键拖拽调整。

方法二：选中要调整的列，将鼠标移动到选区上右击，在弹出的快捷菜单中选择“列宽”即可设置。

方法三：选中要调整的列，打开“开始”选项卡，单击“单元格”功能区中的“格式”按钮，从弹出的下拉菜单中选择“列宽”即可设置。

四、设置单元格格式

单元格格式设置是对表格内容整体视觉效果的调整，包括字体、字号、字形、颜色、对齐方式、数字格式、边框和底纹等。

1. 设置字体

选中要设置的区域，打开“开始”选项卡，在“字体”功能区中单击相应按钮进行设置。如图 4-2-10 所示。

2. 对齐方式

选中需要设置的区域，打开“开始”选项卡，根据需要在“对齐方式”功能区中进行设置。如图 4-2-11 所示。

3. 数字格式

选中需要设置的区域，单击“开始”选项卡，在“数字”功能区中单击“数字格式”下拉箭头，如图 4-2-12 所示，在弹出的下拉列表中设置。

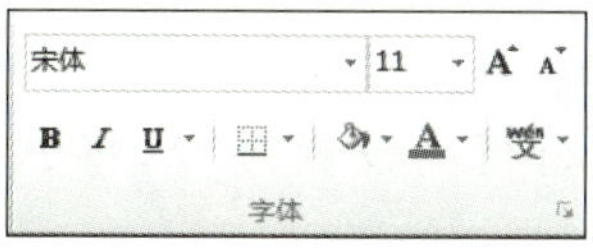

图 4-2-10 “字体”功能区

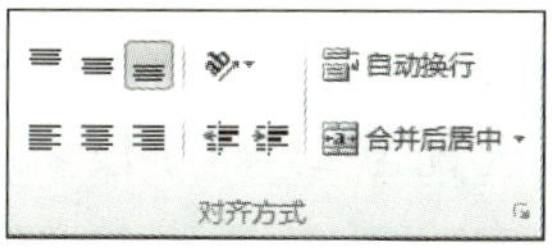

图 4-2-11 “对齐方式”功能区

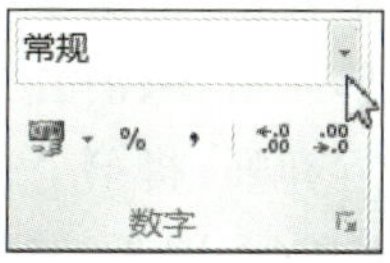

图 4-2-12 “数字”功能区

4. 边框和底纹

步骤 1：选中需要设置的区域。

步骤 2：打开“开始”选项卡，在“字体”功能区中单击 ⊞ 按钮右侧的下拉箭头，从弹出的下拉菜单中选择“其他边框”。

步骤 3：在弹出的“设置单元格格式”对话框中，打开“边框”选项卡，再根据需要设置边框，如图 4-2-13 所示；打开“填充”选项卡，根据需要设置底纹，如图 4-2-14 所示。

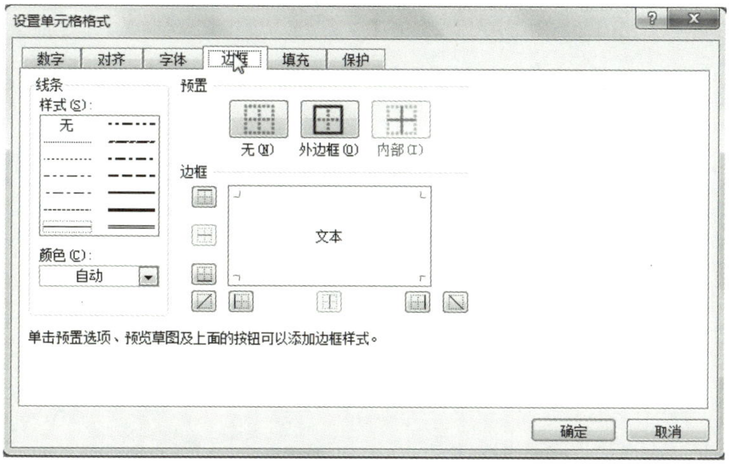

图 4-2-13 “边框”选项卡

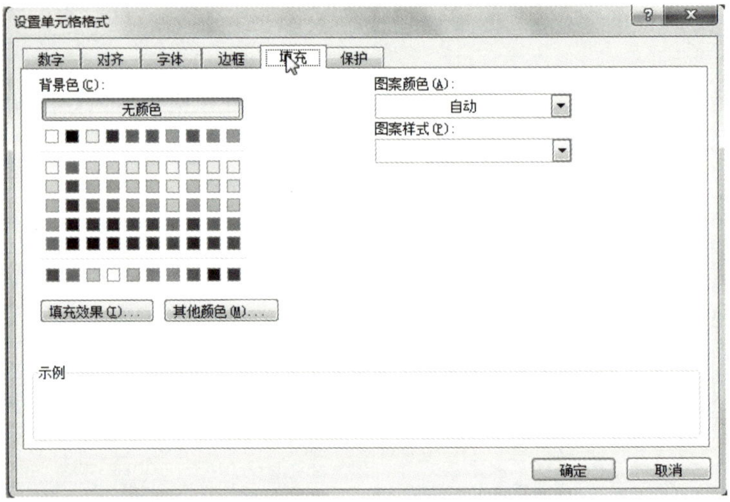

图 4-2-14 “填充”选项卡

五、案例实操

微课 案例实操

打开“课题二 案例实操.xlsx”，完成以下操作：

1. 选定单元格：选定单元格区域 A1:F1。

2. 合并单元格，取消合并：将 A1:F1 合并。将 A1:F1 合并单元格取消合并。

3. 设置行和列：将第一行行高设置为 25，将字段名所在行行高设置为 15，将 A 列列宽设置为 15，并删除第 12 行。

4. 设置单元格：将整个表格的数据对齐方式设置为水平居中、垂直居中。

5. 设置边框与底纹：给 A2:F12 区域添加红色双实线外边框，绿色单实线内边框。

【课题小结】

本课题的内容结构如图 4-2-15 所示。

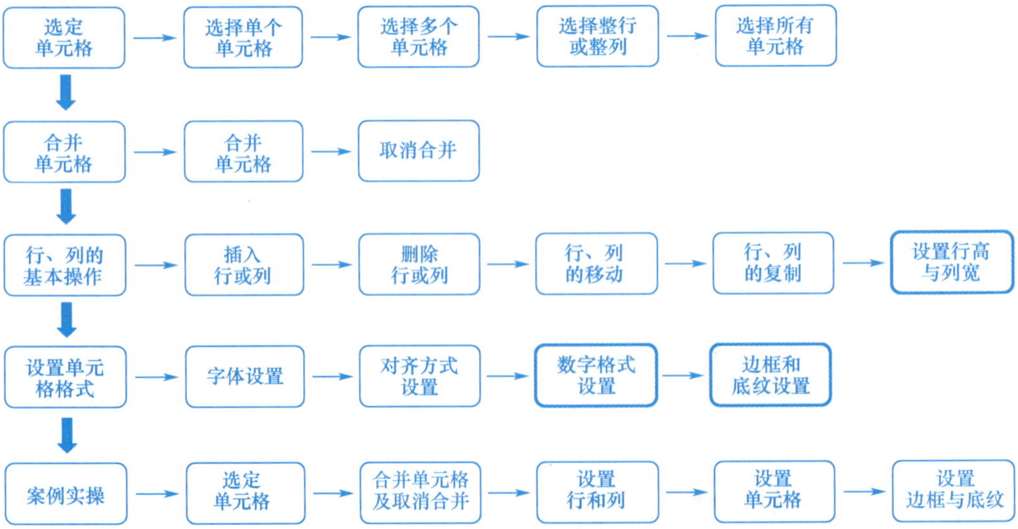

图 4-2-15 课题内容结构示意图

说明：

1. 本课题讲述了单元格的选定方法，单元格的合并和取消合并，行、列的基本操作，以及单元格格式设置等基本操作，教学中要循序渐进，逐步深入。

2. 粗框为本课题的难点内容，教学中应有所侧重。

3. 本课题实践性强，应注意讲练结合，教学做结合。

【效果测评】

表 4-2-1　　考核评分记录表

考核目标	考核内容	考核要求	评分标准	配分	自评	互评	师评
知识目标	选定单元格的种类与方法	思路清晰，回答完整	选定种类 4 分；选定方法 4 分。根据实际情况评分	8			
	单元格的合并与取消方法	思路清晰，回答完整	合并 4 分，取消 3 分。根据实际情况评分	7			
	插入、复制、粘贴、移动、删除行和列的方法	思路清晰，回答完整	每项 2 分，共 10 分。根据实际情况评分	10			
	设置行高和列宽的基本方法	思路清晰，回答完整	每项 5 分。根据实际情况评分	10			
	单元格的设置内容和设置方法	思路清晰，回答完整	内容 5 分，方法 5 分。根据实际情况评分	10			
	数据格式的设置方法	思路清晰，回答完整	能够说出 5 种常用数据类型。根据实际情况评分	10			
能力目标	案例实操 1：选定单元格	能够熟练操作	熟练操作各项设置得满分。根据实际操作评分	5			
	案例实操 2：合并单元格，取消合并	能够熟练操作	合并 5 分，取消 5 分。根据实际操作评分	10			
	案例实操 3：设置行和列	能够熟练操作	行高设置 5 分，列宽设置 5 分。根据实际操作评分	10			
	案例实操 4：设置单元格	能够熟练操作	水平居中、垂直居中各 5 分。根据实际情况扣分	10			
	案例实操 5：设置边框与底纹	能够熟练操作	能够熟练设置所需要设置的效果得满分。根据实际情况扣分	10			
总分				100			

课题三　公式与函数

公式与函数是数值计算的重要工具，而且是提高数据分析、处理效率的得力助手。在 Excel 2010 中，也设置了一系列可供选用的公式和函数。利用这些公式和函数功能，可以对输入的数据进行快速、精确的运算、统计和分析，从而提高我们在制作复杂表格时的工作效率及计算准确率。

➤【教学目标】

知识目标：

1. 了解公式与函数的概念。
2. 理解单元格引用的概念。

能力目标：

1. 掌握公式的使用方法。
2. 掌握常用函数的使用方法，并能运用其解决实际问题。

➤【教学任务】

本课题的主要教学内容：公式；函数；案例实操。

➤【教·学·做】

一、公式

1. 认识公式

公式是在工作表中对数据进行分析和计算的等式。公式通常由操作数、单元格引用和运算符等部分组成。输入公式时必须以“＝”开头，然后输入公式的具体内容，即表达式。完成输入后，在单元格中显示的是公式计算的结果，具体公式则显示在编辑栏中，如图 4-3-1、图 4-3-2 所示。

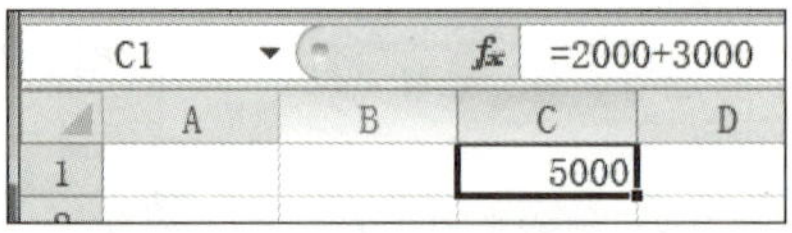

图 4-3-1 公式的显示方式 1

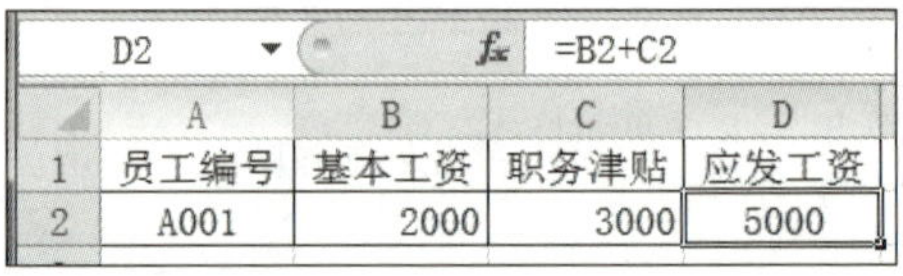

图 4-3-2 公式的显示方式 2

（1）操作数

操作数即参与运算的对象。操作数可以是具体的数值，如图 4-3-1 所示；也可以是单元格地址，如图 4-3-2 所示。

（2）单元格引用

在公式中通常不直接输入单元格中的数据，而是输入单元格引用，使用单元格引用的目的是当被引用的单元格中的数据发生变化时，公式中的计算结果也会自动更新。

单元格引用用来指明公式中所使用的数据的位置。单元格引用可以是一个单元格的地址（如 C5、D6 等），也可以是单元格区域（如“C5:F10”“A2:H8”等）。利用单元格引用，可以在一个公式中使用工作表不同部分的数据，或者在多个公式中使用一个单元格中的数据，还可以引用同一个工作簿中不同工作表中的数据。

单元格引用有相对引用、绝对引用和混合引用 3 种。在公式中引用单元格可直接使用键盘输入或采用鼠标来选择单元格区域。

- 相对引用

相对引用是 Excel 2010 默认的单元格引用方式，它直接用单元格地址或引用运算符表示需要参与运算的数据，如 A1、D5 等。相对引用在移动或复制公式时，系统会根据移动的位置自动调整公式中引用的单元格地址。

例：将“成绩统计表”中的总成绩（总成绩＝成绩 1＋成绩 2）计算出来，如图 4-3-3 所示。

题目分析：由“总成绩”的计算公式可知：“王一”的“总成绩”等于“王一”的“成绩 1”加上“成绩 2”。而“成绩 1”存放在 B3 单元格，“成绩 2”存放在 C3 单元格，因此，在公式中可用相对引用的办法，将“成绩 1”和“成绩 2”分别用 B3 和 C3 来代替，即 D3＝B3＋C3，而“张清”和“李响”的总成绩的计算方法与“王一”相同，因此，可对公式进行复制。

步骤 1：输入公式。单击 D3 单元格，然后输入公式“＝B3＋C3”，输入完毕按 Enter 键，如图 4-3-4 所示。

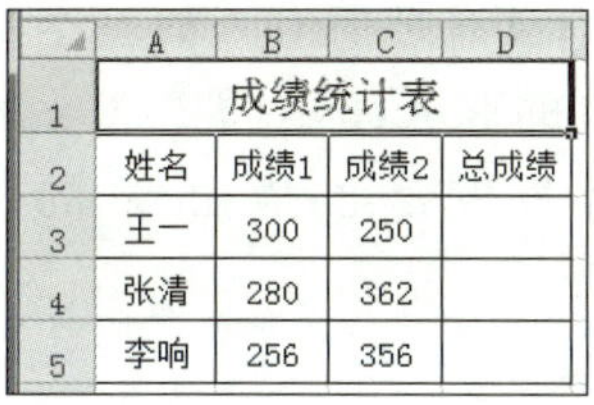

图 4-3-3　成绩统计表

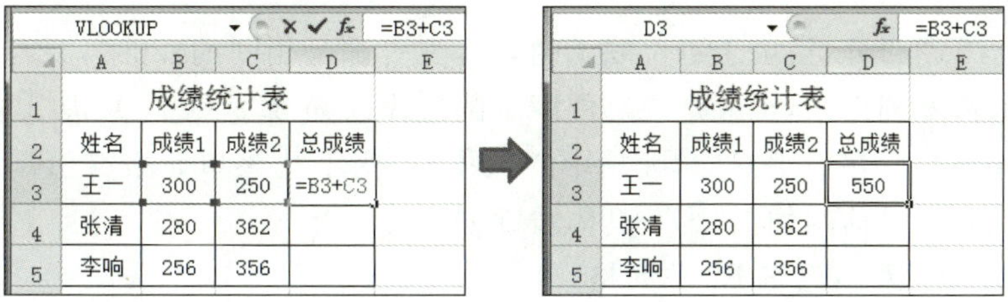

图 4-3-4　输入公式

步骤 2：复制公式。选中 D3 单元格，把 D3 单元格的公式分别复制到 D4、D5 单元格，复制完成后 D4、D5 单元格中的公式自动变为了“＝B4＋C4”“＝B5＋C5”，如图 4-3-5 所示。

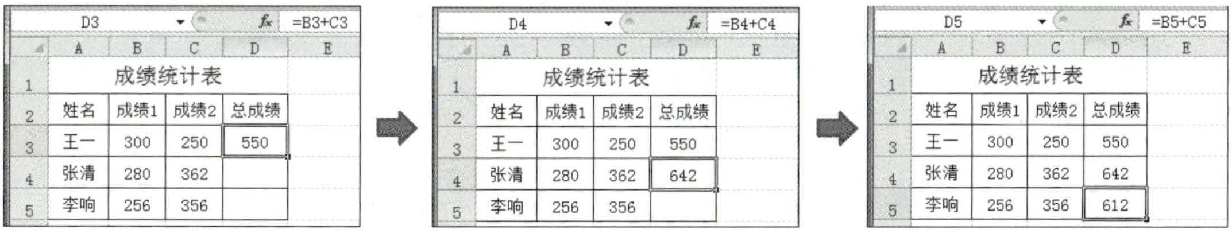

图 4-3-5　复制公式

- 绝对引用

绝对引用是指在单元格的列标和行号前面都加上“＄”符号。加上了“＄”的公式不论将其复制或移动到什么位置，绝对引用的单元格地址都不会改变。

注意：单元格地址中，若希望行不变，则在行号前面加上“＄”；若希望列不变，则在列标前面加上“＄”；若希望行和列都不变，则在列标或行号前均加上“＄”。

例：在图 4-3-6 的 C2 单元格中输入公式“＝＄A＄2＋＄B＄2”，将该单元格中的公式依次复制到 C3、C4 单元格后公式没有发生变化，都是“＝＄A＄2＋＄B＄2”，如图 4-3-7、图 4-3-8 所示。也就是说，复制到 C3、C4 单元格之后的公式计算的还是原来单元格中的数值，即“A2＋B2”。

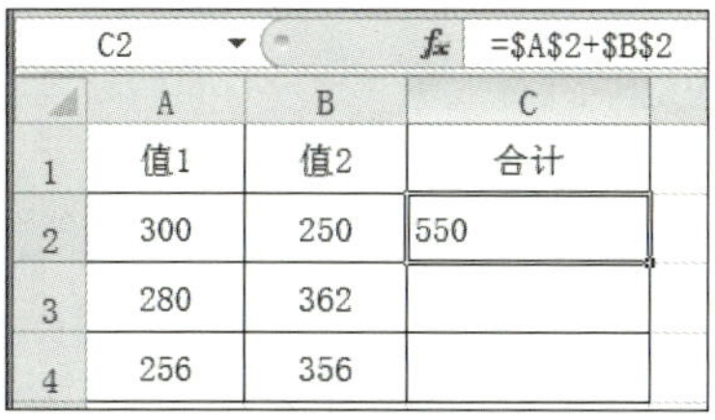

图 4-3-6　绝对引用应用示例

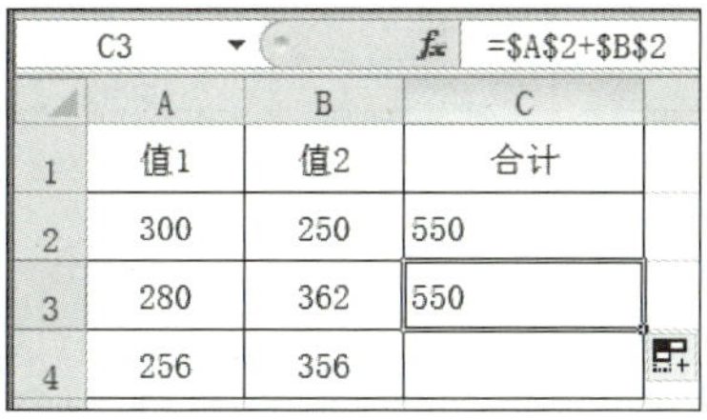

图 4-3-7　复制绝对引用公式 1

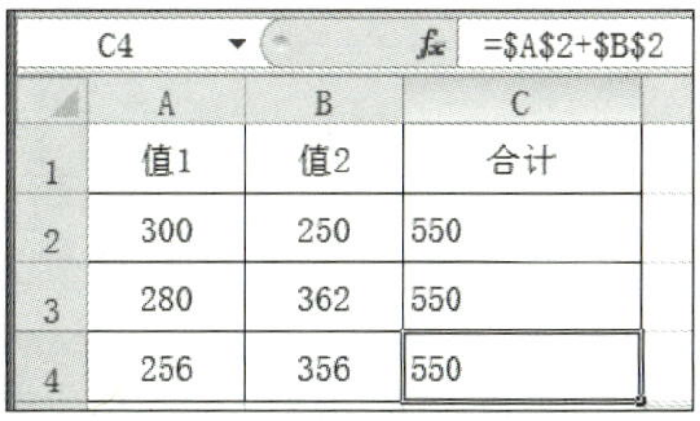

图 4-3-8　复制绝对引用公式 2

• 混合引用

混合引用是指引用中既有相对引用，又有绝对引用。用于表示列变行不变或行变列不变的引用。

例：计算图 4-3-9 中每位职工的应发工资（应发工资＝基本工资＋职务津贴）。

E2 | fx |

	A	B	C	D	E
1	员工编号	工龄	基本工资	职务津贴	应发工资
2	A001	2	2000	3000	
3	A002	5		5500	
4	A003	3		4500	

图 4-3-9　工资表

题目分析：由于每位职工的基本工资都是相同的：2000，只是表中没有把所有人的基本工资都罗列出来，也就是说每位职工的应发工资都是用 2000 加上各自的职务津贴，即“C2＋职务津贴”，在引用 C2 单元格中的数据时，为了让该单元格在引用时不发生变化，应在 C2 的列标和行号前均加上“＄”，具体步骤如下：

步骤 1：选定 E2 单元格

步骤 2：在 E2 单元格中输入公式“＝＄C＄2＋D2”，如图 4-3-10 所示。

E2 | fx | =$C$2+D2

	A	B	C	D	E
1	员工编号	工龄	基本工资	职务津贴	应发工资
2	A001	2	2000	3000	5000
3	A002	5		5500	
4	A003	3		4500	

图 4-3-10　混合引用应用示例 1

步骤 3：将 E2 单元格中的公式依次复制到 E3、E4 单元格。

复制完成后，E3、E4 单元格中的公式自动变为了“＝＄C＄2＋D3”“＝＄C＄2＋D4”，如图 4-3-11、图 4-3-12 所示。也就是说，C2 单元格没有发生改变，而 D2 则随着公式所在位置的变化而发生了变化。

E3 | fx | =$C$2+D3

	A	B	C	D	E
1	员工编号	工龄	基本工资	职务津贴	应发工资
2	A001	2	2000	3000	5000
3	A002	5		5500	7500
4	A003	3		4500	

图 4-3-11　混合引用应用示例 2

E4 | fx | =$C$2+D4

	A	B	C	D	E
1	员工编号	工龄	基本工资	职务津贴	应发工资
2	A001	2	2000	3000	5000
3	A002	5		5500	7500
4	A003	3		4500	6500

图 4-3-12　混合引用应用示例 3

（3）运算符

运算符是指对公式中的元素进行特定类型运算的符号。运算符主要包括算术运算符、文本运算符、比较运算符和引用运算符。

①算术运算符

算术运算符用于完成基本的数学运算。包括加(＋)、减(－)、乘(*)、除(/)、百分比(%)、乘方(^)等。

②文本运算符

文本运算符只有一个，就是与号“&”。用来连接“&”前后的字符串，用以生成一段新的文本。

例：将图 4-3-13 所示的 A1 和 B1 单元格中的内容连接起来，放入 C1 单元格。

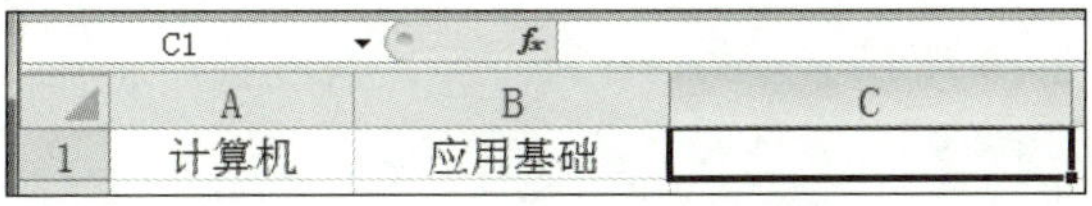

图 4-3-13　文本运算符应用示例 1

步骤：在 C1 单元格中输入“=A1&B1”(如图 4-3-14(a)所示)，输入完成后按 Enter 键。则 C1 单元格中的内容变为“计算机应用基础”(如图 4-3-14(b)所示)。

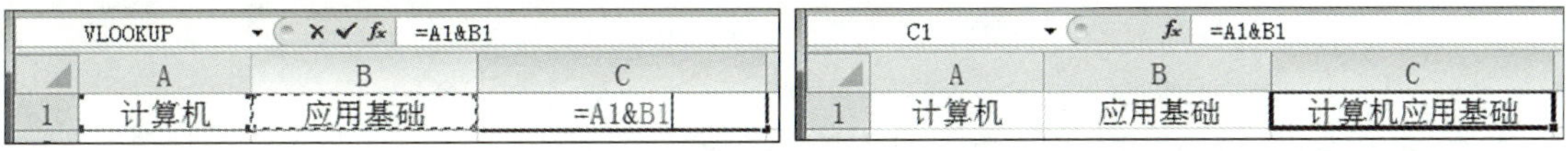

(a)　　(b)

图 4-3-14　文本运算符应用示例 2

③比较运算符

比较运算符用于比较两个数值的大小。包括等于“=”、不等于“<>”、大于“>”、小于“<”、大于等于“>=”、小于等于“<=”。使用比较运算符来比较两个值，结果只有 True 和 False 两种，如图 4-3-15 所示。

④引用运算符

引用运算符的功能是产生一个区域的引用，用于对单元格区域进行合并运算。引用运算符包括冒号“:”、逗号“,”、空格、感叹号“!”。

- 冒号“:”

“:”是区域运算符，用来对以两个引用单元格为对角的矩形区域内所有单元格进行引用。

例：“A1:B3”表示对以 A1 和 B3 为对角的区域的引用，即对 A1、A2、A3、B1、B2、B3 这 6 个单元格进行引用，如图 4-3-16 所示。

“D2:F3”表示对以 D2 和 F3 为对角的区域的引用，即对 D2、D3、E2、E3、F2、F3 这 6 个单元格进行引用，如图 4-3-17 所示。

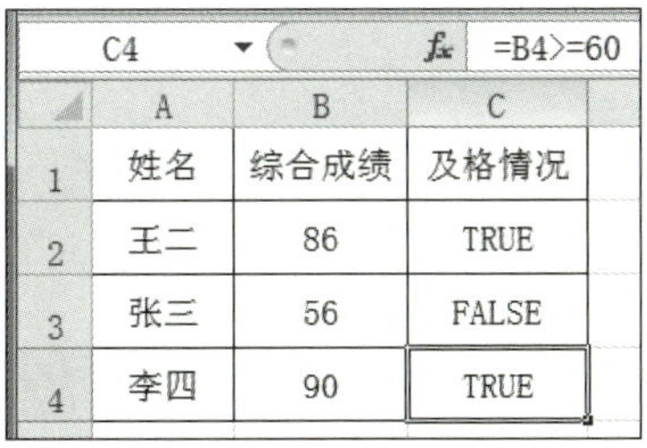

图 4-3-15　比较运算符应用示例

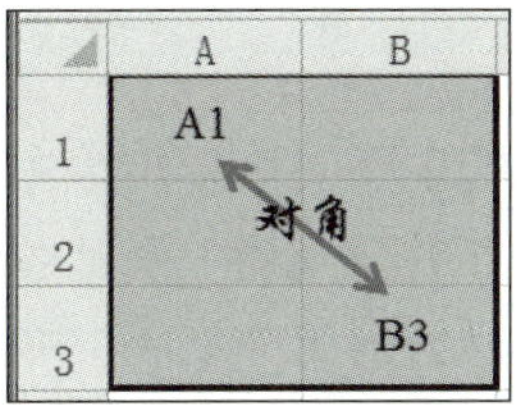

图 4-3-16　区域运算符应用示例 1

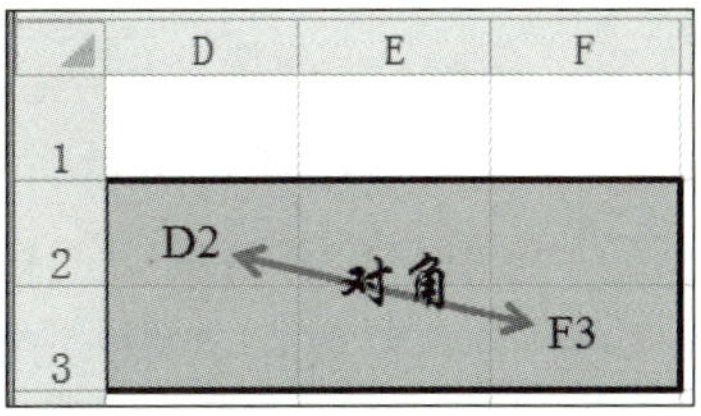

图 4-3-17　区域运算符应用示例 2

• 逗号“,”

“,”是联合运算符,是将多个引用合并为一个引用。

例:“D2,F3”表示对 D2、F3 这两个单元格进行引用,如图 4-3-18 所示。

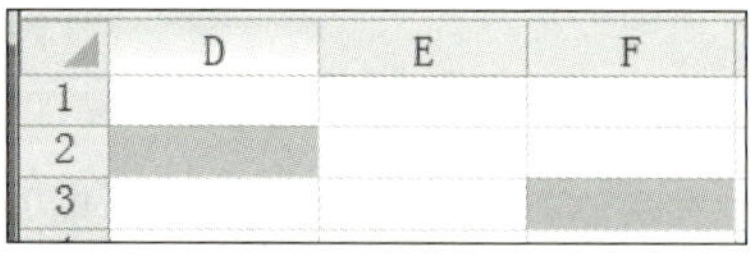

图 4-3-18 联合运算符应用示例 1

“A1:C3,E2:F3”表示对 A1、A2、A3、B1、B2、B3、C1、C2、C3 以及 E2、E3、F2、F3 这 13 个单元格进行引用,如图 4-3-19 所示。

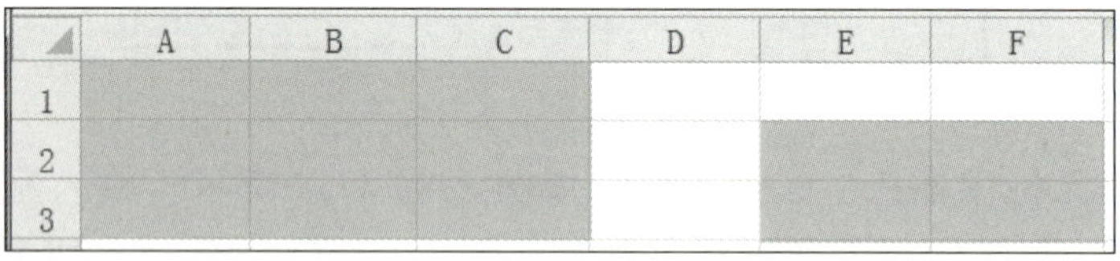

图 4-3-19 联合运算符应用示例 2

• 空格

空格是交叉运算符,它取的是多个引用区域的交叉部分。

例:“A1:C5 B3:D7”表示对“A1:C5”和“B3:D7”的交叉区域的引用,即对 B3:C5 的引用,如图 4-3-20 所示。

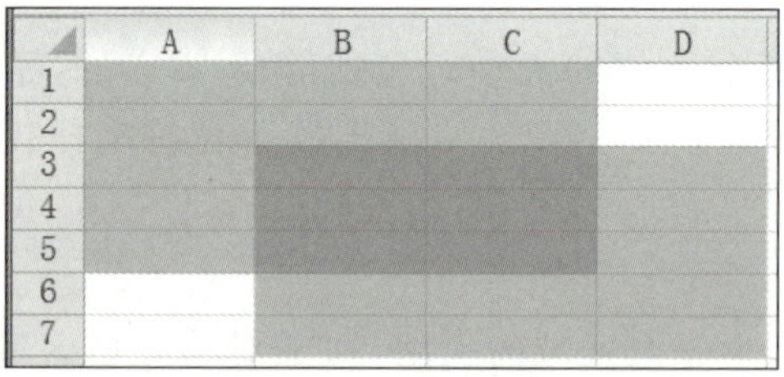

图 4-3-20 交叉运算符应用示例 1

“A2:C5 C1:D3”表示对“A2:C5”和“C1:D3”的交叉区域的引用,即对 C2:C3 的引用,如图 4-3-21 所示。

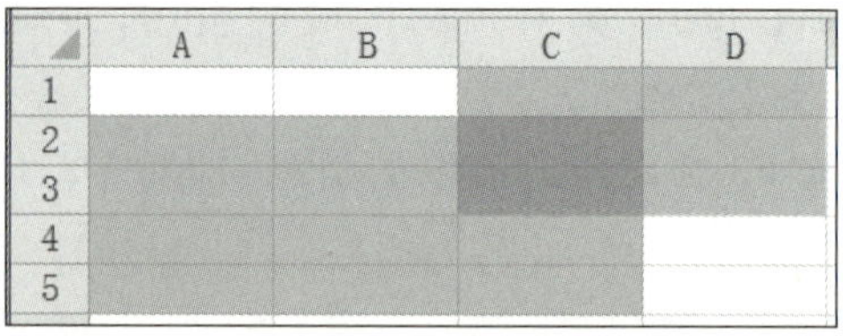

图 4-3-21 交叉运算符应用示例 2

• 感叹号(!)

“!”是三维引用运算符,可用来引用另一张工作表中的数据。

三维引用运算符的引用格式为:工作表名称!单元格地址。

例如:若需要在 A1 单元格中存放当前工作表 C3 单元格中的数据加上 Sheet2 工作表中 D5 单元格中的数据,则在 A1 中输入公式为“=C3+Sheet2!D5”。

（4）运算符的优先级（见表 4-3-1）

表 4-3-1　　运算符的优先级

运算符	含义	优先级
:	引用运算符	1
,		
空格		
!		
－（负号）	负数	2
%	百分比	3
^	乘方	4
*	乘	5
/	除	
＋	加	6
－	减	
&	连接两个文本字符串	7
＝	比较运算符	8
<		
>		
<＝		
>＝		
<>		

2. 使用公式

微课　公式的应用

对于简单的公式，用户可以直接在单元格中输入，在输入公式时，应以“＝”开头，具体步骤如下：

（1）选定输入公式的单元格。

（2）输入等号“＝”。

（3）输入公式的内容（注意：若需要计算的数据已存在于表格中，则输入的应是参与运算的单元格地址）。

（4）输入完毕后，按 Enter 键或单击编辑栏中的确认按钮。

如在“图 4-3-22”中计算职工应发工资（应发工资＝基本工资＋职务津贴－扣款）的具体步骤如下：

	A	B	C	D	E	F
1	员工编号	工龄	基本工资	职务津贴	扣款	应发工资
2	A001	2	2000	3000	45	
3	A002	5	2000	5500	50	
4	A003	3	2000	4500	35	
5	A004	1	2000	1500	28	
6	A005	2.5	2000	3800	38	
7	A006	3	2000	4500	53	

图 4-3-22　公式的使用

步骤 1:单击 F2 单元格。

步骤 2:输入“=”。

步骤 3:输入“C2+D2-E2”(亦可用鼠标直接选择需要参与运算的单元格,运算符则手工输入)。

步骤 4:按 Enter 键或单击编辑栏中的确认按钮。

完成输入后,在单元格中显示的是公式计算的结果,其具体公式则显示在编辑栏中,如图 4-3-23 所示。

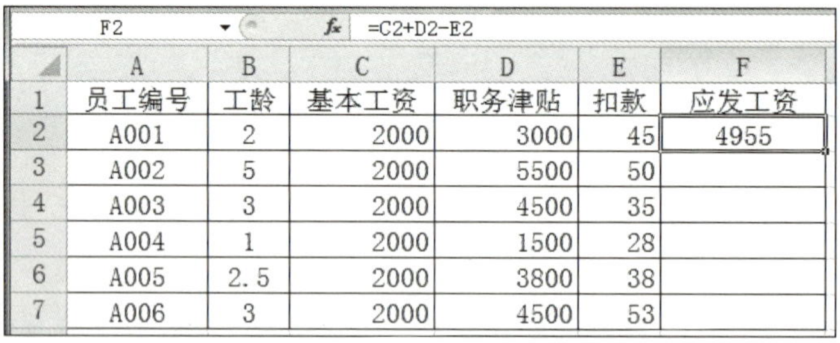
F2 =C2+D2-E2

	A	B	C	D	E	F
1	员工编号	工龄	基本工资	职务津贴	扣款	应发工资
2	A001	2	2000	3000	45	4955
3	A002	5	2000	5500	50	
4	A003	3	2000	4500	35	
5	A004	1	2000	1500	28	
6	A005	2.5	2000	3800	38	
7	A006	3	2000	4500	53	

图 4-3-23 公式的显示

注意:若要在编辑栏中输入公式,可单击要输入公式的单元格,然后依次在编辑栏中输入等号“=”以及公式的内容,输入完毕,单击编辑栏中的确认按钮或按 Enter 键。

3. 修改公式

数据表中的计算结果需要十分准确,但在输入公式的过程中,单元格引用或运算符输入难免会出错,此时就需要对公式进行修改。修改公式的方法与修改普通单元格中的数据类似,具体步骤如下:

步骤 1:选定需要修改的单元格。

步骤 2:用鼠标在编辑栏中定位光标(或按 F2 键,或双击单元格),进入编辑状态。

步骤 3:根据需要进行修改。

步骤 4:按 Enter 键或单击编辑栏中的确认按钮。

例如:图 4-3-24 中,应发工资的计算公式应为:应发工资=基本工资+职务津贴-扣款,而图 4-3-24 中将“-”误输入成“+”。

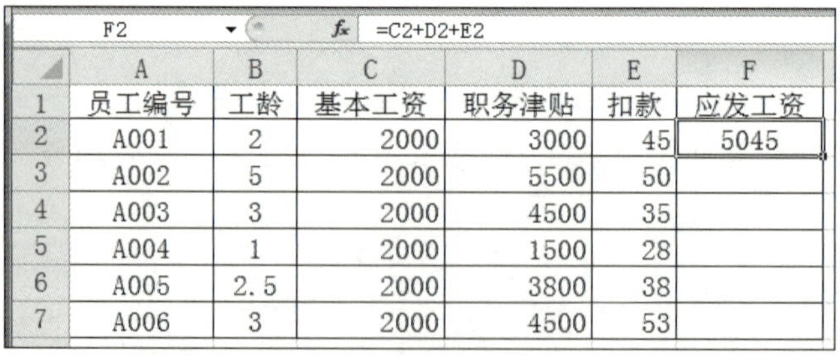
F2 =C2+D2+E2

	A	B	C	D	E	F
1	员工编号	工龄	基本工资	职务津贴	扣款	应发工资
2	A001	2	2000	3000	45	5045
3	A002	5	2000	5500	50	
4	A003	3	2000	4500	35	
5	A004	1	2000	1500	28	
6	A005	2.5	2000	3800	38	
7	A006	3	2000	4500	53	

图 4-3-24 修改公式

修改步骤:

步骤 1:选定 F2 单元格(或双击 F2 单元格)。

步骤 2:在编辑栏中的 D2 后单击。

步骤 3:将“+”改为“-”。

步骤 4:按 Enter 键或单击编辑栏中的确认按钮。修改后如图 4-3-25 所示。

F2 f_x =C2+D2-E2

	A	B	C	D	E	F
1	员工编号	工龄	基本工资	职务津贴	扣款	应发工资
2	A001	2	2000	3000	45	4955
3	A002	5	2000	5500	50	
4	A003	3	2000	4500	35	
5	A004	1	2000	1500	28	
6	A005	2.5	2000	3800	38	
7	A006	3	2000	4500	53	

图 4-3-25 修改公式示例

4. 复制公式

复制公式是将某一单元格内的公式应用到其他需要进行相同计算的单元格中(如图 4-3-25 中,所有员工"应发工资"的计算方法完全相同,此时,利用公式的复制功能将大大提高工作效率)。公式的复制有常规复制(即用"复制"→"粘贴")和填充柄复制两种方法。

利用填充柄复制的步骤如下:

(1)选定已经用公式计算好的单元格。

(2)将鼠标移至该单元格右下角的填充柄处。

(3)当鼠标指针变成实心的"+"时,按住鼠标左键不放拖动鼠标至需要复制的最后一个单元格中,然后松开鼠标左键。

例:将图 4-3-25 中所有员工的"应发工资"计算出来,具体操作步骤如下:

(1)选定 F2 单元格。

(2)将鼠标移至 F2 单元格右下角的填充柄处。

(3)当鼠标指针变成实心的"+"时(如图 4-3-26 所示),按住鼠标左键不放拖动鼠标至 F7 单元格,然后松开鼠标左键。

F2 f_x =C2+D2-E2

	A	B	C	D	E	F	G
1	员工编号	工龄	基本工资	职务津贴	扣款	应发工资	
2	A001	2	2000	3000	45	4955	
3	A002	5	2000	5500	50		
4	A003	3	2000	4500	35		
5	A004	1	2000	1500	28		
6	A005	2.5	2000	3800	38		
7	A006	3	2000	4500	53		

按住鼠标左键不放往下拖

图 4-3-26 利用填充柄复制公式

公式复制完成后如图 4-3-27 所示。

	A	B	C	D	E	F
1	员工编号	工龄	基本工资	职务津贴	扣款	应发工资
2	A001	2	2000	3000	45	4955
3	A002	5	2000	5500	50	7450
4	A003	3	2000	4500	35	6465
5	A004	1	2000	1500	28	3472
6	A005	2.5	2000	3800	38	5762
7	A006	3	2000	4500	53	6447

图 4-3-27 公式复制完成结果

二、函数

1. 认识函数

函数是预先定义好的内置公式。在对数据表进行计算时，利用 Excel 提供的函数可以很方便地完成各种计算处理。

函数的基本格式：=函数名(参数 1，参数 2，……)

其中函数名决定了函数的功能和用途，参数是一些可以变化的量，参数可以是数字、文本、逻辑值、单元格引用等，也可以是公式或函数。

2. 使用函数

微课

函数的应用

函数的输入方法有直接输入和函数向导两种。

(1)直接输入

步骤 1：选择需要存放结果的单元格。

步骤 2：输入"=函数名(参数 1，参数 2，……)"。

步骤 3：按 Enter 键。

(2)函数向导

步骤 1：选择需要存放结果的单元格。

步骤 2：选择所需函数。

步骤 3：设置参数。

步骤 4：按 Enter 键。

3. 常用函数

由于 Excel 的函数很多，因此，本节仅介绍几种比较常用的函数的使用方法，对于其他函数，可以从 Excel 的在线帮助功能中了解更详细的信息。

(1)求和函数：SUM()

格式：=SUM(范围)

功能：对指定范围内的数值求和。

例：求"考试成绩统计表"中各学生的总成绩，如图 4-3-28 所示。

E3 ▾ fx

	A	B	C	D	E
1	考试成绩统计表				
2	学号	成绩1	成绩2	成绩3	总成绩
3	20170001	97	94	93	
4	20170002	80	73	69	
5	20170003	85	71	67	
6	20170004	88	81	73	
7	20170005	89	62	77	
8	20170006	91	68	76	
9	20170007	86	79	80	
10	20170008	93	73	78	
11	20170009	94	84	60	
12	20170010	55	59	98	
13	20170011	74	77	84	
14	20170012	88	74	77	

图 4-3-28 求和函数的使用

步骤 1：往 E3 单元格中输入"=SUM(B3:D3)"，如图 4-3-29 所示，输入完毕按 Enter 键。

VLOOKUP　=SUM(B3:D3)

	A	B	C	D	E	F
1	考试成绩统计表					
2	学号	成绩1	成绩2	成绩3	总成绩	
3	20170001	97	94		=SUM(B3:D3)	
4	20170002	80	73	69	SUM(number1, [number2], ...)	
5	20170003	85	71	67		
6	20170004	88	81	73		
7	20170005	89	62	77		
8	20170006	91	68	76		
9	20170007	86	79	80		
10	20170008	93	73	78		
11	20170009	94	84	60		
12	20170010	55	59	98		
13	20170011	74	77	84		
14	20170012	88	74	77		

图 4-3-29　求和函数的输入

步骤 2:将鼠标移至 E3 单元格右下角,拖动填充柄至 E14 单元格,结果如图 4-3-30 所示。

E3　=SUM(B3:D3)

	A	B	C	D	E
1	考试成绩统计表				
2	学号	成绩1	成绩2	成绩3	总成绩
3	20170001	97	94	93	284
4	20170002	80	73	69	222
5	20170003	85	71	67	223
6	20170004	88	81	73	242
7	20170005	89	62	77	228
8	20170006	91	68	76	235
9	20170007	86	79	80	245
10	20170008	93	73	78	244
11	20170009	94	84	60	238
12	20170010	55	59	98	212
13	20170011	74	77	84	235
14	20170012	88	74	77	239

图 4-3-30　求和计算结果

(2)求平均值函数:AVERAGE()

格式:=AVERAGE(范围)

功能:对指定范围内的数值求平均值。

例:求“考试成绩统计表”中各学生的平均成绩,如图 4-3-31 所示。

E3

	A	B	C	D	E
1	考试成绩统计表				
2	学号	成绩1	成绩2	成绩3	平均成绩
3	20170001	97	94	93	
4	20170002	80	73	69	
5	20170003	85	71	67	
6	20170004	88	81	73	
7	20170005	89	62	77	
8	20170006	91	68	76	
9	20170007	86	79	80	
10	20170008	93	73	78	
11	20170009	94	84	60	
12	20170010	55	59	98	
13	20170011	74	77	84	
14	20170012	88	74	77	

图 4-3-31　求平均值函数的使用

步骤 1:往 E3 单元格中输入“=AVERAGE(B3:D3)”,如图 4-3-32 所示,输入完毕按 Enter 键。

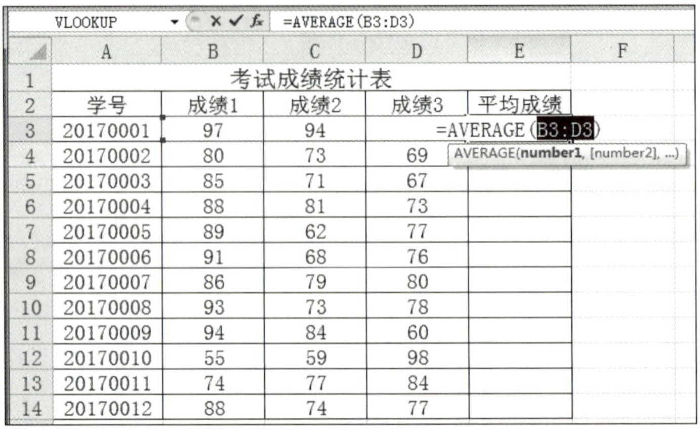
VLOOKUP =AVERAGE(B3:D3)

	A	B	C	D	E	F
1	考试成绩统计表					
2	学号	成绩1	成绩2	成绩3	平均成绩	
3	20170001	97	94	=AVERAGE(B3:D3)		
4	20170002	80	73	69	AVERAGE(number1, [number2], ...)	
5	20170003	85	71	67		
6	20170004	88	81	73		
7	20170005	89	62	77		
8	20170006	91	68	76		
9	20170007	86	79	80		
10	20170008	93	73	78		
11	20170009	94	84	60		
12	20170010	55	59	98		
13	20170011	74	77	84		
14	20170012	88	74	77		

图 4-3-32 求平均值函数的输入

步骤 2:将鼠标移至 E3 单元格右下角,拖动填充柄至 E14 单元格,结果如图 4-3-33 所示。

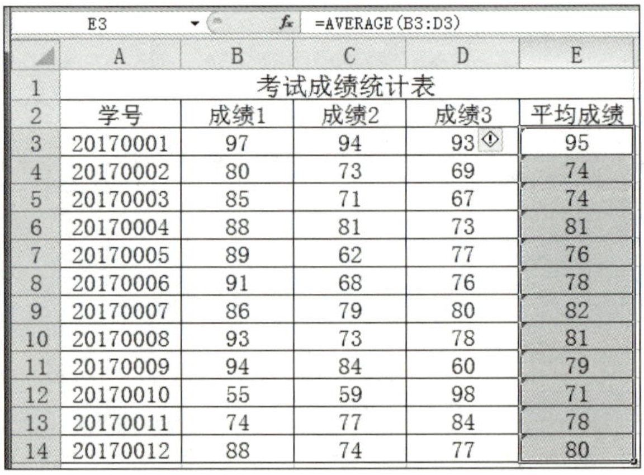
E3 =AVERAGE(B3:D3)

	A	B	C	D	E
1	考试成绩统计表				
2	学号	成绩1	成绩2	成绩3	平均成绩
3	20170001	97	94	93	95
4	20170002	80	73	69	74
5	20170003	85	71	67	74
6	20170004	88	81	73	81
7	20170005	89	62	77	76
8	20170006	91	68	76	78
9	20170007	86	79	80	82
10	20170008	93	73	78	81
11	20170009	94	84	60	79
12	20170010	55	59	98	71
13	20170011	74	77	84	78
14	20170012	88	74	77	80

图 4-3-33 求平均数计算结果

(3)求最大值函数:MAX()

格式:=MAX(范围)

功能:对指定范围内的数值求最大值。

例:求“考试成绩统计表”中各学生的最高分,如图 4-3-34 所示。

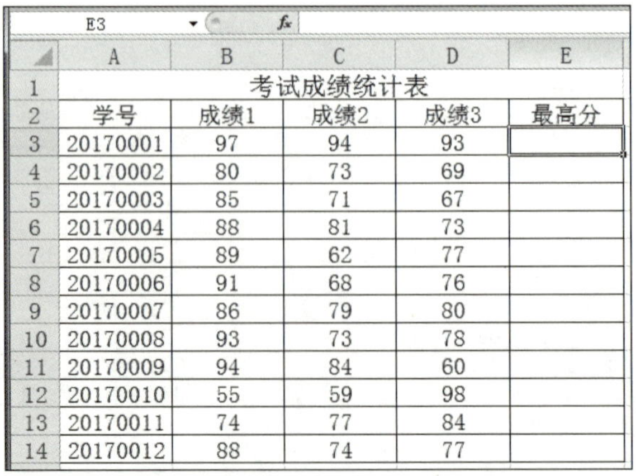
E3

	A	B	C	D	E
1	考试成绩统计表				
2	学号	成绩1	成绩2	成绩3	最高分
3	20170001	97	94	93	
4	20170002	80	73	69	
5	20170003	85	71	67	
6	20170004	88	81	73	
7	20170005	89	62	77	
8	20170006	91	68	76	
9	20170007	86	79	80	
10	20170008	93	73	78	
11	20170009	94	84	60	
12	20170010	55	59	98	
13	20170011	74	77	84	
14	20170012	88	74	77	

图 4-3-34 求最大值函数的使用

步骤 1：往 E3 单元格中输入"＝MAX(B3：D3)"，如图 4-3-35 所示，输入完毕按 Enter 键。

VLOOKUP　=MAX(B3:D3)

	A	B	C	D	E	F
1	考试成绩统计表					
2	学号	成绩1	成绩2	成绩3	最高分	
3	20170001	97	94		=MAX(B3:D3)	
4	20170002	80	73	69	MAX(number1, [number2], ...)	
5	20170003	85	71	67		
6	20170004	88	81	73		
7	20170005	89	62	77		
8	20170006	91	68	76		
9	20170007	86	79	80		
10	20170008	93	73	78		
11	20170009	94	84	60		
12	20170010	55	59	98		
13	20170011	74	77	84		
14	20170012	88	74	77		

图 4-3-35　求最大值函数的输入

步骤 2：将鼠标移至 E3 单元格右下角，拖动填充柄至 E14 单元格，结果如图 4-3-36 所示。

E3　=MAX(B3:D3)

	A	B	C	D	E
1	考试成绩统计表				
2	学号	成绩1	成绩2	成绩3	最高分
3	20170001	97	94	93	97
4	20170002	80	73	69	80
5	20170003	85	71	67	85
6	20170004	88	81	73	88
7	20170005	89	62	77	89
8	20170006	91	68	76	91
9	20170007	86	79	80	86
10	20170008	93	73	78	93
11	20170009	94	84	60	94
12	20170010	55	59	98	98
13	20170011	74	77	84	84
14	20170012	88	74	77	88

图 4-3-36　求最大值计算结果

(4)求最小值函数：MIN()

格式：＝MIN(范围)

功能：对指定范围内的数值求最小值。

例：求"考试成绩统计表"中各学生的最低分，如图 4-3-37 所示。

E3

	A	B	C	D	E
1	考试成绩统计表				
2	学号	成绩1	成绩2	成绩3	最低分
3	20170001	97	94	93	
4	20170002	80	73	69	
5	20170003	85	71	67	
6	20170004	88	81	73	
7	20170005	89	62	77	
8	20170006	91	68	76	
9	20170007	86	79	80	
10	20170008	93	73	78	
11	20170009	94	84	60	
12	20170010	55	59	98	
13	20170011	74	77	84	
14	20170012	88	74	77	

图 4-3-37　求最小值函数的使用

步骤1:往E3单元格中输入"=MIN(B3:D3)",如图4-3-38所示,输入完毕按Enter键。

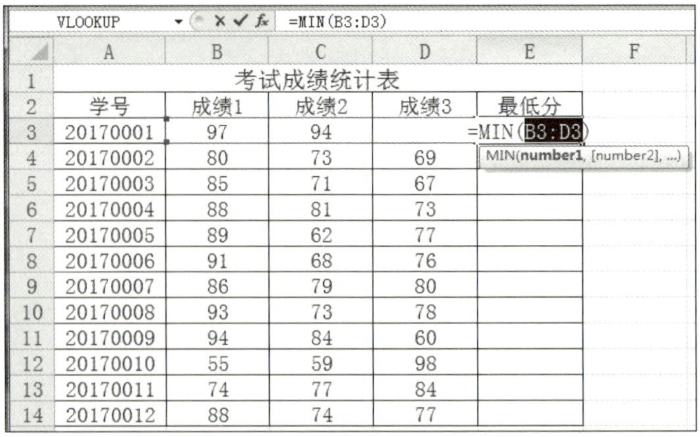

VLOOKUP =MIN(B3:D3)

	A	B	C	D	E	F
1	考试成绩统计表					
2	学号	成绩1	成绩2	成绩3	最低分	
3	20170001	97	94		=MIN(B3:D3)	
4	20170002	80	73	69	MIN(number1, [number2], ...)	
5	20170003	85	71	67		
6	20170004	88	81	73		
7	20170005	89	62	77		
8	20170006	91	68	76		
9	20170007	86	79	80		
10	20170008	93	73	78		
11	20170009	94	84	60		
12	20170010	55	59	98		
13	20170011	74	77	84		
14	20170012	88	74	77		

图4-3-38 求最小值函数的输入

步骤2:将鼠标移至E3单元格右下角,拖动填充柄至E14单元格,结果如图4-3-39所示。

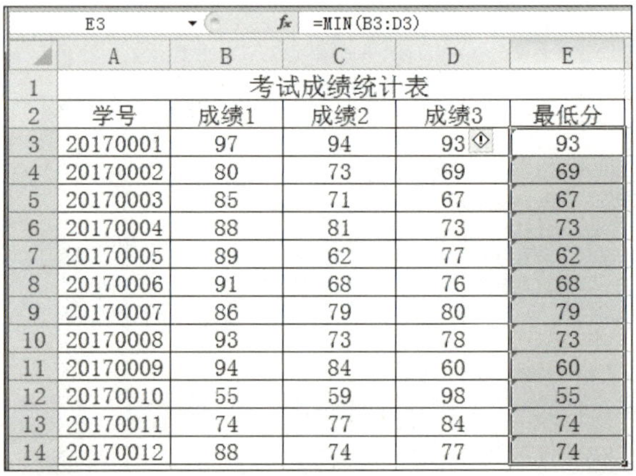

E3 =MIN(B3:D3)

	A	B	C	D	E
1	考试成绩统计表				
2	学号	成绩1	成绩2	成绩3	最低分
3	20170001	97	94	93	93
4	20170002	80	73	69	69
5	20170003	85	71	67	67
6	20170004	88	81	73	73
7	20170005	89	62	77	62
8	20170006	91	68	76	68
9	20170007	86	79	80	79
10	20170008	93	73	78	73
11	20170009	94	84	60	60
12	20170010	55	59	98	55
13	20170011	74	77	84	74
14	20170012	88	74	77	74

图4-3-39 求最小值计算结果

(5)统计函数:COUNT()

格式:=COUNT(范围)

功能:统计指定范围内数值型数据的个数。

例:求图4-3-40中每位学生作业完成次数。

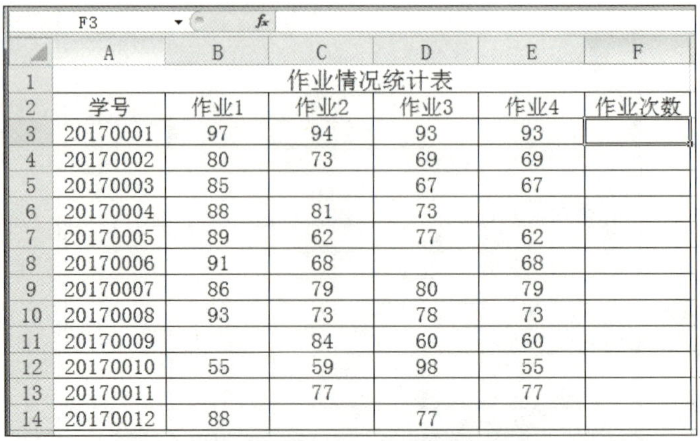

F3

	A	B	C	D	E	F
1	作业情况统计表					
2	学号	作业1	作业2	作业3	作业4	作业次数
3	20170001	97	94	93	93	
4	20170002	80	73	69	69	
5	20170003	85		67	67	
6	20170004	88	81	73		
7	20170005	89	62	77	62	
8	20170006	91	68		68	
9	20170007	86	79	80	79	
10	20170008	93	73	78	73	
11	20170009		84	60	60	
12	20170010	55	59	98	55	
13	20170011		77		77	
14	20170012	88		77		

图4-3-40 统计函数的使用

步骤 1：往 F3 单元格中输入“=COUNT(B3:E3)”，如图 4-3-41 所示输入完毕按 Enter 键。

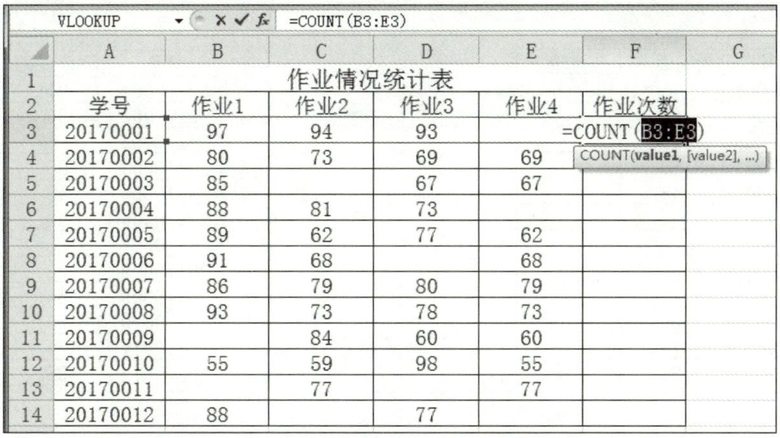
VLOOKUP　=COUNT(B3:E3)

	A	B	C	D	E	F	G
1	作业情况统计表						
2	学号	作业1	作业2	作业3	作业4	作业次数	
3	20170001	97	94	93		=COUNT(B3:E3)	
4	20170002	80	73	69	69	COUNT(value1, [value2], ...)	
5	20170003	85		67	67		
6	20170004	88	81	73			
7	20170005	89	62	77	62		
8	20170006	91	68		68		
9	20170007	86	79	80	79		
10	20170008	93	73	78	73		
11	20170009		84	60	60		
12	20170010	55	59	98	55		
13	20170011		77		77		
14	20170012	88		77			

图 4-3-41　统计函数的输入

步骤 2：将鼠标移至 F3 单元格右下角，拖动填充柄至 F14 单元格，结果如图 4-3-42 所示。

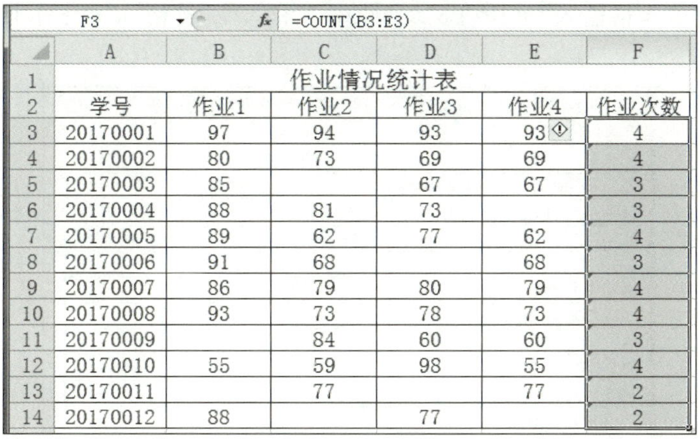
F3　=COUNT(B3:E3)

	A	B	C	D	E	F
1	作业情况统计表					
2	学号	作业1	作业2	作业3	作业4	作业次数
3	20170001	97	94	93	93	4
4	20170002	80	73	69	69	4
5	20170003	85		67	67	3
6	20170004	88	81	73		3
7	20170005	89	62	77	62	4
8	20170006	91	68		68	3
9	20170007	86	79	80	79	4
10	20170008	93	73	78	73	4
11	20170009		84	60	60	3
12	20170010	55	59	98	55	4
13	20170011		77		77	2
14	20170012	88		77		2

图 4-3-42　统计计算结果

（6）条件函数：IF()

格式：=IF(条件表达式，值 1，值 2)

功能：判断条件表达式是否成立，成立时结果显示为值 1，不成立时结果显示为值 2。

例：求“考试成绩统计表”中每位学生“综合成绩”的及格情况，若为及格，则显示为 1，不及格则显示为 0。如图 4-3-43 所示。

C3

	A	B	C
1	考试成绩统计表		
2	学号	综合成绩	及格情况
3	20170001	97	
4	20170002	80	
5	20170003	55	
6	20170004	88	
7	20170005	48	
8	20170006	91	
9	20170007	25	
10	20170008	93	
11	20170009	94	
12	20170010	55	
13	20170011	74	
14	20170012	88	

图 4-3-43　条件函数的使用

步骤 1：往 C3 单元格输入“=IF(B3>=60,1,0)”，如图 4-3-44 所示，输入完毕按 Enter 键。

步骤 2：将鼠标移至 C3 单元格右下角，拖动填充柄至 C14 单元格，结果如图 4-3-45 所示。

注意：在使用 IF 函数时，若希望显示的结果为数值型数据，则直接输入希望显示的数值即可；若希望显示的结果为文本型数据，则显示的结果需加上双引号""(此双引号必须为英文输入状态下的双引号)。

VLOOKUP =IF(B3>=60, 1, 0)

	A	B	C	D	E
1	考试成绩统计表				
2	学号	综合成绩	及格情况		
3	20170001	=IF(B3>=60, 1, 0)			
4	20170002	80	IF(logical_test, [value_if_true], [value_if_false])		
5	20170003	55			
6	20170004	88			
7	20170005	48			
8	20170006	91			
9	20170007	25			
10	20170008	93			
11	20170009	94			
12	20170010	55			
13	20170011	74			
14	20170012	88			

图 4-3-44 条件函数的输入 1

H9

	A	B	C
1	考试成绩统计表		
2	学号	综合成绩	及格情况
3	20170001	97	1
4	20170002	80	1
5	20170003	55	0
6	20170004	88	1
7	20170005	48	0
8	20170006	91	1
9	20170007	25	0
10	20170008	93	1
11	20170009	94	1
12	20170010	55	0
13	20170011	74	1
14	20170012	88	1

图 4-3-45 条件函数计算结果 1

例：求图 4-3-43 中每位学生“综合成绩”的及格情况，若为及格，则显示为“及格”；若为不及格，则显示为“不及格”。

步骤 1：往 C3 单元格输入“=IF(B3>=60,"及格","不及格")”，如图 4-3-46 所示，输入完毕按 Enter 键。

VLOOKUP =IF(B3>=60,"及格","不及格")

	A	B	C
1	考试成绩统计表		
2	学号	综合成绩	及格情况
3	20170001	97	=IF(B3>=60,"及格","不及格")
4	20170002	80	IF(logical_test, [value_if_true], [value_if_false])
5	20170003	55	
6	20170004	88	
7	20170005	48	
8	20170006	91	
9	20170007	25	
10	20170008	93	
11	20170009	94	
12	20170010	55	
13	20170011	74	
14	20170012	88	

图 4-3-46 条件函数的输入 2

步骤 2：将鼠标移至 C3 单元格右下角，拖动填充柄至 C14 单元格，结果如图 4-3-47 所示。

C3 =IF(B3>=60,"及格","不及格")

	A	B	C
1	考试成绩统计表		
2	学号	综合成绩	及格情况
3	20170001	97	及格
4	20170002	80	及格
5	20170003	55	不及格
6	20170004	88	及格
7	20170005	48	不及格
8	20170006	91	及格
9	20170007	25	不及格
10	20170008	93	及格
11	20170009	94	及格
12	20170010	55	不及格
13	20170011	74	及格
14	20170012	88	及格

图 4-3-47 条件函数计算结果 2

三、案例实操

打开“课题三 案例实操.xlsx”，按下列要求操作。

1. 公式应用：分别使用 Sheet1、Sheet2 工作表中的数据，利用相关公式计算出“航行时间”“应缴利息税”。

2. 函数应用：使用 Sheet3 工作表中的数据，利用相关函数计算出每位学生的“总成绩”“平均成绩”“最高分”“最低分”。

➤【课题小结】

本课题的内容结构如图 4-3-48 所示。

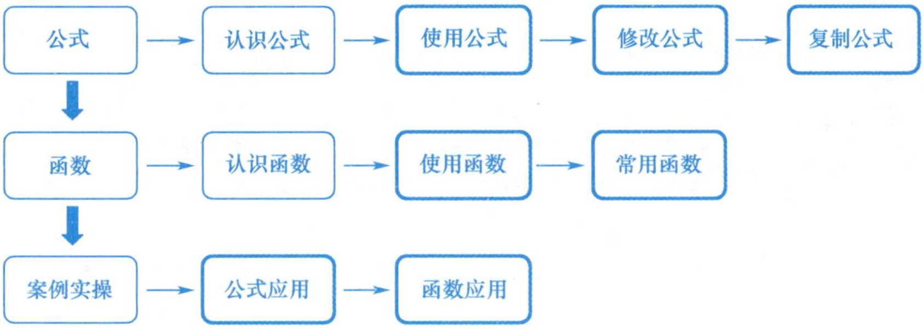

图 4-3-48　本课题结构示意图

说明：

1. 公式及函数是 Excel 的重要组成部分，熟练掌握公式及常用函数的使用方法有助于大大提高工作效率以及计算结果的精确度。

2. 粗框内容既是本课题的重点，同时也是难点，教学过程应循序渐进，全面掌握。

3. 教学过程中要讲训结合、教学做结合，学用结合。

4. 本课题中仅介绍了几种常用函数，希望学员能够举一反三地进行学习。

➤【效果测评】

表 4-3-2　　考核评分记录表

考核目标	考核内容	考核要求	评分标准	配分	自评	互评	师评
知识目标	公式和操作数的概念	思路清晰，回答完整	每项 2.5 分。根据回答情况酌情扣分	5			
	单元格引用的概念及其种类	思路清晰，回答完整	概念 5 分，种类 5 分。根据回答情况酌情扣分	10			
	公式使用方法和步骤	思路清晰，回答完整	方法 5 分，步骤 5 分。根据回答情况酌情扣分	10			
	修改和复制公式的方法	思路清晰，回答完整	修改 5 分，复制 5 分。根据回答情况酌情扣分	10			
	函数的概念、格式和输入方法	思路清晰，回答完整	概念 5 分，格式 2 分，输入方法 3 分。根据回答情况酌情扣分	10			
	分别说明常见函数的种类、格式及功能	思路清晰，回答完整	种类 5 分，格式 2 分，功能 3 分。根据回答情况酌情扣分	10			

（续表）

考核目标	考核内容	考核要求	评分标准	配分	自评	互评	师评
能力目标	案例1:公式应用	能够熟练操作	全面完成得满分,运算符使用错误扣3分,公式各要素不完整,每一要素扣1分	7			
	案例2.1:利用求和函数计算指定范围内的数值的和	能够熟练操作	全面完成得满分,函数选择错误扣4分,范围设置错误扣4分	8			
	案例2.2:利用求平均值函数计算指定范围内的数值的平均值	能够熟练操作	全面完成得满分,函数选择错误扣5分,范围设置错误扣5分	10			
	案例2.3:利用求最大值函数计算指定范围内的数值的最大值	能够熟练操作	全面完成得满分,函数选择错误扣5分,范围设置错误扣5分	10			
	案例2.4:利用求最小值函数计算指定范围内的数值的最小值	能够熟练操作,并能运用其解决实际问题	全面完成得满分,函数选择错误扣5分,范围设置错误扣5分	10			
总 分				100			

课题四　数据处理与图表应用

Excel具有强大的数据处理功能,利用这些功能,可以方便地从大量数据中获取所需数据、重新整理数据,从而帮助我们从不同角度观察和分析数据。本节将学习如何对大量数据实现排序、筛选、分类汇总等操作。

【教学目标】

知识目标:

1. 了解数据排序、筛选、分类汇总的概念及意义。
2. 了解Excel中图表的基本结构。

能力目标:

1. 掌握数据排序和筛选方法。
2. 掌握数据分类汇总方法。
3. 掌握图表的应用方法。

【教学任务】

本课题的主要教学内容:数据排序;数据筛选;数据合并计算;数据分类汇总;图表及其应用;数据透视表;案例实操。

微课

数据的排序

【教·学·做】

一、数据排序

排序是指将工作表中的数据按照一定的顺序重新排列。排序的方式有升序和降序。升序即递增排序，降序即递减排序。

1. 简单排序

简单排序指按照某一列的值进行排序，具体操作步骤如下：

步骤 1：将光标定位到需要排序列的任意一单元格内。

步骤 2：打开“开始”选项卡，单击“编辑”功能区中“排序和筛选”按钮，从弹出的下拉菜单中选择“升序”或“降序”。或单击“数据”选项卡“排序和筛选”功能区中“升序”或“降序”按钮。

例：将“考试成绩统计表”（如图 4-4-1 所示）中的数据按“成绩 3”进行升序排序，具体操作步骤如下：

步骤 1：单击“成绩 3”列的任意一单元格，如 E5 单元格（如图 4-4-2 所示）。

	A	B	C	D	E
1	考试成绩统计表				
2	学号	姓名	成绩1	成绩2	成绩3
3	A0001	王一	97	94	93
4	A0002	张清	80	73	69
5	A0003	李响	85	71	67
6	A0004	吴越	88	81	73
7	A0005	陈欢	89	74	77
8	A0006	马燕	91	68	76
9	A0007	王晓	86	79	80
10	A0008	贾莉	93	73	78
11	A0009	李林	94	84	60
12	A0010	马萍	55	59	98
13	A0011	高云	74	77	84
14	A0012	王然	88	74	77

图 4-4-1 考试成绩统计表

	A	B	C	D	E
1	考试成绩统计表				
2	学号	姓名	成绩1	成绩2	成绩3
3	A0001	王一	97	94	93
4	A0002	张清	80	73	69
5	A0003	李响	85	71	67
6	A0004	吴越	88	81	73
7	A0005	陈欢	89	74	77
8	A0006	马燕	91	68	76
9	A0007	王晓	86	79	80
10	A0008	贾莉	93	73	78
11	A0009	李林	94	84	60
12	A0010	马萍	55	59	98
13	A0011	高云	74	77	84
14	A0012	王然	88	74	77

图 4-4-2 选中“成绩 3”列任意单元格

步骤 2：单击“开始”选项卡的“编辑”功能区中“排序和筛选”按钮，从弹出的下拉菜单中选择“升序”，如图 4-4-3 所示。

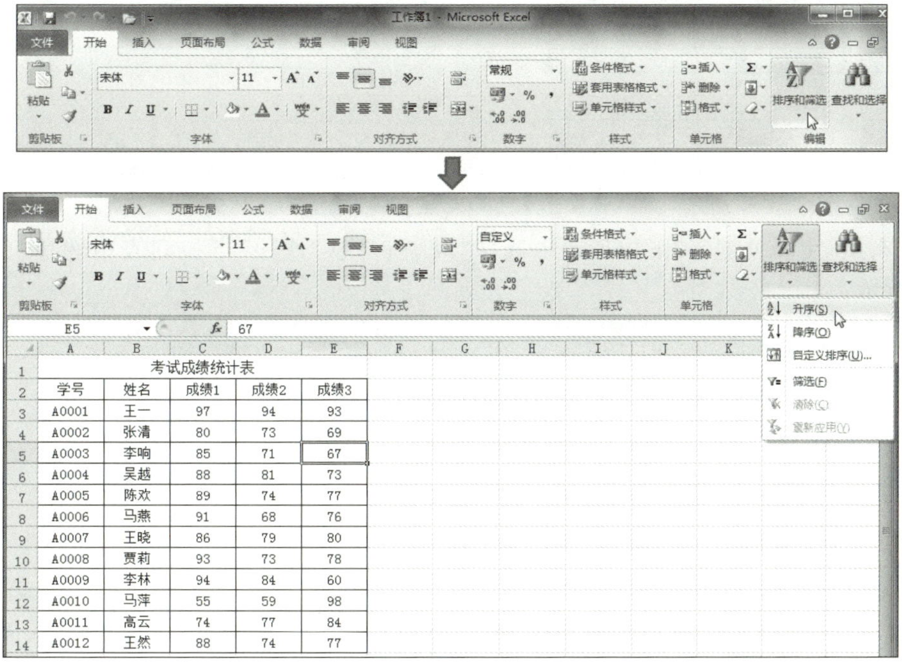

图 4-4-3 “排序和筛选”下拉菜单

完成上述步骤后，结果如图 4-4-4 所示。

2. 多重排序

多重排序指对选定区域按照两个及两个以上的关键字进行排序的方法，具体操作步骤如下：

步骤 1：将光标定位到数据区域中任意一单元格内。

步骤 2：单击“开始”选项卡的“编辑”功能区中“排序和筛选”按钮，从弹出的下拉菜单中选择“自定义排序”，再根据需要进行相应的设置。

例：将“考试成绩统计表”（如图 4-4-1 所示）中的数据按“成绩 3”进行升序排序。若出现“成绩 3”相同，则按“成绩 2”进行升序排序。若出现“成绩 3”相同，“成绩 2”也相同，则按“成绩 1”升序排序。具体步骤如下：

	A	B	C	D	E
1	考试成绩统计表				
2	学号	姓名	成绩1	成绩2	成绩3
3	A0009	李林	94	84	60
4	A0003	李响	85	71	67
5	A0002	张清	80	73	69
6	A0004	吴越	88	81	73
7	A0006	马燕	91	68	76
8	A0005	陈欢	89	74	77
9	A0012	王然	88	74	77
10	A0008	贾莉	93	73	78
11	A0007	王晓	86	79	80
12	A0011	高云	74	77	84
13	A0001	王一	97	94	93
14	A0010	马萍	55	59	98

图 4-4-4 简单排序后结果

步骤 1：将光标定位到数据区域中任意一单元格内，如 D5 单元格。

步骤 2：单击“开始”选项卡的“编辑”功能区中“排序和筛选”按钮，从弹出的下拉菜单中选择“自定义排序”。如图 4-4-5 所示。

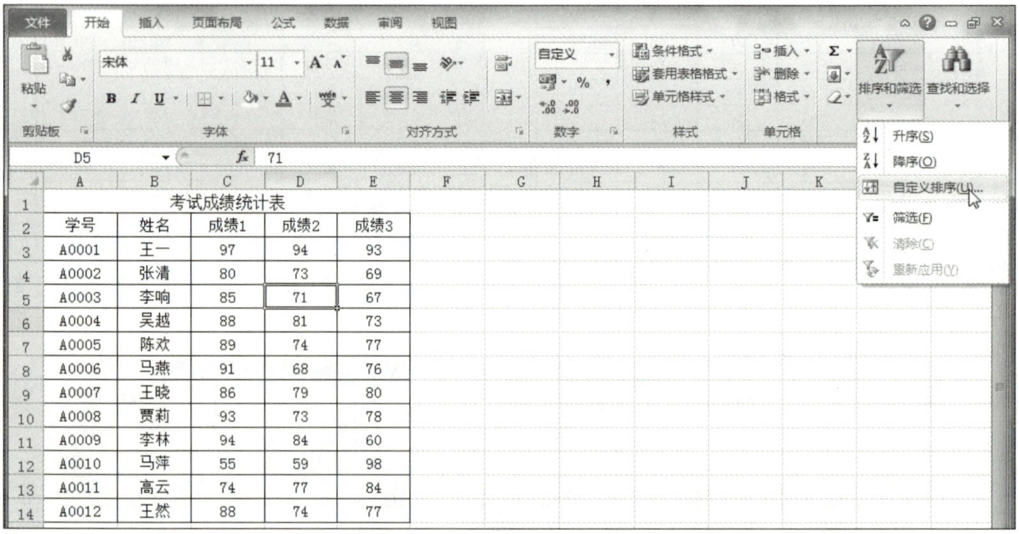

图 4-4-5 “排序和筛选”下拉菜单

步骤 3：从“主要关键字”下拉列表中选择“成绩 3”，从“次序”下拉列表中选择“升序”。如图 4-4-6 所示。

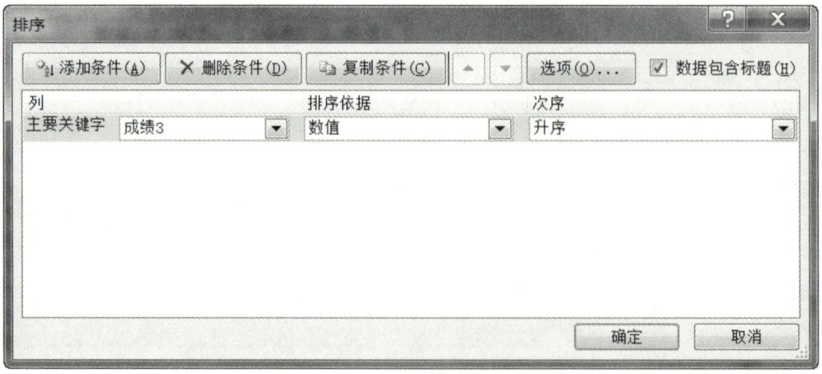

图 4-4-6 “排序”对话框 1

步骤 4:单击“添加条件”按钮,从新出现的“次要关键字”下拉列表中选择“成绩 2”,从“次序”下拉列表中选择“升序”。如图 4-4-7 所示。

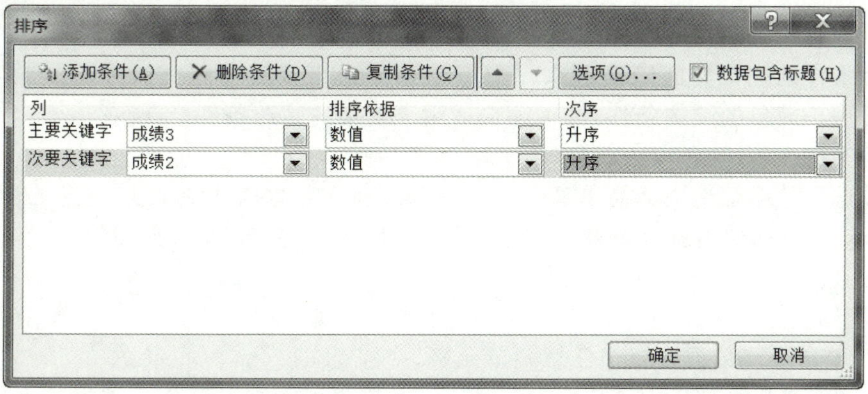

图 4-4-7 “排序”对话框 2

步骤 5:单击“添加条件”按钮,从新出现的“次要关键字”下拉列表中选择“成绩 1”,从“次序”下拉列表中选择“升序”。如图 4-4-8 所示。

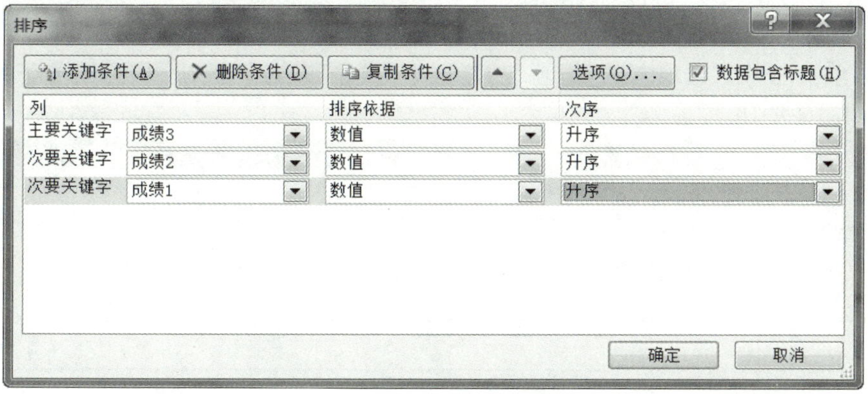

图 4-4-8 “排序”对话框 3

步骤 6:单击“确定”按钮。结果如图 4-4-9 所示:陈欢和王然“成绩 3”相同,此时,按“成绩 2”排序,但陈欢和王然“成绩 2”也相同,此时,数据则按“成绩 1”来排序。

	A	B	C	D	E
1	考试成绩统计表				
2	学号	姓名	成绩1	成绩2	成绩3
3	A0009	李林	94	84	60
4	A0003	李响	85	71	67
5	A0002	张清	80	73	69
6	A0004	吴越	88	81	73
7	A0006	马燕	91	68	76
8	A0012	王然	88	74	77
9	A0005	陈欢	89	74	77
10	A0008	贾莉	93	73	78
11	A0007	王晓	86	79	80
12	A0011	高云	74	77	84
13	A0001	王一	97	94	93
14	A0010	马萍	55	59	98

图 4-4-9 多重排序后结果

二、数据筛选

微课

数据的筛选

数据筛选是指对数据表中的数据进行过滤，将符合条件的记录显示出来，而将不符合条件的记录暂时隐藏起来。数据筛选分为自动筛选和高级筛选。自动筛选适用于简单的筛选条件，高级筛选适用于复杂的筛选条件。

1. 自动筛选

自动筛选是数据筛选中最简单又常用的一种。要在数据表中查找某一记录时，可使用筛选功能让 Excel 自动列出符合条件的记录，设置条件越多、条件越准确，也就越容易准确找到所需要的记录。

（1）设置筛选

步骤 1：单击表格数据区域中任意一单元格。

步骤 2：单击“开始”选项卡的“编辑”功能区中“排序和筛选”按钮，从弹出的下拉菜单中选择“筛选”。

步骤 3：单击想要筛选的字段名右侧的下拉箭头，从弹出的下拉列表中进行筛选。

例：筛选出“考试成绩统计表”（如图 4-4-1 所示）中“成绩 3”大于 90 分的记录。

步骤 1：单击表格数据区域中任意一单元格。

步骤 2：单击“开始”选项卡的“编辑”功能区中“排序和筛选”按钮，从弹出的下拉菜单中选择“筛选”，如图 4-4-10 所示。

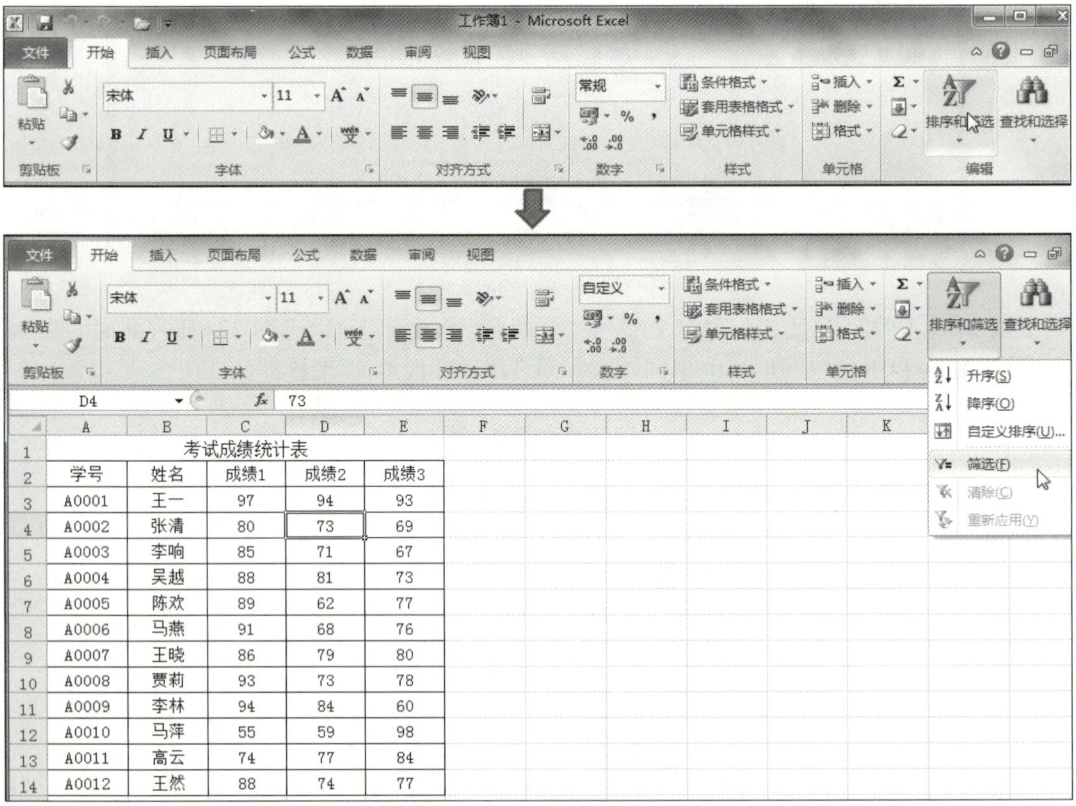

图 4-4-10 “排序和筛选”下拉菜单

步骤 3：完成上述步骤后，结果如图 4-4-11 所示，单击“成绩 3”右侧的下拉箭头，从弹出的下拉列表中进行筛选，如图 4-4-12 所示。

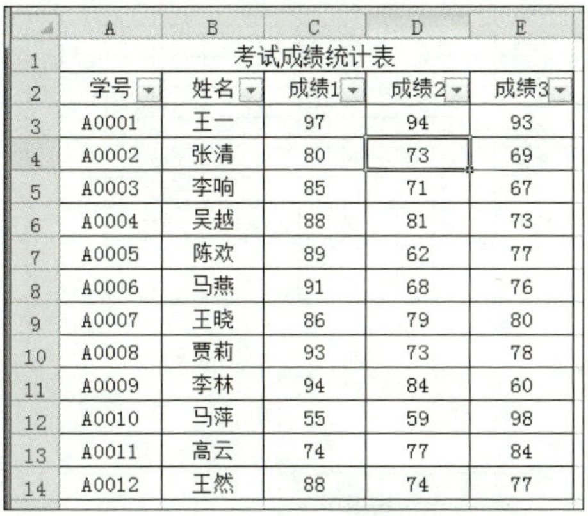

	A	B	C	D	E
1	考试成绩统计表				
2	学号	姓名	成绩1	成绩2	成绩3
3	A0001	王一	97	94	93
4	A0002	张清	80	73	69
5	A0003	李响	85	71	67
6	A0004	吴越	88	81	73
7	A0005	陈欢	89	62	77
8	A0006	马燕	91	68	76
9	A0007	王晓	86	79	80
10	A0008	贾莉	93	73	78
11	A0009	李林	94	84	60
12	A0010	马萍	55	59	98
13	A0011	高云	74	77	84
14	A0012	王然	88	74	77

图 4-4-11　筛选示例

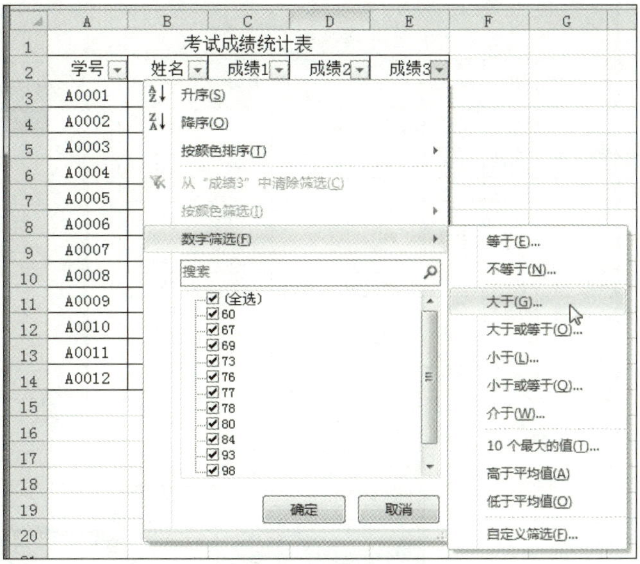

图 4-4-12　“数字筛选”下拉列表

步骤 4:在弹出的“自定义自动筛选方式”对话框中,在“大于”右侧的文本框中输入“90”,如图 4-4-13 所示,然后单击“确定”按钮。筛选完成后,结果如图 4-4-14 所示。

图 4-4-13　“自定义自动筛选方式”对话框 1

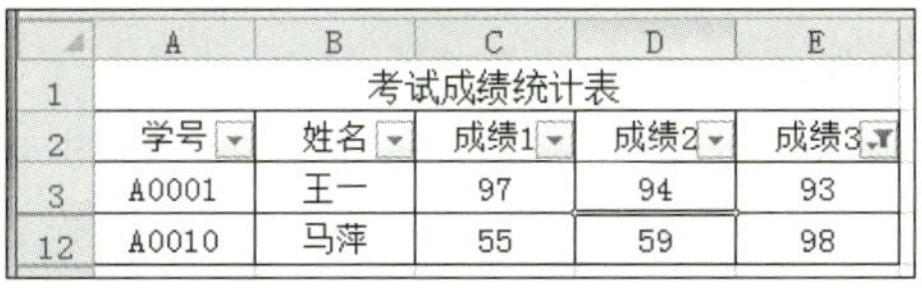

	A	B	C	D	E
1	考试成绩统计表				
2	学号	姓名	成绩1	成绩2	成绩3
3	A0001	王一	97	94	93
12	A0010	马萍	55	59	98

图 4-4-14　自动筛选完成结果 1

特别注意:在进行数据筛选执行“步骤 1”时,若表头有 2 行及以上时,需选择表头最后一行,这一点非常关键。

例:筛选出“学生成绩表”(如图 4-4-15 所示)中“期末成绩”小于 60 分的记录。

题目分析:由于“学生成绩表”有两行表头(第 2 行和第 3 行),因此,在筛选前应选择最后一行表头,即第 3 行。

步骤 1:选择第 3 行,如图 4-4-16 所示。

步骤 2:单击“开始”选项卡的“编辑”功能区中“排序和筛选”按钮,从弹出的下拉菜单中选择“筛选”。

步骤 3:单击“期末成绩”右侧的下拉箭头,从弹出的下拉列表中进行筛选,如图 4-4-17 所示。

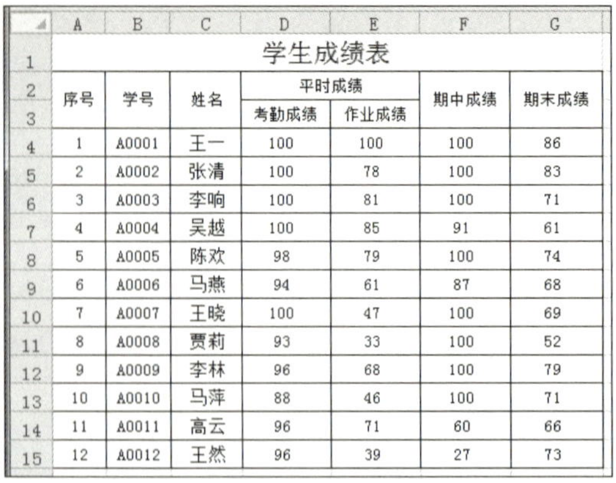

序号	学号	姓名	平时成绩 考勤成绩	平时成绩 作业成绩	期中成绩	期末成绩
1	A0001	王一	100	100	100	86
2	A0002	张清	100	78	100	83
3	A0003	李响	100	81	100	71
4	A0004	吴越	100	85	91	61
5	A0005	陈欢	98	79	100	74
6	A0006	马燕	94	61	87	68
7	A0007	王晓	100	47	100	69
8	A0008	贾莉	93	33	100	52
9	A0009	李林	96	68	100	79
10	A0010	马萍	88	46	100	71
11	A0011	高云	96	71	60	66
12	A0012	王然	96	39	27	73

图 4-4-15 学生成绩表

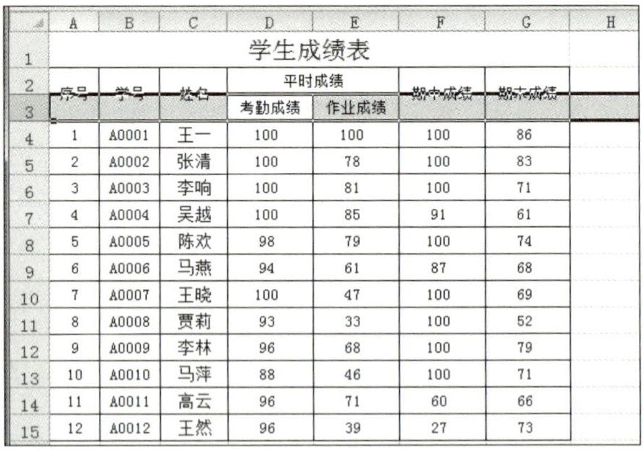

图 4-4-16 选择示例

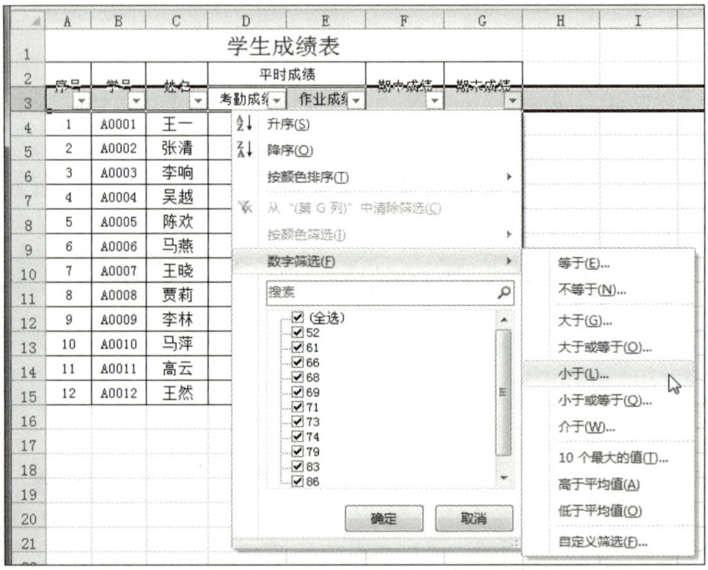

图 4-4-17 "数字筛选"下拉列表

步骤 4:在弹出的"自定义自动筛选方式"对话框中,在"小于"右侧的文本框中输入"60",如图 4-4-18 所示,然后单击"确定"按钮。筛选完成后,结果如图 4-4-19 所示。

图 4-4-18 "自定义自动筛选方式"对话框 2

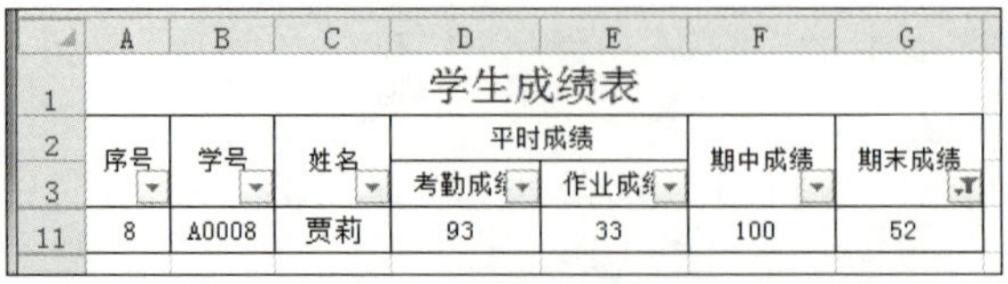

序号	学号	姓名	平时成绩 考勤成绩	平时成绩 作业成绩	期中成绩	期末成绩
8	A0008	贾莉	93	33	100	52

图 4-4-19 自动筛选完成结果 2

(2)删除筛选

若要删除某项筛选,则单击该项下拉箭头,从弹出的下拉列表中选择“全部”;若要删除所有项的筛选,则再次单击“开始”选项卡的“编辑”功能区中“排序和筛选”按钮,从弹出的下拉菜单中单击“筛选”即可。

*2. 高级筛选

自动筛选一次只能对一列设置筛选条件,若要同时对多列设置筛选条件,且多个条件之间是“或”关系,则可以使用高级筛选功能来实现。在进行高级筛选之前要先建立条件区域。

注意:条件区域与数据表之间至少留一个空行或空列。若多个条件之间表示的是“与”关系,则条件输入在同一行;若多个条件之间表示的是“或”关系,则条件输入在不同行。

例:将“考试成绩统计表”(图 4-4-20)中“成绩 1”“成绩 2”“成绩 3”均大于 70 的记录筛选出来。

	A	B	C	D
1	考试成绩统计表			
2	学号	成绩1	成绩2	成绩3
3	20170001	97	94	93
4	20170002	80	73	69
5	20170003	85	71	67
6	20170004	88	81	73
7	20170005	89	62	77
8	20170006	91	68	76
9	20170007	86	79	80
10	20170008	93	73	78
11	20170009	94	84	60
12	20170010	55	59	98
13	20170011	74	77	84
14	20170012	88	74	77

图 4-4-20　考试成绩统计表

步骤 1:建立条件区域。首先在“考试成绩统计表”右侧至少留一空列建立条件区域(也可在表下方至少留一空行建立条件区域),如图 4-4-21 所示。

	A	B	C	D	E	F	G	H
1	考试成绩统计表							
2	学号	成绩1	成绩2	成绩3		成绩1	成绩2	成绩3
3	20170001	97	94	93		>70	>70	>70
4	20170002	80	73	69				
5	20170003	85	71	67				
6	20170004	88	81	73				
7	20170005	89	62	77				
8	20170006	91	68	76				
9	20170007	86	79	80				
10	20170008	93	73	78				
11	20170009	94	84	60				
12	20170010	55	59	98				
13	20170011	74	77	84				
14	20170012	88	74	77				

图 4-4-21　建立条件区域

步骤 2:选择高级筛选。打开“数据”选项卡,单击“排序和筛选”功能区内的“高级”按钮,如图 4-4-22 所示。

图 4-4-22　“数据”选项卡 1

步骤3:设置筛选结果显示的位置。在弹出的"高级筛选"对话框中根据需要设置筛选结果显示的位置,如:"在原有区域显示筛选结果",如图4-4-23所示。

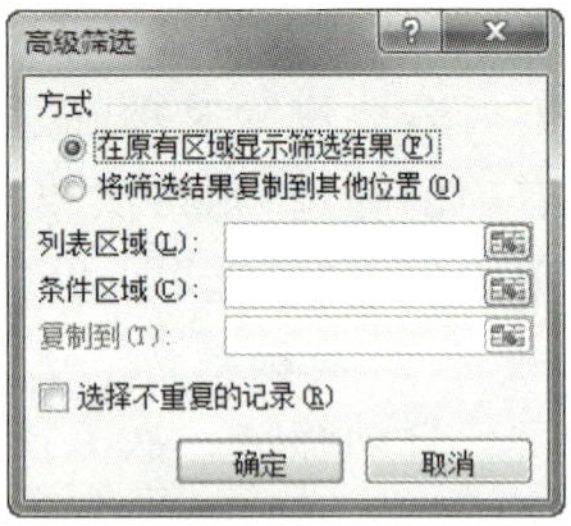

图4-4-23 "高级筛选"对话框

步骤4:选择列表区域。在"列表区域"后面的文本框中单击,再从表中选择列表区域A2:D14,如图4-4-24所示。

步骤5:选择条件区域。在"条件区域"后面的文本框中单击,再从表中选择条件区域F2:H3,如图4-4-25所示。

步骤6:单击"确定"按钮完成筛选,筛选结果如图4-4-26所示。

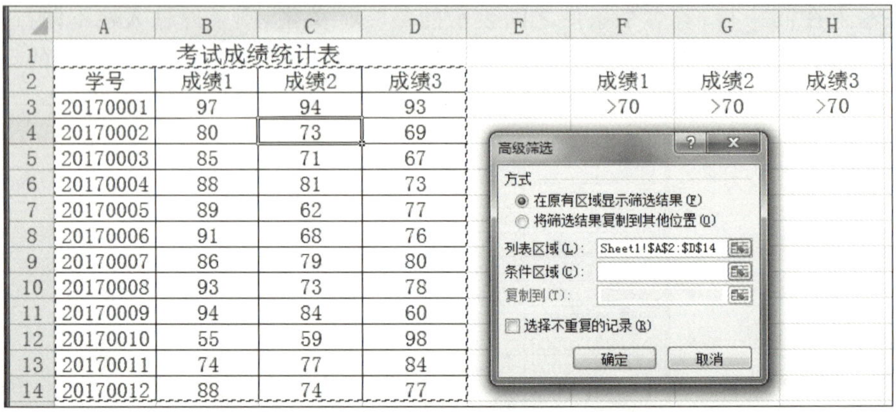

	A	B	C	D	E	F	G	H
1	考试成绩统计表							
2	学号	成绩1	成绩2	成绩3		成绩1	成绩2	成绩3
3	20170001	97	94	93		>70	>70	>70
4	20170002	80	73	69				
5	20170003	85	71	67				
6	20170004	88	81	73				
7	20170005	89	62	77				
8	20170006	91	68	76				
9	20170007	86	79	80				
10	20170008	93	73	78				
11	20170009	94	84	60				
12	20170010	55	59	98				
13	20170011	74	77	84				
14	20170012	88	74	77				

图4-4-24 选择列表区域

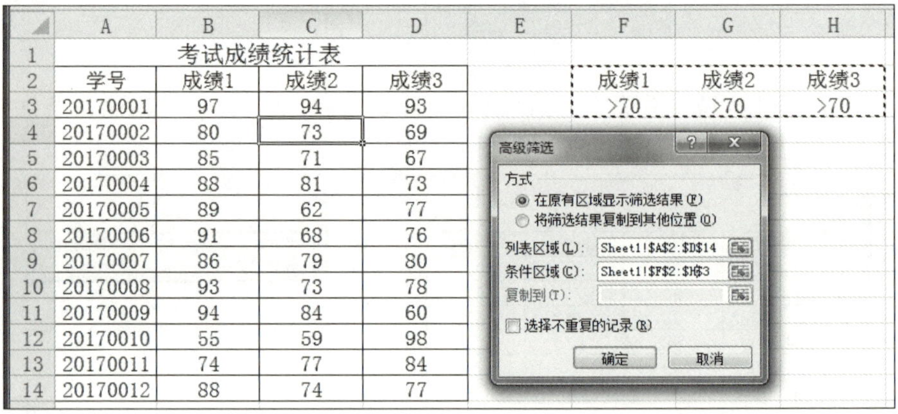

	A	B	C	D	E	F	G	H
1	考试成绩统计表							
2	学号	成绩1	成绩2	成绩3		成绩1	成绩2	成绩3
3	20170001	97	94	93		>70	>70	>70
4	20170002	80	73	69				
5	20170003	85	71	67				
6	20170004	88	81	73				
7	20170005	89	62	77				
8	20170006	91	68	76				
9	20170007	86	79	80				
10	20170008	93	73	78				
11	20170009	94	84	60				
12	20170010	55	59	98				
13	20170011	74	77	84				
14	20170012	88	74	77				

图4-4-25 选择条件区域

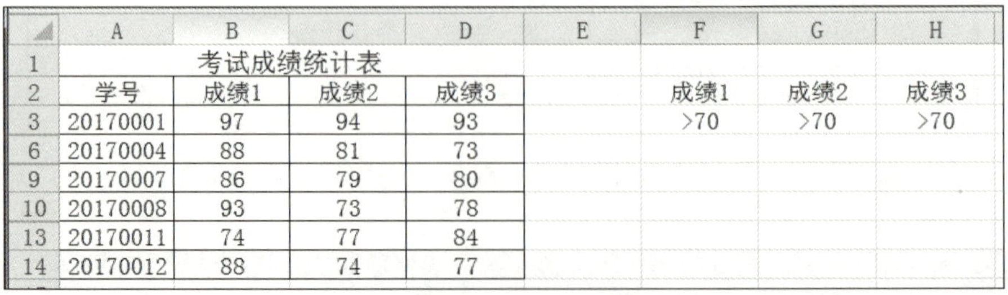

	A	B	C	D	E	F	G	H
1	考试成绩统计表							
2	学号	成绩1	成绩2	成绩3		成绩1	成绩2	成绩3
3	20170001	97	94	93		>70	>70	>70
6	20170004	88	81	73				
9	20170007	86	79	80				
10	20170008	93	73	78				
13	20170011	74	77	84				
14	20170012	88	74	77				

图4-4-26 高级筛选完成结果

温馨提示:若希望在显示筛选结果的同时也能显示条件区域,最好把条件区域设置在表格下方。

*三、数据合并计算

合并计算是指把同一张工作表或多张工作表中相同的数据进行组合计算。

注意：无论要合并计算的数据在同一张工作表还是在不同工作表中，甚至在不同工作簿中，操作方法基本相同。

1. 同一工作表同一表格的合并计算

例：统计出“销售情况表”中每种产品的平均销售额，并把统计结果存放在“统计表”中。如图 4-4-27 所示。

	A	B	C	D	E
1	销售情况表			统计表	
2	产品名称	销售额		产品名称	销售额
3	钢材	876			
4	木材	1456			
5	钢材	3214			
6	木材	786			
7	钢材	1541			
8	木材	1245			
9	塑料	3200			
10	塑料	2345			
11	钢材	1457			
12	塑料	2324			
13	木材	3467			

图 4-4-27　销售情况表 1

步骤 1：单击存放结果的第一个单元格，即 D3 单元格，如图 4-4-28 所示。

	A	B	C	D	E
1	销售情况表			统计表	
2	产品名称	销售额		产品名称	销售额
3	钢材	876			
4	木材	1456			
5	钢材	3214			
6	木材	786			
7	钢材	1541			
8	木材	1245			
9	塑料	3200			
10	塑料	2345			
11	钢材	1457			
12	塑料	2324			
13	木材	3467			

图 4-4-28　选择结果存放位置 1

步骤 2：打开“数据”选项卡，单击“数据工具”功能区内的“合并计算”按钮，如图 4-4-29 所示。

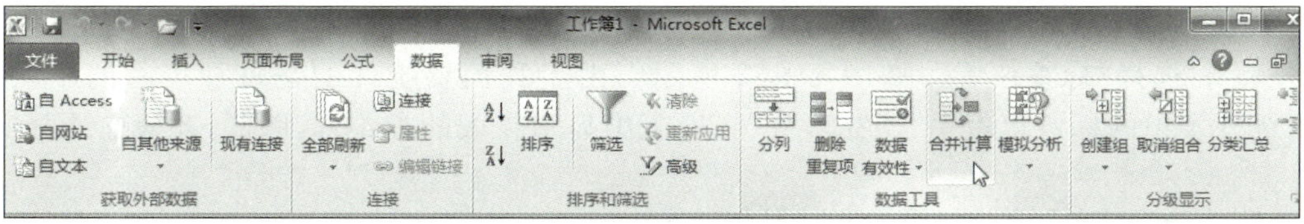

图 4-4-29　“数据”选项卡 2

步骤 3：在弹出的“合并计算”对话框中，单击“函数”下面的下拉箭头，从弹出的下拉列表中选择“平均值”，如图 4-4-30 所示。

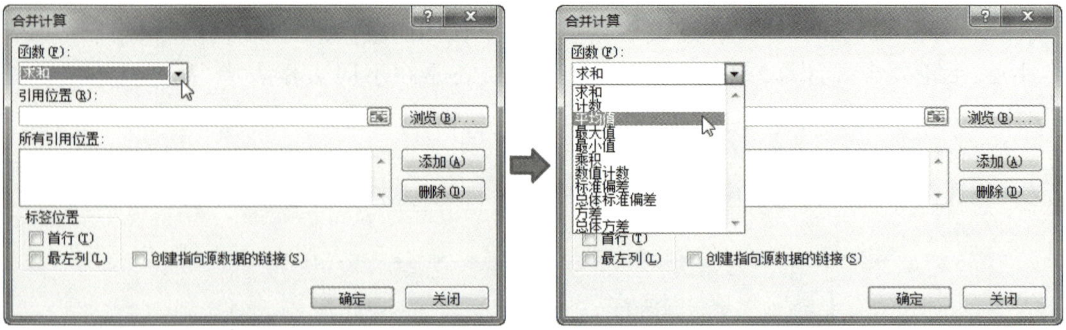

图 4-4-30 选择合并计算方式 1

步骤 4：在“引用位置”下方的文本框处单击，使光标出现在“引用位置”下方的文本框中，然后从“销售情况表”中选择数据区域 A3:B13（注意：不要选择列标题“产品名称”“销售额”一行），如图 4-4-31 所示。

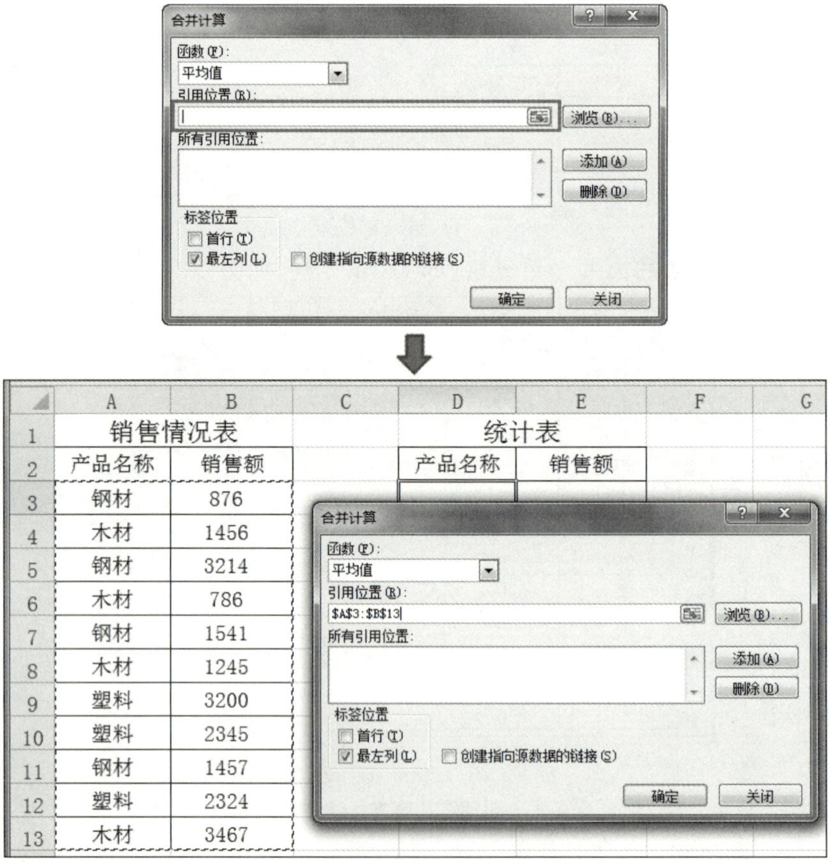

图 4-4-31 选择引用区域 1

步骤 5：选择“标签位置”，如图 4-4-32 所示。由于我们要统计的是每种产品的平均销售额，而统计表中的标签也就是“产品名称”在原表中显示在表的最左列，因此，此处应选择“最左列”。

步骤 6：单击“确定”按钮完成合并计算，结果如图 4-4-33 所示。

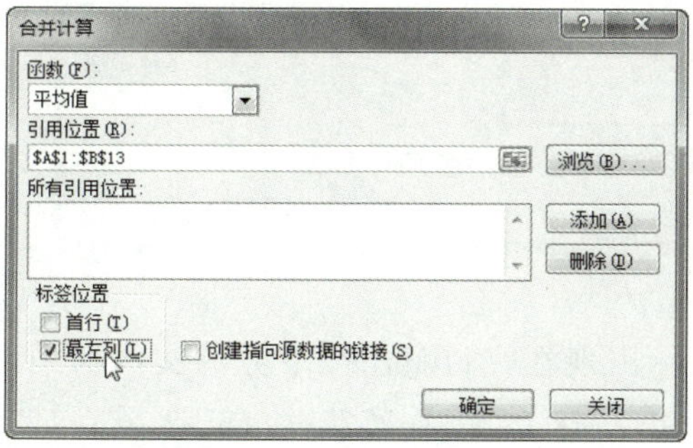

图 4-4-32　选择标签位置 1

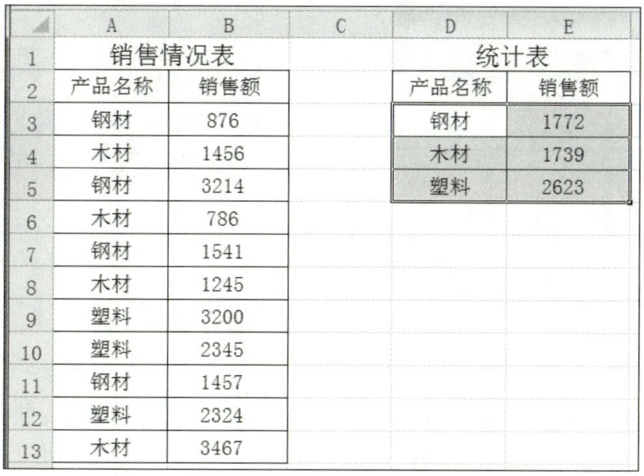

	A	B	C	D	E
1	销售情况表			统计表	
2	产品名称	销售额		产品名称	销售额
3	钢材	876		钢材	1772
4	木材	1456		木材	1739
5	钢材	3214		塑料	2623
6	木材	786			
7	钢材	1541			
8	木材	1245			
9	塑料	3200			
10	塑料	2345			
11	钢材	1457			
12	塑料	2324			
13	木材	3467			

图 4-4-33　合并计算结果 1

2. 同一工作表多个表格的合并计算

“同一工作表多个表格的合并计算”操作步骤与“同一工作表同一表格的合并计算”相同，只是选择“引用位置”有所区别。

例：使用“表 1”和“表 2”中的数据，在“统计表”中进行“求平均值”合并计算，如图 4-4-34 所示。

步骤 1：单击存放结果的第一个单元格，即 C12 单元格，如图 4-4-35 所示。

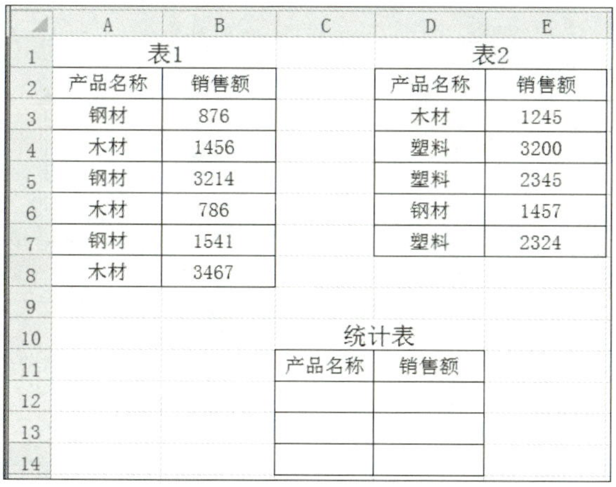

	A	B	C	D	E
1	表1			表2	
2	产品名称	销售额		产品名称	销售额
3	钢材	876		木材	1245
4	木材	1456		塑料	3200
5	钢材	3214		塑料	2345
6	木材	786		钢材	1457
7	钢材	1541		塑料	2324
8	木材	3467			
9					
10			统计表		
11			产品名称	销售额	
12					
13					
14					

图 4-4-34　销售情况表 2

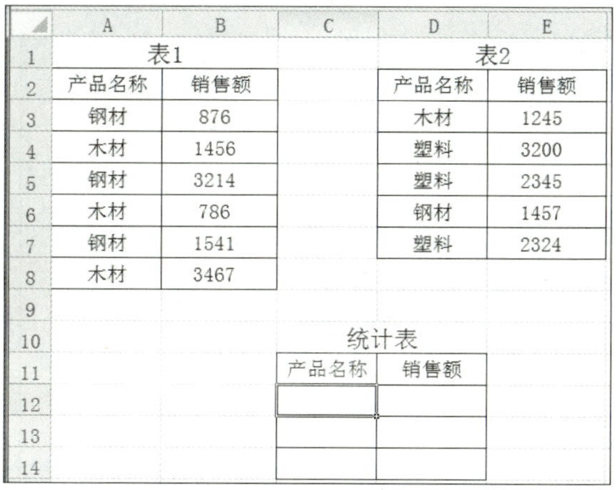

	A	B	C	D	E
1	表1			表2	
2	产品名称	销售额		产品名称	销售额
3	钢材	876		木材	1245
4	木材	1456		塑料	3200
5	钢材	3214		塑料	2345
6	木材	786		钢材	1457
7	钢材	1541		塑料	2324
8	木材	3467			
9					
10			统计表		
11			产品名称	销售额	
12					
13					
14					

图 4-4-35　选择结果存放位置 2

步骤 2：打开“数据”选项卡，单击“数据工具”功能区内的“合并计算”按钮，如图 4-4-36 所示。

图 4-4-36　“数据”选项卡 3

步骤 3：在弹出的“合并计算”对话框中，单击“函数”下面的下拉箭头，从弹出的下拉列表中选择“平均值”，如图 4-4-37 所示。

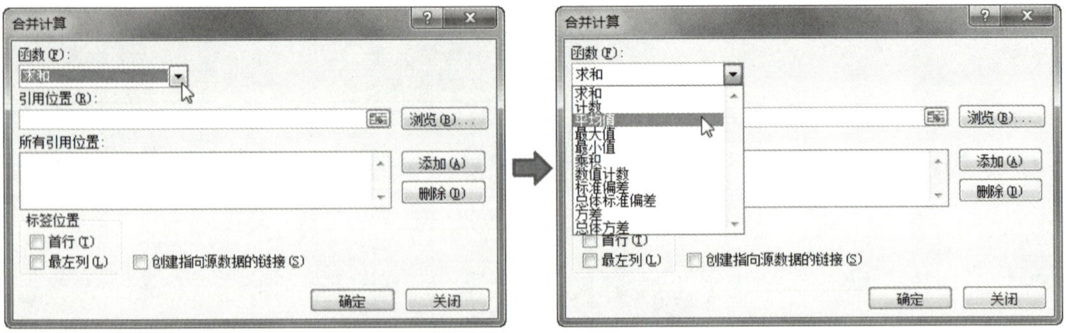

图 4-4-37 选择合并计算方式 2

步骤 4:在“引用位置”下方的文本框处单击,使光标出现在“引用位置”下方的文本框中,然后从“表 1”中选择数据区域 A3:B8,由于要合并计算的表除了“表 1”之外,还有“表 2”,因此要单击“添加”按钮,再从“表 2”中选择数据区域 D3:E7,如图 4-4-38 所示。

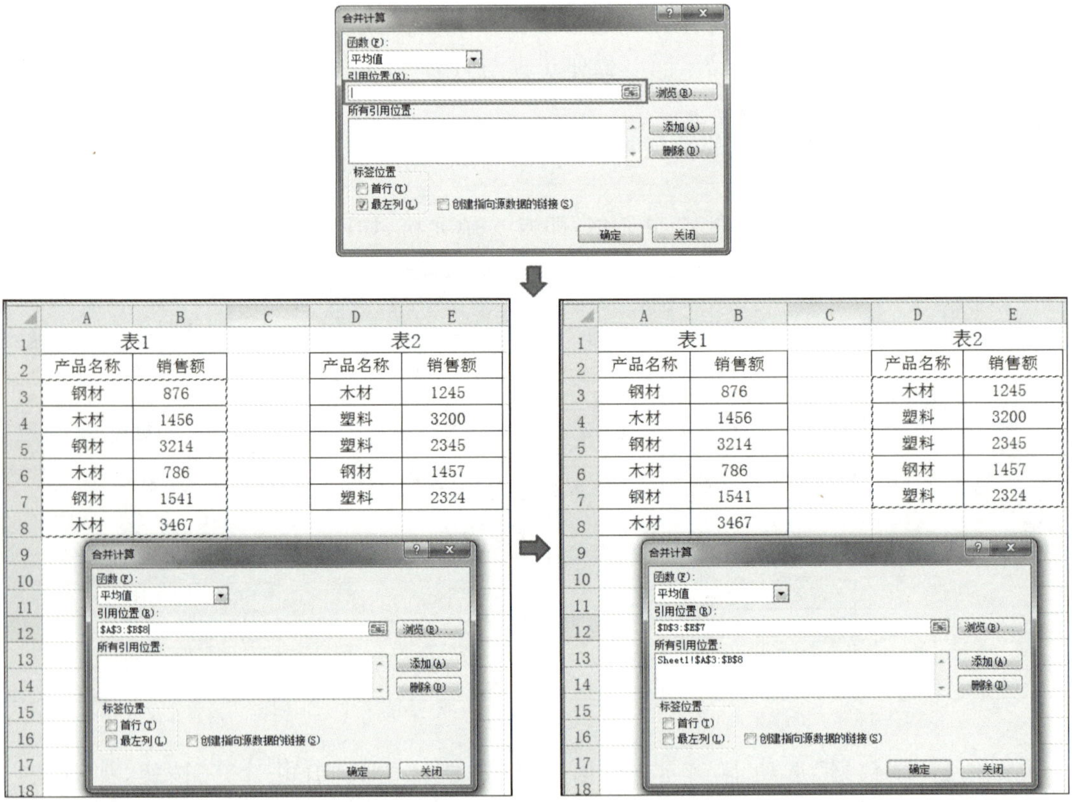

图 4-4-38 选择引用区域 2

步骤 5:选择“标签位置”,如图 4-4-39 所示。由于我们要统计的是每种产品的平均销售额,而统计表中的标签也就是“产品名称”在原表中显示在表的最左列,因此,此处应选择“最左列”。

步骤 6:单击“确定”按钮完成合并计算,结果如图 4-4-40 所示。

3. 不同工作表、不同工作簿的合并计算

“不同工作表、不同工作簿的合并计算”操作步骤与“2. 同一工作表多个表格的合并计算”完全相同,此处不再赘述。

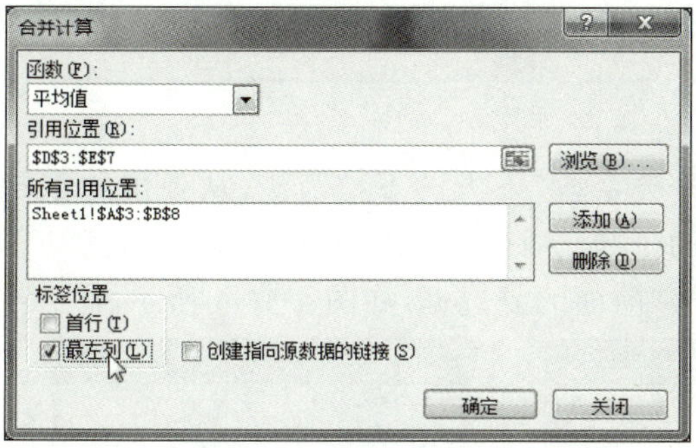

图 4-4-39 选择标签位置 2

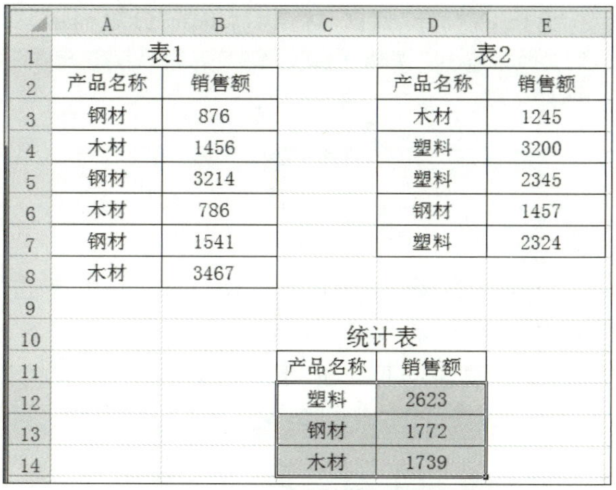

	A	B	C	D	E
1	表1			表2	
2	产品名称	销售额		产品名称	销售额
3	钢材	876		木材	1245
4	木材	1456		塑料	3200
5	钢材	3214		塑料	2345
6	木材	786		钢材	1457
7	钢材	1541		塑料	2324
8	木材	3467			
9					
10			统计表		
11			产品名称	销售额	
12			塑料	2623	
13			钢材	1772	
14			木材	1739	

图 4-4-40 合并计算结果 2

四、数据分类汇总

数据分类汇总是指将同一张工作表中的数据分类后进行汇总的过程。功能类似于合并计算，所不同的是，分类汇总的结果显示在原表中，而合并计算的结果则单独显示在一个表中。

1. 创建分类汇总

在创建分类汇总前，要先对分类字段进行排序。

例：在如图 4-4-41 所示的“销售情况表”中，计算出每种产品的平均销售额。

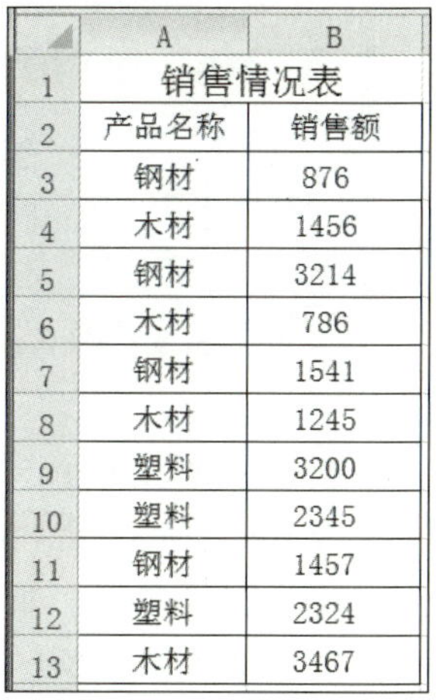

	A	B
1	销售情况表	
2	产品名称	销售额
3	钢材	876
4	木材	1456
5	钢材	3214
6	木材	786
7	钢材	1541
8	木材	1245
9	塑料	3200
10	塑料	2345
11	钢材	1457
12	塑料	2324
13	木材	3467

图 4-4-41 销售情况表 3

步骤 1：先单击“产品名称”列任意单元格，单击“开始”选项卡下“编辑”功能区中“排序和筛选”按钮，从弹出的下拉菜单中选择“升序”，使得表中相同的产品集中在一起。如图 4-4-42 所示。

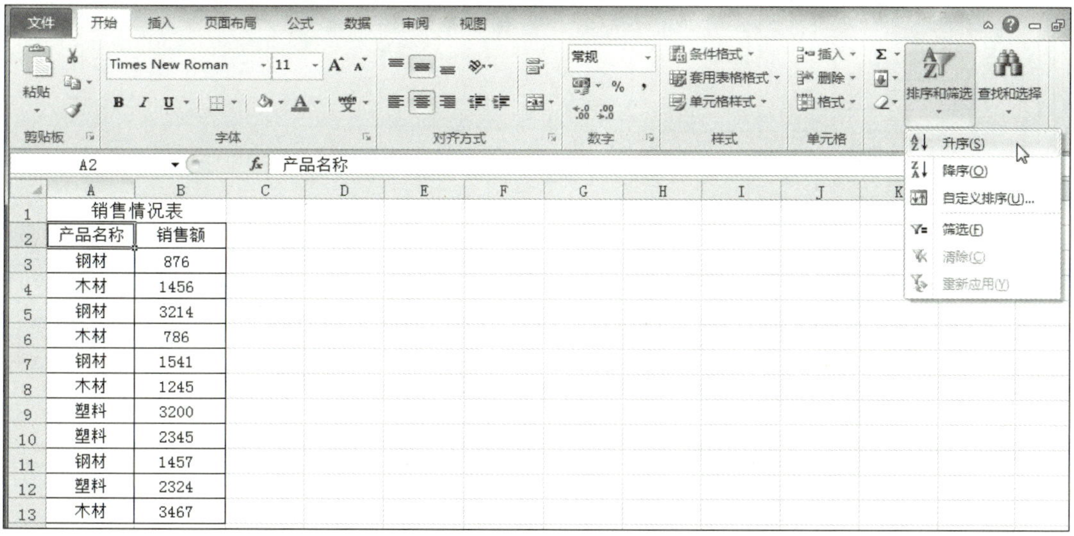

	A	B
1	销售情况表	
2	产品名称	销售额
3	钢材	876
4	木材	1456
5	钢材	3214
6	木材	786
7	钢材	1541
8	木材	1245
9	塑料	3200
10	塑料	2345
11	钢材	1457
12	塑料	2324
13	木材	3467

图 4-4-42 按“产品名称”排序

步骤 2:打开“数据”选项卡,单击“分级显示”功能区中的“分类汇总”按钮,如图 4-4-43 所示。

图 4-4-43 “数据”选项卡 4

步骤 3:在弹出的“分类汇总”对话框中,单击“分类字段”下方的下拉箭头,从弹出的下拉列表中选择“产品名称”,然后单击“汇总方式”下方的下拉箭头,从弹出的下拉列表中选择“平均值”,再从“选定汇总项”下方的列表中勾选“销售额”前面的复选框,如图 4-4-44 所示。

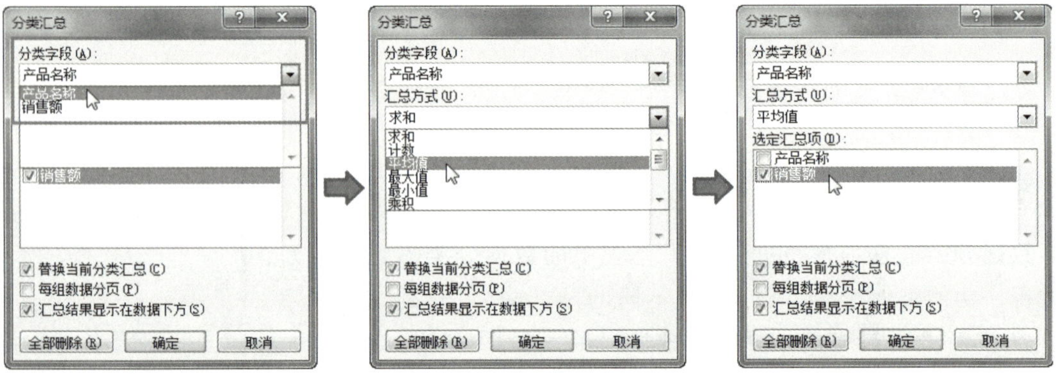

图 4-4-44 “分类汇总”对话框 1

步骤 4:单击“确定”按钮完成分类汇总,如图 4-4-45 所示。

分类汇总完成后,在工作表左侧会自动出现分级显示控制符 1 2 3,用户可根据实际需求来选择显示的方式。如,单击 1 则只显示“总计平均值”项(如图 4-4-46 所示),单击 2 则显示每种产品的平均销售额(如图 4-4-47 所示),单击 3 则可显示全部内容(如图 4-4-45 所示)。

	A	B
1	销售情况表	
2	产品名称	销售额
3	钢材	876
4	钢材	3214
5	钢材	1541
6	钢材	1457
7	**钢材 平均值**	1772
8	木材	1456
9	木材	786
10	木材	1245
11	木材	3467
12	**木材 平均值**	1739
13	塑料	3200
14	塑料	2345
15	塑料	2324
16	**塑料 平均值**	2623
17	**总计平均值**	1992

图 4-4-45 每种产品的平均销售额

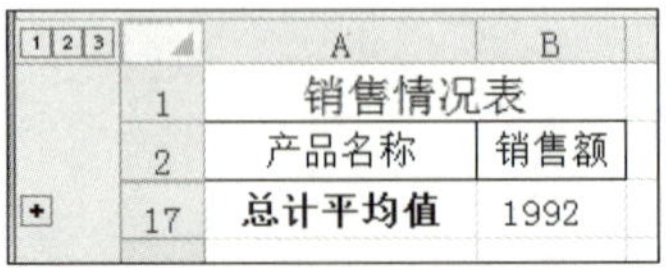

	A	B
1	销售情况表	
2	产品名称	销售额
17	**总计平均值**	1992

图 4-4-46 所有产品总平均销售额

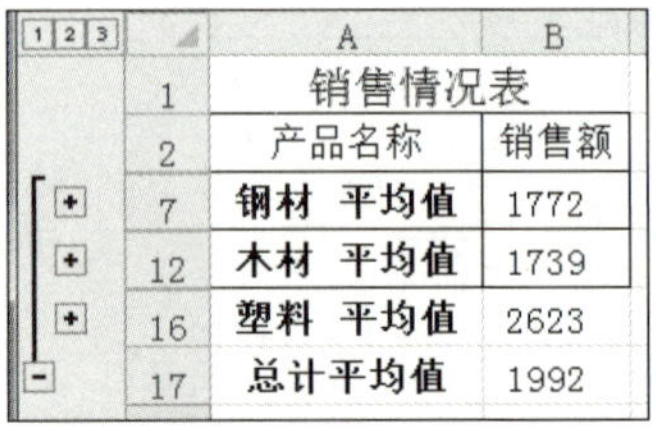

	A	B
1	销售情况表	
2	产品名称	销售额
7	**钢材 平均值**	1772
12	**木材 平均值**	1739
16	**塑料 平均值**	2623
17	**总计平均值**	1992

图 4-4-47 每种产品平均销售额

2. 修改分类汇总

在创建分类汇总时，难免会出现错误，此时只需在原有的基础上再执行一次“分类汇总”的操作步骤即可。

如在上一例题中，我们原本要计算的是每种产品的总销售额，而不是平均销售额。

修改步骤如下：

步骤 1：单击数据表任意单元格，或选择整个数据表（此步非常关键，不可单击数据表以外的空白区域），如图 4-4-48 所示。

步骤 2：打开“数据”选项卡，单击“分级显示”功能区中的“分类汇总”按钮，如图 4-4-49 所示。

步骤 3：在弹出的“分类汇总”对话框中，单击“汇总方式”下方的下拉箭头，从弹出的下拉列表中选择“求和”，再将“替换当前分类汇总”前面的复选框勾选上，如图 4-4-50 所示。

步骤 4：单击“确定”按钮完成分类汇总，如图 4-4-51 所示。

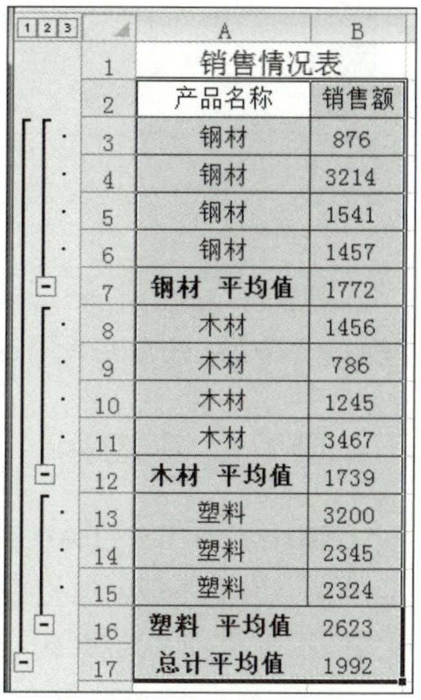

图 4-4-48　选择数据表

图 4-4-49　“数据”选项卡 5

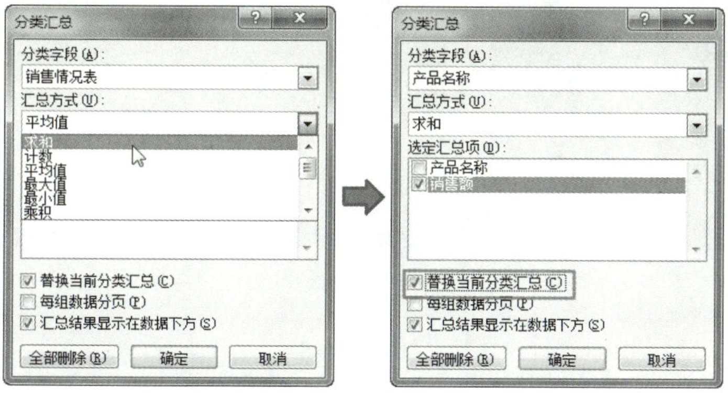

图 4-4-50　“分类汇总”对话框 2

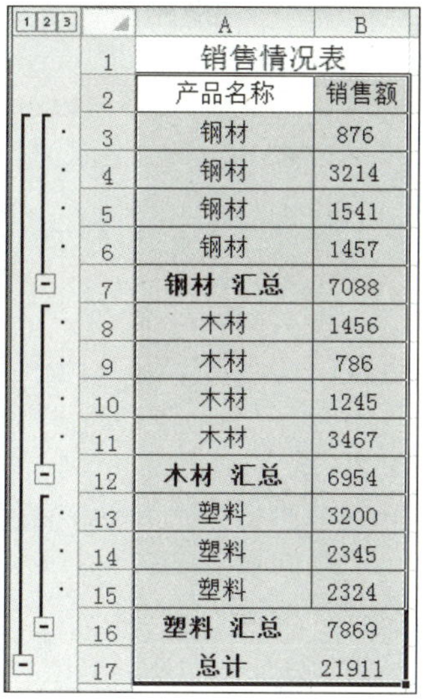

图 4-4-51　分类汇总完成结果

3. 删除分类汇总

对数据进行分类汇总后，若要删除分类汇总结果，可再次执行“分类汇总”命令，然后在“分类汇总”对话框左下角单击“全部删除”按钮即可。

例：删除如图 4-4-51 所示分类汇总。

步骤 1：单击数据表任意单元格，或选择整个数据表，如图 4-4-51 所示。

步骤 2：打开“数据”选项卡，单击“分级显示”功能区中的“分类汇总”按钮，如图 4-4-52 所示。

图 4-4-52 “数据”选项卡 6

步骤 3:在弹出的“分类汇总”对话框中,单击最左下角的“全部删除”按钮,结果如图 4-4-53 所示。

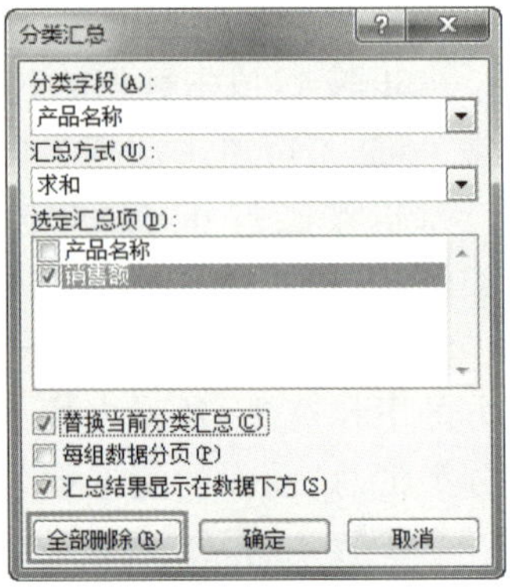

图 4-4-53 删除“分类汇总”

五、图表及其应用

Microsoft Excel 中的图表是指将工作表中的数据用图形表示出来,使得数据更加直观、生动,并且当工作表中的数据发生变化时,图表也能自动更新。

Microsoft Excel 2010 提供了多种图表类型,其中比较常用的有柱形图、折线图、饼图、条形图等。不同的图表类型适用于不同的数据分析。例如:想要比较类别间的值,用柱形图或条形图较好;想要描述趋势时,用折线图较好;想要描述占比时,用饼图较好……

1. 图表的组成

图表主要由图表区、图表标题、坐标轴、网格线、图例等组成,如图 4-4-54 所示。

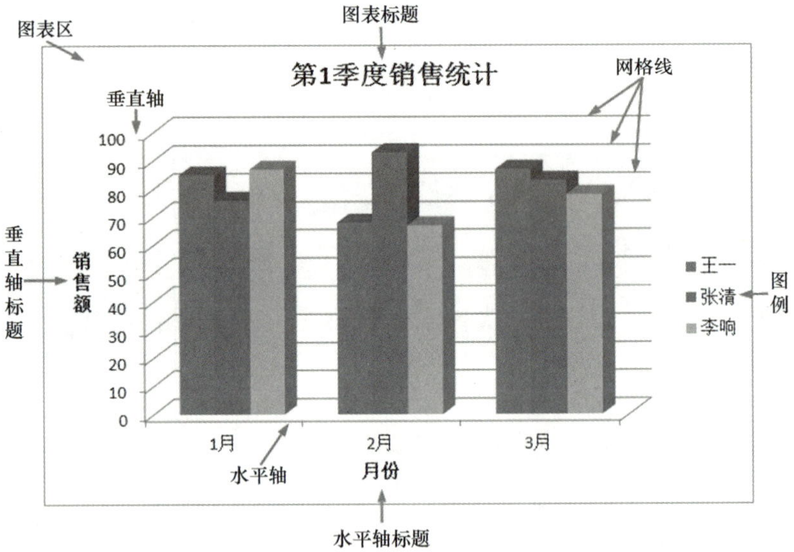

图 4-4-54 图表的组成

2. 创建图表

步骤 1:选择创建图表所需的数据区域。

步骤 2:选择图表类型。

例:利用如图 4-4-55 所示数据,绘制出每位员工 1 月到 3 月销售情况的三维簇状柱形图。

步骤 1:选择数据区域 A2:D7(为了方便读者观察图表,除了数值区域外还应选择每一数值对应的标签,即“姓名”列),如图 4-4-56 所示。

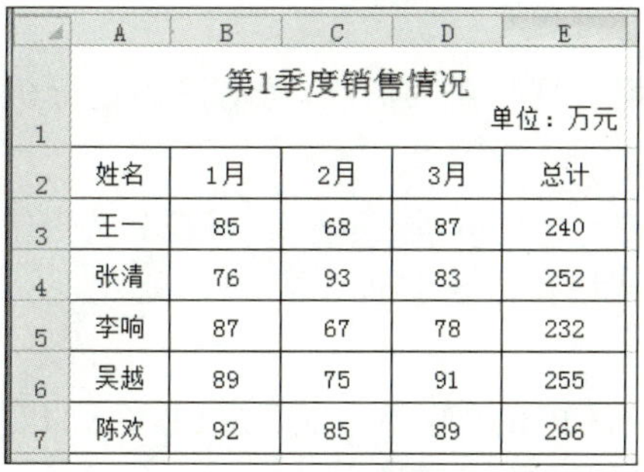

	A	B	C	D	E
1	第1季度销售情况 单位：万元				
2	姓名	1月	2月	3月	总计
3	王一	85	68	87	240
4	张清	76	93	83	252
5	李响	87	67	78	232
6	吴越	89	75	91	255
7	陈欢	92	85	89	266

图 4-4-55 销售情况表 4

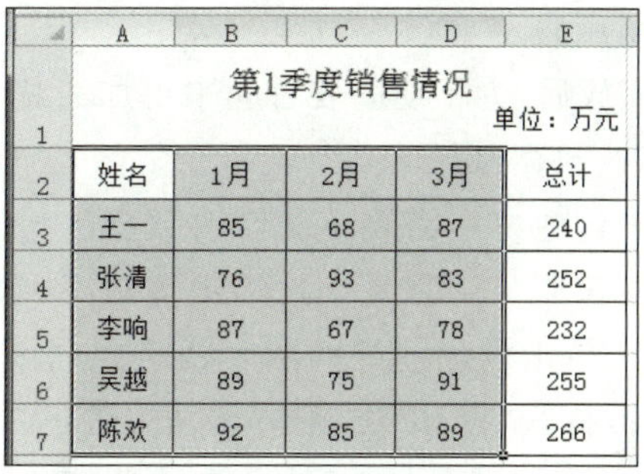

	A	B	C	D	E
1	第1季度销售情况 单位：万元				
2	姓名	1月	2月	3月	总计
3	王一	85	68	87	240
4	张清	76	93	83	252
5	李响	87	67	78	232
6	吴越	89	75	91	255
7	陈欢	92	85	89	266

图 4-4-56 选择数据区域

步骤 2:选择图表类型。打开“插入”选项卡,单击“图表”功能区内的“柱形图”按钮,从弹出的菜单中选择子图表类型,如三维簇状柱形图,如图 4-4-57 所示。

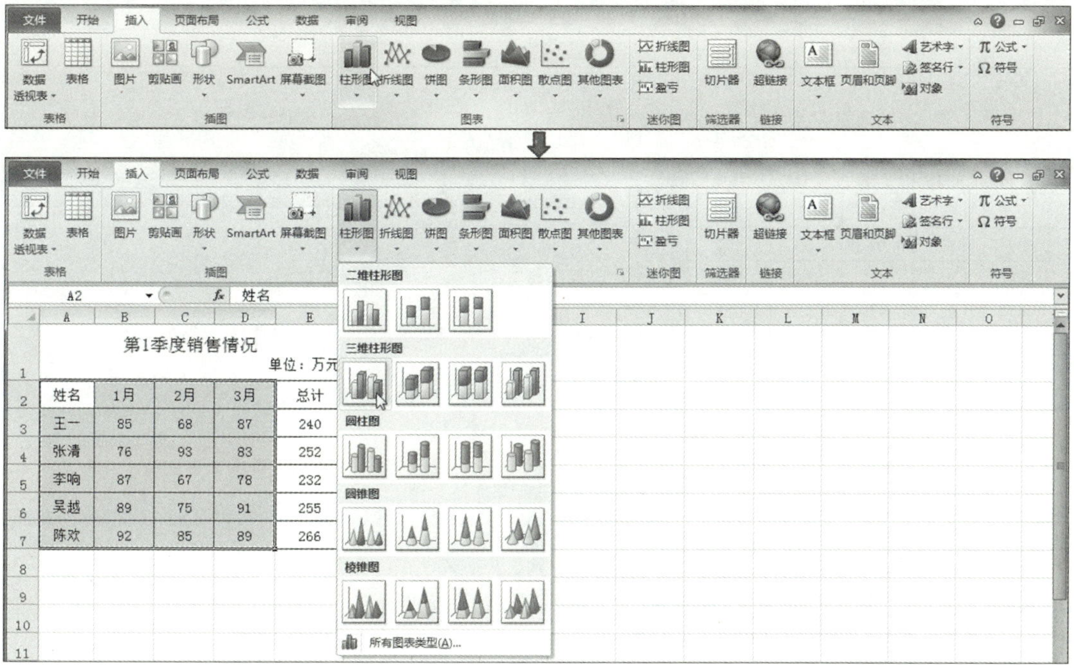

图 4-4-57 选择图表类型

完成上述两个步骤后,结果如图 4-4-58 所示。

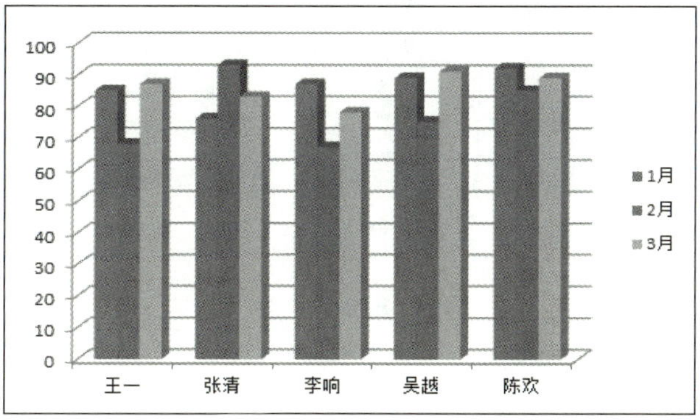

图 4-4-58 三维簇状柱形图

3. 编辑图表

图表完成后，为了使图表看起来更加美观，数据表现得更为清晰，可对图表进行相应的调整。

(1)修改数据区域

若图表创建好后需要重新修改数据区域。如图 4-4-58 所示，只绘制姓名为“王一”“张清”“李响”等三位职员 1 月至 3 月的销售情况，数据区域修改步骤如下：

步骤 1：单击已创建好的图表任意空白区域。

步骤 2：打开“设计”选项卡，单击“数据”功能区内的“选择数据”按钮，在弹出“选择数据源”对话框后，直接用鼠标从工作表中重新选择所需的数据区域 A2：D5，如图 4-4-59 所示。

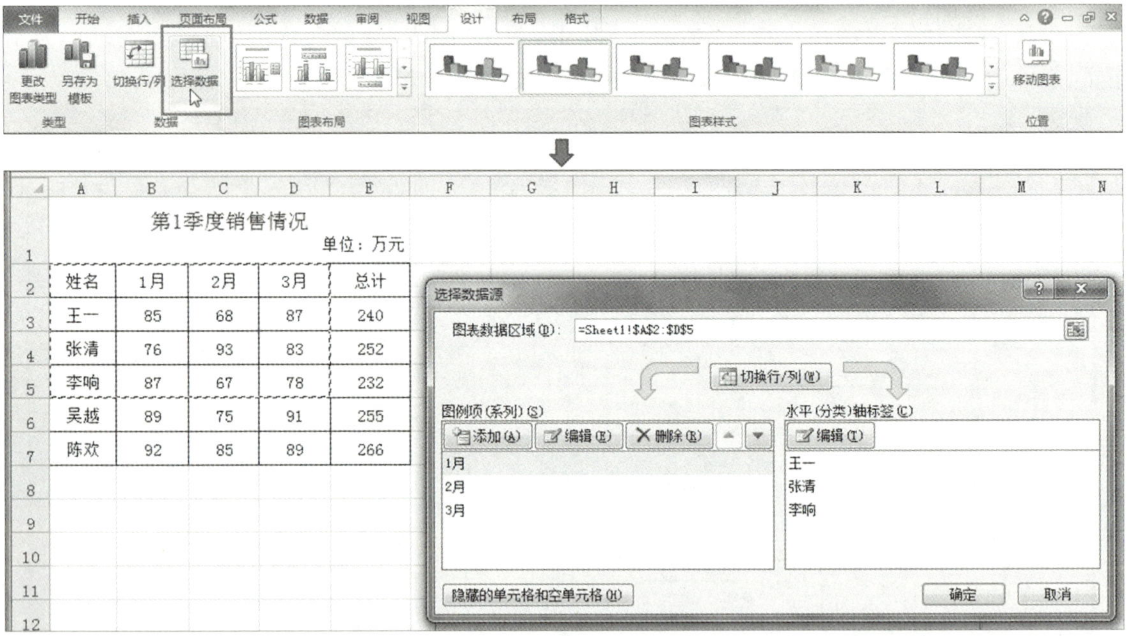

图 4-4-59 修改数据区域

步骤 3：单击“确定”按钮完成修改，结果如图 4-4-60 所示。

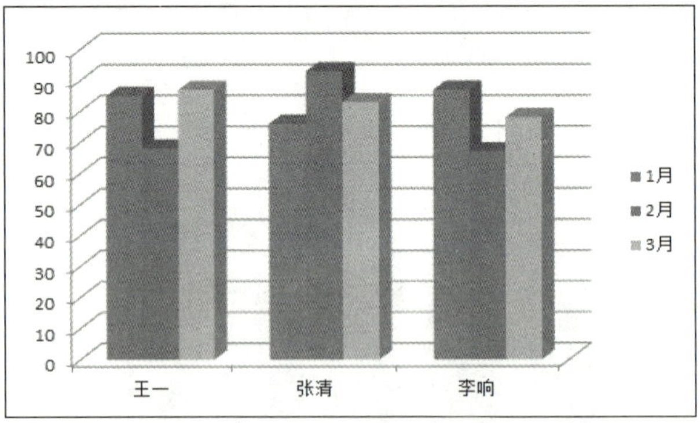

图 4-4-60 数据区域修改结果

(2)添加图表标题

例如：给图 4-4-60 添加图表标题。

步骤 1：选择图表，在图表空白处单击。

步骤 2：添加“图表标题”。打开“布局”选项卡，单击“标签”功能区内的“图表标题”按钮，根据需要从弹出的下拉菜单中选择图表标题显示的位置，如“图表上方”，如图 4-4-61 所示。

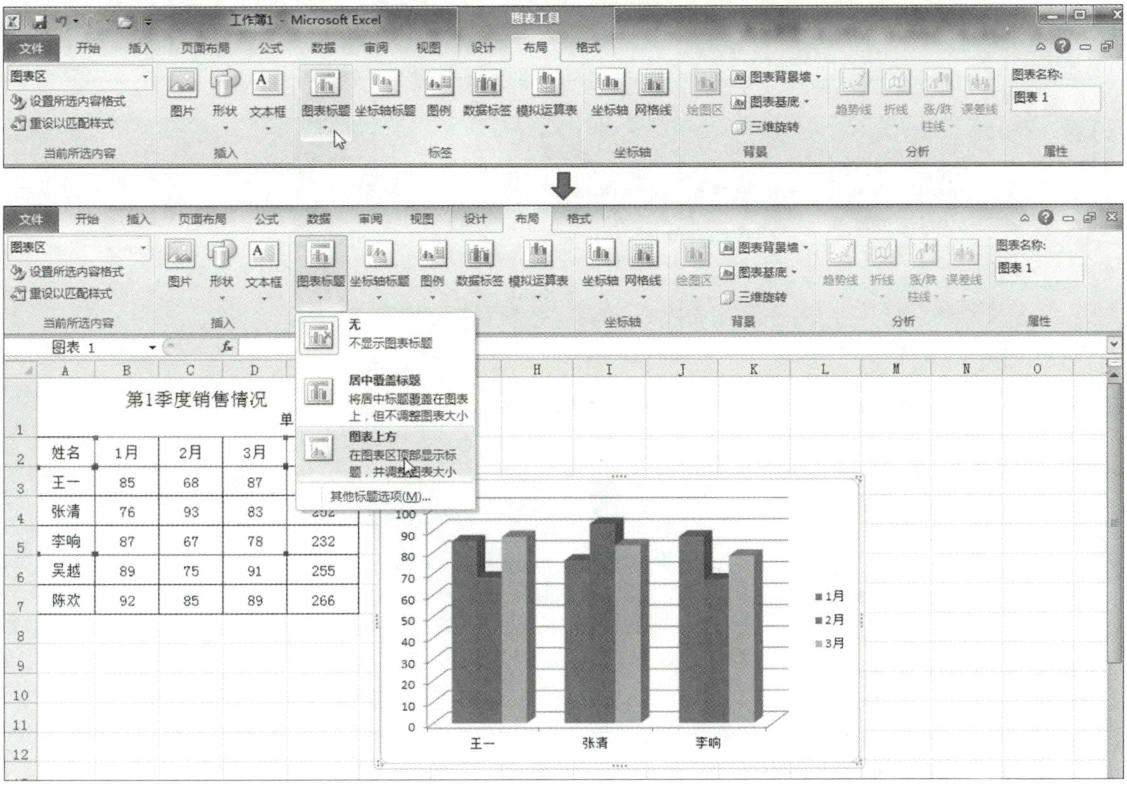

图 4-4-61　添加图表标题

步骤 3：修改图表标题。完成上述两个步骤后，图表中会出现“图表标题”字样的文本框，此时，将“图表标题”几个字改为需要的标题文字即可，如“第 1 季度销售统计”，如图 4-4-62 所示。

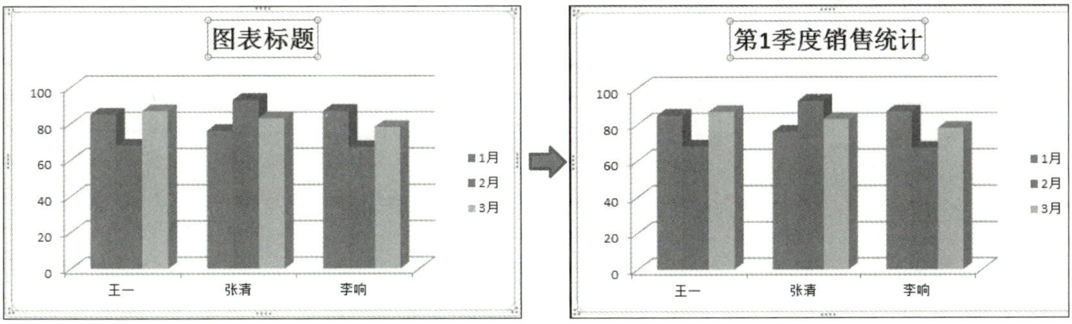

图 4-4-62　修改图表标题

(3)添加坐标轴标题

例如：为如图 4-4-62 所示的图表添加纵坐标轴标题“销售额”，横坐标轴标题“月份”。

步骤 1：在图表空白处单击，打开“布局”选项卡，单击“标签”功能区内的“坐标轴标题”按钮，从弹出的下拉菜单中分别设置“主要纵坐标轴标题”和“主要横坐标轴标题”，如图 4-4-63、图 4-4-64 所示。

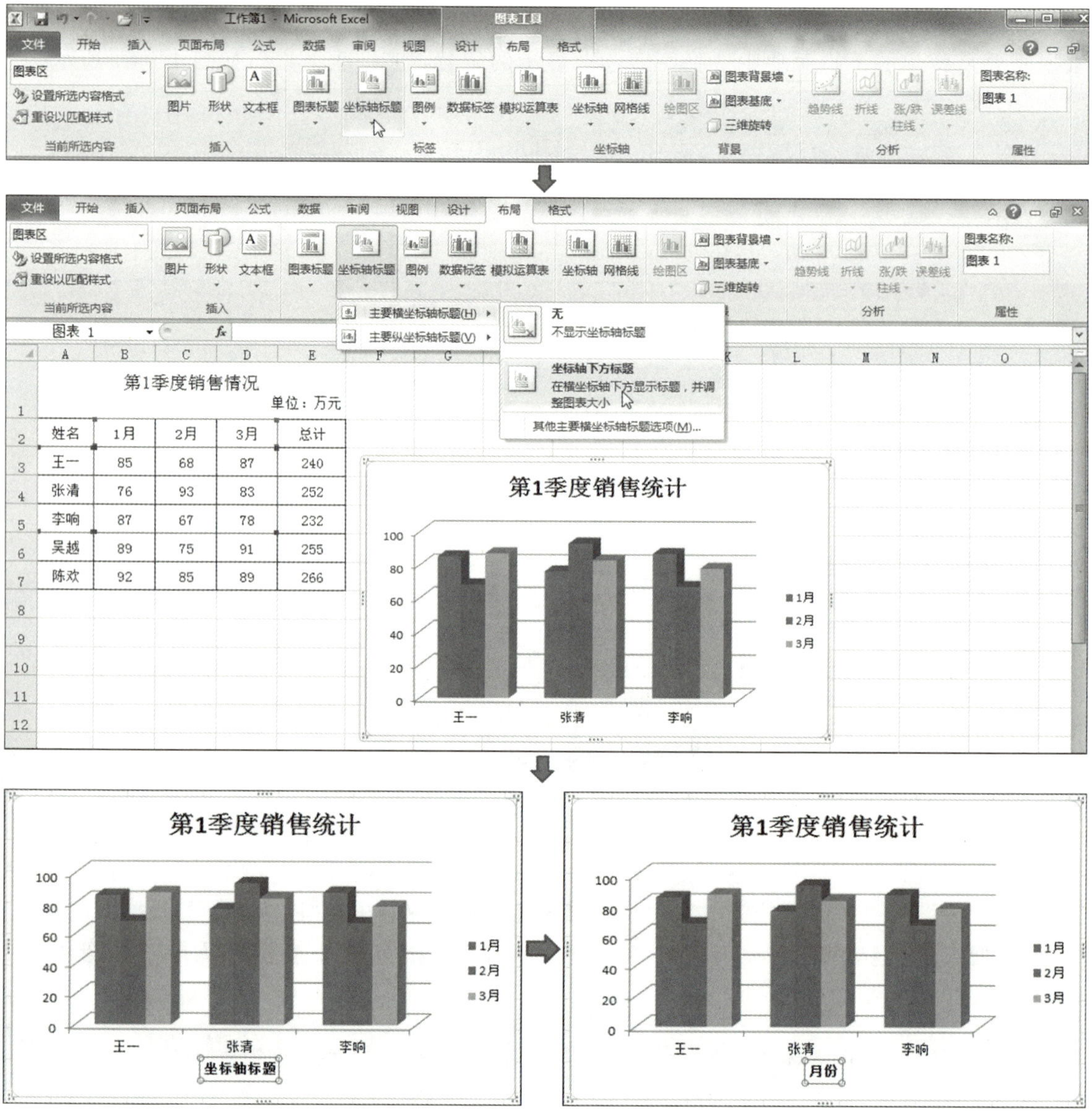

图 4-4-63　添加横坐标轴标题

(4)调整图表位置、大小

创建出来的图表可根据需要调整位置和大小。

①调整图表位置

调整图表的位置非常简单：把鼠标移到图表空白处，当鼠标变成✥时，按住鼠标左键不放，拖动图表到需要的地方再释放鼠标。

例：将如图 4-4-65 所示的图表移动到数据表的右侧，使其与数据表并列显示。

步骤：把鼠标移到图表任意空白处，当鼠标变成如图 4-4-66 所示的✥时，按住鼠标左键不放，拖动图表至数据表右侧适当位置，再松开鼠标，结果如图 4-4-67 所示。

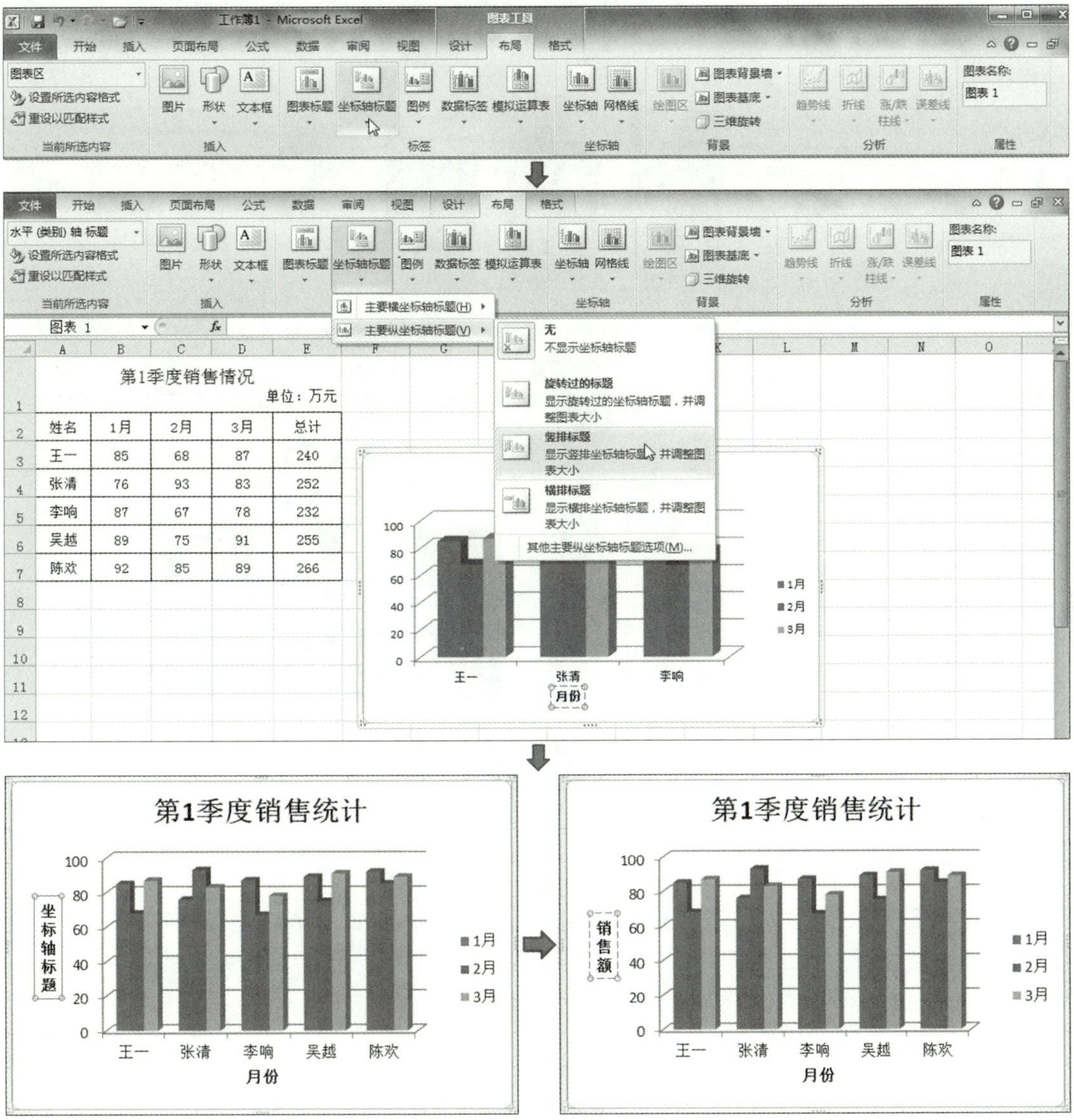

图 4-4-64　添加纵坐标轴标题

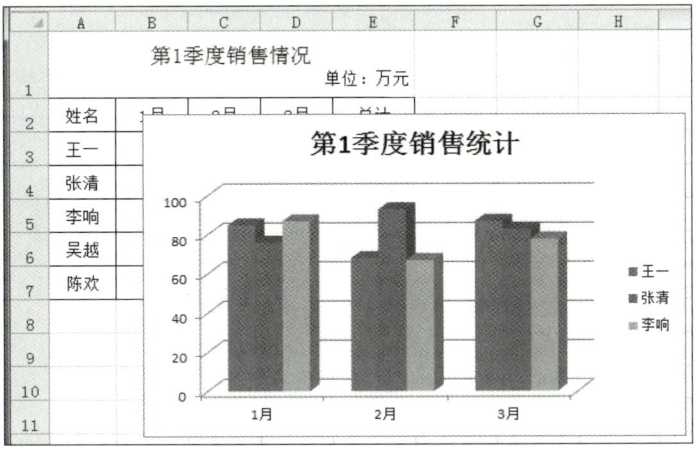

图 4-4-65　销售情况表 5

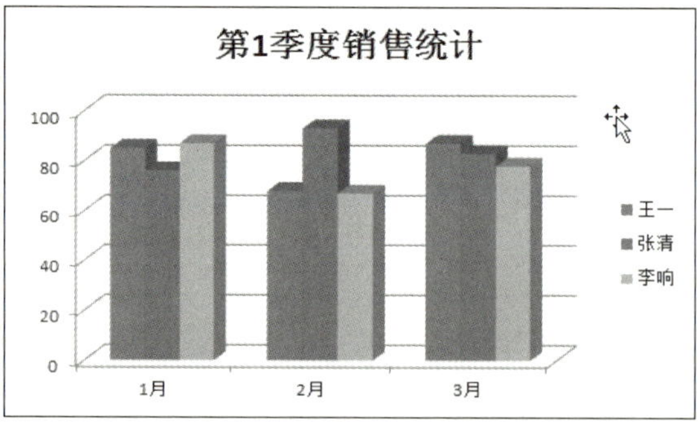

图 4-4-66　将鼠标移至图表任意空白处

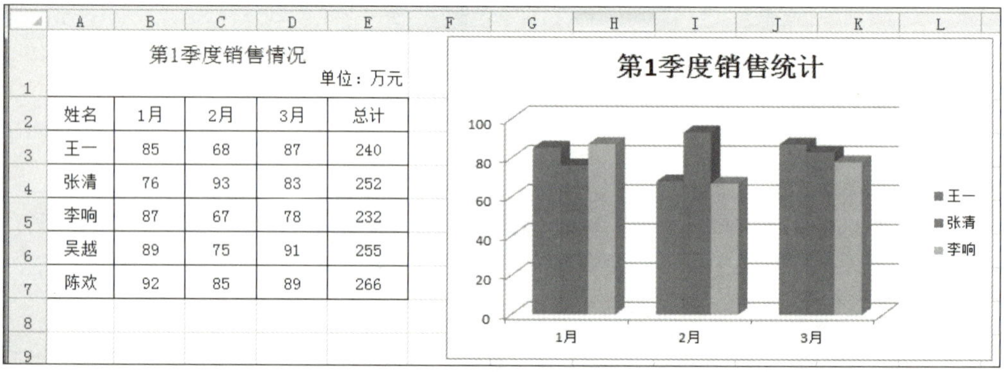
第1季度销售情况
单位：万元

姓名	1月	2月	3月	总计
王一	85	68	87	240
张清	76	93	83	252
李响	87	67	78	232
吴越	89	75	91	255
陈欢	92	85	89	266

图 4-4-67　图表位置移动后效果

②调整图表大小

步骤 1：单击图表任意位置。

步骤 2：将鼠标移到图表四周任意一控制点处（如图 4-4-68 所示标记为圆圈部分），按住鼠标左键不放拖拽鼠标。

例：修改如图 4-4-67 所示的图表大小，使其存放于 F1：L7 区域内。

步骤 1：单击图表任意位置。

步骤 2：调整图表宽度。将鼠标移到图表右侧（或左侧）中间控制点处，当鼠标形状变为⇔时（如图 4-4-69 所示），按住鼠标左键不放向左拖动鼠标至 L 列适当位置再释放鼠标。

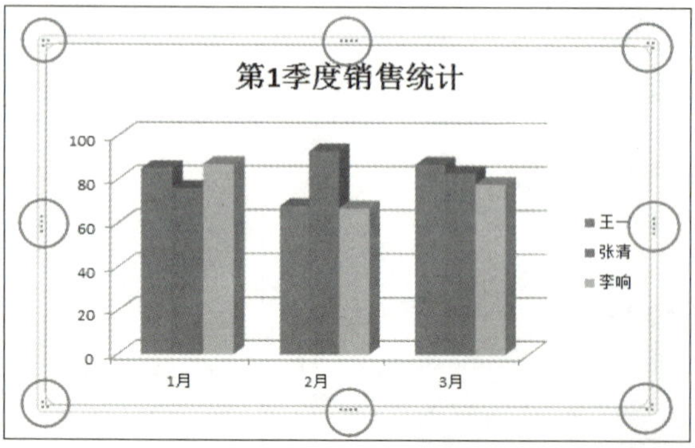

图 4-4-68　控制点

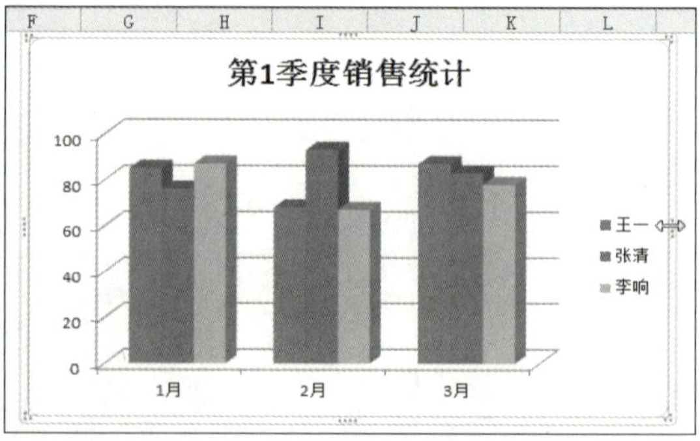

图 4-4-69　调整图表宽度

步骤 3：调整图表高度。将鼠标移到图表底端中间控制点处，当鼠标形状变为⇕时（如图 4-4-70 所示），按住鼠标左键不放向左拖动鼠标至 7 行适当位置再释放鼠标。

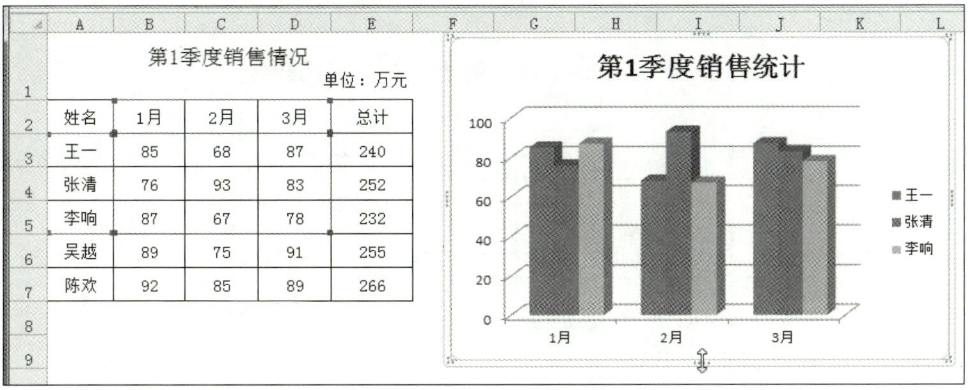

第1季度销售情况

单位：万元

姓名	1月	2月	3月	总计
王一	85	68	87	240
张清	76	93	83	252
李响	87	67	78	232
吴越	89	75	91	255
陈欢	92	85	89	266

图 4-4-70　调整图表高度

完成上述步骤后，结果如图 4-4-71 所示。

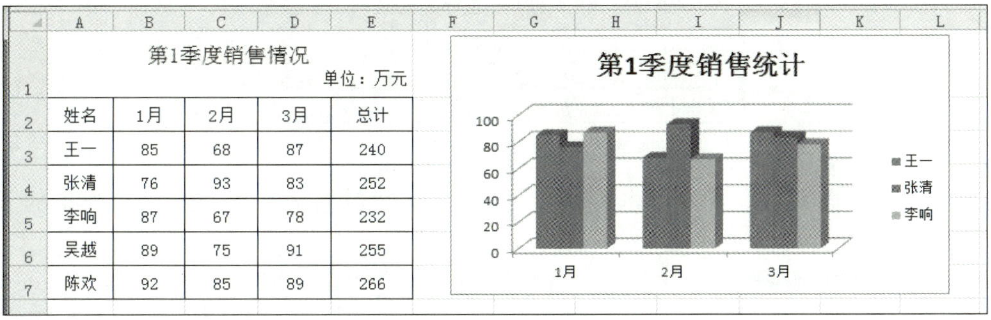

第1季度销售情况

单位：万元

姓名	1月	2月	3月	总计
王一	85	68	87	240
张清	76	93	83	252
李响	87	67	78	232
吴越	89	75	91	255
陈欢	92	85	89	266

图 4-4-71　图表大小调整完成效果

提示：在调整图表大小时，若把鼠标放在图表区四条边的任意一边中间控制点处，则只能调整图表的宽度或高度，想要同时调整宽度和高度，则应把鼠标放在图表四个角的任意一个角的控制点处再拖动鼠标。

* 六、数据透视表

1. 认识数据透视表

数据透视表是 Excel 中最快捷、最灵活的功能汇总，简单地说，数据透视表就是一种能够对数据快速交叉汇总分析的表。它集函数、排序、筛选、合并计算、分类汇总等功能为一体，可以动态地改变版面的布置，以便按照不同方式分析数据。简单地拖拉就可以完成一个日常报表。

一个完整的数据透视表包括报表筛选、列标签、行标签、数值等几部分组成。

报表筛选：位于数据透视表的顶部。

列标签：位于数据透视表最上面的标题。

行标签：位于数据透视表最左侧的标题。

数值：在执行计算时提供的需要汇总的值。

2. 创建数据透视表

例：将如图 4-4-72 所示的“商品销售统计”表按销售地区统计每种商品每月的平均销售额。

步骤 1：单击数据表中任意一个单元格。

	A	B	C	D	E	F
1	商品销售统计					
2	日期	销售地区	食品	服装	生活用品	耐用消费品
3	3月13日	东南	75	86	65	56
4	3月13日	东北	75	75	66	76
5	1月5日	华北	43	71	48	53
6	2月2日	东南	66	70	51	49
7	2月16日	东北	66	70	51	49
8	3月10日	华北	21	70	52	41
9	3月10日	东北	44	66	66	58
10	1月1日	东北	53	63	45	54
11	1月5日	西南	44	63	75	44
12	3月21日	西南	25	61	52	33
13	3月21日	东北	58	59	42	51
14	3月9日	东南	48	58	48	48
15	1月5日	东南	51	53	75	34
16	1月1日	西南	70	26	41	41
17	1月4日	华北	46	48	46	36
18	2月2日	西南	85	48	46	36
19	2月16日	华北	75	60	46	36
20	3月9日	西南	61	52	33	42
21	3月10日	东南	51	51	46	52
22	3月14日	东北	58	50	41	41

Sheet1 Sheet2 Sheet3

图 4-4-72 商品销售统计表

步骤 2：打开“插入”选项卡，单击“表格”功能区内的“数据透视表”按钮，从弹出的下拉菜单中选择“数据透视表”，如图 4-4-73 所示。

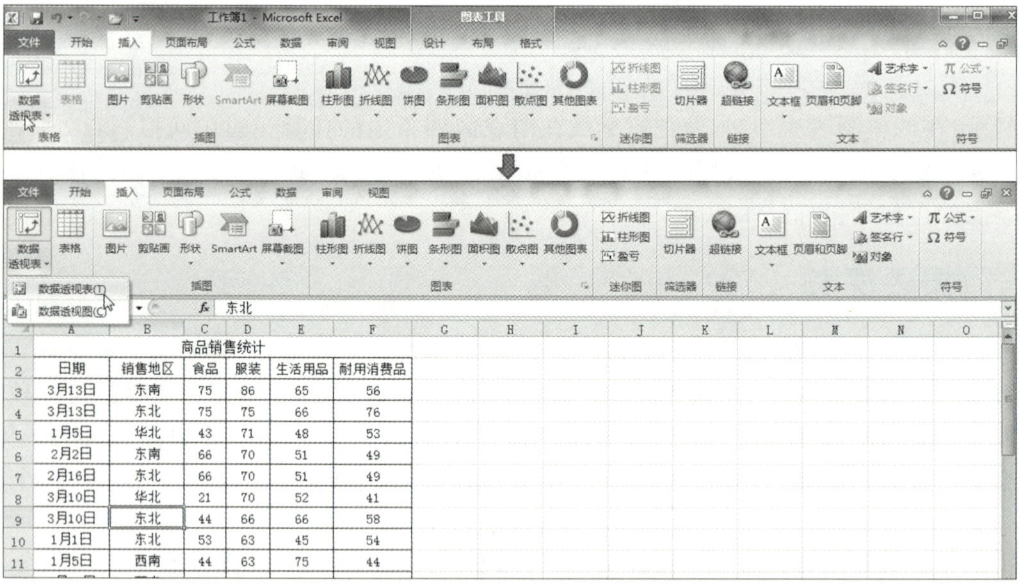

图 4-4-73 “数据透视表”下拉菜单

步骤 3：完成上述步骤后，即弹出如图 4-4-74 所示对话框，根据需要从此对话框中选择要分析的数据区域以及数据透视表的放置位置，然后单击“确定”按钮。此时工作表右侧会自动弹出“数据透视表字段列表”任务窗格，如图 4-4-75 所示。

步骤 4：在如图 4-4-75 所示的“数据透视表字段列表”中，将鼠标移动到“日期”上，当鼠标变成时，按住鼠标左键不放，拖至“行标签”下方的空白处，把“销售地区”拖至“报表筛选”下方的空白处，再分别把“食品”“服装”“生活用品”“耐用消费品”拖至“数值”下方的空白处，结果如图 4-4-76 所示。

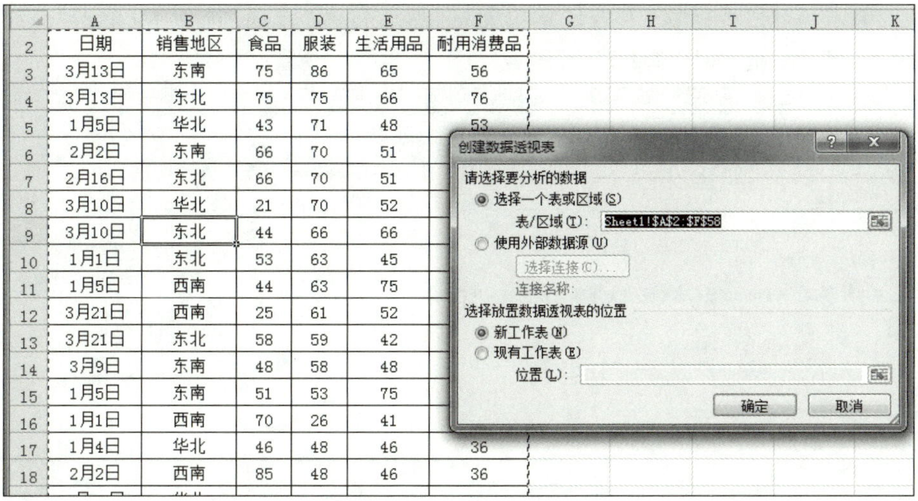

图 4-4-74　“创建数据透视表”对话框

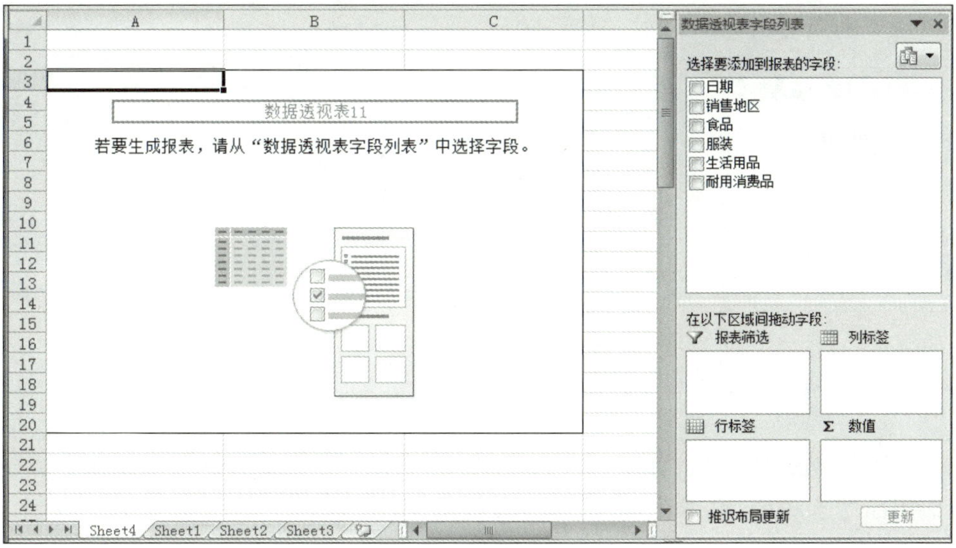

图 4-4-75　“数据透视表字段列表”任务窗格

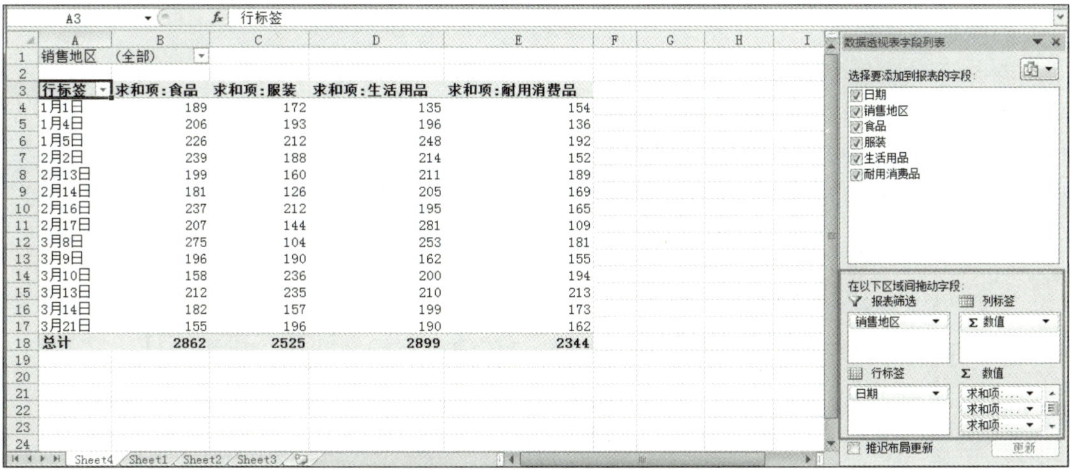

图 4-4-76　数据透视表效果图

步骤 5：单击 A 列“行标签”下方任意单元格，然后打开“选项”选项卡，单击“分组”功能区内的“将字段分组”按钮，如图 4-4-77 所示。

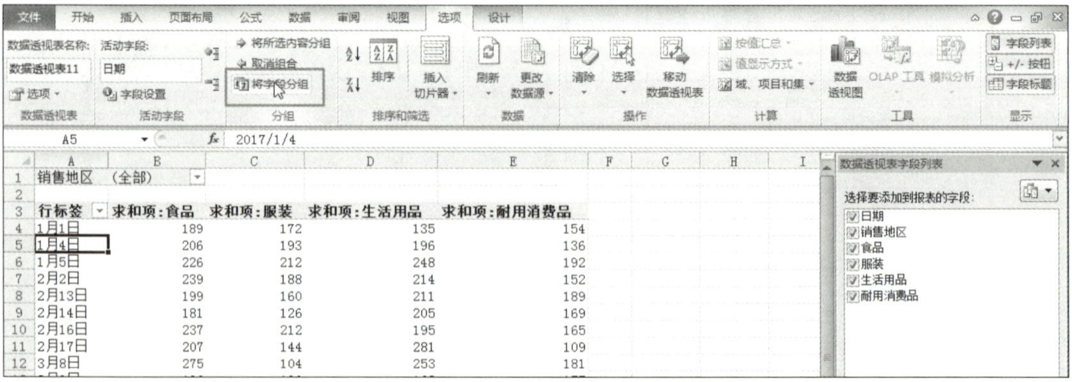

图 4-4-77 “将字段分组”按钮

步骤 6：在弹出的“分组”对话框中单击“步长”列表中的“月”（如图 4-4-78 所示），然后单击“确定”按钮，结果如图 4-4-79 所示。

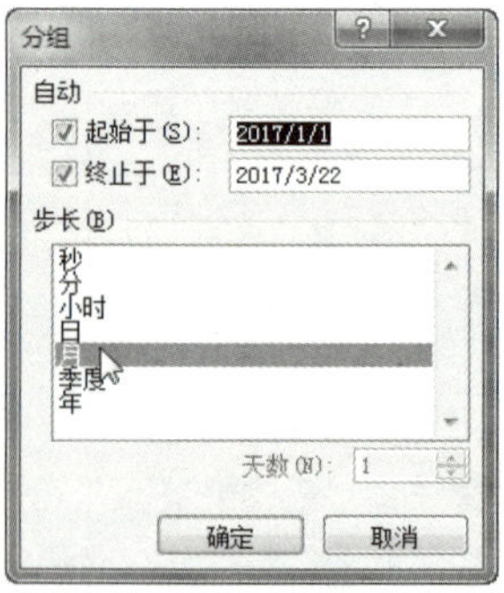

图 4-4-78 “分组”对话框

	A	B	C	D	E
1	销售地区	(全部)			
2					
3	行标签	求和项:食品	求和项:服装	求和项:生活用品	求和项:耐用消费品
4	1月	621	577	579	482
5	2月	1063	830	1106	784
6	3月	1178	1118	1214	1078
7	总计	2862	2525	2899	2344

图 4-4-79 按月分组后结果

步骤 7：分别双击“求和项：食品”“求和项：服装”“求和项：生活用品”“求和项：耐用消费品”，在弹出“值字段设置”对话框（如图 4-4-80 所示）中双击“平均值”，结果如图 4-4-81 所示。

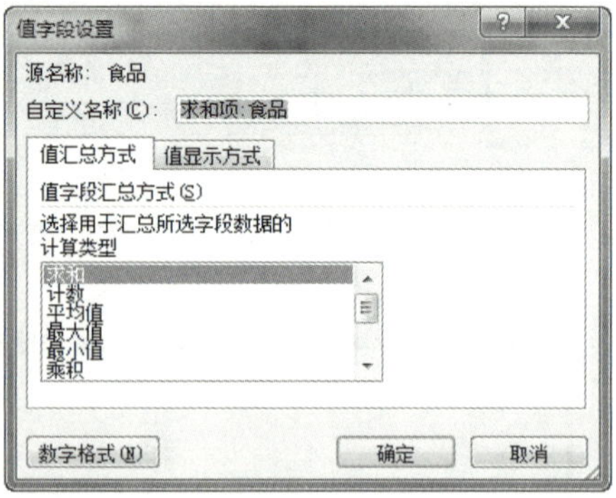

图 4-4-80 “值字段设置”对话框

3. 删除数据透视表

步骤 1：单击数据透视表中任意单元格。

步骤 2：打开“选项”选项卡，单击“操作”功能区内的“清除”按钮，从弹出的下拉菜单中单击“选择”按钮，再从弹出的下一层子菜单中单击“整个数据透视表”，如图 4-4-82 所示。

	A	B	C	D	E
1	销售地区	(全部)			
2					
3	行标签	平均值项:食品	平均值项:服装	平均值项:生活用品	平均值项:耐用消费品
4	1月	51.75	48.08333333	48.25	40.16666667
5	2月	53.15	41.5	55.3	39.2
6	3月	49.08333333	46.58333333	50.58333333	44.91666667
7	总计	51.10714286	45.08928571	51.76785714	41.85714286

图 4-4-81 计算方式修改后结果

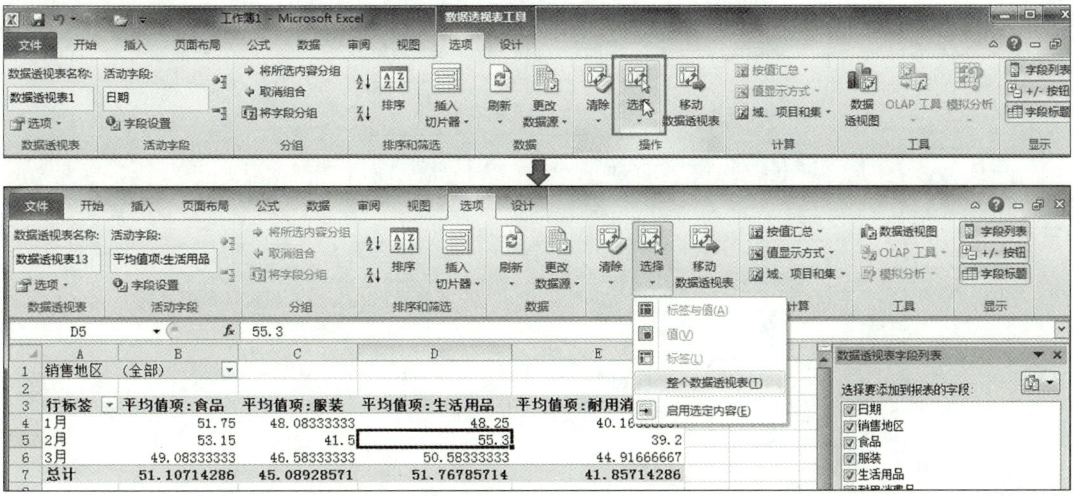

图 4-4-82　删除数据透视表

步骤 3:按下“Delete”键,即可删除数据透视表。

七、案例实操

打开“课题四 案例实操. xlsx”,按下列要求操作。

1. 数据排序:使用 Sheet1 工作表中的数据,以“总成绩”为主要关键字,以“成绩 4”为次要关键字降序排序。

2. 数据筛选:使用 Sheet2 工作表中的数据,筛选出“成绩 1”大于 80 且“成绩 4”大于 85 的记录。

3. 数据合并计算:使用 Sheet3 工作表中的相关数据,在“课程安排统计表”中进行“求和”合并计算。

4. 数据分类汇总:使用 Sheet4 工作表中的数据,以“课程名称”为分类字段,将“人数”和“课时”进行“求和”分类汇总。

5. 图表及其应用:使用 Sheet5 工作表中的数据,利用“总成绩”一列的数据创建一个三维簇状柱形图,图表标题为“成绩分析统计”,调整图表位置及大小,使其嵌入在 J1 至 M12 区域中。

6. 建立数据透视表:使用 Sheet6 工作表中的数据,布局以“学期”为“报表筛选”,以“课程名称”为列字段,以“班级”为行字段,以“成绩”为平均值项,从 Sheet7 工作表的 C3 单元格起建立数据透视表。

➤【课题小结】

本课题的内容结构如图 4-4-83 所示。

说明:

1. 本节主要介绍了数据的排序、筛选、分类汇总等功能,是 Excel 的核心内容,学习掌握好这部分的具体内容非常重要。

2. 粗框包含的内容是难点内容,根据具体情况,可作为选修内容,也可在学习巩固其他内容的基础上再深入学习。

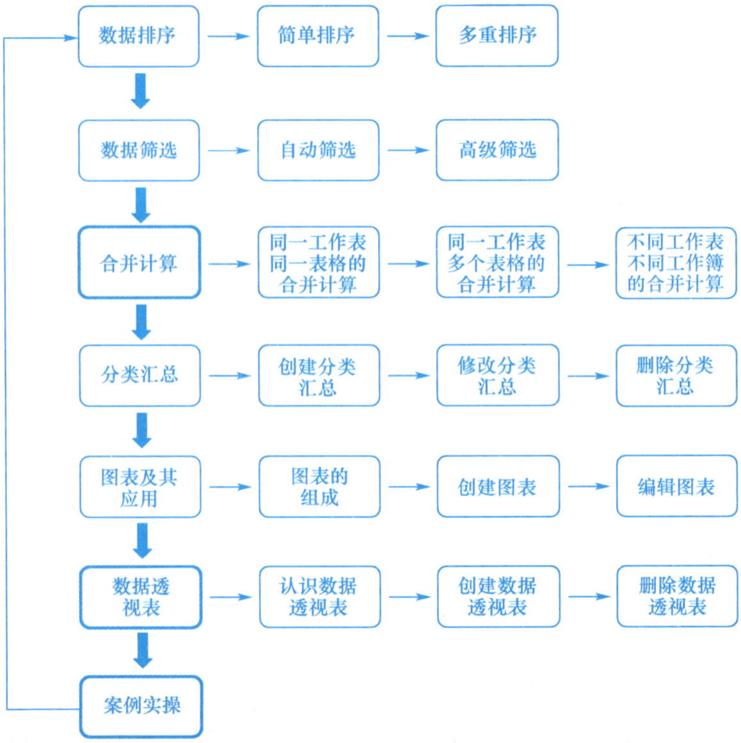

图 4-4-83 本课题内容结构

3. 其他内容都是重点内容，需要认真领会，反复实践。

4. 带 * 的内容为本教材的难点内容，教学中可根据学生实际及课时情况决定是否开展教学。

【效果测评】

表 4-4-1 考核评分记录表

考核目标	考核内容	考核要求	评分标准	配分	自评	互评	师评
知识目标	数据排序概念、方式及种类	思路清晰，回答完整，回答准确	概念 2 分，方式 2 分，种类 2 分	6			
	数据筛选的概念及种类	思路清晰，回答完整，回答准确	概念 3 分，种类 3 分	6			
	数据合并计算概念及种类	思路清晰，回答完整，回答准确	概念 3 分，种类 3 分	6			
	数据分类汇总的概念及特点	思路清晰，回答完整，回答准确	概念 3 分，特点 3 分	6			
	Excel 中图表的结构类型及基本组成	思路清晰，回答完整，回答准确	结构类型 4 分，基本组成 4 分	8			
	数据透视表的概念及组成	思路清晰，回答完整，回答准确	概念 4 分，组成 4 分	8			

（续表）

考核目标	考核内容	考核要求	评分标准	配分	自评	互评	师评
能力目标	独立完成案例实操 1：数据排序	能够熟练操作	全面完成操作得满分，少 1 步扣 1 分	10			
	独立完成案例实操 2：数据筛选	能够熟练操作	全面完成操作得满分，少 1 步扣 1 分	10			
	独立完成案例实操 3：数据合并计算	能够熟练操作	全面完成操作得满分，少 1 步扣 1 分	10			
	独立完成案例实操 4：数据分类汇总	能够熟练操作	全面完成操作得满分，少 1 步扣 1 分	10			
	独立完成案例实操 5：图表及其应用	能够熟练操作	全面完成操作得满分，少 1 步扣 1 分	10			
	独立完成案例实操 6：建立数据透视表	能够熟练操作	全面完成操作得满分，少 1 步扣 1 分	10			
总 分				100			

课题五　页面设置和打印工作表

在制作完一张工作表后，根据需要可将它打印出来。在打印之前，首先要对页面和打印参数进行设置，高效地利用页面设置和打印，不仅让我们的表格看起来更加的简洁美观，同时能够提高工作效率，更能够节约纸张。本课题将介绍页面设置与打印工作表，主要包括设置页面布局、调整页眉页脚、工作表的打印选项、打印参数设置、打印预览等内容。

【教学目标】

知识目标：

了解页面和打印设置中各项参数的基本作用和设置方法。

能力目标：

熟练掌握电子表格的正确打印输出。

【教学任务】

本课题的主要教学内容：页面设置；打印工作表；案例实操。

【教·学·做】

一、页面设置

Excel 2010 可以方便地对页面进行各项设置，如纸张大小、纸张方向、页边距、页眉页脚等。打开“页面布局”选项卡（如图 4-5-1 所示），单击“页面设置”功能区右下角的 按钮，即可弹出如图 4-5-2 所示的“页面设置”对话框，“页面设置”对话框主要分为“页面”“页边距”“页眉/页脚”“工作表”等四个选项卡(如图 4-5-2 所示),打开不同的选项卡可进行不同的设置。

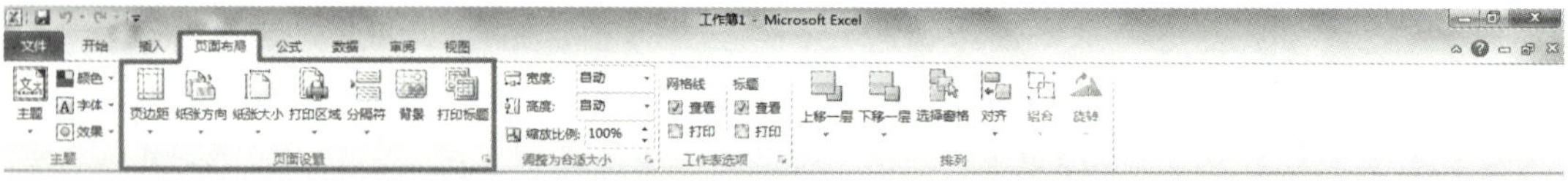

图 4-5-1 “页面布局”选项卡

1. 页面

在“页面设置”对话框中选择“页面”选项卡,如图 4-5-2 所示。

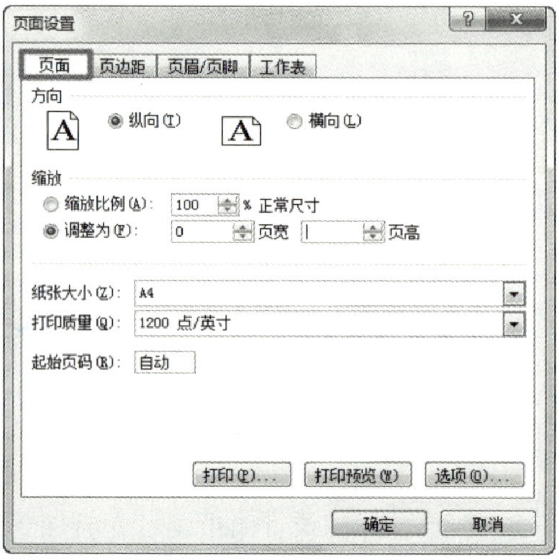

图 4-5-2 “页面设置”对话框中的“页面”选项卡

(1)方向:指纸张的方向,可根据内容排版情况,将纸张调整为横向或纵向。

(2)缩放:用于放大或缩小工作表。其中,“缩放比例”的有效范围为 10%~400%,默认为 100%。设置方法:选中“调整为”单选框,根据需要输入页宽和页高。若要仅适合页面宽度而不限制页面数量,则在“页宽”框中键入“1”,并保留“页高”框为空白。

(3)纸张大小:用于设置文档使用的纸张大小。常用的纸张类型有 A4、16K、A3、8K 等,其中,A4 纸(210mm * 297mm)为国际标准公文用纸。设置方法:单击“纸张大小”后面的下拉箭头,从弹出的下拉列表中根据需要选择。

(4)打印质量:单击“打印质量”后面的下拉箭头,从弹出的下拉列表中根据需要选择打印质量。“打印质量”下拉列表中的数字会根据打印机的不同而发生变化,数字越大,打印效果越好。

(5)起始页码:输入“自动”或“1”表示从页面第一页开始打印,如果需要从其他页面开始从事打印作业,输入相应数字可指定打印相应页面。

2. 页边距

在“页面设置”对话框中选择“页边距”选项卡,如图 4-5-3 所示。

(1)页边距:页边距指页面的边线到文字的距离。页边距包括上、下、左、右、页眉、页脚等边距。调整“上”“下”“左”“右”“页眉”“页脚”框中的尺寸即可。页边距有效值是 0~100,可在“预览”框中查看效果。

(2)居中方式:指工作表中的内容相对于整个页面的对齐方式,有水平和垂直两种,默认对齐方式为左上角。

3. 页眉和页脚

在“页面设置”对话框中选择“页眉/页脚”选项卡，如图 4-5-4 所示。

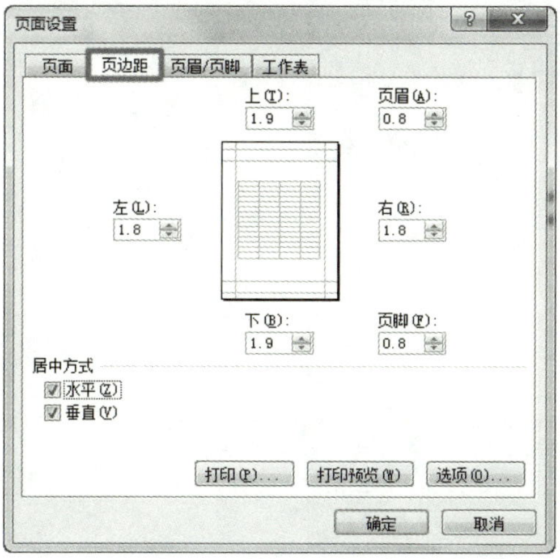

图 4-5-3　“页面设置”对话框中的“页边距”选项卡

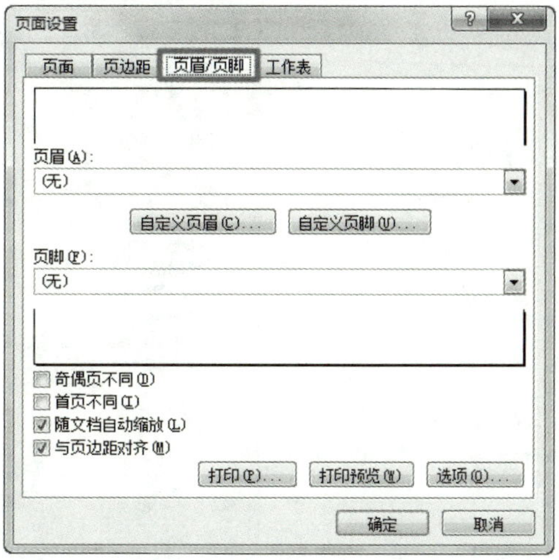

图 4-5-4　“页面设置”对话框中的“页眉/页脚”选项卡

(1)页眉：单击“页眉”下方的下拉箭头从弹出的下拉列表中根据需要选择，也可单击“自定义页眉”按钮，从弹出的“页眉”对话框中根据需要为工作表创建自定义页眉，如图 4-5-5 所示。

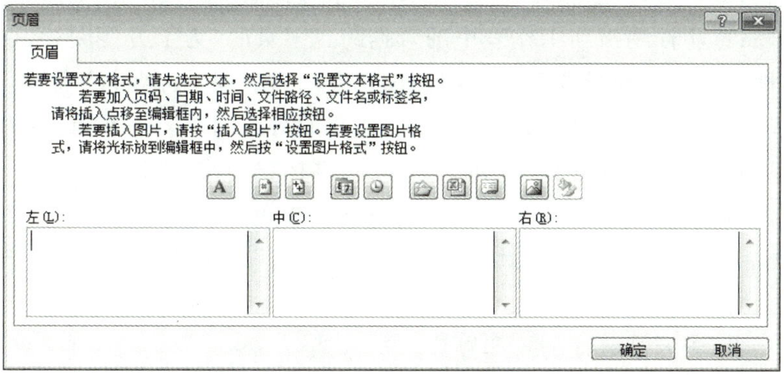

图 4-5-5　“页眉”对话框

(2)页脚：单击如图 4-5-4 所示对话框中“页脚”下方的下拉箭头，从弹出的下拉列表中根据需要选择，也可单击“自定义页脚”按钮，从弹出的“页脚”对话框中根据需要为工作表创建自定义页脚，如图 4-5-6 所示。

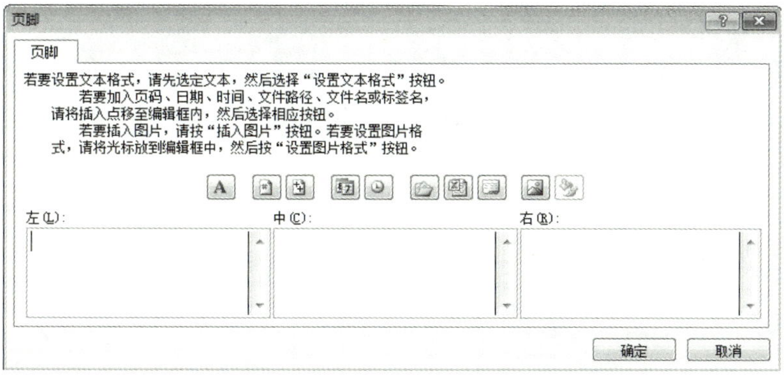

图 4-5-6　“页脚”对话框

4. 工作表

在“页面设置”对话框中选择“工作表”选项卡，如图 4-5-7 所示。

图 4-5-7 “页面设置”对话框中的“工作表”选项卡

(1)打印区域：如果仅需打印工作表中的某一部分，即可设置打印区域。设置方法：单击“打印区域”后面的编辑框，然后根据需要从工作表中选择需要打印的区域。

(2)打印标题：打印标题指当工作表中的数据跨越多页时，为了方便阅读，可以在每一页上都打印出标题，即每页重复的行或列的标题。设置方法：在“顶端标题行”或“左端标题列”后面的编辑框中单击，然后在工作表中选择每页需要重复的行或列。若需要重复的内容在行，则选择“顶端标题行”，若需要重复的内容在列则选择“左端标题列”进行设置。

(3)打印：“网格线”用于打印出工作表的网格线；“单色打印”用于不打印工作表的背景图案及颜色；“草稿品质”不打印网格和太多图表；“行号列标”用于打印工作表的行号和列标；“批注”用于选择是否打印工作表的批注。

(4)打印顺序：用于控制数据的打印顺序。

二、打印工作表

单击窗口左上角的“文件”菜单，从弹出的下拉菜单中选择“打印”，如图 4-5-8 所示。即可根据需要设置打印参数。如：打印份数、打印页数、单双面等。参数设置完毕后单击“打印”按钮，即可将内容打印出来。

1. 打印份数：在“份数”后面的编辑框中输入打印的份数，有效值在 1～32767。

2. 打印机：在“打印机”下方的下拉列表中根据需要选择打印机，如果没有打印机，单击安装打印机。

3. 设置：可以设置打印的范围，输入打印页码，打印指定的页数(必须输入整数)，同时可以设置打印的单双面、打印纸张、纸张方向等。

三、案例实操

打开“课题五 案例实操. xlsx”，按下列要求进行设置：

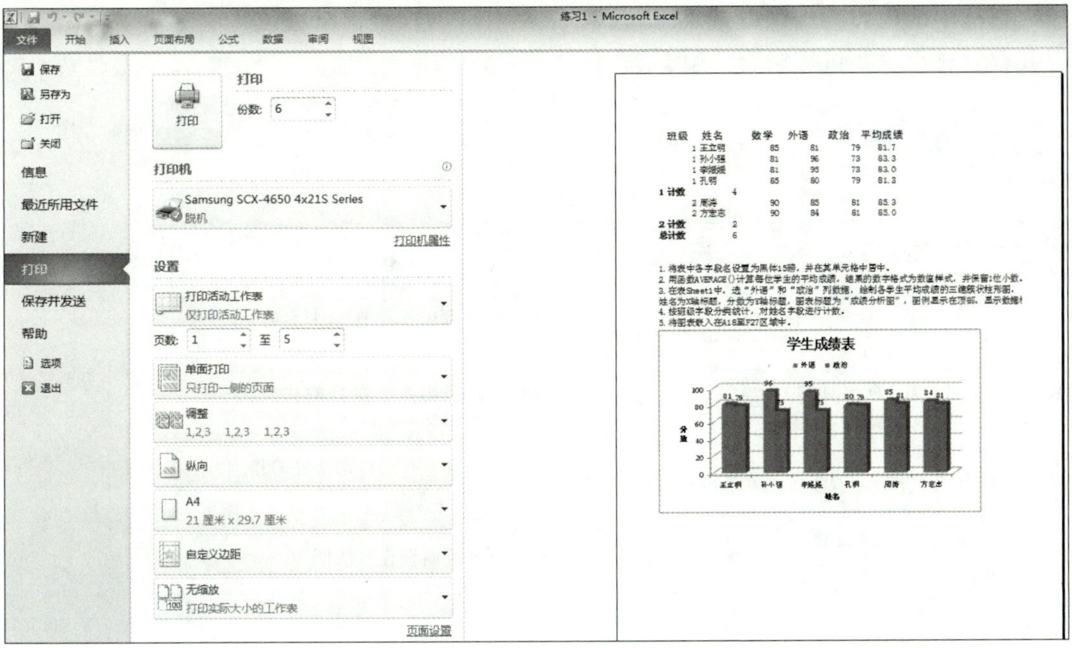

图 4-5-8　“打印”参数设置区

1. 页面设置

(1)打开“页面设置”对话框;(2)设置纸张方向为纵向;(3)缩放比例为 100%;(4)纸张大小为 A4;(5)上、下、左、右页边距均设为“1”;(6)居中方式为“水平”;(7)添加页眉文字为:考试安排;(8)页脚设置为“第 1 页,共? 页”样式。

2. 打印工作表

(1)将 A1:J300 设置为打印区域;(2)打印份数为 5 份。

➤【课题小结】

本课题的内容结构如图 4-5-9 所示。

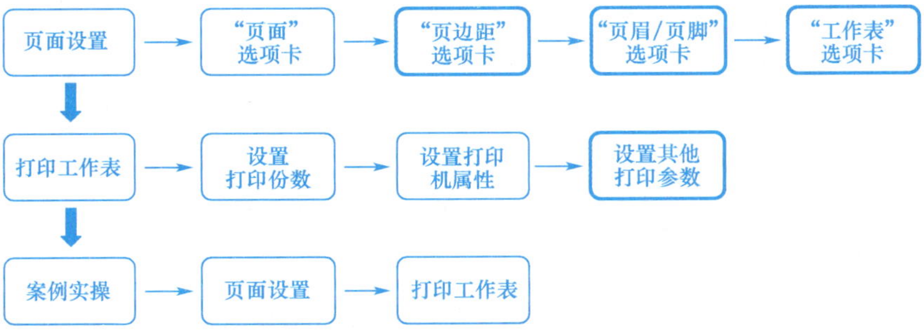

图 4-5-9　本课题内容结构

说明:

1. 在 Excel 中数据录入只是完成了工作的第一步,大多数的情况下,需要对工作表进行版式设置。版式调得好不好,很大程度影响了整个打印表格的质量。

2. 本课题通过对页面设置和打印设置参数的详细讲解,让学习者能快速地掌握页面和打印设置,能迅速、高质量地完成页面的打印。

3. 粗框中的内容为本课题的难点，教学中应循序渐进，全面掌握。

4. 教学过程中要讲练结合、学用结合。

➢【效果测评】

表 4-5-1　　考核评分记录表

考核目标	考核内容	考核要求	评分标准	配分	自评	互评	师评
知识目标	页面设置功能对话框的构成	思路清晰，回答完整	能够完整说出 4 个选项卡名称，少 1 项扣 1 分	4			
	页面、页边距、页眉页脚、工作表等各项参数的作用	分类清楚，回答完整	能够完整说出 8 个参数的作用，少 1 项扣 1 分	8			
	打印设置各项参数的作用	分类清楚，回答完整	能够完整说出 6 个打印参数的作用，少 1 项扣 1 分	6			
能力目标	能熟练打开页面设置对话框	能够熟练操作	熟练打开页面设置对话框	5			
	正确设置页面参数	能设置纸张方向、打印缩放、纸张大小、打印质量、起始页码	能正确设置 5 项参数，少 1 项扣 1 分	5			
	正确设置页边距参数	能设置上、下、左、右页边距和居中方式	能正确设置 5 项参数，少 1 项扣 1 分	5			
	正确为页面添加页眉页脚	能为页面设置页眉和页脚	能正确设置 2 项参数，少 1 项扣 2.5 分	5			
	正确为工作表添加打印标题	能为页面添加打印标题行、打印标题列和设置打印顺序	能正确设置 3 项参数，少 1 项扣 5 分	15			
	正确设置打印设置中各项常用参数	能设置打印份数、打印页码范围、纸张、单双面、纸张方向和选择打印机	能正确设置 6 项参数，少 1 项扣 2 分	12			
	案例实操 1:页面设置	步骤正确，操作熟练	8 项，每项 2.5 分	20			
	案例实操 2:打印工作表	步骤正确，操作熟练	3 项，每项 5 分	15			
总分				100			

课题六　综合技能训练

本课题内容是在学生熟练掌握了 Excel 2010 工作簿、工作表、公式函数、图表等相关知识的基础上进行练习，主要包括 2 个案例，内容涵盖本部分所有知识点，旨在通过练习让学生更加熟练地掌握本单元的知识，是本单元的综合应用。

➢【教学目标】

知识目标：

掌握 Excel 2010 的基本操作方法，熟练掌握数据处理及分析方法。

能力目标：

能够灵活运用 Excel 2010 处理日常生活、学习、工作中遇到的相关问题。

➢【教学任务】

本课题的主要教学内容：学生成绩统计案例、工资表数据案例。

➢【教·学·做】

案例一：学生成绩统计案例

打开“课题六 案例实操.xlsx”工作簿中的“Sheet1”工作表（如图 4-6-1 所示），按下列要求进行设置：

	A	B	C	D	E	F	G	H	I
1	某学院学生成绩表								
2	序号	学生姓名	语文	数学	英语	计算机基础	总分	平均分	过关情况
3	1	赫敏	88.0	91.0	96.0	95.0			
4	2	张思思	84.0	88.0	66.0	88.0			
5	3	苏姗	74.0	75.0	75.0	64.0			
6	4	夏晓强	72.0	83.0	61.0	68.0			
7	5	威利	68.0	75.0	55.0	85.0			
8	6	山姆	80.0	64.0	75.0	58.0			
9	7	杰克	88.0	78.0	43.0	58.0			
10	8	肖明	85.0	56.0	54.0	64.0			
11	9	波特	77.0	45.0	67.0	68.0			
12	10	李西同	68.0	65.0	74.0	48.0			
13	11	谢华云	90.0	55.0	64.0	44.0			
14	12	苏莉莉	56.0	66.0	45.0	85.0			
15	13	向江阳	69.0	74.0	56.0	51.0			
16	14	吉姆	64.0	57.0	75.0	54.0			
17	15	王武	82.0	50.0	44.0	67.0			
18	16	罗恩	57.0	55.0	64.0	61.0			
19	17	约翰	54.0	53.0	40.0	49.0			
20		单科最高成绩							
21		单科最低成绩							

图 4-6-1 案例一：学生成绩统计案例

1. 利用相关函数计算出所有学生的“总分”和“平均分”。

2. 利用相关函数在指定区域求出“单科最高成绩”和“单科最低成绩”。

3. 利用相关函数计算出“计算机基础”科目最高分高出最低分多少分？将结果存放于 I26 单元格。

4. 计算出“赫敏”的“英语”成绩高出“约翰”和“杰克”英语成绩的总和多少分？将结果存放于 I27 单元格。

5. 在“及格情况”一列利用相关函数求出“计算机基础”科目的及格情况，分数大于或等于“60”显示“及格”，小于“60”显示“不及格”。

6. 以“平均分”为主要关键字进行降序排列。

7. 选“计算机基础”和“英语”列数据，绘制各学生成绩的三维簇状柱形图，X 轴标题为“姓名”，Y 轴标题为“分数”，图表标题为“成绩分析图”，图例显示在顶部。

案例二：工资表数据案例

打开“课题六 案例实操.xlsx”工作簿中的“Sheet2”工作表（如图 4-6-2 所示），按下列要求进行设置：

	A	B	C	D	E	F	G	H	I	J	K	L	M	N
1	某生产线员工工资表													
2		发放项								扣款项				
3	序号	姓名	职务	基础工资	岗位工资	学历补贴	工龄工资	计件工资	餐费补贴	水电费	五险	违规扣款	应发工资	实发工资
4	1	黄智红	职员	1800.0	800.0	0.0	0.0	989.0	250.0	50.0	500.0	120.0		
5	2	夏明雨	组长	1800.0	1000.0	200.0	300.0	1120.0	250.0	50.0	500.0	58.0		
6	3	胡涛	职员	1800.0	800.0	0.0	200.0	954.0	250.0	50.0	500.0	42.0		
7	4	林大丽	职员	1800.0	800.0	200.0	0.0	990.0	250.0	50.0	500.0	23.0		
8	5	张蔷薇	职员	1800.0	800.0	200.0	0.0	923.0	250.0	50.0	500.0	23.0		
9	6	杨海琴	职员	1800.0	800.0	0.0	0.0	520.0	250.0	50.0	500.0	20.0		
10	7	刘吉雨	职员	1800.0	800.0	200.0	200.0	1000.0	250.0	50.0	500.0	12.0		
11	8	张实安	线长	1800.0	1200.0	400.0	600.0	1345.0	250.0	50.0	500.0	0.0		
12	9	李思思	组长	1800.0	1000.0	200.0	400.0	1125.0	250.0	50.0	500.0	0.0		
13	10	王武闲	组长	1800.0	1000.0	200.0	300.0	1125.0	250.0	50.0	500.0	0.0		
14	11	李立明	职员	1800.0	800.0	0.0	200.0	965.0	250.0	50.0	500.0	0.0		
15	12	向王才	职员	1800.0	800.0	0.0	0.0	980.0	250.0	50.0	500.0	0.0		
16	13	肖华虎	职员	1800.0	800.0	0.0	0.0	970.0	250.0	50.0	500.0	0.0		
17	14	谢庆东	职员	1800.0	800.0	0.0	0.0	970.0	250.0	50.0	500.0	0.0		
18	15	周圆	职员	1800.0	800.0	0.0	0.0	921.0	250.0	50.0	500.0	0.0		
19	16	王武	职员	1800.0	800.0	0.0	0.0	865.0	250.0	50.0	500.0	0.0		
20	17	罗耿	职员	1800.0	800.0	0.0	0.0	752.0	250.0	50.0	500.0	0.0		
21												最高		
22												最低		

图 4-6-2 案例二:工资表数据案例

1. 计算出所有员工的应发工资和实发工资。

2. 计算出本月应发最高工资是多少，将结果存放于 M21 单元格？应发最低工资是多少，将结果存放于 M22 单元格？

3. 计算出本月实发最高工资是多少，将结果存放于 N21 单元格？实发最低工资是多少，将结果存放于 N22 单元格？

4. 以“职务”为主要关键字进行降序排列。

5. 选“应发工资”和“实发工资”列数据，绘制各员工的三维簇状柱形图，X 轴标题为“姓名”，Y 轴标题为“工资”，图表标题为“工资分析表”。

6. 按“职务”字段分类统计，对“姓名”字段进行计数。

➢【课题小结】

本课题的内容结构如图 4-6-3 所示。

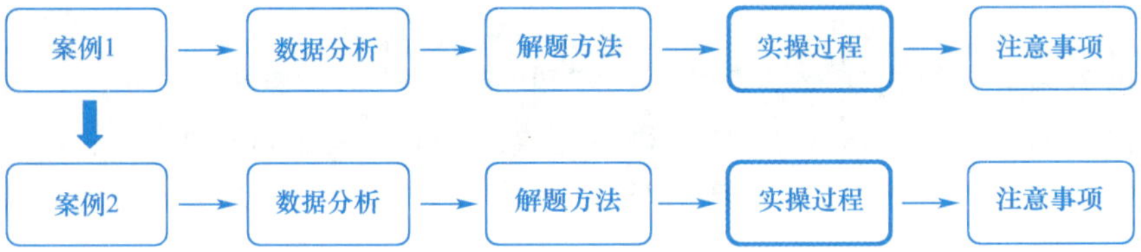

图 4-6-3 本课题内容结构

说明：

1. 两个案例实操题具有很强的代表性，学习和掌握这两个课题，对于进一步学习和掌握好 Excel 2010 具有举一反三的作用。

2. 通过两个课题的教学，要对前面学习过的内容进行全面的复习，要综合运用前面所学过的知识和技能来分析问题和解决问题。

3. 每个综合案例都有多方面的解题要求，教学中要找准切入点，然后循序渐进，条分缕析，逐步深入。

4. 教学中，要重点引导学生，培养学生分析问题、解决问题的能力。

5. 粗框中的内容为本课题的难点，教学过程中要讲练结合、学用结合。

➤【效果测评】

表 4-6-1 考核评分记录表

<table>
<tr><th>考核目标</th><th>考核内容</th><th>考核要求</th><th>评分标准</th><th>配分</th><th>自评</th><th>互评</th><th>师评</th></tr>
<tr><td rowspan="7">案例一</td><td>1. 计算学生“总分”和“平均分”</td><td>思路清晰、操作熟练，结果准确无误</td><td>总分(3 分)
平均分(4 分)</td><td>7</td><td></td><td></td><td></td></tr>
<tr><td>2. 求单科最高成绩和最低成绩</td><td>思路清晰、操作熟练，结果准确无误</td><td>最高成绩(3 分)
最低成绩(4 分)</td><td>7</td><td></td><td></td><td></td></tr>
<tr><td>3. 求“计算机基础”最高分和最低分</td><td>思路清晰、操作熟练，结果准确无误</td><td>最高分(3 分)
最低分(4 分)</td><td>7</td><td></td><td></td><td></td></tr>
<tr><td>4. 计算分析三名同学的英语成绩并按照要求保存</td><td>思路清晰、操作熟练，结果准确无误</td><td>计算成绩(4 分)
保存位置(3 分)</td><td>7</td><td></td><td></td><td></td></tr>
<tr><td>5. 及格情况分析</td><td>思路清晰、操作熟练，结果准确无误</td><td>及格(4 分)
不及格(3 分)</td><td>7</td><td></td><td></td><td></td></tr>
<tr><td>6. 按平均分降序排列</td><td>思路清晰、操作熟练，结果准确无误</td><td>按平均分降序排列(7 分)</td><td>7</td><td></td><td></td><td></td></tr>
<tr><td>7. 按要求绘制图表</td><td>思路清晰、操作熟练，结果准确无误</td><td>图表(5 分)
标注(5 分)</td><td>8</td><td></td><td></td><td></td></tr>
<tr><td rowspan="6">案例二</td><td>1. 计算应发工资和实发工资</td><td>思路清晰、操作熟练，结果准确无误</td><td>应发工资(4 分)
实发工资(4 分)</td><td>8</td><td></td><td></td><td></td></tr>
<tr><td>2. 计算应发最高工资并保存;计算应发最低工资并保存</td><td>思路清晰、操作熟练，结果准确无误</td><td>计算(4 分)
保存(4 分)</td><td>8</td><td></td><td></td><td></td></tr>
<tr><td>3. 计算实发最高工资并保存;计算实发最低工资并保存</td><td>思路清晰、操作熟练，结果准确无误</td><td>计算(4 分)
保存(4 分)</td><td>8</td><td></td><td></td><td></td></tr>
<tr><td>4. 以“职务”为关键字降序排列</td><td>思路清晰、操作熟练，结果准确无误</td><td>降序排列(6 分)</td><td>6</td><td></td><td></td><td></td></tr>
<tr><td>5. 按要求绘制图表</td><td>思路清晰、操作熟练，结果准确无误</td><td>图表(5 分)
标注(5 分)</td><td>10</td><td></td><td></td><td></td></tr>
<tr><td>6. 按要求计数</td><td>思路清晰、操作熟练，结果准确无误</td><td>分类统计(5 分)
计数(5 分)</td><td>10</td><td></td><td></td><td></td></tr>
<tr><td colspan="4">总 分</td><td>100</td><td></td><td></td><td></td></tr>
</table>

第五单元

PowerPoint 2010 演示文稿制作

概述

PowerPoint 的简称为 PPT。PowerPoint 被称为演示文稿，又被称为幻灯片。其实，演示文稿和幻灯片还是有区别的，它们之间是整体与个体的关系。演示文稿应作为一个整体来理解，而幻灯片则是其中的一个组成要素，演示文稿是由若干张幻灯片组成的。最早的时候，PPT 是作为 PowerPoint 的后缀名(.ppt)出现的，后来人们就习惯地称呼 PowerPoint 为 PPT 了。当然，随着版本的更新，现在的 PowerPoint 2010 的后缀名已升级为.pptx 了。本书所述 PPT 即演示文稿的简称，而涉及“幻灯片”一词，则用文字加以说明。

PowerPoint 是微软公司 Office 办公软件中使用最广泛的三大应用软件之一。它是由美国伯克利大学的博士生罗伯特·盖克发明的，于 1987 年被微软公司以 1400 万美元收购，加入 Office 办公软件家族。这也是微软公司的第一个收购案例。经过微软公司不断改进升级，PowerPoint 现在已经发展成为功能强大、用户众多的重要办公软件。

幻灯机的发明：世界上第一台幻灯机是由德国的传教士奇瑟于 1640 年发明的，作为传教布道的一种工具。幻灯机是将要显示的幻灯片，由光源通过光学器件直射到屏幕上进行显示的设备，如图 5-1-1 所示。

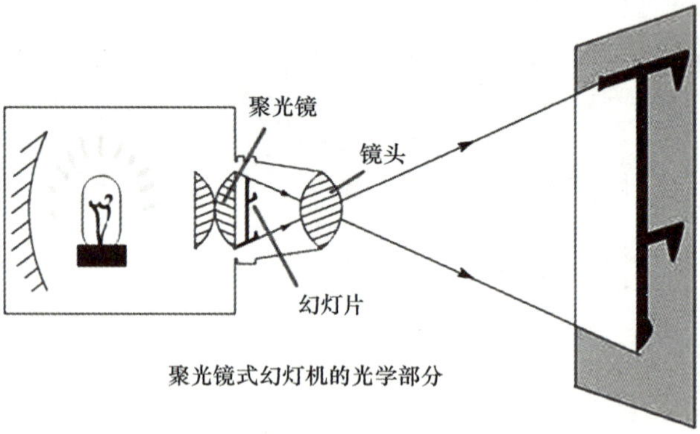

图 5-1-1　幻灯机工作原理示意图

幻灯机的工业化生产是 1845 年开始的，光源也从初时的蜡烛，逐步改为油灯、汽灯，最后为电光源所替代。最早的幻灯片是玻璃制成的，靠人工绘画进行图形制作。到 19 世纪中叶，美国发明了胶卷，幻灯片即开始使用照相移片法进行加工生产；到 20 世纪 80 年代，随着电子技术及计算机技术的发展，出现了数字式投影仪如图 5-1-2 所示。幻灯机的发展历程，显示出它突出的使用价值和强大的生命力，它从一个侧面折射出世界工业发展的缩影。

图 5-1-2　投影仪外形图

幻灯机的起源：据说，幻灯机起源于唐代的皮影戏，也有说起源于中国秦汉时代的走马灯。走马灯是一种传统节日灯笼。常见于元宵、中秋、除夕等节日。在灯笼外围的各个面上绘制有古代武将骑马的图画，中间设有轮轴可以转动，中心可以放置蜡烛。蜡烛点燃，产生的热力形成气流，推动轮轴旋转；轮轴上有剪纸，轮轴转动，烛光将剪纸的影像投射在灯笼外围的屏上，屏上的图像便不断转动，让人看上去好像几个人你追我赶一样，故名走马灯。皮影戏和走马灯都是光与影的艺术，后来通过丝绸之路传到了西方世界，幻灯机受到启示得以发明。

幻灯机的发展对电影艺术的发展功不可没，今天的 PPT 也是对传统技艺的继承和发展。PPT 既是一项技术，也是一门艺术。作为一项技术，我们可以通过学习一些具体的操作步骤，很容易掌握它；作为一门艺术，它是逻辑学、美学和演讲学相结合的一门学问。要学会 PPT 容易，而要学好、学精 PPT，则非下功夫不可。

PPT 是 21 世纪的世界语。PPT 自问世以来，同 Word、Excel 一道，在全世界得到最广泛的普及应用。大学生应用 PPT 推介自我找工作；营销人员利用 PPT 推介产品搞促销；工作人员利用 PPT 总结汇报工作；教育培训机构利用 PPT 开展教育培训；专家学者利用 PPT 进行学术交流……PPT 已经成为 21 世纪的世界流行语言。PPT 的应用能力，是广大从业人员必备的一项职业能力。

课题一 基本操作

本课题是 PPT 演示文稿制作的入门课题。主要讲解 PPT 演示文稿的入门知识和基本技能。通过学习本课题，能够帮助读者了解和熟悉演示文稿的文档创建方法、工作界面构成及其主要功能，以及幻灯片的添加、删除等基本操作方法，为后面的学习奠定坚实的基础。

【教学目标】

知识目标：

1. 了解 PPT 的基本含义、发展历程、功能和用途。
2. 熟悉 PPT 工作界面的结构及功能分布情况。
3. 掌握 PPT 版式及主题选择的目的意义。

能力目标：

1. 掌握 PPT 文档创建的基本步骤和实操技能。
2. 掌握幻灯片的添加、复制、粘贴、删除方法和实操技能。
3. 掌握幻灯片版式和主题模板的选择方法及操作技能。
4. 掌握文本输入方法和操作技能。

【教学任务】

本课题的主要教学内容：创建快捷图标；演示文稿的创建和保存；演示文稿的工作界面；幻灯片页面的添加、复制、粘贴和删除方法；幻灯片结构版式；主题模板；文本输入法；案例实操。

➤【教·学·做】

一、创建图标和新建文档

1. 创建快捷图标

(1)启动计算机,在计算机桌面左下角单击“开始”按钮,出现对话框,找到并单击“所有程序”按钮,出现“所有程序”上拉对话框。

(2)在“所有程序”上拉对话框中找到“Microsoft Office”程序;在其下拉列表找到“Microsoft PowerPoint 2010”程序(图 5-1-3①)。

(3)鼠标指向“Microsoft PowerPoint 2010”,右击出现对话框(图 5-1-3②);鼠标滑到对话框中“发送到”位置,右侧进一步出现对话框③;鼠标滑到“桌面快捷方式”栏,单击“桌面快捷方式”,就在微软视窗界面出现了“Microsoft PowerPoint 2010”的快捷图标(图 5-1-4)。

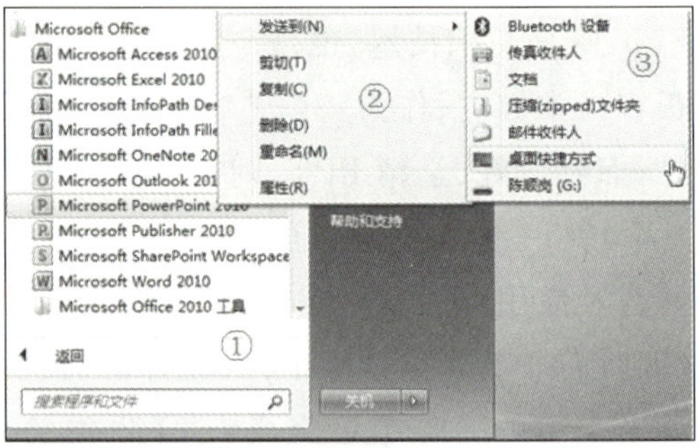

图 5-1-3 创建桌面快捷方式

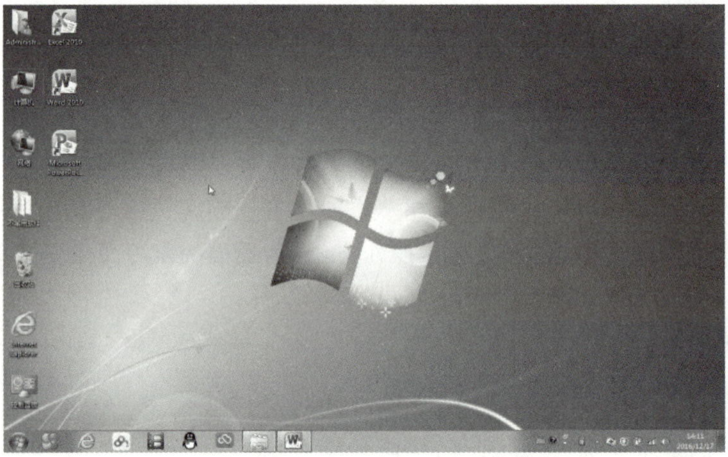

图 5-1-4 演示文稿快捷图标

创建快捷图标,能够避免每次制作演示文稿时都要到“开始”列表中去查找的麻烦,省事省时,有利于提高效率。

微课

演示文稿的新建

2. 新建演示文稿

演示文稿的创建和保存,是制作演示文稿迈出的关键一步。每个演示文稿都应有相应的名字。新建一个演示文稿,就要给这个演示文稿起个名字,并按照这个名字保存好这个文件,一是便于后续的文件制作,二是方便今后的文件查找。具体操作如下:

(1)双击快捷图标,进入工作界面

双击“Microsoft PowerPoint 2010”快捷图标,即打开 PPT 演示文稿制作程序,进入 PPT 演示文稿工作界面如图 5-1-5 所示。在工作界面的顶端,有“演示文稿 1-Microsoft PowerPoint”的字样。

这是这个演示文稿的默认名称。这当然不会是你的演示文稿的最终名称,你需要给演示文稿起一个名字。

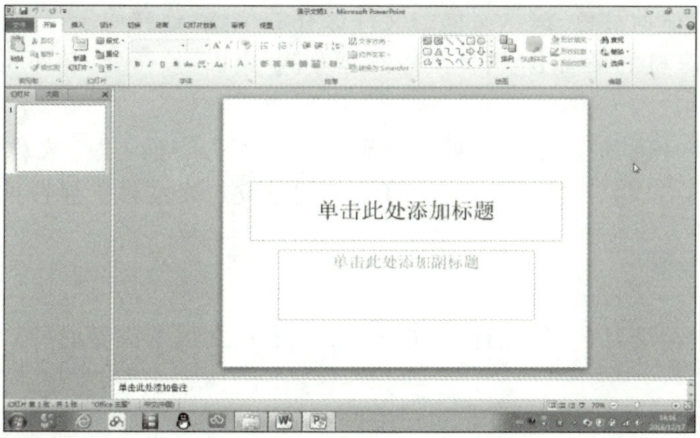

图 5-1-5　进入演示文稿工作界面

(2)给演示文稿起名,保存文件

单击“文件”选项卡,进入“文件”功能区,单击“另存为”按钮,出现图 5-1-6 所示对话框。

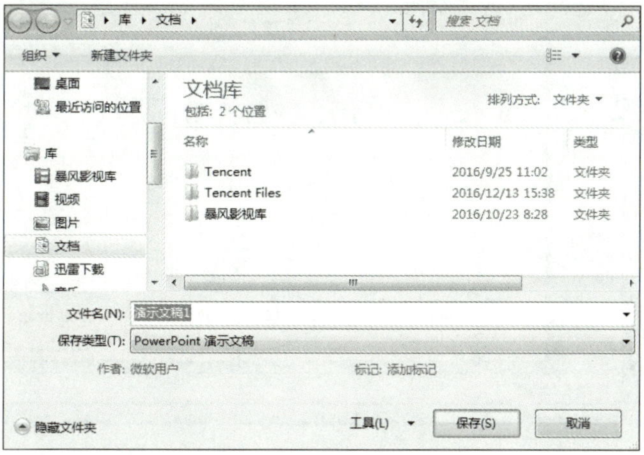

图 5-1-6　另存为对话框

在“文件名”一栏“演示文稿 1”的位置,输入你所要命名的文件名称,如“荷塘月色”,则如图 5-1-7 所示。

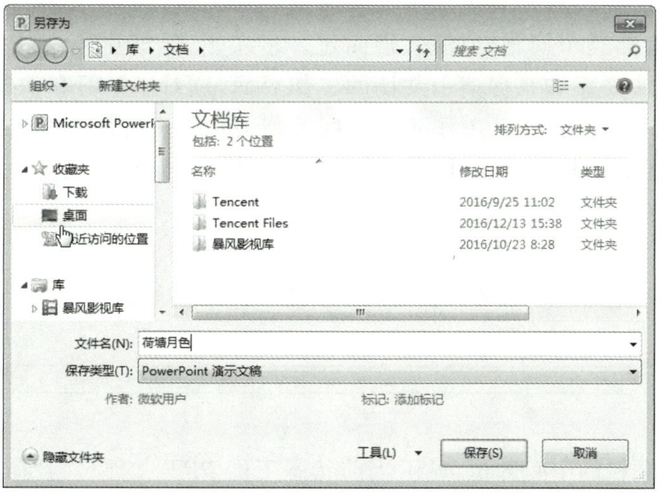

图 5-1-7　输入文件名

随后要确定该“荷塘月色”演示文稿的文件保存的位置，这样便于以后查找该文件；如果要将该文件保存在计算机的桌面上，则将鼠标滑至左侧“桌面”按钮处，随即在“另存为”对话框右下角单击“保存”即可。

一个名为“荷塘月色”的演示文稿就保存到桌面上了。当然，这个文件可以保存到其他地方，可以保存到 C 盘、D 盘、E 盘等位置，还可以专门建立一个文件夹保存这个 PPT 文件。

二、PPT 工作界面

在桌面上双击“荷塘月色”的图标，即进入 PPT 演示文稿工作界面(图 5-1-8)。

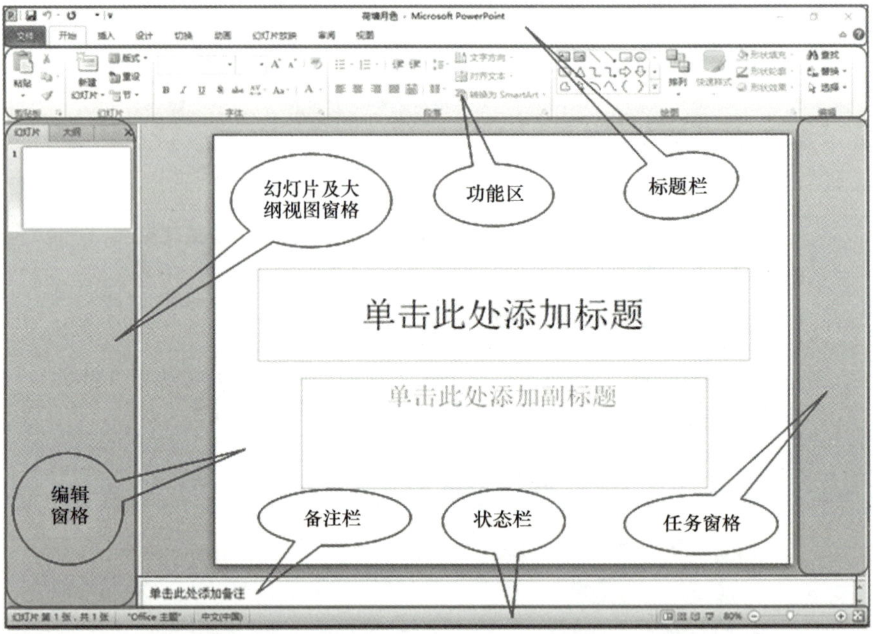

图 5-1-8 PPT 工作界面分区示意图

工作界面是编辑演示文稿的基本平台。为了使演示文稿的编辑便捷高效，工作界面又被按照不同功能进行分区；工作界面设置有开展文档编辑的各种工具。熟悉各个分区功能并熟练掌握这些工具的使用方法，是编辑演示文稿的重要基础。熟悉工作界面，对于快速入门意义重大。许多人往往忽略这个问题，容易一带而过。事实上，欲速则不达。对于初学者而言，需要认真花点工夫，逐步熟悉和掌握演示文稿的工作界面，这对于学习和掌握演示文稿的制作具有事半功倍的效果。下面对 PPT 工作界面分区及相关功能进行简要介绍。

演示文稿工作界面从上到下、从左到右依次由标题栏、功能区、幻灯片及大纲视图窗格、编辑窗格、任务窗格、备注栏、状态栏等七个部分组成。

1. 标题栏

标题栏由 PPT 文件名、自定义快速访问工具栏、文档控制按钮、选项卡栏等部分组成，如图 5-1-9 所示。

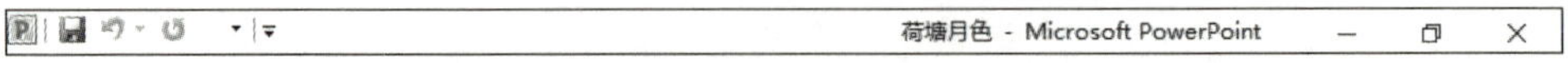

图 5-1-9 标题栏

文件名：位于标题栏的中间部位，显示当前状态下的 PPT 文件名为“荷塘月色”。文档控制按钮：位于标题栏的右上角。有“关闭”“向下还原”“最小化”三种方式。当单击“关闭”按钮，结束文档编辑并关闭PPT文件；当单击"最小化"按钮，PPT文档最小化至窗口下边沿；当单击"向下还原"按钮，PPT文档缩小至电脑屏幕中部，此时，"向下还原"按钮变为"最大化"按钮，单击"最大化"按钮，则文档恢复放大至最大界面。自定义快速访问工具栏：位于标题栏的左上角。单击"展开"符号，可见下拉工具栏，如图5-1-10所示。

设置自定义快速访问工具栏是为了更方便PPT文档的编辑。默认的按钮有"保存""撤消""恢复"三个按钮。在文档编辑的过程中，可以随时进行文档保存、撤消编辑步骤和恢复编辑步骤。该工具栏里还有许多工具可根据需要灵活地进行设置。比如，可以勾选"打印预览和打印"工具；还可以勾选"快速打印"工具。

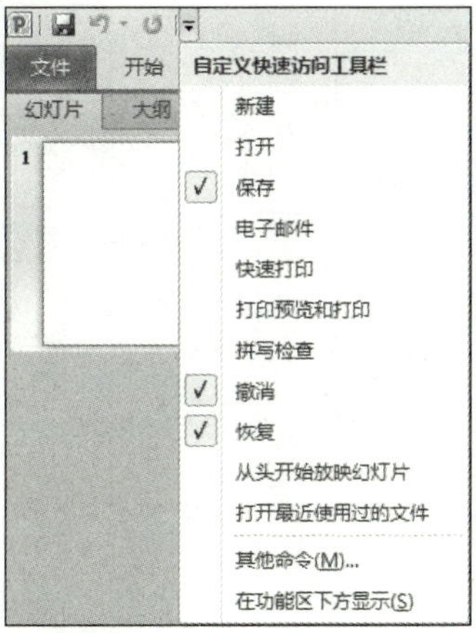

图 5-1-10 自定义快速访问工具栏

如果觉得自定义快速访问工具栏在工作界面的左上角不方便，则可以勾选"在功能区下方显示"，那样自定义快速访问工具栏就自动跑到功能区的下方。

2. 选项卡栏

选项卡栏在过去的版本中叫菜单栏。默认的选项卡栏有9个，从左到右分别为：文件、开始、插入、设计、切换、动画、幻灯片放映、审阅、视图选项卡。默认为"开始"选项卡，如图5-1-11所示。

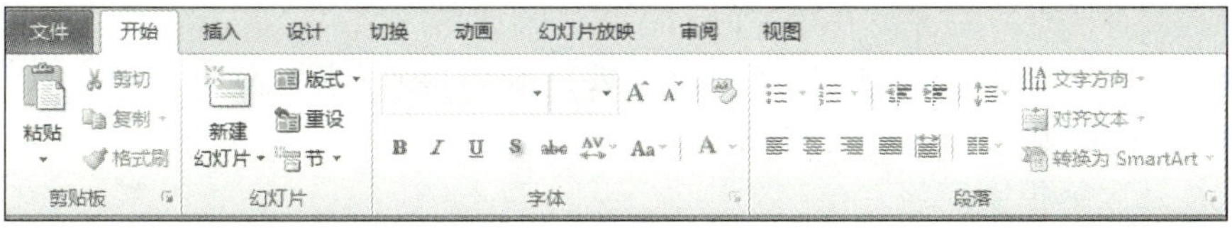

图 5-1-11 "开始"选项卡及其功能区

各个选项下面都有许多相应的功能，各个选项卡及其所属功能分类见表5-1-1。

表 5-1-1 选项卡及其主要功能分类表

序号	选项卡名称	主要功能	种类	备注
1	开始	剪贴板、幻灯片、字体、段落、绘图、编辑工具	7	默认
2	插入	表格、图形、插图、链接、文本、符号、媒体	7	
3	设计	页面设置、主题、背景	3	
4	动画	预览、动画、高级动画、计时	4	
5	切换	两张幻灯片之间的切换动画效果、预览以及计时	4	
6	幻灯片放映	开始放映幻灯片、设置、监视器	3	
7	视图	演示文稿视图、母版视图、显示、显示比例、颜色/灰度、窗口、宏	7	
8	文件	保存、另存为、新建、打印、选项、帮助等	12	
9	审阅	校对、语言、中文繁简转换、批注、比较	5	

每个选项卡的功能都可以通过"文件"选项卡中"选项"工具根据实际需要进行设置。具体操作步骤如下：单击"文件"选项卡，进入其下拉功能区；找到"选项"按钮，单击进入"选项"对话框，单击"自定义功能区"按钮，进入"自定义功能区"，如图5-1-12所示。

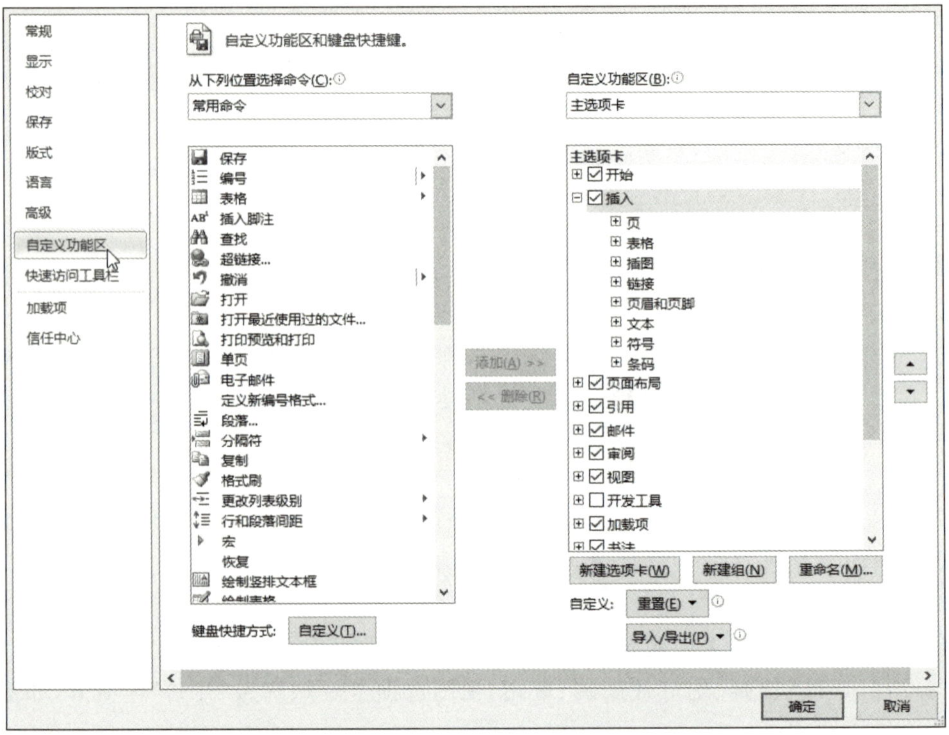

图 5-1-12 自定义功能区列表

在自定义功能区列表中，既可对常用命令进行添加设置，也可对主选项卡进行设置和排序。设置完毕，单击“确定”按钮，即可返回工作界面。

3. 幻灯片及大纲视图窗格

幻灯片及大纲视图窗格位于工作界面的左侧。在这个窗格中，可以在“幻灯片”视图模式下，方便地进行幻灯片的添加、删除、复制、剪切、粘贴等操作；也可以利用“大纲视图”模式输入幻灯片标题和文本，提高 PPT 制作的效率。

4. 幻灯片编辑窗格

幻灯片编辑窗格位于工作界面的中间部位。它是幻灯片的文本输入及设置、图片插入、动画设置等操作的平台。

5. 幻灯片任务窗格

幻灯片任务窗格位于工作界面的右面部位。它为幻灯片的“动画排序”等功能提供一个界面。

6. 备注栏

每张幻灯片下面都有一个备注栏，是为幻灯片的主要内容添加的一些说明，为演讲者提供方便。

7. 幻灯片状态栏

幻灯片状态栏位于工作界面的底部，主要显示幻灯片的张数、主题、文字、视图方式、显示比例等工作状态。

幻灯片的选项卡及其功能很多，本课程将按照有用、实用和够用的原则，在后面的内容中抓住重点进行讲解。一些内容由于时间和篇幅有限，不能一一赘述，希望读者在入门之后再另外学习和提高。

三、幻灯片的添加、复制、剪切、粘贴和删除

当创建并保存好已命名的 PPT 演示文稿文档后，就要开始对演示文稿进行设计和编辑了。首先要掌握幻灯片页面的添加、复制、粘贴和删除方法。幻灯片页面的添加、删除、复制、粘贴操作，在幻灯片浏览窗格中进行。具体操作如下：

1. 添加幻灯片

添加幻灯片一般有两种方法：

(1)利用“新建幻灯片”按钮添加幻灯片。

单击“开始”选项卡，进入“开始”选项卡功能区，如图 5-1-13 所示。单击“新建幻灯片”按钮，出现下拉对话框，如图 5-1-14 所示。

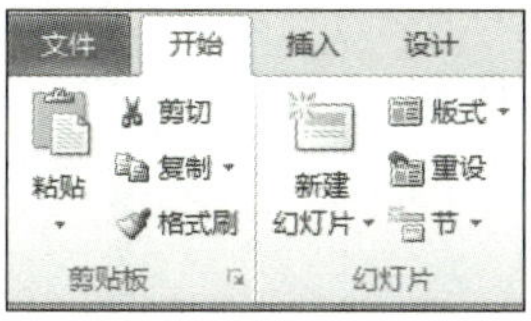

图 5-1-13　新建幻灯片与版式选择按钮

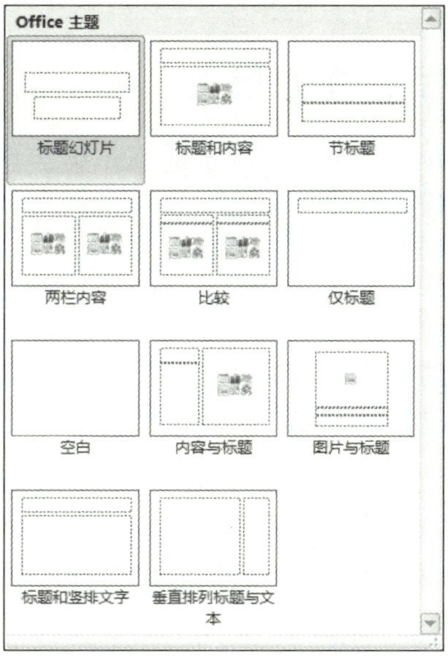

图 5-1-14　版式按钮下拉列表

对话框中有各种形式的幻灯片版式，根据实际需要选定并单击相应形式的结构版式，相应的幻灯片就添加至幻灯片浏览窗格中。如果要添加的是“标题幻灯片”，那就单击“标题幻灯片”；如果要添加标题和内容的幻灯片，那就单击“标题和内容”的幻灯片；如果要添加一张具有两栏内容的幻灯片，那就单击“两栏内容”的幻灯片。

(2)利用 Enter 键添加幻灯片。

单击幻灯片，在操作键盘上敲击“Enter 键”，就得到新添加的一张幻灯片。连续敲击“Enter 键”，可以很快添加多张幻灯片。根据编辑需要，选定相应的幻灯片，单击“版式”按钮，选择其下拉对话框中的“版式”选项，也可以得到相应版式的新增幻灯片。

2. 复制与粘贴幻灯片

复制与粘贴幻灯片的方法主要有两种。

(1)利用复制与粘贴按钮进行复制与粘贴。选中要复制的幻灯片，单击“开始”选项卡，进入其功能区，单击“复制”按钮，即完成对该幻灯片的复制；单击将要粘贴位置上方的幻灯片，再单击“粘贴”按钮，已经复制的幻灯片就被粘贴在相应的位置。

(2)采用快捷键实现复制与粘贴。选中要复制的幻灯片,在操作键盘上按下“Ctrl+C”,即完成复制;单击将要粘贴位置上方的幻灯片,在操作键盘上按下“Ctrl+V”,即完成幻灯片的粘贴。

3. 剪切和移动幻灯片

在一个演示文稿中,一些幻灯片顺序不符合要求,需要重新进行排列。具体方法:

单击需要移动的幻灯片,单击“剪切”按钮,该幻灯片就被剪切并放入剪贴板;单击待插入位置上方一张幻灯片;再单击“粘贴”按钮,要移动的幻灯片就被粘贴至目标位置。

4. 删除幻灯片

如果觉得演示文稿中某张幻灯片是多余的,将鼠标移至幻灯片浏览窗格,单击该幻灯片,在操作键盘上按下“Delete”(删除键)即可删除。

也可在选中幻灯片的情况下,右击鼠标,在其对话框中单击“删除幻灯片”按钮即可。

四、结构版式及主题模板

为了让制作的PPT演示文稿一开始就显得专业而有品位,合理选择幻灯片结构版式和使用幻灯片主题模板就显得尤为重要。

1. 幻灯片结构版式的应用

幻灯片的结构版式,是每张幻灯片的版面结构。有的幻灯片只有标题没有内容;有的幻灯片既有标题又有内容;有的幻灯片有两栏内容,而且两栏内容中有横排的也有竖排的;有的幻灯片既有图片又有内容。为了满足用户在制作幻灯片时对不同版面结构的需要,程序专门预设了不同的结构版式供用户选择。

选择并单击“开始”选项卡,就进入“开始”选项卡的功能区。在该功能区找到“版式”按钮,单击进入,出现幻灯片结构版式列表,如图5-1-15所示,里面有11种版面结构样式可供选择。

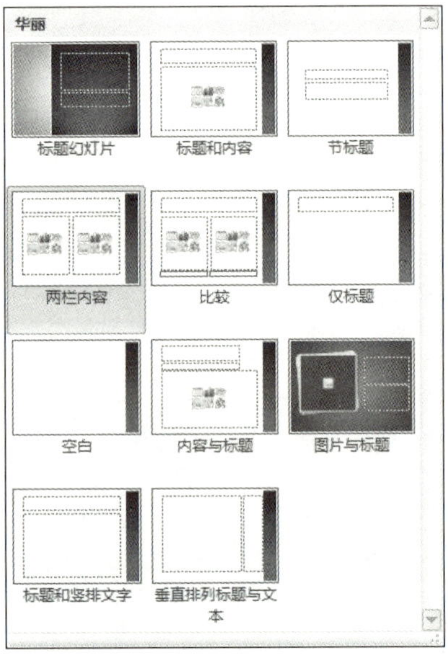

图5-1-15 幻灯片结构版式列表

当需要对某张幻灯片的结构版式进行修改时,通过幻灯片结构版式列表就可以方便实现。用户可根据幻灯片制作的实际需要,在幻灯片及大纲视图窗格中,选中需要改变结构版式的幻灯片,然后进入幻灯片结构版式列表,根据需要单击所需的结构版式选项,该幻灯片就随之变为相应的结构版式。

2. 幻灯片主题模板的应用

幻灯片的主题模板在“设计”选项卡功能区,单击“设计”选项卡,就进入“设计”选项卡的功能区。该功能区有页面设置、主题和背景三类功能。

(1)页面设置方法

该功能用于快速对演示文稿的页面设置。制作演示文稿时,首先要对演示文稿进行页面设置,确定演示文稿中幻灯片的页面大小和方向。页面设定对后期幻灯片的制作能够起到事半功倍的效果。如果在制作过程中再来调整页面设置，就会非常麻烦且会产生很大的工作量。进行幻灯片页面设置时，进入“设计”选项卡，单击“页面设置”按钮，即出现如图 5-1-16 所示页面设置对话框，对幻灯片大小、宽度、高度、方向等要素进行设置。没有特殊要求，就确定为默认方式即可。

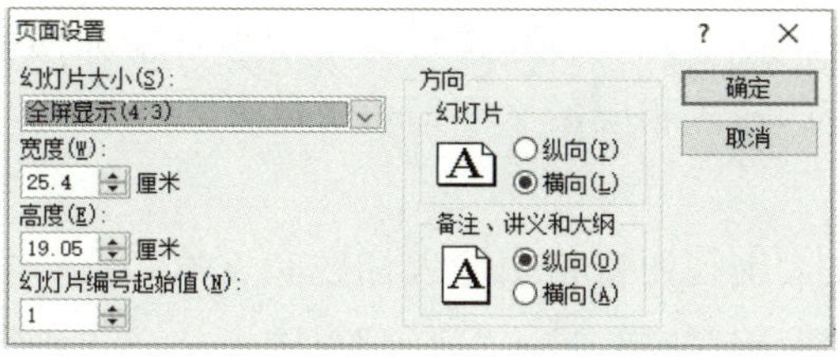

图 5-1-16 页面设置对话框

(2)主题模板的应用

演示文稿的主题是由背景、色彩、字体、结构等要素构成的风格和特色，对提高演示文稿的制作质量作用突出。为此，演示文稿中预设了 40 多种不同风格的主题模板(如图 5-1-17 所示)供用户选用，用户可根据演示文稿的内容选择合适的主题模板。主题模板合理选用对制作演示文稿具有事半功倍的效果，是入门级新手制作演示文稿的有效工具。

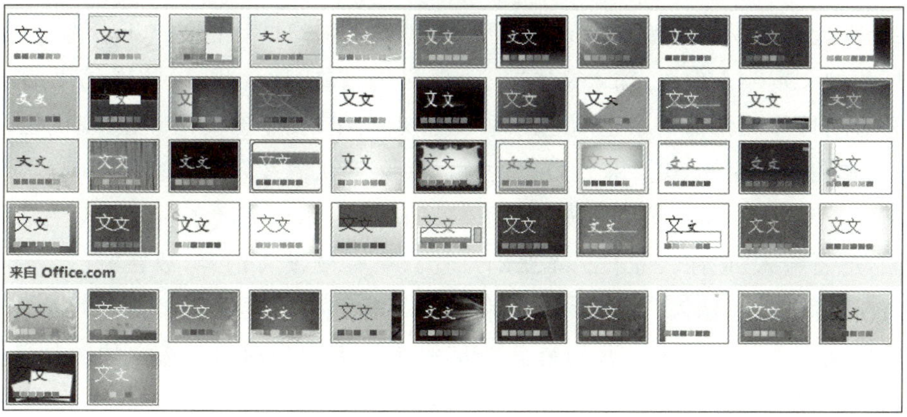

图 5-1-17 幻灯片主题模板

根据演示文稿的内容，在“华丽”“沉稳”“活力”“波形”“流畅”“穿越”“中性”“暗香扑面”“行云流水”“主管人员”“时装设计”等主题模板中选择合适的主题模板，能够使演示文稿的内容与主题相得益彰，提升演示文稿的品质。选定主题模板以后，还可以进一步对主题的颜色、字体、效果进行必要的设定，以期得到更加满意的效果。

(3)幻灯片的背景设置

背景是为烘托前景内容而设置的底版颜色或图片。每个主题模板，演示文稿都相应地预设了背景色。如果觉得这些预设的背景色不足以突出所需的效果，还需要重新设置背景，则可以通过“背景样式”进行选择；也可以通过“设置背景格式”功能进行设定。

五、输入标题和文本

在幻灯片中输入标题和文本，是制作幻灯片的重要内容。幻灯片的标题是幻灯片的主旨和核心；文本是主旨和核心内容的进一步展开。标题应高度凝练和概括，文本框的内容也应简明扼要。幻灯片的标题和文本输入有两种方法。

1. 编辑窗格输入法

编辑窗格输入法，即在编辑窗格中输入标题和文本。具体方法如下：

单击需要输入标题和文本的幻灯片，在编辑窗格中出现添加标题及添加文本提示，分别单击标题占位符和文本占位符，输入相应的文字即可。

2. 大纲窗格输入法

大纲窗格输入法，即在大纲视图窗格中输入标题和文本，具体输入方法如下：

单击大纲视图窗格中“大纲”按钮，进入“大纲”视图窗格。单击第一张幻灯片，光标落在第1张幻灯片的旁边。输入幻灯片标题如“荷塘月色”，在右边幻灯片编辑窗格中也随之出现“荷塘月色”的标题；按 Enter 键，光标移到下一张幻灯片；再按“Tab”键，光标跳转至第1张幻灯片的文本输入位置；输入文本“作者：朱自清”，在右边幻灯片编辑窗格中也随之出现“作者：朱自清”的副标题。至此，第1张幻灯片的标题和副标题就输入完成了。

按下“Ctrl＋Enter”键，光标跳转到下一张幻灯片，幻灯片编号为2，也表明新增了一张幻灯片。光标位于第2张右侧，输入幻灯片标题如“四个现代化”，在右边幻灯片编辑窗格中也随之出现“四个现代化”的标题；按 Enter 键，光标移到下一张幻灯片；再按“Tab”键，光标跳转至第2张幻灯片的文本输入位置；输入文本“工业现代化、农业现代化、国防现代化、科学技术现代化”，在右边幻灯片编辑窗格中也随之出现“工业现代化、农业现代化、国防现代化、科学技术现代化”的文本内容。至此，第2张幻灯片的标题和文本就输入完成了。

再按下“Ctrl＋Enter”键，光标跳转到第3张幻灯片，即又新增了一张幻灯片。光标位于第3张右侧，准备输入“谢谢大家！”。本张幻灯片只有标题没有内容，故在“开始”选项卡的功能区选择“仅标题”版式，输入“谢谢大家！”，将文本框移到合适位置即可。

此法输入文本尤其适用于一些幻灯片数量较多的大中型演示文稿。如教师备课采用此法，可以收到事半功倍的效果。

六、案例实操

1. 创建快捷图标

在计算机桌面创建“Microsoft PowerPoint 2010”的快捷图标。

2. 新建演示文稿

在计算机桌面新建一个名为“荷塘月色”的 PPT 演示文稿。

3. 添加幻灯片

在上述新建的演示文稿中添加8张不同机构版式的幻灯片：

(1)第1张版式为标题幻灯片(标题与副标题)；(2)第2张版式为“标题和内容”幻灯片；(3)第3张版式为“两栏内容”幻灯片；(4)第4张幻灯片为“比较”内容幻灯片；(5)第5张幻灯片为“垂直排列标题与文本”幻灯片；(6)第6张幻灯片为“仅标题”幻灯片；(7)第7张幻灯片为“空白”幻灯片；(8)第8张幻灯片为“仅标题”幻灯片；(9)删除第7张空白幻灯片。

4. 输入标题和文本

(1)在第 1 张幻灯片中输入“课题一 基本操作”的标题和“案例实操题”的副标题;(2)在第 2 张幻灯片的标题和内容占位符中分别输入“四个现代化”的标题和内容;(3)在第 3 张幻灯片的标题占位符中输入“图片与文字”;(4)在第 4 张幻灯片标题占位符中输入“社会主义与资本主义”;(5)在第 5 张幻灯片标题占位符中输入“荷塘月色”;(6)在第 6 张幻灯片标题占位符中输入“荷塘月色”;(7)在第 8 张幻灯片标题占位符中输入“谢谢大家!”

5. 主题模板的应用

为上述演示文稿套用主题为“精装书”风格的主题模板。

➤【课题小结】

本课题的内容结构如图 5-1-18 所示。

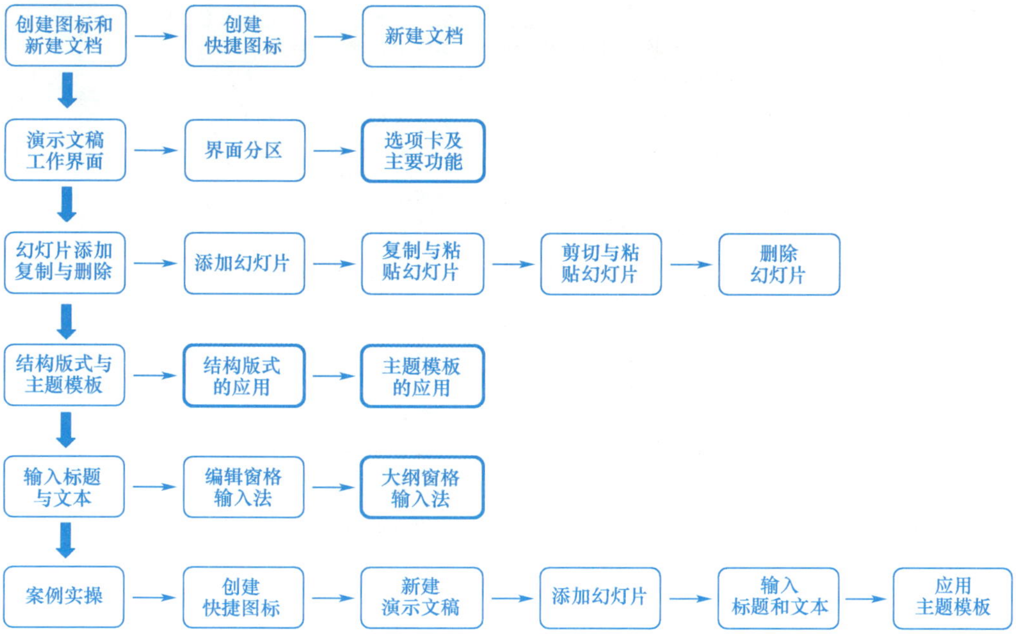

图 5-1-18 本课题内容结构

说明:

1. 本课题从上到下一条主线贯穿六个方面的内容;每个内容从左到右依次展开,清晰具体。六个方面的内容,是学习和掌握 PPT 制作方法的入门知识和技能,都应全面掌握。

2. 粗框里面的内容为教学重点,也是难点内容。教学过程中应重点着力,逐步掌握。

3. 熟悉 PPT 工作界面,逐步了解和掌握选项卡及其功能区内的相关功能,对后面的 PPT 制作会如虎添翼,让你的 PPT 做得又快又好。

4. 幻灯片结构版式及主题模板,是重点也是难点。按照幻灯片的内容给幻灯片选择一个好的结构版式,以及按照演示文稿的风格套用合适的主题模板,会让你的演示文稿显得专业、高端、大气、有品位,而且事半功倍。

【效果测评】

表 5-1-2 考核评分记录表

考核目标	考核内容	考核要求	评分标准	配分	自评	互评	师评
知识目标	PPT 的称谓	概念准确，表述清楚	简称 2 分，含义 3 分	5			
	PPT 与演示文稿的区别	概念准确，表述清楚	区别 2 分，联系 3 分	5			
	幻灯片的工作原理	概念准确，表述清楚	组成 3 分，原理 2 分	5			
	幻灯机的发展历程	能说明走马灯、皮影戏、幻灯机到投影仪及 PPT 的发展	描述完整得 5 分，缺少一项扣 2 分	5			
	PPT 的主要用途	说明各种人群使用 PPT 的情况	说出 5 类以上得满分，缺少一项扣 1 分	5			
	PPT 工作界面组成及其功能	熟练掌握工作界面的分区情况	说清 7 类分区得 5 分；说清用途得 5 分	10			
	选项卡的类别及功能种类	熟悉九类选项卡及其主要功能	说清 9 类选项得 5 分；说清各类功能得 5 分	10			
能力目标	案例实操 1：在桌面创建快捷图标	操作方法正确，操作过程熟练	熟练完成操作得满分，没有完成不得分	7			
	案例实操 2：在桌面新建并命名演示文稿	操作规范，命名正确	熟练完成操作得满分，没有完成不得分	8			
	案例实操 3：在演示文稿中添加幻灯片	操作方法正确，各张幻灯片版式符合要求	操作方法路径正确得 8 分；每张幻灯片符合要求，每项 1 分，共 7 分。根据实际情况酌情扣分	15			
	案例实操 4：输入标题和文本	掌握几种结构模板的用途；熟练完成操作	说明结构模板的用途得 8 分；熟练完成操作得 7 分。根据实际情况酌情扣分	15			
	案例实操 5：主题模板的应用	目的明确，路径正确，主题无误，操作熟练	路径正确、主题选择无误得 6 分；熟练完成操作得 4 分。根据实际情况酌情扣分	10			
总分				100			

课题二 插入对象

在一个演示文稿中，幻灯片除了必要的标题和文本外，添加一定数量的图形、表格、图片、音频、视频等要素，能够增强演示文稿的表现力、感染力和说服力。本课题主要讲解插入调用这些要素的方法和实操技能。学习和掌握本课题的内容，对于全面掌握和提升演示文稿的制作水平意义重大。

➤【教学目标】

知识目标：

1. 了解幻灯片有哪些插入对象。
2. 熟悉和掌握插入对象的基本方法。
3. 了解和熟悉插入不同对象的操作步骤。

能力目标：

1. 掌握插入文本框、插入形状、插入图片的操作技能。
2. 掌握插入表格、插入图表的操作技能。
3. 掌握插入符号、插入公式的操作技能。
4. 掌握插入音频和视频的操作技能。

➤【教学任务】

本课题的主要教学内容：插入文本框、插入形状、插入图片；插入表格、插入图表、插入符号及公式；插入音频及视频；案例实操。

➤【教·学·做】

插入文件操作是 PPT 非常重要的一项功能。在 PPT 工作界面的选项卡一栏中，专门设置有“插入”选项卡，其功能类别如图 5-2-1 所示。

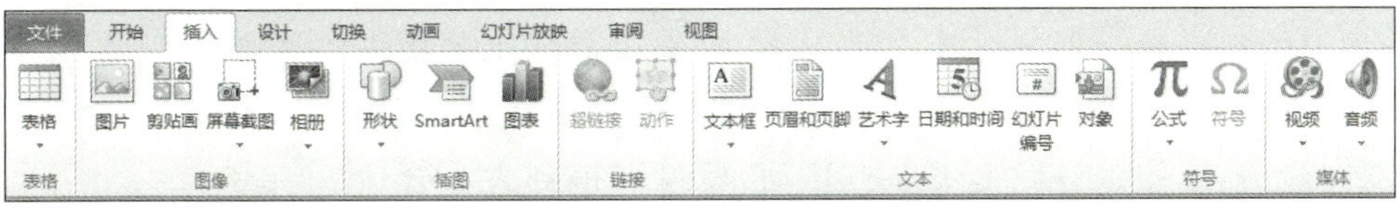

图 5-2-1 插入选项卡及其功能类别

“插入”选项卡下拉列表中，就比较全面地分列了插入的对象，它们从左到右依次为表格、图像、插图、链接、文本、符号、媒体七个类别。本课题将突出重点并由浅入深地介绍部分要素的插入功能。

一、插入文本框、插入形状、插入图片

1. 插入文本框

文本框是输入标题和文本的特殊窗框。在 PPT 编辑窗口，默认状态下有两个文本框，通常叫占位符。一个用于输入“标题”，另一个用于输入“文本”。如果还需要输入更多的“标题”和“文本”内容，则需要插入文本框，然后在文本框中添加标题和文本。

文本框属于“插入”选项卡下属功能，如图 5-2-2 所示。

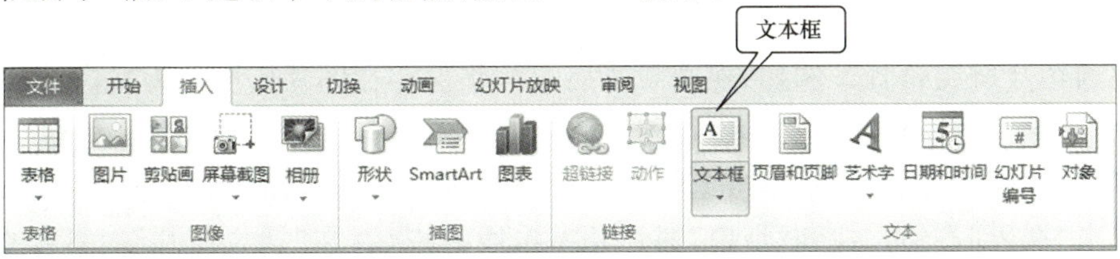

图 5-2-2 插入文本框

插入文本框具体操作方法如下：

(1)单击“插入”选项卡，找到“文本框”按钮。

(2)单击“文本框”按钮，出现下拉列表，如图 5-2-3 所示。

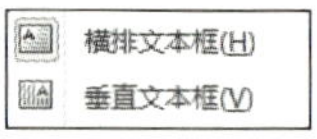

图 5-2-3 文本框下拉列表

(3)单击所要插入的对象，“横排文本框”用于输入横排文字，“垂直文本框”用于输入竖排文字。

(4)单击文本框以后，在编辑窗口出现十字光标，将十字光标移到需要输入文字的地方，输入标题或文本即可。

2. 插入形状

形状是专门为制作 PPT 设置的一些各式各样的图形。包括线条、矩形、圆形、箭头、星形、备注和流程图等。利用形状，可以将内容图形化，直观地反映各种元素之间的关系，产生形象生动、与众不同、吸引观众的效果。

形状位于“插入”选项卡所属“插图”功能区。插入形状具体操作方法如下：

(1)单击“插入”选项卡，在“插图”功能区找到“形状”按钮。

(2)单击“形状”按钮，出现下拉列表，如图 5-2-4 所示。

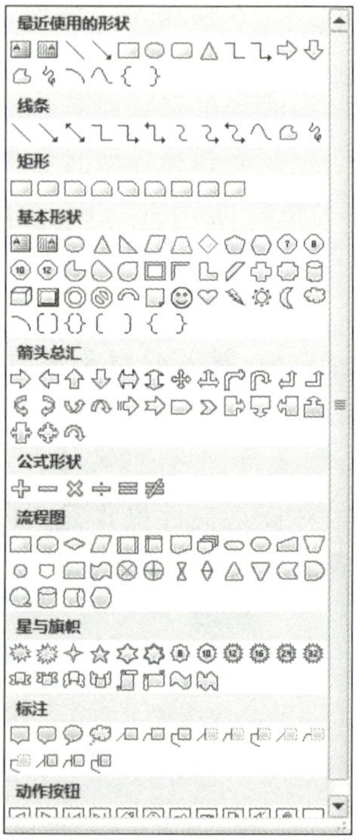

图 5-2-4 形状下拉列表

(3)单击所要插入的对象后，出现十字光标，在幻灯片编辑窗口中，食指压住鼠标左键拖移，形状随着拖移延展，可大可小，放开食指就可得到大小合适的形状。

(4)如果觉得形状大小不合适，可单击图形，就会在图形的边沿出现一些圆点或方框，当鼠标箭头靠近这些圆点或方框的时候，就会出现双向箭头，压住鼠标做上下左右移动，就可以得到大小合适的图形。

3. 插入图片

图片是 PPT 制作中最常用的要素。图片和文字配合使用，可以使幻灯片图文并茂，美观大方，增强 PPT 的表现力和感染力。

制作 PPT，平时就要注意收集一些图片。图片可以从网上下载，也可以是照相机或手机拍照的一些照片。下载的图片或照片应在计算机中建立文档分类保存，以便制作 PPT 时快速调用。

要调用图片就要用到插入图片功能。插入图片首先要找到图片存放的位置，这个非常重要。

插入图片位于“插入”选项卡所属“图像”功能区。插入图片具体操作方法如下：

(1)单击“插入”选项卡，在“图像”功能区找到“图片”按钮。

(2)单击“图片”按钮，进入“插入图片”对话框，如图 5-2-5 所示。

(3)找到图片所在位置。例如，现在需要插入一张保存在图片库中名为“灯塔”的图片。查找路线：从“插入图片”对话框中进入，在其左侧列表中单击存放图片的文件夹，依次进入，直到查找到“灯塔”图片所在文件夹，单击选中“灯塔”图片，如图 5-2-6 所示。

(4)单击“插入”按钮。找到“灯塔”图片并单击图片以后，在“插入图片”对话框中单击“插入”按钮，相应的图片就插入幻灯片编辑界面。

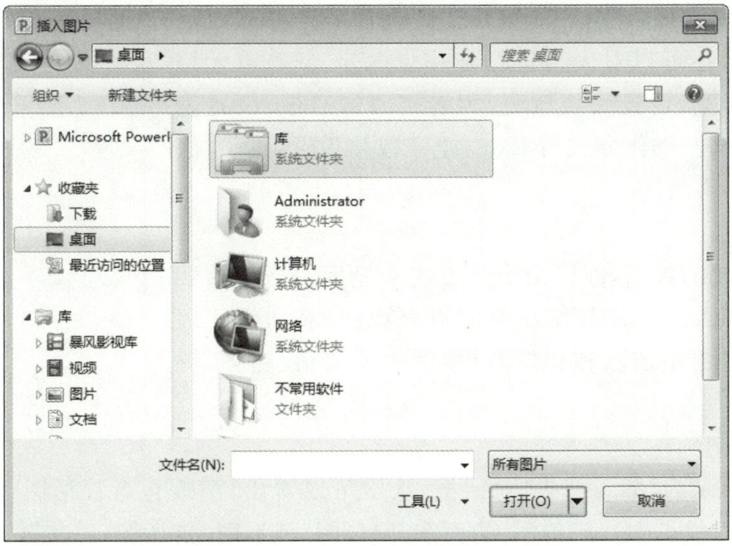

图 5-2-5 插入图片对话框

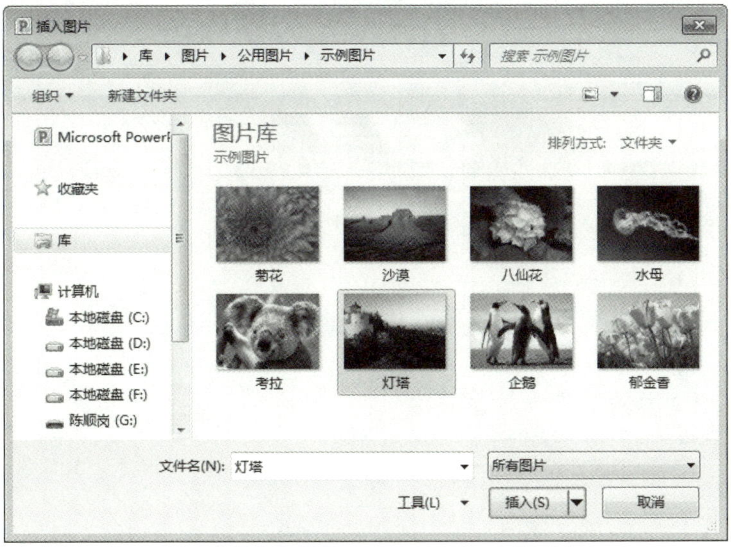

图 5-2-6 插入灯塔图片

二、插入表格和图表

1. 插入表格

表格是非常重要的一种数据分析工具，用好表格是提升演示文稿质量和效率的最佳途径之一。

插入表格位于“插入”选项卡所属“表格”功能区。插入表格具体操作方法如下：

（1）单击“插入”选项卡，在功能区找到“表格”按钮。

（2）单击“表格”按钮，进入“插入表格”列表，如图 5-2-7 所示。“插入表格”列表中一共有四种“插入表格”方式。选择其中一种就可以在幻灯片中插入所需要的表格。

下面采用最简便的“行列直观选择”法插入表格。在表格列表中，拖动鼠标选择插入的行数和列数，这里选择“7×6”表格，于是，在右侧的编辑窗格中就生成一个 7 行 6 列的表格。在其中填入相应的文字或数字，一个简单的表格制作就完成了。

在此基础上，还可以对表格进行合并与拆分、调整单元格尺寸、设置行高列宽、设置底纹颜色、为表格添加边框、设置表格外观效果等操作。操作方式与 Excel 电子表格设置处理方法基本一致，在此不再赘述。

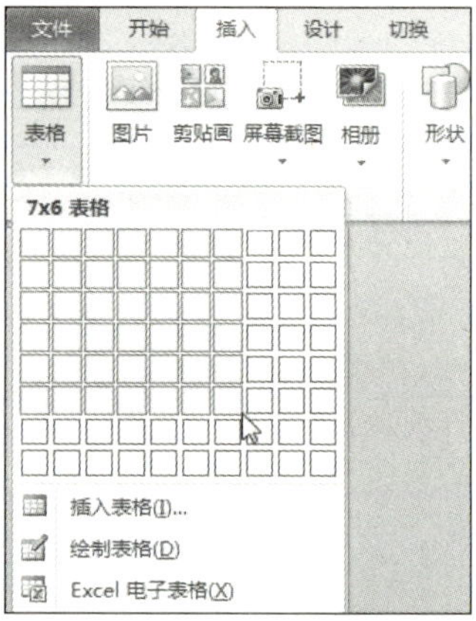

图 5-2-7 “插入表格”列表

2. 插入图表

图表是图形化的数据，即以图形的方式来显示表格中的数据关系、趋势和特点。它使数据特点变得直观、明显和便于理解。插入图表，目的是演示和比较数据，使数据关系、趋势、特点一目了然。

(1)图表的种类

如图 5-2-8 所示为“插入图表”对话框，从中可以看出，图表包含柱形图、折线图、饼图、条形图、面积图、XY(散点图)、股价图、曲面图、圆环图、气泡图、雷达图，一共有 11 类图形。每一类图形又有若干种图形可供选择。

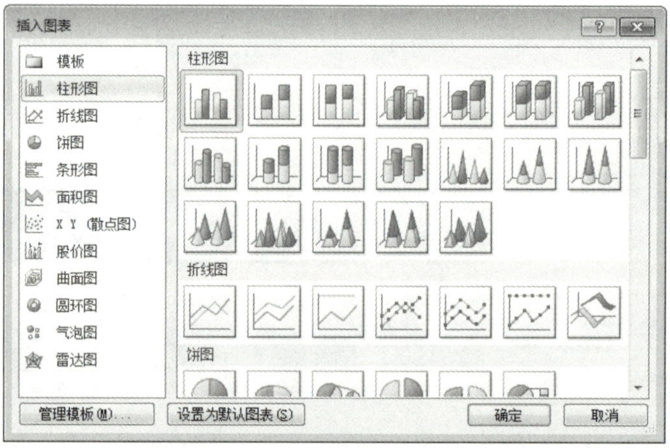

图 5-2-8 “插入图表”对话框

(2)常见图表的特点

在上述众多图表中，柱形图、饼图、条形图、面积图、折线图、散点图等几种图形应用最为广泛。柱形图主要用于分类比较；饼图和面积图主要用于分析数据构成占比；条形图用于反映排位大小；折线图用于反映发展趋势；散点图用于显示分布情况。根据这些图表特点，结合实际情况灵活选用，就能够达到预期的效果。

(3)插入图表操作

在幻灯片中插入图表操作步骤如下：单击“插入”选项卡→进入“插图”功能区→单击“图表”按钮→进入“插入图表”对话框，如图 5-2-8 所示。根据实际需要，选择符合表现主题的图表，如“簇状柱形图”，单击“确定”按钮，幻灯片编辑窗格就出现图表编辑对话框，如图 5-2-9 所示。

(4)更换行列名称及数据

左图为图表样式，右图为与该图表相对应的 Excel 表格。在右图的 Excel 表格中改换行列名称和数据，左侧的图表就会随着发生对应的变化。例如：将“类别”改换为“学生”；分别将

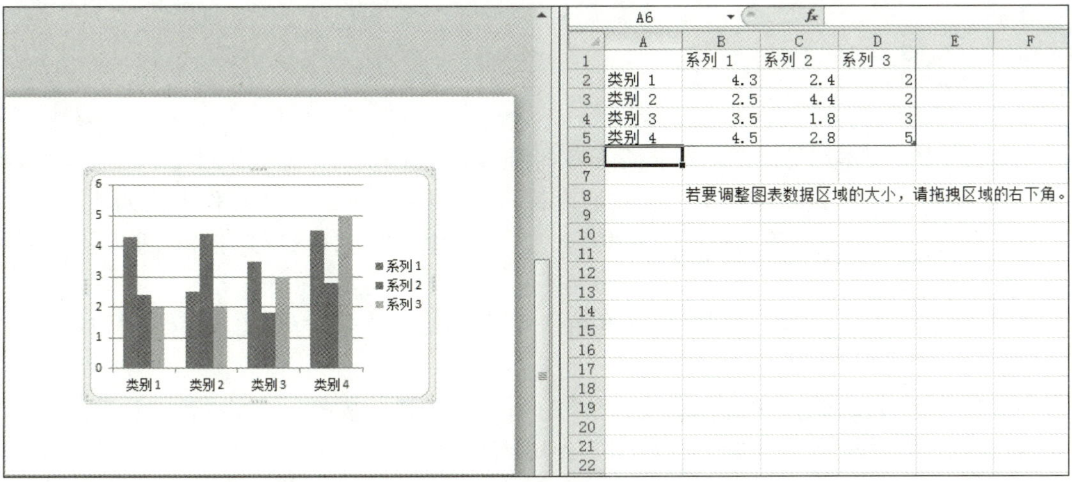

图 5-2-9　图表编辑对话框

“系列 1”“系列 2”“系列 3”改换为“语文”“德育”“数学”；再将表格中的数据变为相应的分数，则上述表格就变为如图 5-2-10 所示。

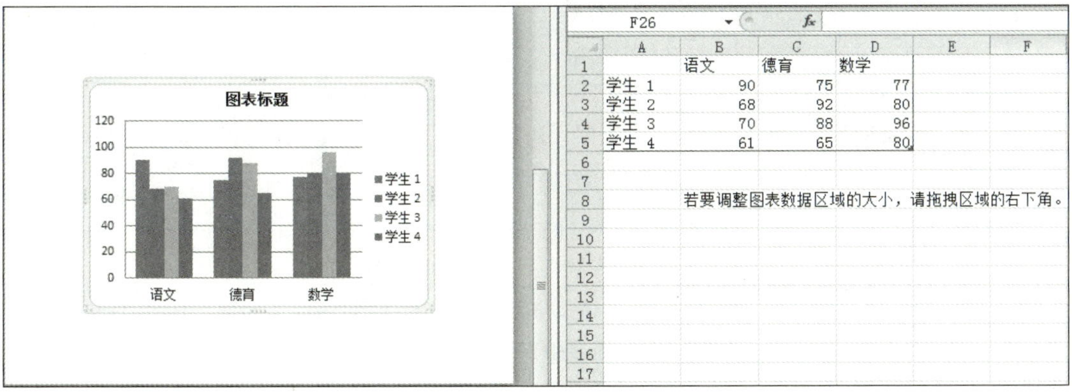

图 5-2-10　改换行列名称及数据之后

(5)图表工具

进入图表编辑对话框以后，在左侧图表顶端，有一组专门用于编辑图表的图表工具，如图 5-2-11 所示。

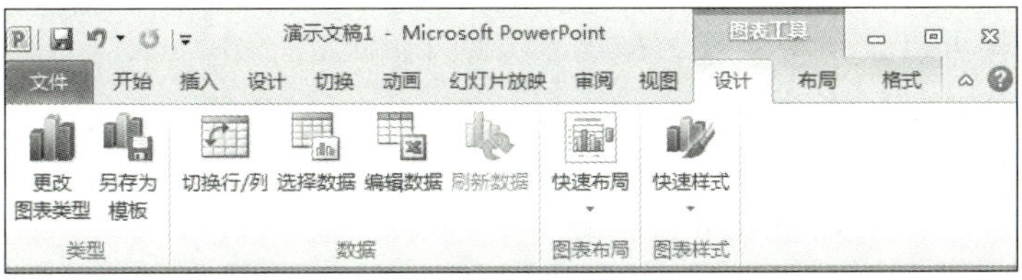

图 5-2-11　图表工具

利用此图表工具的功能，可以对图表进行快速编辑，以期达到最佳效果。例如，单击“更改图表类型”按钮，可以迅速切换图表类型；单击“切换行/列”，可以实现行列间坐标及其数据的对调；单击“快速布局”按钮，可以在多个图表布局中找到最佳图表布局方式；单击“快速样式”按钮，则可以获得多种多样的形状及颜色组合样式。总之，图表工具，给用户提供了一套非常便捷的图表编辑工具。其功能强大，内容丰富，不再赘述，留待学员去逐步学习。

三、插入符号及公式

1. 插入符号

在输入 PPT 文本时，常常会要求插入一些符号，比如“∵、∴、℃、∞、↑、①、{、‖≈、≠、▲、▼、△、▽”等符号，这要借助 PPT 的“插入符号”功能来完成。具体操作方法如下：

将光标移到要插入符号的位置。在“插入”选项卡中，单击“Ω 符号”按钮，进入符号列表，如图 5-2-12 所示。

选择并插入符号。在符号列表中找并单击需要插入的符号，再单击“插入”按钮即可插入该符号。

插入符号还可以通过“搜狗拼音输入法”的“状态栏”操作实现。单击“状态栏”中的“输入方式”按钮，就进入“输入方式”列表，如图 5-2-13 所示。

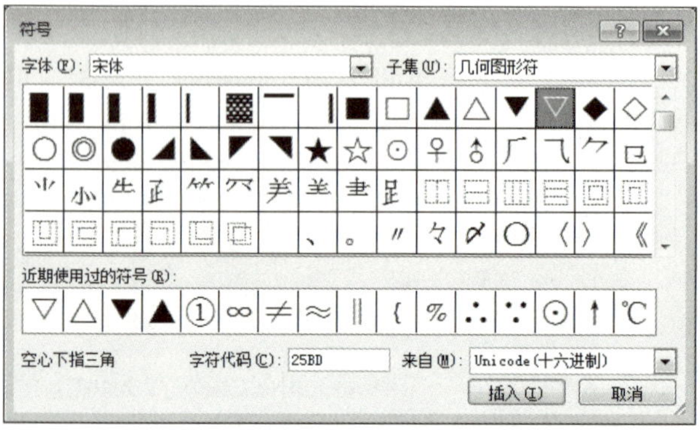

图 5-2-12 符号列表

图 5-2-13 搜狗拼音输入方式列表

单击“Ω 特殊符号”按钮，就进入搜狗拼音输入法的“符号大全”列表。在表中选择并单击所需要的符号，该符号就插入光标所在位置。移动光标，在幻灯片中找到下一个要插入的位置，可以直接将鼠标移到“符号大全”列表，进行符号插入操作，非常便捷。

2. 插入公式

在制作演示文稿时，常常要用到一些公式。利用“插入公式”功能，就可以方便地实现。操作方法如下：

（1）利用现有公式进行修改。

单击“插入”选项卡，单击“π 公式”按钮，出现公式下拉列表，如图 5-2-14 所示。在公式下拉列表中选择并单击所需的公式，根据实际情况需要对这些公式中的符号方便地进行修改，以满足要求。

（2）利用“插入新公式”按钮进行编辑。

单击“插入新公式”按钮，直接按照需要进行输入编辑。

“插入新公式”按钮在图 5-2-14 公式下拉列表的底端。单击此按钮即进入新公式编辑状态，在幻灯片的编

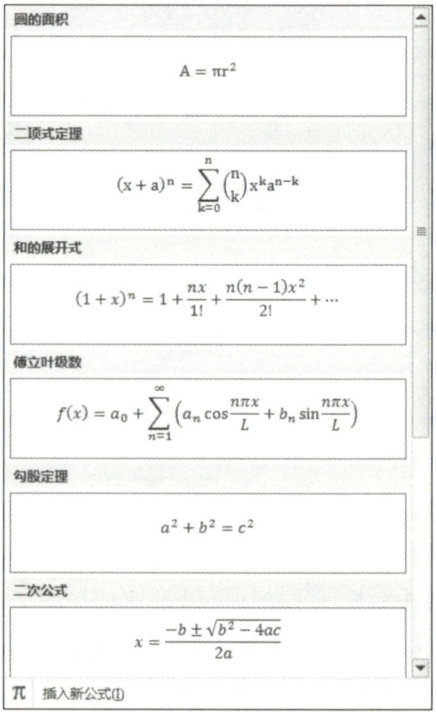

图 5-2-14 公式下拉列表

辑窗格上部，出现“公式工具-设计”功能区。该功能区具有“工具”“符号”“结构”三类功能按钮。其中，公式结构如图 5-2-15 所示，公式符号如图 5-2-16 所示。

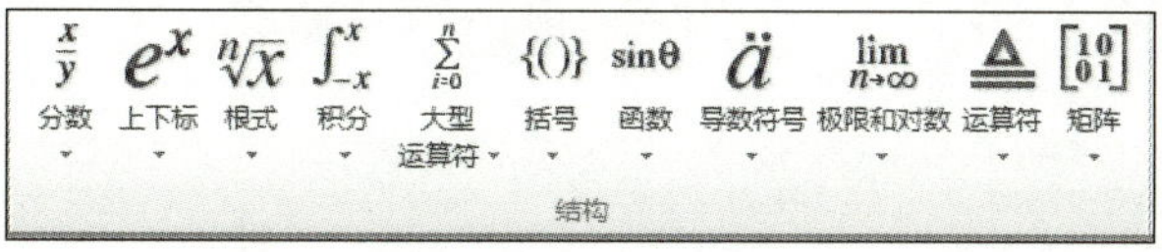

图 5-2-15 公式结构

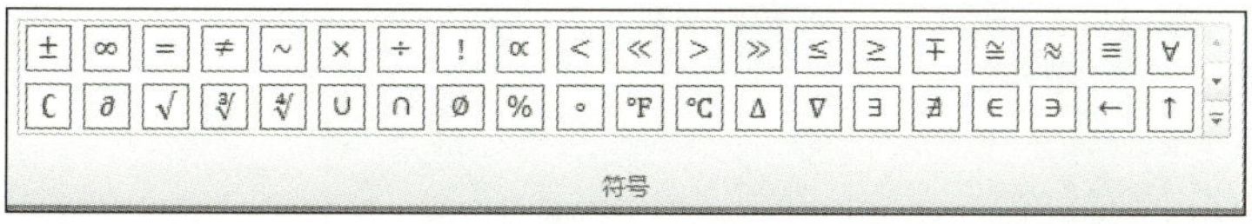

图 5-2-16 公式符号

在公式结构列表中详细列出了各种公式结构，根据需要进行选择和单击，就可以插入相应结构的公式；在公式符号列表中也列出了各种各样的公式符号，可供灵活选择。利用二者提供的这些公式编辑按钮，就可以方便快捷地输入和编辑各种各样的公式。比如“分数、根式、三角函数、导数、积分、极限与对数、矩阵”等公式。

四、插入媒体

1. 插入音频

为了满足演示文稿的放映需要，常常还会在幻灯片中插入音频文件。插入音频位于“插入”选项卡所属“媒体”功能区。单击媒体中的“音频”按钮，即进入“音频”下拉列表，如图 5-2-17 所示。

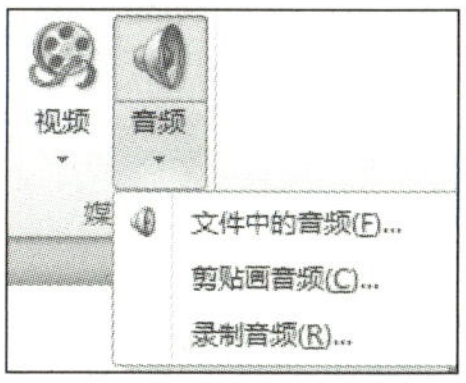

图 5-2-17 “音频”下拉列表

音频分为三类。第一类是文件中的音频，可以是一首歌曲，也可以是通过剪辑的音乐片段。第二类是剪贴画音频，它是内置在计算机中的一些剪贴画配套音频，如“电话铃声”“掌声”“欢呼声”等声音片段。第三类是录制音频，单击“录制音频”按钮，可以根据 PPT 的演讲需要录制一段演讲者的旁白。下面重点介绍插入第一类和第三类音频。

（1）插入文件中的音频

插入文件中的音频同插入图片的操作方法差不多。首先要找到音频文件所在的存放位置。为了制作演示文稿的方便，可以提前下载一些能够反映内容主题的音乐片段或是一些旋律优美的歌曲，将它们分类保存在文件夹中备用。这样就可以很方便地应用这些声音文件，制作出富有感染力的演示文稿。具体操作方法如下：

单击“插入”选项卡，在功能区找到“音频”按钮，单击进入音频列表，单击“文件中的音频”按钮，进入“插入音频”对话框，如图 5-2-18 所示。找到“音乐”文件夹，进一步找到并单击选定“降央卓玛-天边”，单击“插入”按钮，该音乐文件就被插入 PPT 的编辑窗格里，出现音频图标，如图 5-2-19 所示。

播放音频文件。单击音频图标中的“▶”播放按钮，就可播放音频文件。将鼠标移至图标之外，单击任意位置，就停止播放，播放按钮随之隐藏，只留下喇叭形状的图标。需要播放，只需将鼠标箭头移到喇叭图标，隐藏的播放按钮就会自动显现，可再次进行播放。

移动音频图标。单击喇叭图标，可将音频图标移到编辑窗口的任何位置（一般放在右上角，以不影响编辑操作为好）。

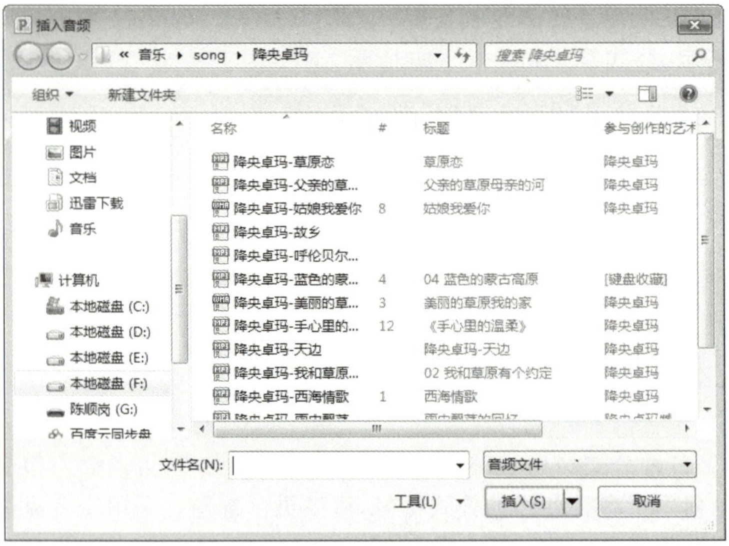

图 5-2-18　插入音频对话框

图 5-2-19　音频图标

(2)插入录制音频

具体操作方法如下:在“音频”列表中单击“录制音频”按钮,出现“录音”对话框,如图 5-2-20 所示。对话框下部从左到右设有“播放”“停止播放”和“录音”三个按钮。

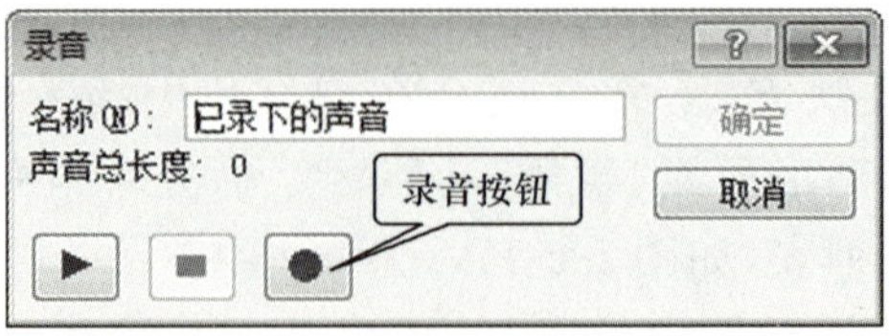

图 5-2-20　“录音”对话框

首先,在“名称”栏里面,输入这段“录音”的名称。其次,单击“录音”按钮,就可以把外部的声音(如演讲声音)录入;单击“停止”按钮,录音随即停止;单击“播放”按钮,可以播放被录入的声音。录制完毕,单击“确定”按钮,关闭“录音”对话框,该段录音就变为与上述音频图标一样的喇叭图标。其播放方式与上述音频文件播放方式相同。

2. 插入视频

插入视频文件,可以把 PPT 与视频播放有机结合,使 PPT 变得更具特色与魅力。

视频有文件中的视频、来自网站的视频和剪贴画视频三种类型。在此重点介绍文件中的视频的插入方式。

文件中的视频可以是一段电影或录像剪辑。插入操作方式如下:在“视频”下拉列表中单击“文件中的视频”按钮,如图 5-2-21 所示,就进入“插入视频文件”对话框,如图 5-2-22 所示。

图 5-2-21　“视频”下拉列表

找到视频文件存放的位置,选择并单击要插入的视频文件,单击“插入”按钮即可。

视频文件插入幻灯片编辑窗口,是一个黑色的窗框,在这个窗框的下面,设有视频播放控制按钮,单击该按钮,就可实现在播放与停止之间进行切换。当鼠标离开视频窗框时,播放控制按钮自动隐藏。当鼠标接触视频窗框时,隐藏的播放控制按钮又会自动出现。视频窗框的大小是可以调整的,单击视频窗框,拖动视频窗框就可以灵活调整视频播放窗口的大小。

图 5-2-22 “插入视频文件”对话框

五、案例实操

1. 插入文本框、插入形状、插入图片

(1)插入文本框

在桌面创建以你的名字命名的演示文稿。打开演示文档,添加一张“空白”幻灯片,在幻灯片右侧插入“垂直文本框”,输入“荷塘月色”的标题。

(2)插入形状

在上述演示文稿右上角插入一个“椭圆”形状;在“椭圆”形状的右上角插入两颗“十字星”。

(3)插入图片

复制上述幻灯片,粘贴添加为第二张幻灯片;在第一张幻灯片的左下角插图“朱自清”的图片,上面添加横排文本框,输入“作者 朱自清”;在第二张幻灯片左下角插入“荷花”图片;在幻灯片中间位置添加文本框,输入一段“荷塘月色”中的文字。

2. 插入表格、插入图表

(1)插入表格

在上述演示文稿中添加一张“标题和内容”版式幻灯片;在该幻灯片中插入一个 8 列 7 行的表格。标题文本框中输入“学生成绩统计表”;在表格中第一行输入“序号、语文、数学、德育、职业指导、现代企业管理、总分”文字。

(2)插入图表

在上述演示文稿中添加一张“空白”幻灯片。在该幻灯片中插入图表,图表类型:饼图;快速布局:布局 6;快速样式:样式 26;第三季度数据改为:3.5,第四季度数据改为 5.5,观看图形变化情况。

3. 插入符号、插入公式

(1)插入符号

在上述演示文稿中添加一张“仅标题”版式幻灯片。在标题文本框中输入“插入符号练习”;在下面空白处插入“∵∴+-×÷∞//⊥∠℃≥≤~π”15 种符号。

(2)插入公式

在上述演示文稿中添加一张“仅标题”版式幻灯片。在标题文本框中输入“插入公式练习”;在下面空白处插入:

①勾股定理:$a^2+b^2=c^2$。

②二次函数:$y=ax^2+bx+c$。

③三角函数:$y=\sin\alpha\pm\cos\beta=2\sin\frac{1}{2}(\alpha\pm\beta)\cos\frac{1}{2}(\alpha\mp\beta)$。

4. 插入音频和视频

(1)插入音频文件

在上述演示文稿中添加一张“两栏内容”版式的幻灯片。在标题栏里输入“插入媒体练习”。在左栏内容中插入“文件中的音频”:在“媒体文件”文件夹中找到并插入“降央卓玛—西海情歌”;插入“录制音频”,录制一段你自己的讲话。

(2)插入视频文件

在右栏内容中插入“文件中的视频”,在“视频库”文件夹中找到并插入“野生动物”视频。

(3)将本演示文稿主题设置为“主管人员”。

【课题小结】

本课题的内容结构如图 5-2-23 所示。

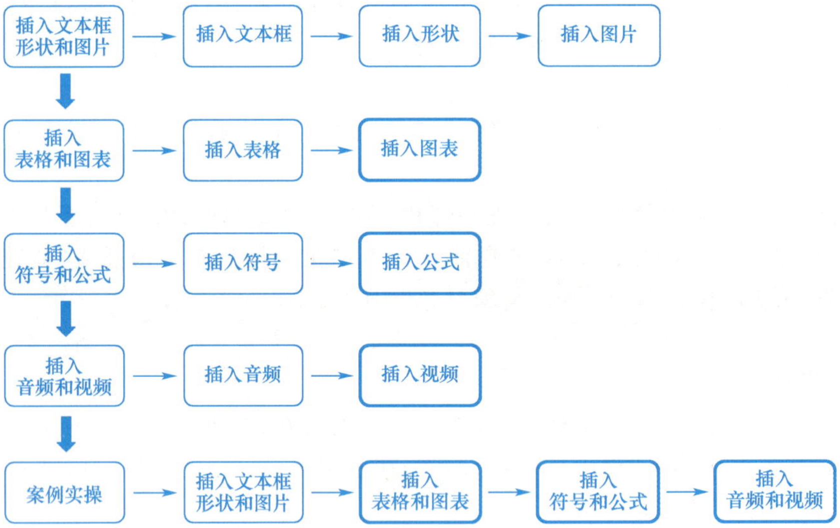

图 5-2-23 本课题内容结构

说明:

1. 插入对象操作内容丰富,非常重要。本课题重点选择了十个方面的问题进行讲解。学习掌握好这十个方面的内容,对于学好演示文稿的制作,具有非常重要的意义。

2. 粗框包含的内容是重点也是难点,学习应循序渐进,逐步深入。

3. 其余的插入文件操作内容,有些在后面的课题中会逐步讲解,有些留给学员自己去学习实践。

4. 学习中要注意巩固前面学习过的内容。

【效果测评】

表 5-2-1　　考核评分记录表

考核目标	考核内容	考核要求	评分标准	配分	自评	互评	师评
知识目标	插入对象的目的和意义。幻灯片中可插入哪些对象?	思路清晰,回答完整	两项内容各5分,熟练回答,内容全面得满分。酌情扣分	10			
	插入选项卡的主要功能。插入对象的基本操作步骤	分类清楚,回答完整	各5分,熟练回答,内容全面得满分。酌情扣分	10			
能力目标	在桌面建立个人图片文件夹,分3类各下载5张图片	学会收集图片,分类管理图片。掌握操作步骤,能够熟练操作	全面完成实操得满分。少1类扣3分,少1张图片扣1分	10			
	在桌面建立个人媒体文件夹;里面分别建立1个音频文件夹和1个视频文件夹;在两个文件夹里面分类存入2个音频文件和视频文件	学会收集媒体文件,能够分类管理音频和视频文件。文件夹和媒体文件命名清楚,分类正确	全面完成得满分。文件夹命名不正确扣3分;文件命名不清楚,分类不正确,错误1项扣减2分	10			
	案例实操1:插入本框、插入形状、插入图片	熟练操作,全面完成,符合要求	每项5分。全面完成得满分。根据实际情况酌情扣分	15			
	案例实操2:插入表格、插入图表	熟练操作,全面完成,符合要求	(1)7分;(2)8分。全面完成得满分。根据实际情况酌情扣分	15			
	案例实操3:插入符号、插入公式	熟练操作,全面完成,符合要求	(1)7分;(2)8分。全面完成得满分。根据实际情况酌情扣分	15			
	案例实操4:插入音频、插入录制音频、插入视频	熟练操作,全面完成,符合要求	(1)5分;(2)5分;(3)5分。全面完成得满分。根据实际情况酌情扣分	15			
总分				100			

课题三　幻灯片的编辑

当幻灯片插入文本框并输入文本,插入形状、图片等诸多要素之后,不但要使它们布局合理、排列有序、各居其位、各显其能,还要使它们背景协调、格调统一、美观大方、凸显艺术魅力。为此,就应对这些对象进行有效编辑和处理。通过学习本课题,能够帮助读者了解和熟悉幻灯片编辑的相关知识和方法,掌握幻灯片编辑的基本步骤和实操技能,保证幻灯片制作质量和效果。

【教学目标】

知识目标:

1. 了解背景设置的意义和设置方法。
2. 掌握字体、字号设置的知识和方法。

3. 掌握项目符号及编号设置的概念和方法。
4. 掌握图片修饰的相关知识和方法。
5. 掌握对象排列与组合的基本方法。
6. 掌握幻灯片母版设置的原理和方法。

能力目标：

1. 熟悉和掌握背景设置的基本步骤和实操技能。
2. 熟悉和掌握字体、字号的设置步骤和实操技能。
3. 熟悉和掌握项目符号及编号的设置步骤和实操技能。
4. 熟悉和掌握图片修饰的步骤和实操技能。
5. 熟悉和掌握对象排列与组合的实操技能。
6. 熟悉和掌握幻灯片母版的设置步骤和实操技能。

【教学任务】

本课题的主要教学内容：背景设置；文字设置；项目符号及编号设置；图片修饰；对象排列与组合；幻灯片母版的设置；案例实操。

【教·学·做】

一、背景设置

幻灯片的背景对烘托幻灯片的整体效果具有非常重要的作用。因此为幻灯片设置合适的背景是十分必要的。

背景颜色取决于前景对象的颜色，要与前景颜色形成鲜明对比，以突出前景颜色。背景颜色还取决于播放方式。如果是在投影仪上播放，背景色最好取白色，且适用于比较明亮的环境播放，色彩要尽量简单，对比强烈；如果是在显示器上浏览，背景不妨取深色，有利于预防视觉疲劳，色彩可以丰富一些。此外，背景颜色宁可简洁，也不要花哨。

背景设置的基本方法如下：

选择“设计”选项卡，在其右侧功能区找到“背景样式”按钮，单击“背景样式”按钮，出现其下拉列表，如图 5-3-1 所示。

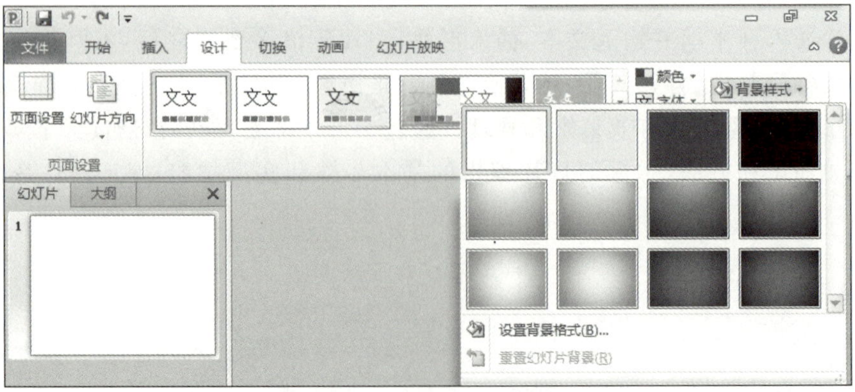

图 5-3-1 “设计”选项卡与“背景样式”下拉列表

1. 选择背景样式

在下拉列表中有 12 种背景颜色可供选择。选择并单击其中一种颜色(如背景样式 11)，幻灯片编辑窗口的背景就变成所选中的颜色，如图 5-3-2 所示。箭头所指三者是统一的。

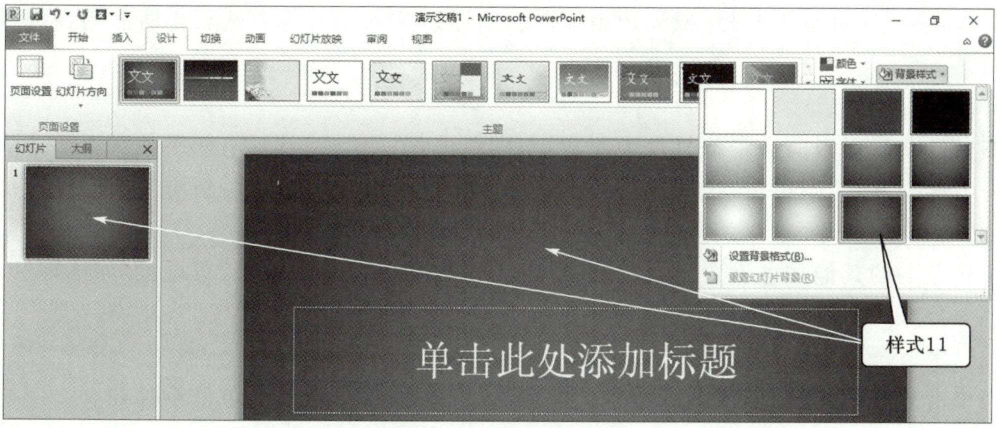

图 5-3-2　背景样式 11

2. 确定背景应用方式

如果选定“样式 11”作为幻灯片的背景，就需进一步确定它的应用范围。鼠标指向所选背景样式，右击选定样式出现如图 5-3-3 所示应用范围下拉列表。

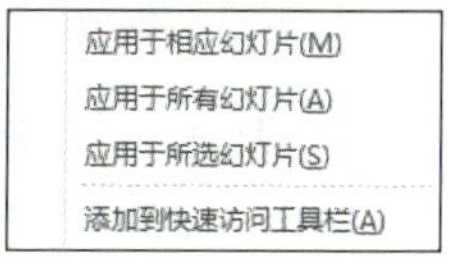

图 5-3-3　背景应用范围

(1)应用于相应幻灯片。将所选背景样式应用于与编辑窗格相同版式的幻灯片。

(2)应用于所有幻灯片。将所选背景样式应用于本演示文稿中所有的幻灯片。

(3)应用于所选幻灯片。将所选背景样式应用于当前编辑窗格的幻灯片。

3. 设置背景格式

如果对上述背景样式不满意，可单击“背景样式”下拉列表中的“设置背景格式”或单击“背景”下拉按钮，出现“设置背景格式”对话框，如图 5-3-4 所示。单击左侧“填充”按钮，其右侧出现“填充”下拉列表。可根据实际需要进行选择和设置。如选择“纯色填充”，在下面的“填充颜色”部位单击“颜色”按钮，就能够得到所需要的各种颜色。

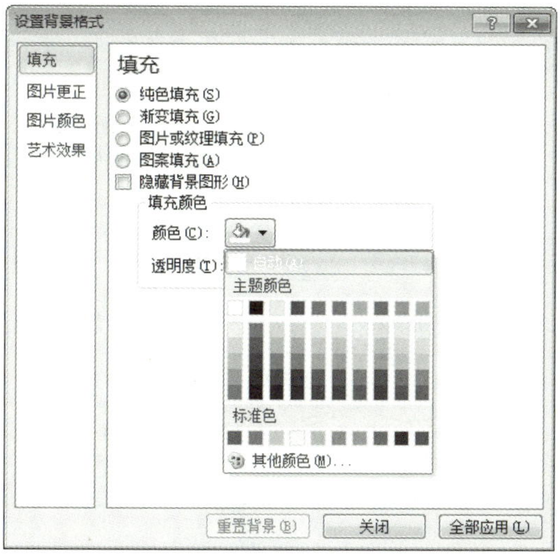

图 5-3-4　设置背景格式对话框

还可单击“渐变填充”按钮，通过“预设颜色”对话框设定颜色，配合“类型”“方向”“渐变光圈”“颜色”“亮度”“透明度”等选项，设定所需颜色。所设定颜色在幻灯片编辑窗格中可以直观地看到效果。

同理，还可通过单击“图片或纹理填充”按钮，通过插入图片等方式获得所需的各种背景颜色及图案。

4. 确定应用方式

如果只需设置当前一张幻灯片为此背景，则单击“关闭”按钮即可；如果是需要整个演示文稿都采用这个背景，则单击“全部应用”按钮，那么所有幻灯片包括此后新添加的幻灯片都会是这个背景。

填充方案的其他颜色设置乃至“图片更正”“图片颜色”“艺术效果”等设置，如法炮制，不再赘述。

5. 隐藏背景图形

当单击“隐藏背景图形”按钮，背景中的图形随即消失，但背景颜色依然存在。

二、文字设置

在制作幻灯片时，不需要输入太多文字，但为输入的文字设置合适的字体、字号以及颜色，可以使幻灯片的效果更好。文字设置方法如下：

1. 字体、字号及颜色设置

选择需要设置字符格式的文本；单击“开始”选项卡，找到“字体”功能区；单击“字体”功能组右下角的“字体”下拉按钮，打开“字体”对话框，如图 5-3-5 所示；在打开的对话框中有“西文字体、中文字体、字体样式、大小、字体颜色、效果”等选项，根据需要进行选择即可；选择完毕，单击“确定”按钮，完成设置。

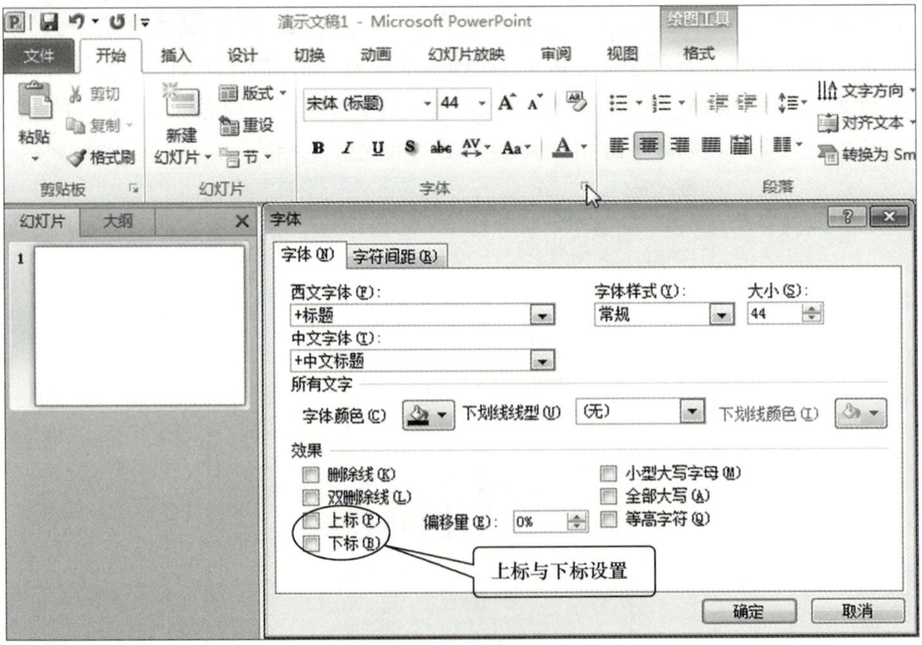

图 5-3-5 “字体”对话框

幻灯片一般忌用斜体字、下划线；可以通过使用红色、蓝色及加粗、加大字体突出重点。

2. 上标和下标的设置

在制作演示文稿时，难免会遇到各种数学单位或化学元素符号，需要将字符设置为上标或下标。具体设置方法如下：

选择需要设置为上标的文本；在图 5-3-5 的“字体”对话框中，在“效果”选项下面的复选框中勾选“上标”复选框，单击“确定”按钮即可。同理，下标的设置如法炮制，不再赘述。

在勾选“上标”或“下标”复选框的同时，调整旁边的“偏移量”数值，就可以根据需要调整上标文本或下标文本的高低偏移位置。

3. 字符间距的设置

对于字数不等、长短不一的并排文字，可以通过设置字符间距来改变文本的长度，使并排文字两端对齐，排列更加美观。具体设置方法如下：

选择需要设置字符格式的文本内容；在上述图 5-3-5 的“字体”对话框中单击“字符间距”选项卡，如图 5-3-6 所示。间距有“普通”“加宽”“紧缩”三种间距类型，选择文本内容，选择“加宽”或“紧缩”间距类型，调整旁边“度量值”的数值，就可以调节文本内容的间距，实现编排文本框的两端对齐。

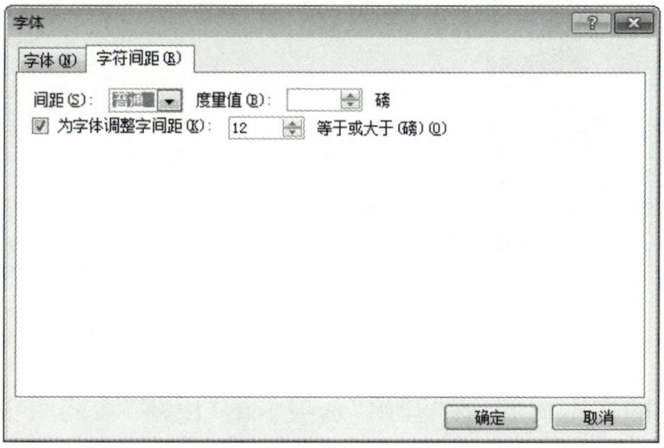

图 5-3-6 “字符间距”选项卡

4. 演示文稿中字体的替换

有时候，当幻灯片制作完成后，才发现字体的应用似乎没有达到预期的效果，想更换字体。如果采用从头到尾更换字体的方式变换字体，既费力又费时，实在麻烦。如果使用替换字体的功能，则可快速地对字体进行替换。具体方法如下：

单击选择需要替换的字体，在“开始”选项卡功能区的右侧，找到“编辑”功能组，单击“替换”下拉按钮；在打开的下拉列表中单击“替换字体”命令，进入“替换字体”对话框，如图 5-3-7 所示；“选择”替换字体为“宋体”；再单击“替换为”按钮，选择替换为“方正粗倩简体”字体；单击旁边的“替换”按钮，演示文稿中的所有“宋体”字体全面被替换为“方正粗倩简体”字体；单击“关闭”按钮，完成替换操作。

图 5-3-7 替换字体对话框

5. 段落间距与行距设置

对于文字较多的幻灯片，如果段落过密，会严重影响阅读效果。需要调整段落间距和行距来改善显示效果。具体方法如下：

选择需要设置间距和行距的段落，单击“开始”选项卡，在其功能区找到“段落”功能组；单击右下角的下拉按钮，出现“段落”对话框，如图 5-3-8 所示；根据需要调整“对齐方式”“文本缩进”“首行缩进”“段落间距”“行距”等参数。调整完毕，单击“确定”按钮，即完成设置。

间距、行距与段距的调整原则：文本应行列有距、疏密有致，字距小于行距，行距小于段距，段距小于块距。

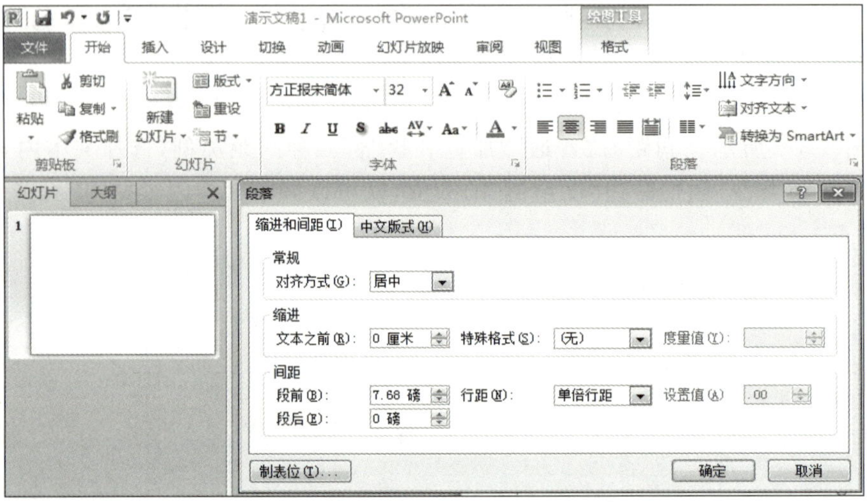

图 5-3-8 “段落”对话框

6. 段落分栏设置

选择需要设置分栏的文本内容，在“开始”选项卡的“段落”功能组中单击“分栏”下拉按钮，单击选择分栏数，可以将文本内容分为两栏或更多栏。分栏数量以合适为宜，分栏太多会降低文本的可读性。

三、项目符号及编号设置

对文本设置项目符号或编号，具有强调和引导作用，会使文本变得重点突出、层次分明，逻辑清晰。对文本设置项目符号或编号的具体方法如下：

1. 项目符号的设置

对文本设置项目符号，能够凸显文本的重要性，使文本特色鲜明，一目了然。具体设置方法如下：

选择需要设置项目符号的文本框，单击“项目符号”下拉按钮，出现“项目符号和编号”下拉列表。在“项目符号”下拉列表中单击所需的项目符号，文本框里每段文字前面就出现相应的项目符号，可根据需要进一步对项目符号的颜色、大小进行设置。

2. 自定义项目符号

如果对列表中的项目符号不满意，还可以单击“项目符号和编号”，弹出“项目符号和编号”对话框，如图 5-3-9 所示，单击“自定义”按钮，进入“符号”对话框，如图 5-3-10 所示，在其中选择合适的符号作为项目符号，单击“确定”按钮，返回“项目符号和编号”对话框，单击选定的自定义项目符号，对其大小、颜色进行设置。设置完毕，单击“确定”按钮，完成自定义项目符号的设置。

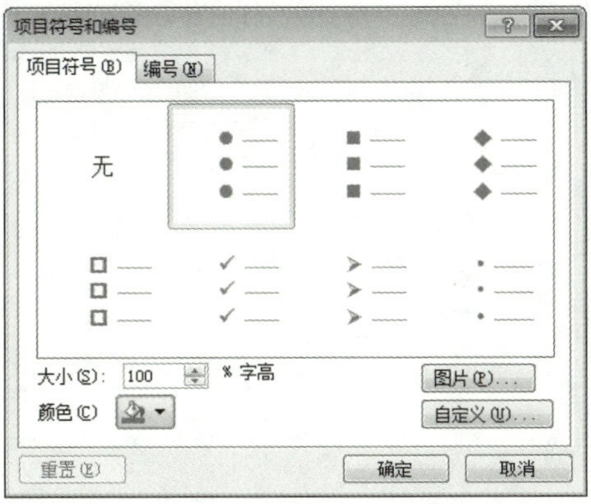

图 5-3-9　“项目符号和编号”对话框

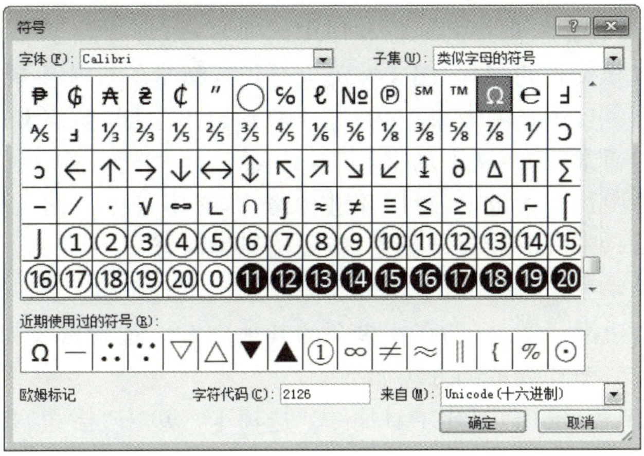

图 5-3-10　“项目”对话框

3. 设置图片作为项目符号

如果需要将某张图片作为项目符号，可以单击“图片”按钮，选择相应的图片作为项目符号。

如果需要取消文本的项目符号，只需单击“项目符号”按钮，即可取消；也可以通过选择文本框，在“项目符号”下拉列表中单击“无”即可取消项目符号。

4. 项目编号的设置

对文本设置项目编号，能够增强文本的层次感，使文本层次分明，逻辑清晰。具体设置方法如下：

选择需要设置项目编号的文本框，单击“编号”下拉按钮，出现“编号”下拉列表。在“编号”下拉列表中单击所需的项目编号，文本框里每段文字前面就出现相应的项目编号，可单击“项目符号和编号”，进入“项目符号和编号”对话框“编号”选项卡，如图 5-3-11 所示，进一步对项目编号的颜色、大小、起始编号进行设置。编号选择设置完毕，单击“确定”按钮，完成项目编号的设置。

如果需要取消文本的项目编号，只需选择文本框，单击“编号”按钮，或者在“编号”下拉列表中单击“无”即可取消项目编号。

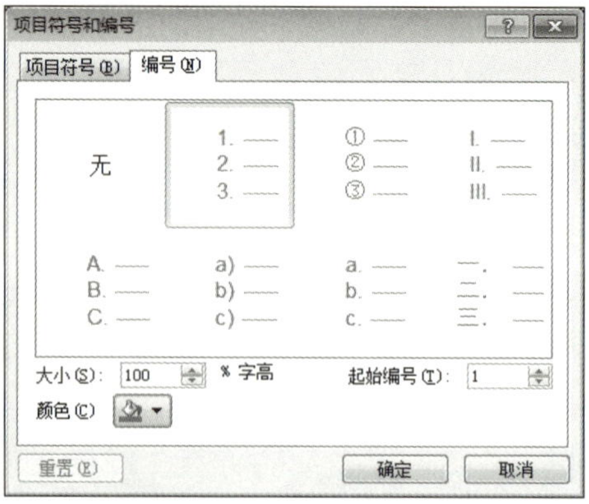

图 5-3-11 “项目符号和编号”对话框“编号”选项卡

四、图片修饰

图片在幻灯片中具有非常重要的地位和作用。通常，幻灯片除了必须要有一定的文字作为说明外，还必须要有相关联的图片，图文并茂也是作为衡量幻灯片质量的一条重要标准。图片能够吸引眼球，收到一目了然的效果，对幻灯片起到突出主题、装点和衬托的作用。就幻灯片的表现力来说，人们通常认为：文不如字，字不如表，表不如图。往往一张美图，胜过一大篇文字说明。所以，用好图片至关重要，对图片进行修饰，必不可少。图片修饰主要包括图片裁剪、样式选择、图片边框处理、图片效果设置、版式选择等内容。

1. 图片剪裁

插入的图片，有的边沿过宽，有的存在多余的其他内容。这就需要对图片进行裁剪处理，以突出主题，增加美观。图片裁剪的方法如下：

单击需要裁剪的图片，出现“图片工具-格式”选项卡。单击“格式”按钮，出现“图片工具-格式”选项卡功能区，如图 5-3-12 所示。

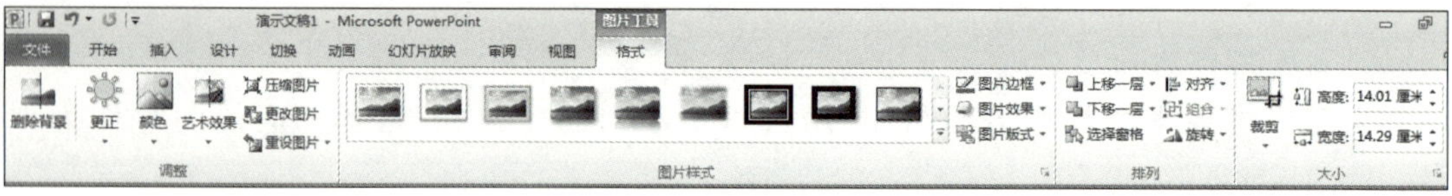

图 5-3-12 “图片工具-格式”选项卡功能区

(1)直接裁剪

单击“裁剪”下拉按钮，出现裁剪功能下拉列表，如图 5-3-13 所示。单击“裁剪”按钮，在图片的四周出现裁剪范围标尺线，用鼠标直接拖动标尺范围进行裁剪，标尺范围之外的部分即为剪除的部分。

(2)裁剪为不同形状

如单击“裁剪为形状”按钮，则出现各种形状的下拉列表；单击其中一种形状，则图片被剪切为相应的形状。

(3)按照纵横比裁剪

如单击“纵横比”按钮并选择一定的纵横比，图片将被按照选定的纵横比进行裁剪。

几种裁剪方式可以单独使用，也可以结合使用。可以先将图片裁剪为一定的形状(比如椭圆)，然后再调整裁剪标尺线，最终得到理想的裁剪效果。

2. 图片边框处理

图片通过裁剪处理后，还需要进一步对图片边框进行修饰。图片边框处理包括边框颜色选择、轮廓线条样式、粗细设置以及无轮廓设置。具体操作方法如下：单击选定图片对象，单击“图片边框”按钮，出现图片边框下拉列表，如图 5-3-14 所示。在列表中，可根据需要，选择图片轮廓线的颜色；如果不满意，还可单击“其他轮廓颜色”按钮，进行选择。

图片边框轮廓线条的样式及粗细可通过分别单击“粗细”及“虚线”两个按钮进行设置。如单击“粗细”按钮，可根据需要选择粗细合适的轮廓线。如单击“虚线”按钮，可根据需要选择一种虚线，则图片的轮廓线变为虚线。

如果图片不需要有轮廓线，则单击“无轮廓”按钮，图片边框轮廓线消除。用类似的方法可以消除文本框的外框线，在进行对象合并及标注时非常有用。

3. 图片效果设置

经过上述处理的图片，还可根据需要通过“图片效果”功能设置，得到七类不同的艺术效果。具体做法：选择图片对象，单击“图片效果”按钮，进入图片效果下拉列表，如图 5-3-15 所示，里面设置有“预设”“阴影”“映像”“发光”“柔化边缘”“棱台”“三维旋转”等七类艺术效果，每一类里面又有若干种图片效果。根据需要可以方便地进行选择。

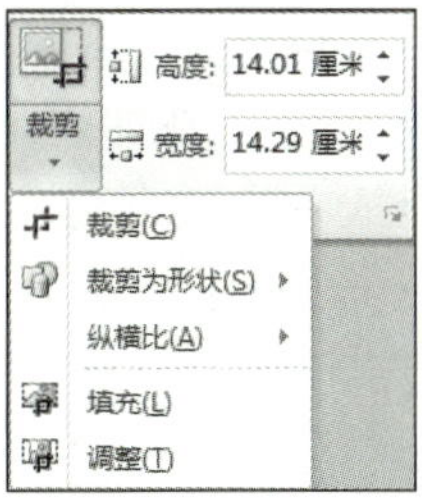

图 5-3-13　裁剪功能下拉列表

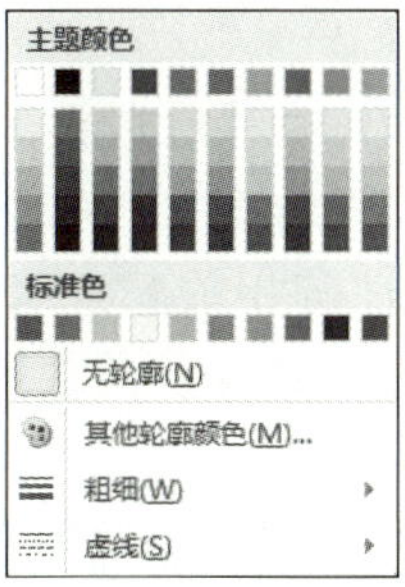

图 5-3-14　图片边框下拉列表

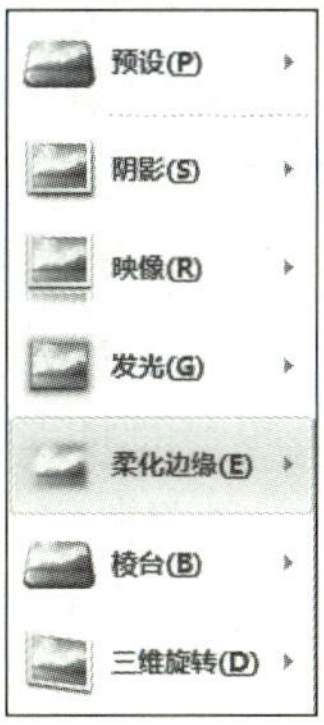

图 5-3-15　图片效果下拉列表

4. 图片样式

在“图片工具-格式”选项卡的功能区，还专门设有 20 多种图片样式，如图 5-3-16 所示。单击选择插入的图片对象，再单击图片样式区的任一图片样式，插入的图片即被所选择的图片样式格式化，得到与图片样式相同样式的图片。此种方法简便易行，图片处理效率高、效果好。在此基础上再进行图片效果处理，就能够得到预期的效果。

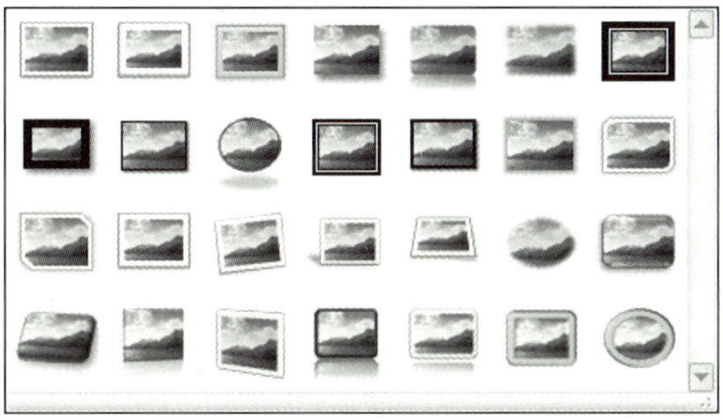

图 5-3-16　图片样式

五、对象对齐与组合

在幻灯片编辑过程中，经常需要将插入的文本框及输入的文本、插入的形状、图片等要素进行排列与组合处理，以达到排列有序、布局美观的效果。为此，程序设置有对象“对齐”与“组合”等功能。

对象排列与组合通过“图片工具-格式”选项卡中的“排列”功能列表进行设置，如图 5-3-17 所示。

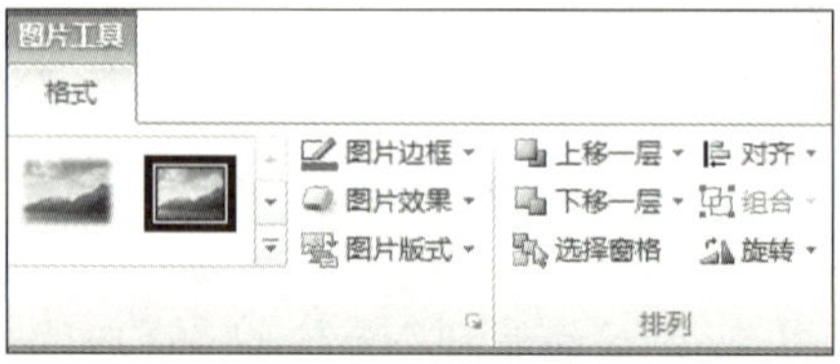

图 5-3-17 排列功能列表

1. 对象对齐

单击选择需要对齐的对象(两个以上的对象)，单击“对齐”下拉按钮，出现对齐下拉列表，如图 5-3-18 所示。有“左对齐”“右对齐”“左右居中”“顶端对齐”“底端对齐”“上下居中”等对齐方式，根据对齐需要，从中选择对齐命令，所选定的对象就按照对齐命令执行对齐操作。

2. 对象组合

单击选择需要组合的对象(两个以上的对象)，再单击“组合”下拉按钮，出现组合下拉列表，如图 5-3-19 所示，单击“组合”命令，所选对象就被连接起来，作为一个新的对象进行处理。利用这个功能，可以把图片及其图号标注等相关要素组合起来，形成一个整体进行展示，非常有用。对已经组合的对象，可以根据需要取消组合，去除不需要的部分；还可从中选择需要的对象与其他对象进行组合。

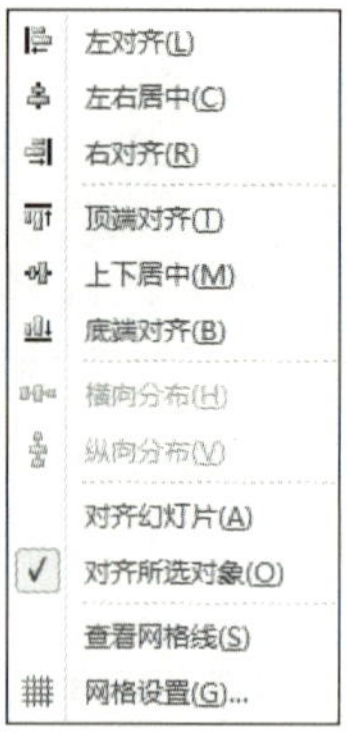

图 5-3-18 对齐下拉列表

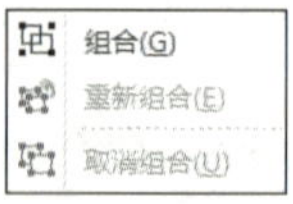

图 5-3-19 组合下拉列表

3. 层的调整

插入的各个对象在一张幻灯片中，处于不同的层面。对象在排列时，不但有上下左右的排列，还有前后层的排列顺序。比如，一张图片上面附有文字说明，那么图片就应该在文字的下层，如果图片在上层，那么文字就被图片遮拦而看不到了。所以，在对象编辑的过程中，要正确处理对象的图层关系，根据需要上移或下移图层。具体做法：单击需要移动的对象，单击“上移一层”或“下移一层”下拉按钮，根据需要移动层数，直至“置于顶层”或“置于底层”。

此外，还可以通过单击“旋转”下拉按钮，通过设置使对象旋转一定的角度，此处不再赘述。

六、幻灯片母版设置

幻灯片母版是一种特殊类型的幻灯片。通过幻灯片母版设置可以对幻灯片进行快捷有效的编辑，还可以对幻灯片版式、主题模板进行修改和保存，以更好地满足一些比较专业的演示文稿的制作。

1. 应用幻灯片母版统一文本格式

在课题一的内容里介绍过，要实现幻灯片的整齐划一，使用幻灯片版式是最有效的办法。程序里面设置了 11 种版式可供我们选择。如果对这些版式结构（如对占位符的位置、文字的字体、字号、颜色等）不满意，则可以通过幻灯片母版进行统一设置和调整。而没有必要在每张幻灯片中去进行调整，这样既费时又费事。具体方法如下：

单击“视图”选项卡，单击“幻灯片母版”按钮，如图 5-3-20 所示。

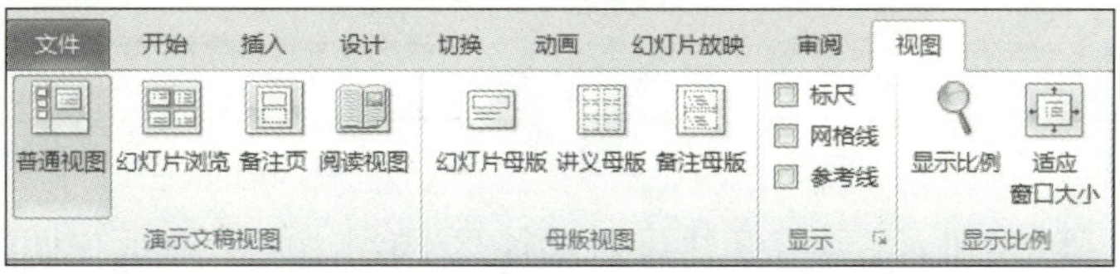

图 5-3-20 “视图”选项卡

进入“幻灯片母版”功能区，如图 5-3-21 所示。在幻灯片左侧的幻灯片显示窗格，出现各种幻灯片版式。单击选择需要调整的幻灯片版式，相应的版式出现在幻灯片编辑窗格。单击占位符，可以根据需要进行位置移动，还可以删除已有占位符，重新插入占位符。

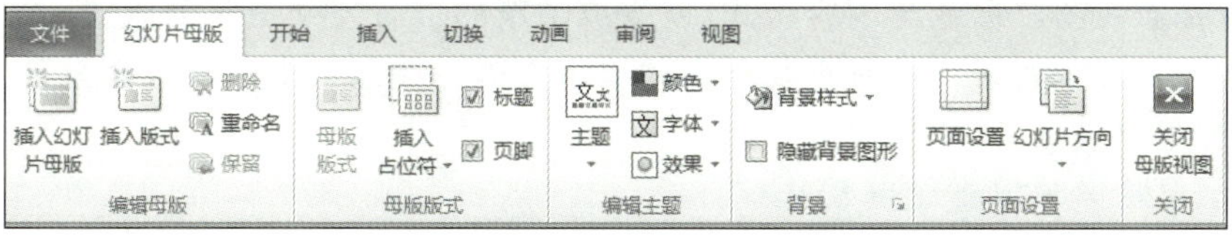

图 5-3-21 “幻灯片母版”功能区

还可以重新设置占位符内文本的字体、颜色、字号等内容。具体做法：单击选择占位符，单击“开始”选项卡，进入“字体”功能区，设置文本内容的字体、颜色、字号等内容。设置完毕，单击“幻灯片母版”选项卡，回到“幻灯片母版”功能区；单击“关闭母版视图”按钮，即可返回普通视图。继续如法炮制，可以对该演示文稿中所有 11 种幻灯片版式及其文本格式进行更改。

有时候，当幻灯片编辑完成，才发现字体、字号、颜色等不太符合要求，需要进行修改和调整。如果对每张幻灯片都逐一进行调整，就很麻烦。通过幻灯片母版调整版式结构，则该演示文稿所有同一版式幻灯片的文本格式全部被更改，此方法简单高效多了。

2. 应用幻灯片母版设置重复文字

通常，一些演示文稿需要在每张幻灯片或者部分幻灯片中出现同样的一些文字（比如“现代职业教育培训新教材”），如果要在每张幻灯片中都重复操作，就会很麻烦；而应用幻灯片母版进行设置就便捷得多。具体做法如下：

单击“视图”选项卡，单击“幻灯片母版”按钮，进入幻灯片母版视图；在工作界面左侧的幻灯片视图窗口，从上到下排列有 11 种版式的幻灯片；从中选择所需的版式，如“标题幻灯片”版式，在左上角插入文本框，键入“现代职业教育培训新教材”，在其右下角删除占位符插入文本框，键入“云南工业技师学院 · 教务处编”，得到如图 5-3-22 所示模板（如在页脚占位符中直接输入文字则不能实现）。

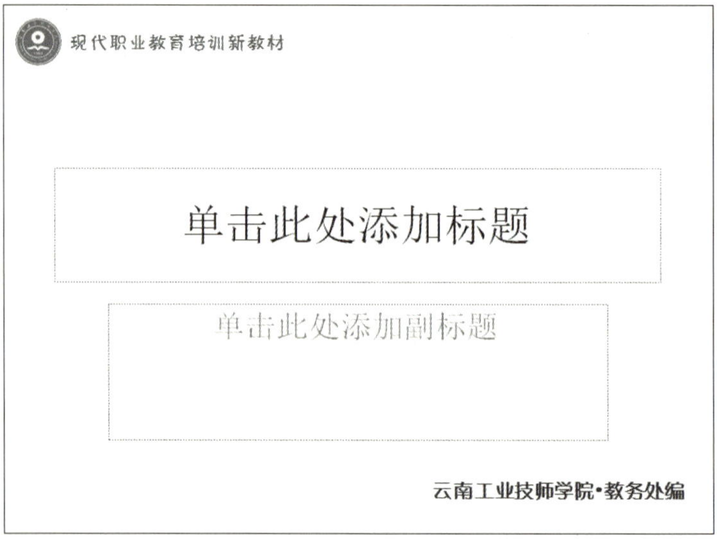

图 5-3-22 母版设置修改后的标题版式

单击“幻灯片母版”按钮，回到幻灯片母版功能区，单击“关闭母版视图”按钮，回到“普通视图”状态，可以看到已经修改过的“标题幻灯片”版式，如图 5-3-22 所示。在幻灯片母版设置中添加的字样，在普通视图中就不能修改了。

同理，应用幻灯片母版，还可在“标题与内容”等其他版式幻灯片上，调整占位符位置，调整文本的字体、字号和颜色等设置，并添加需要在这个版式幻灯片中重复的内容，然后关闭幻灯片视图，回到普通视图，“标题与内容版式”就变成了新的带有公共文字的版式。通过添加并制作这些版式的幻灯片，就得到具有重复内容的演示文稿。如此集中进行处理重复文字，就比在每张幻灯片中单独设置，效率高得多了。

3. 应用幻灯片母版设置公司 LOGO

对需要在每张幻灯片中都出现的图片信息（比如企业的 LOGO），应用幻灯片母版设置，也能够很方便地实现。方法与上述“应用幻灯片母版设置重复文字”方法相同，只需在幻灯片母版状态下插入 LOGO 图片即可。

4. 应用幻灯片母版自定义制作幻灯片版式

考虑到上述版式以后会被重复调用，可将此设计好的母版永久保存。具体做法是打开母版所在的演示文稿，单击打开“文件”选项卡，单击“另存为”命令，出现下拉对话框，在“保存类型”下拉列表中单击选择“PowerPoint 模板”选项；输入保存名称；单击“保存”按钮即可，如图 5-3-23 所示。下次如有需要，找到存放的位置，直接调用这一幻灯片版式，既方便又快捷。

5. 应用幻灯片母版制作主题模板

准备好要做成模板的图片，打开 PowerPoint 并新建一个空白的演示文稿；单击“视图”→“幻灯片母版”，进入母版编辑状态；单击“背景样式”按钮，出现背景样式下拉列表，单击“设置背景格式”命令，进入“设置背景格式”对话框，如图 5-3-24 所示。

单击选中“图片或纹理填充”按钮①，再单击“文件”按钮②，选择需要设置为背景的图片，单击“关闭”按钮，右击左侧第 1 张“Office 主题幻灯片母版”，出现下拉列表，单击“保留母版”命令；单击“关闭母版视图”按钮，回到普通视图；单击打开“文件”选项卡，单击“另存为”命令，出现“另存为”对话框，在“保存类型”下拉列表中单击选择“PowerPoint 模板”选项；输入保存名称；单击“保存”按钮即可。当重新打开保存的演示文稿，就可以查看到已被保存的主题模板。

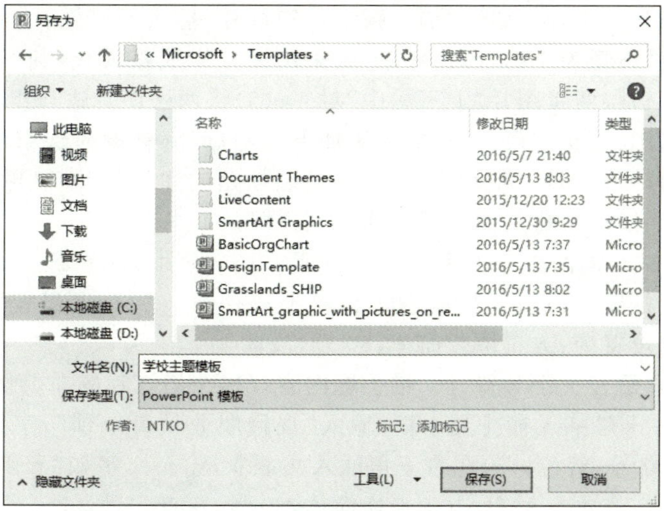

图 5-3-23 另存为“学校主题模板”

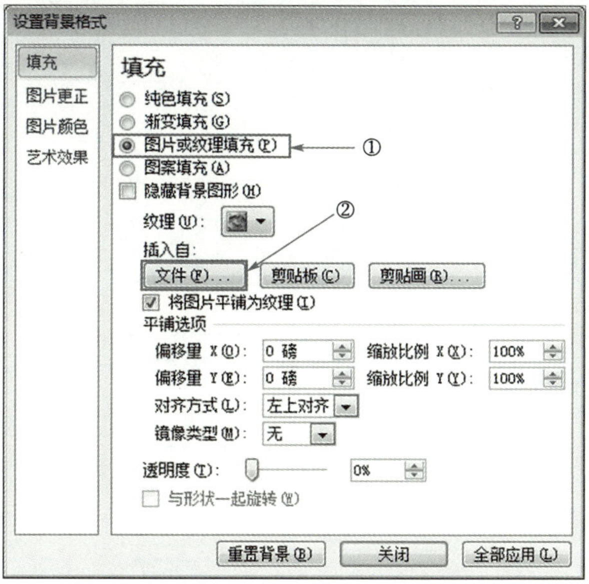

图 5-3-24 “设置背景格式”对话框

七、案例实操

1. 演示文稿背景设置。(1)新建一个演示文稿(课题 3 演示文稿);(2)为其设置“样式 6”的背景样式;(3)预设颜色为“暗香扑面”;(4)类型为“射线”;(5)并将其设置为全部应用。

2. 字体、字号、颜色设置。继上述内容,(1)添加“标题与内容”幻灯片;(2)在标题占位符中键入“四个现代化”,在文本占位符中键入“工业现代化、农业现代化、国防现代化及科学技术现代化”;(3)设置标题格式:“微软雅黑”,40 号字,红色;(4)设置内容格式:“宋体”,30 号字、深蓝。

3. 项目符号及编号设置。继上述内容,(1)将标题格式设置为:箭头项目符号;(2)将内容格式设置为:象形编号,宽句号。

4. 调整段落缩进与间距。继上述内容,(1)将内容缩进格式设置为:文本之前 1.5 厘米;(2)段落首行缩进 2 厘米;(3)间距设置:段前 6 磅,段后 9 磅,行距 1.5 倍。

5. 图片修饰、对齐与组合。(1)添加一张空白幻灯片，插入两张图片；(2)将其中一张剪切为椭圆，边框为蓝色，线粗为1磅；(3)另外一张采用图片样式格式化：圆形对角，白色，边框为蓝色，线粗为1磅；(4)将两张图片"上下居中"对齐；(5)将两张图片进行组合。

6. 取消图片组合与调整图层。(1)复制添加上述幻灯片(粘贴时保留源格式)；(2)将组合图片取消组合；(3)将两张图片"左右居中"；(4)复制粘贴前述幻灯片(粘贴时保留源格式)，将前面的图片移动到底层；(5)将后面的图片移动到顶层。

7. 应用母版统一文本格式。(1)新建一个演示文稿(以学号·班级·姓名命名)；(2)在标题幻灯片母版中，将标题占位符及副标题占位符上移一行；(3)标题设置为：微软雅黑，42号字，黑色；(4)副标题设置为：方正综艺简体，30号，浅蓝。

8. 应用母版设置重复文字和符号。继上题内容，(1)在幻灯片的左上角插入一张图片作为公司"LOGO"；(2)左上端插入横排文本框，输入"现代职业教育培训"；字体设置为：文本左对齐，方正卡通简体，20号，蓝色；(3)在右下角插入文本框，输入文字如"云南工业技师学院·教务处编"；字体设置为：文本右对齐，方正卡通简体，20号，深蓝。

9. 应用母版自定义版式及主题模板。继上题内容，(1)以"计算机应用基础版式"为名保存该标题母版；(2)继上题内容，添加"标题与内容"版式幻灯片，重复8题(1)～(3)。保存为"计算机应用基础主题模板"。

【课题小结】

本课题的内容结构如图5-3-25所示。

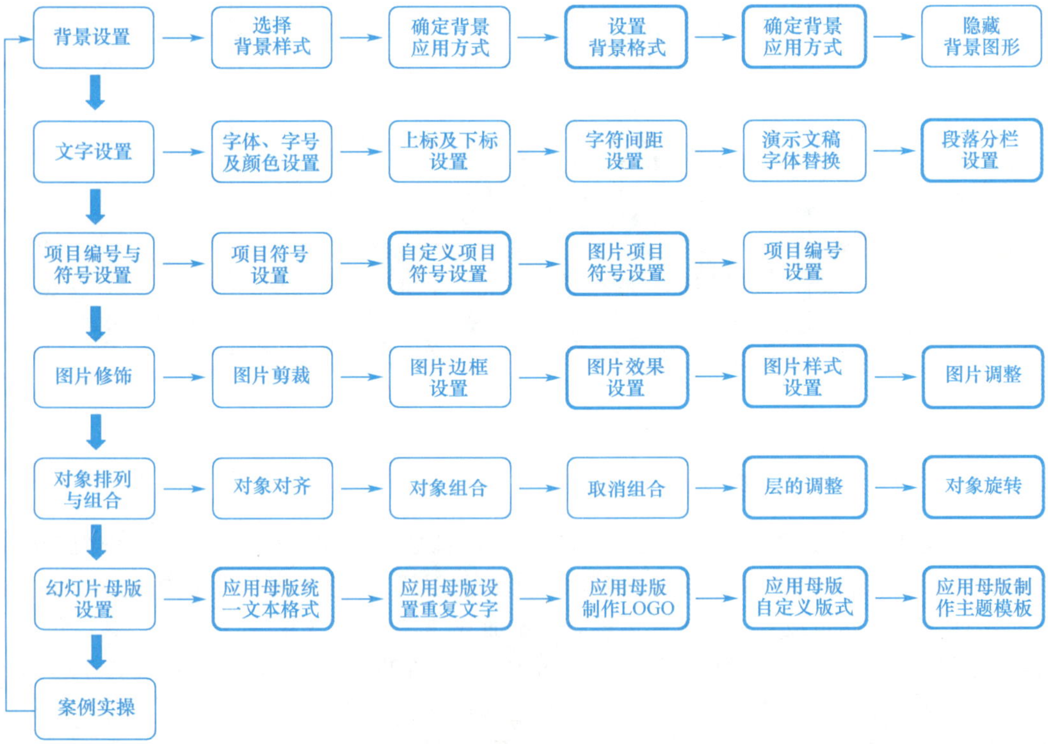

图5-3-25 本课题内容结构

说明：

1. 幻灯片编辑是制作幻灯片的核心内容。本课题一条主线六方面的内容循序渐进，依次展开。学习掌握好这六个方面的具体内容，非常重要。

2. 粗框包含的内容是难点内容，根据具体情况，可作为选修内容，也可在学习巩固其他内容的基础上，再深入学习。

3. 其他内容，都是重点内容，需要认真领会，反复实践。

【效果测评】

表 5-3-1　考核评分记录表

考核目标	考核内容	考核要求	评分标准	配分	自评	互评	师评
知识目标	1. 背景设置的基本原则	思路清晰，回答完整	全面完整得满分。少 1 项扣 3 分	5			
	2. 幻灯片对文字有什么禁忌。通过颜色和字体突出重点的方法	思路清楚，回答完整	能够完整说出得满分。少 1 项扣 2 分，扣完为止	5			
	3. 字间距、行距与段距的调整原则	思路清晰，回答完整	能够完整说出得满分。少 1 项扣 2 分，扣完为止	5			
	4. 项目符号及编号设置的作用	完整理解，准确把握	能够完整说出得满分。少 1 项扣 2 分，扣完为止	5			
	5. 图片修饰的重要性。图片修饰的主要内容	完整理解，准确把握	能够完整说出得满分。少 1 项扣 1 分，扣完为止	5			
	6. 对象排列与组合的作用，包含的主要内容	完整理解，准确把握	能够完整说出得满分。少 1 项扣 2 分，扣完为止	5			
	7. 幻灯片母版设置的作用。举例说明	思路清晰，理解准确	能够完整说出得满分。少 1 项扣 2 分，扣完为止	5			
能力目标	独立完成案例实操 1：演示文稿背景设置	熟悉操作步骤，能够进行熟练操作	全面完成实操得满分。少 1 步扣 1 分	5			
	独立完成案例实操 2：字体、字号、颜色设置	熟悉操作步骤，能够进行熟练操作	全面完成实操得满分。少 1 步扣 1 分	4			
	独立完成案例实操 3：项目符号及编号设置	熟悉操作步骤，能够进行熟练操作	全面完成实操得满分。少 1 步扣 2 分	4			
	独立完成案例实操 4：调整段落缩进与间距	熟悉操作步骤，能够进行熟练操作	全面完成实操得满分。少 1 步扣 1 分	4			
	独立完成案例实操 5：图片修饰、对齐与组合	熟悉操作步骤，能够进行熟练操作	全面完成实操得满分。少 1 步扣 2 分	10			
	独立完成案例实操 6：取消图片组合与调整图层	熟悉操作步骤，能够进行熟练操作	全面完成实操得满分。少 1 步扣 2 分	10			
	独立完成案例实操 7：应用母版统一文本格式	熟悉操作步骤，能够进行熟练操作	全面完成实操得满分。少 1 步扣 2 分	8			
	独立完成案例实操 8：应用母版重复文本格式和符号	熟悉操作步骤，能够进行熟练操作	全面完成实操得满分。少 1 步扣 2 分	10			
	独立完成案例实操 9：应用母版自定义幻灯片版式及主题模板	熟悉操作步骤，能够进行熟练操作	全面完成实操得满分。完成(1)得 4 分。完成(2)得 6 分	10			
总分				100			

课题四　SmartArt 工具的应用

SmartArt 意为“聪明伶俐的艺术”。它是将信息和观点转换为视角形式的智能化图形工具。SmartArt 的应用，一是把文本图片化了，提高了演示文稿的视觉冲击力，增强了观赏性，提升了艺术效果；二是把文本的层次关系、循环过程或操作流程等直观地表现出来，变得可视化；三是应用 SmartArt 工具，能使幻灯片的制作变得简单明了、便捷高效，为幻灯片的制作开拓一条全新的途径。

【教学目标】

知识目标：

1. 了解 SmartArt 工具的作用。
2. 熟悉 SmartArt 图形的类别、特点及使用场合。
3. 掌握 SmartArt 图形工具的使用方法。

能力目标：

1. 掌握 SmartArt 图形工具的使用步骤。
2. 熟悉和掌握 SmartArt 图形工具的实操技能。

【教学任务】

本课题的主要教学内容：SmartArt 图形的类别；SmartArt 工具的应用；案例实操。

【教·学·做】

一、SmartArt 图形的类别

打开演示文稿，进入幻灯片编辑窗格，单击“插入”选项卡的“SmartArt”按钮，或单击幻灯片编辑窗格界面上的内容占位符中“插入 SmartArt 图形”按钮，则出现 SmartArt 图形分类及其列表，如图 5-4-1 所示。

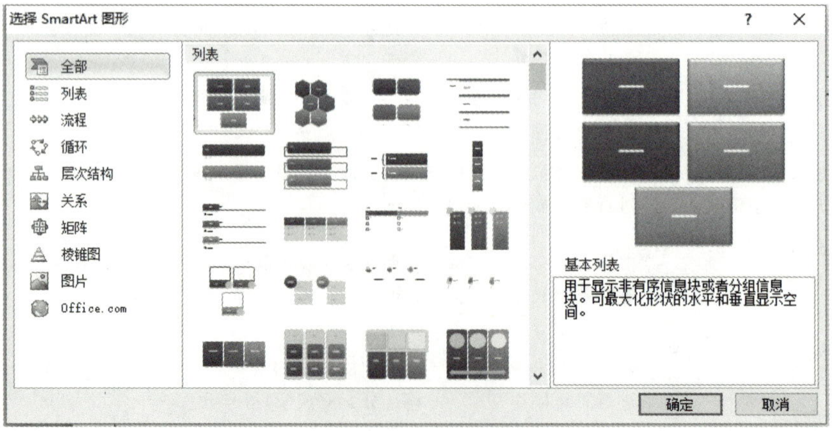

图 5-4-1　SmartArt 图形分类及其列表

SmartArt 图形类型包括列表、流程、循环、层次结构、关系、矩阵、棱锥图和图片 8 类 185 种图形。这些图形结构，直观地反映了各组成部分之间内在联系和逻辑关系，将它们与文本信息有机结合，就能以更加直观的方式交流信息。下面选择具有代表性的 10 种图形进行讲解说明，熟悉和掌握这些图形对于全面学习和掌握 SmartArt 图形工具具有举一反三的作用。这 10 种图形分别为层次结构图、并列图、流程图、公式图、金字塔图、矩阵图、阶梯图、关系图、循环图、趋势图。

1. 层次结构图

层次结构图直观地反映了各层次之间的层级递进关系，如图 5-4-2 所示，从左到右三级文本，三个层级，它们依次是上下级关系。如单位的组织结构图就属于这种结构。

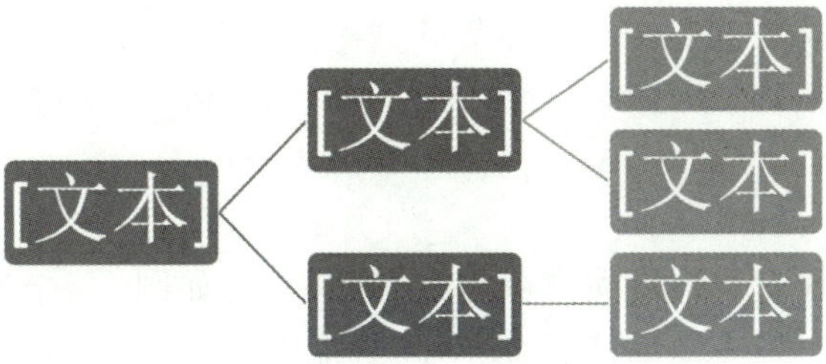

图 5-4-2 层级结构图

2. 并列图

并列图直观地反映了各层次之间的并列关系，如图 5-4-3 所示，从上到下三个文本，它们之间是平等并列的关系。如“三德”“三观”“三义”等属于这种结构。

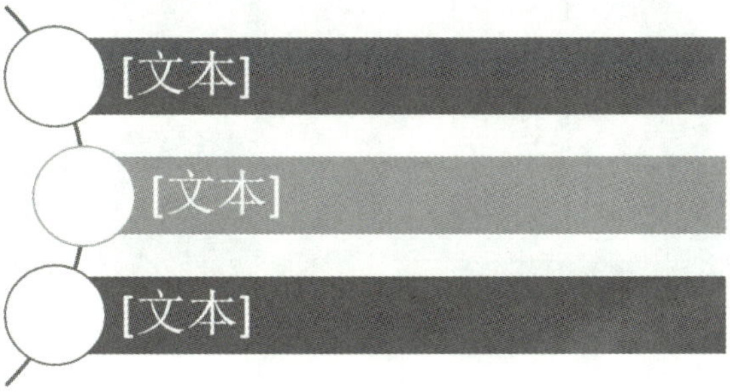

图 5-4-3 并列图

3. 流程图

流程图直观地反映了各个部分之间的先后顺序关系，如图 5-4-4 所示，从左到右，三个文本是按照时间先后和逻辑层次进行排列的，有着明确的先后顺序和逻辑关系。如“任务、流程”或“工作中的顺序、步骤”等属于这种结构。

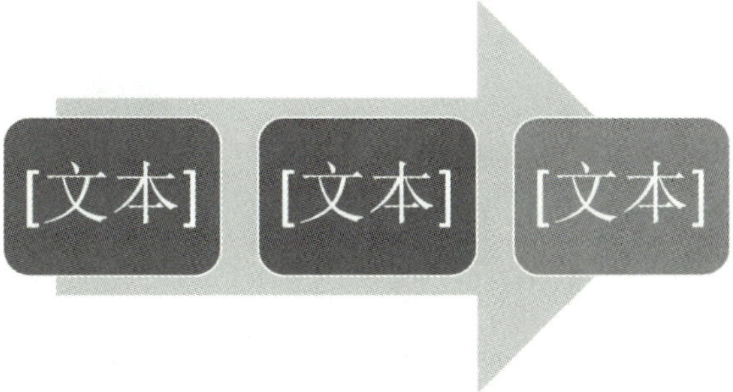

图 5-4-4 流程图

4. 公式图

公式图直观地反映了各个部分之间的互补关系，如图 5-4-5 所示，从左到右，前两个文本的内容之和构成了第三个文本的内容，它们是局部与整体的关系。如“高素质技能人才”等于“高素质”加“高技能”等属于这种结构。

图 5-4-5　公式图

5. 金字塔图

金字塔图直观地反映了三个文本的金字塔结构，如图 5-4-6 所示。金字塔结构的特点：由下到上，层级不断升高，数量不断减少。如“小学”“中学”和“大学”的性质就属于这种金字塔结构。

6. 矩阵图

矩阵图以象限的方式直观地反映部分与整体的关系，如图 5-4-7 所示，四个文本构成内在的有机联系的一个整体。矩阵图的特点：从不同的维度(如二维角度)分析事物，得出成对出现结构性结论。如根据事物的“重要性”和“紧迫性”两个维度分析，可以得出事物的四种组合。很多管理咨询理论都用矩阵来表达。

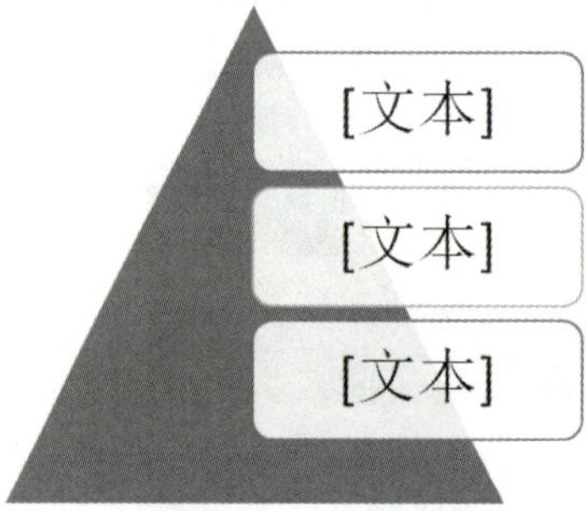

图 5-4-6　金字塔图

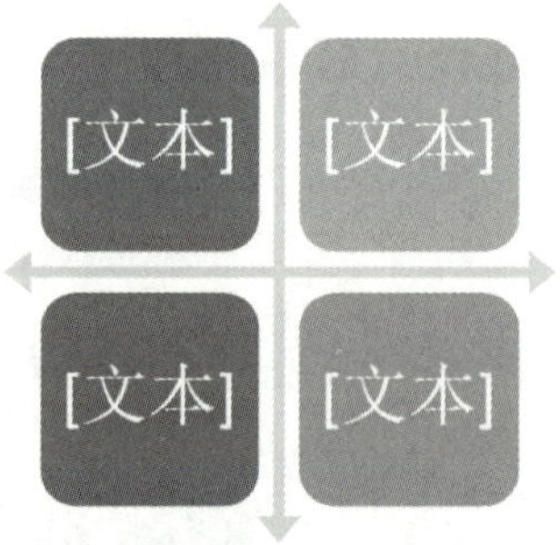

图 5-4-7　矩阵图

7. 阶梯图

阶梯图也叫步骤上移流程图，如图 5-4-8 所示，三个文本依次逐步阶梯式上升，用于按升序显示一系列步骤或信息列表。如按照阶段性发展并不断上升的社会、经济发展状况。

8. 关系图

关系图用于描述事物之间的相互关系，有平衡关系、背离关系、包含关系等。其中，如图 5-4-9 所示为一种平衡关系，可用于显示两个对立的观点或概念。

图 5-4-8　阶梯图

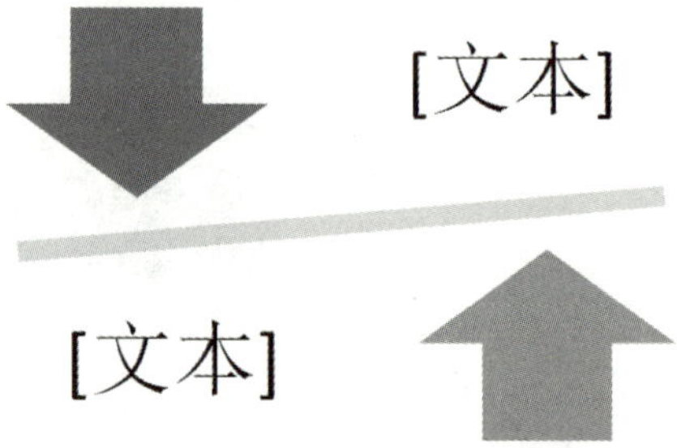

图 5-4-9　关系图

9. 循环图

循环图的种类很多，能够直观地反映事物的组成部分、它们之间的连接关系及循环方向等特征。如图 5-4-10 所示的基本循环图，往往用来表示业务流，它强调阶段或步骤，而不是连接箭头或流程。很多时候是并列或分类关系的一种视觉化表达手段。

10. 趋势图

趋势图能够直观地反映事物发展变化的一种趋势。如图 5-4-11 所示的趋势图是一种发展变化向上的趋势图，用于表示的是一种显示任务、流程或工作流中趋势向上的行进或步骤。如企业经营业绩、发展历程等都反映的是一种趋势。

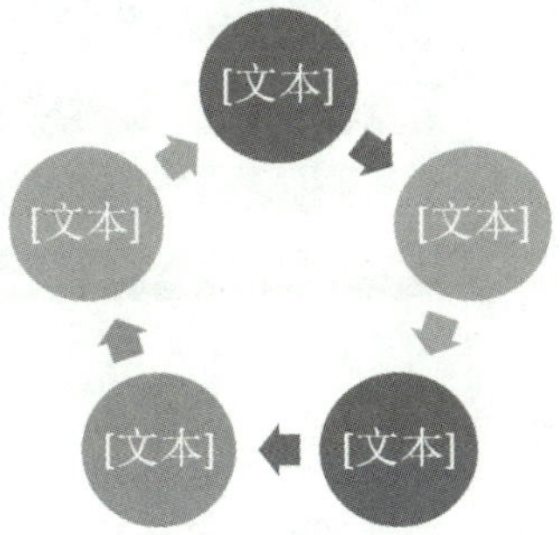

图 5-4-10　循环图

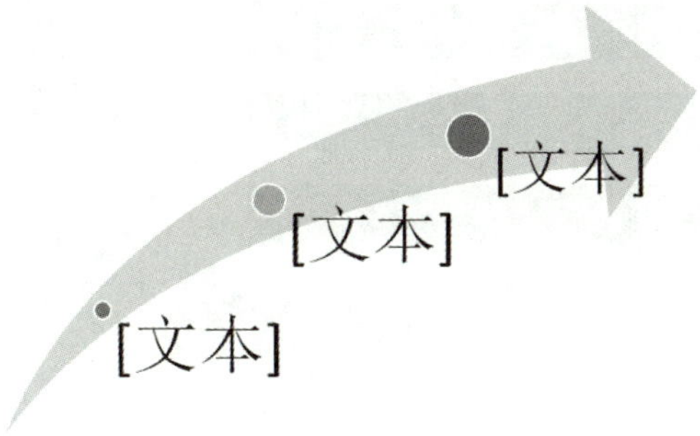

图 5-4-11　趋势图

二、SmartArt 工具的应用

应用 SmartArt 工具制作幻灯片，就是根据文本内容选择合适的 SmartArt 图形，将文本内容填充到 SmartArt 图形中的文本框中，借助 SmartArt 图形结构及色彩提升文本的视觉效果。SmartArt 工具功能强大，应用便捷灵活，通常有三种操作方式：一是直接插入 SmartArt 工具，在其中输入文本；二是在占位符或文本框中输入文本，再转换为 SmartArt 图形；三是已经转换后的 SmartArt 图形，重新转换为文本或更为合适的 SmartArt 图形。

1. 插入 SmartArt 图形并输入文本

插入 SmartArt 图形并输入文本，就可以在幻灯片中快捷地完成一张 SmartArt 图形的制作。具体方法如下：

打开并创建一个演示文稿，添加一张“标题与内容”版式幻灯片；在内容占位符中单击“插入 SmartArt 图形”按钮，出现“选择 SmartArt 图形”对话框；单击“列表”按钮①，出现图中右侧图形列表；选择单击“垂直曲形列表”按钮②，在右侧出现垂直曲形列表③，如图 5-4-12 所示。

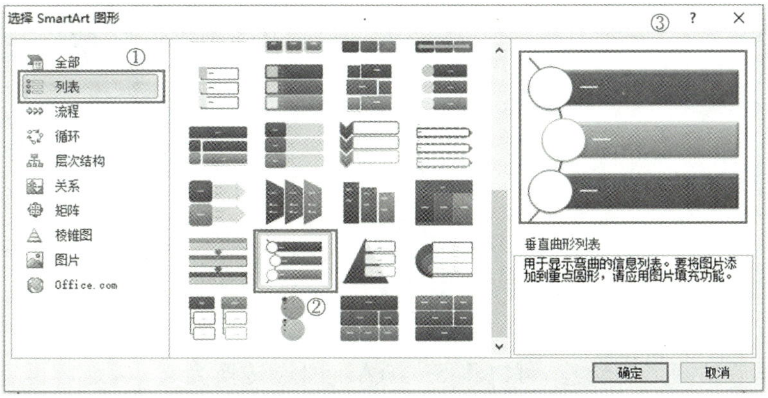

图 5-4-12　垂直曲面列表图形的选择

单击“确定”按钮，在幻灯片内容占位符中出现垂直曲形列表图形，如图 5-4-13 所示。

在标题占位符输入“四个现代化”；在垂直曲形列表左侧单击文本窗格对话框按钮①，在其左侧出现“在此处键入文字”对话框②；键入“工业现代化”，按“↓”键；以此方法，继续键入“农业现代化”和“国防现代化”；按“Enter(回车)”键，在新增行中键入“科学技术现代化”；在其右面对应出现相应文字。文字键入完毕，关闭文本窗格或单击内容占位符之外的任意位置，文本窗格随即关闭收起。其他 SmartArt 图形的插入及文字键入方法也是一样，不再赘述。

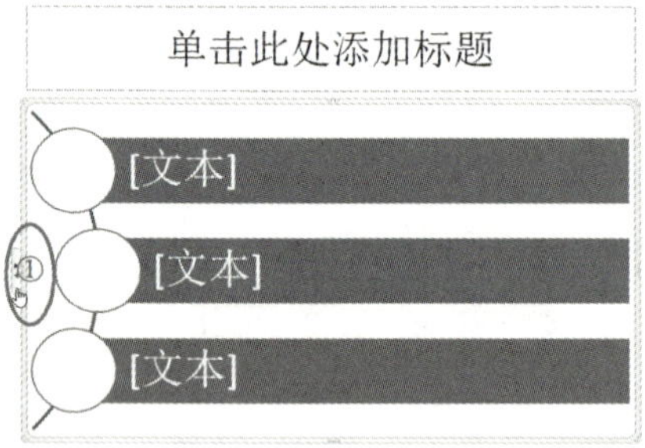

图 5-4-13 垂直曲形列表图形

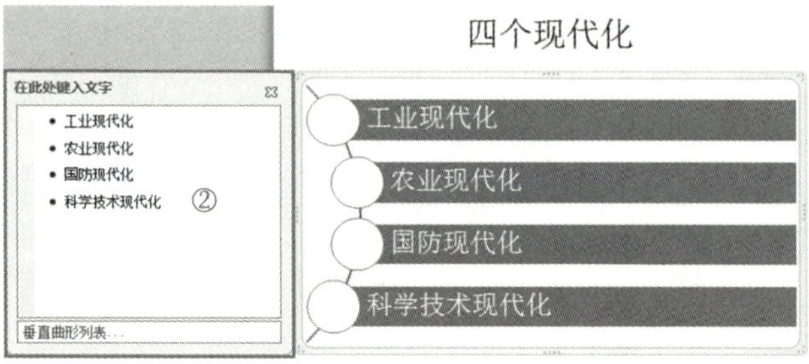

图 5-4-14 垂直曲形列表图形输入文本

2. 文本转换为 SmartArt 图形

上述方法是先插入 SmartArt 图形再键入文字。如果先有文字能不能转换为 SmartArt 图形呢？答案是完全可以的。具体操作方法如下：

继上述内容，在演示文稿中新添加一张“标题和内容”版式幻灯片；在标题占位符中键入“四个现代化”，在内容占位符中分别键入“四个现代化”的内容；单击内容占位符的边框，在“开始”选项卡的“段落”功能区，单击“转换为 SmartArt”下拉按钮，出现 SmartArt 下拉列表，如图 5-4-15 左图所示。

在列表中选择合适的图形，如单击“基本矩阵”按钮，则内容占位符中的文本变为基本矩阵图形，如图 5-4-15 右图所示。如果列表中的图形不符合要求，可在列表下端单击“其他 SmartArt 图形”，进入“选择 SmartArt 图形”对话框，选择其他 SmartArt 图形。

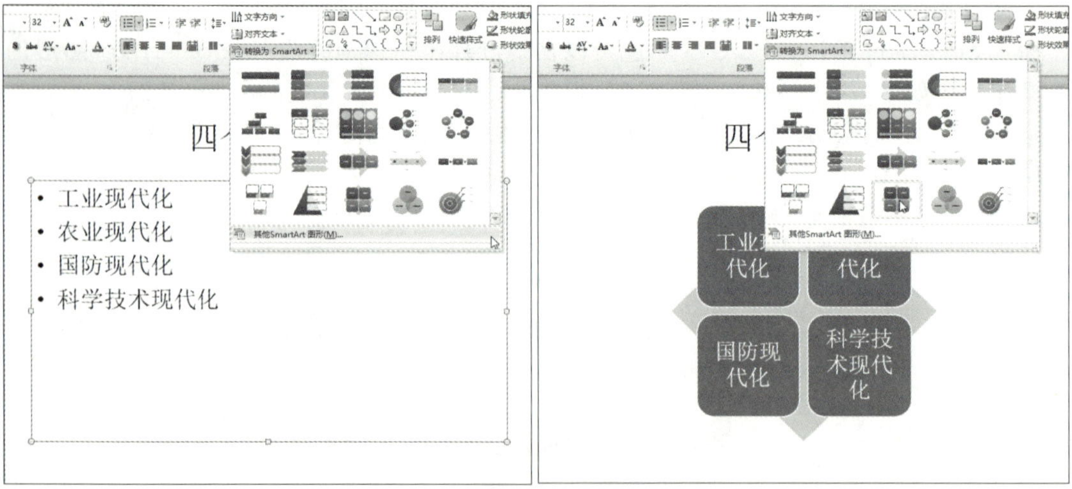

图 5-4-15 文本转换为 SmartArt 图形

3. SmartArt 图形转换为文本

如果对转换后的图形不满意，可以将 SmartArt 图形转换为文本，之后再重新把文本转换为 SmartArt 图形。如将上述“四个现代化”的“基本矩阵图形”转换为“基本循环图”，首先将

"四个现代化"的"基本矩阵图形"转换为文本。具体操作方法如下：

单击选择"四个现代化"的"基本矩阵图形"的图框，如图 5-4-16 所示；再单击"SmartArt 工具-设计"选项卡，在"重置"功能区单击"转换"下拉按钮，出现转换下拉列表，如图 5-4-17 所示；单击"转换为文本"按钮，幻灯片中"四个现代化"的"基本矩阵图形"转换为"四个现代化"的文本。再根据前面所示方法，将"四个现代化"的文本转换为 SmartArt"基本循环"图形，如图 5-4-18 所示。

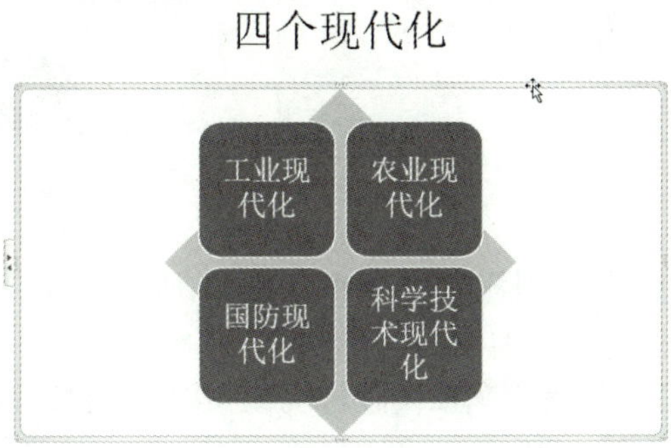

图 5-4-16 选择基本矩阵图形

图 5-4-17 转换下拉列表

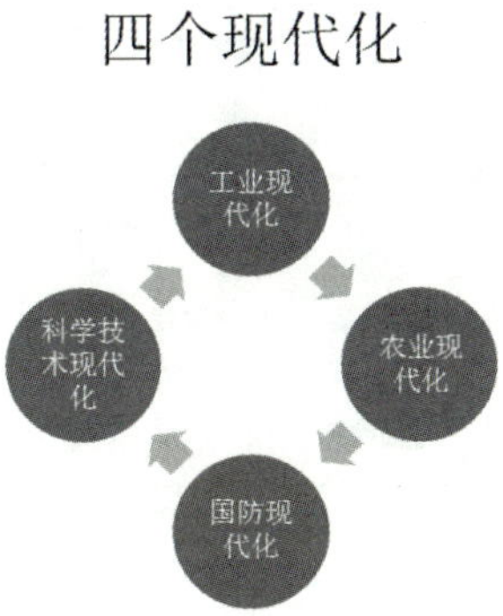

图 5-4-18 "基本循环"图形

三、SmartArt 图形的美化

运用 SmartArt 工具将文本图形化以后，还可以借助 SmartArt 工具的设计功能（如图 5-4-19 所示），通过调整布局、调整样式以及更改颜色，使 SmartArt 图形更加和谐美观。

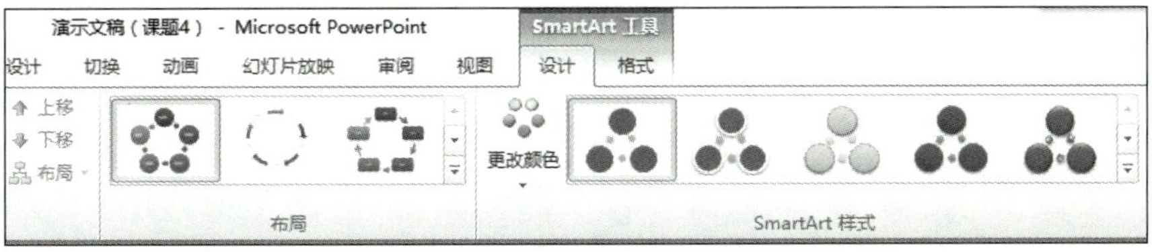

图 5-4-19 SmartArt 工具的设计功能

1. 调整 SmartArt 图形布局

继上述内容，在演示文稿中复制添加一张如图 5-4-18 所示基本循环图形的幻灯片，单击选定该幻灯片，再单击"SmartArt 工具-设计"选项卡中"布局"下拉按钮，出现循环布局图形下拉列表，如图 5-4-20 所示。单击"不定向循环"按钮，幻灯片内的"基本循环"图形变为"不定向循环"图形，如图 5-4-21 所示。

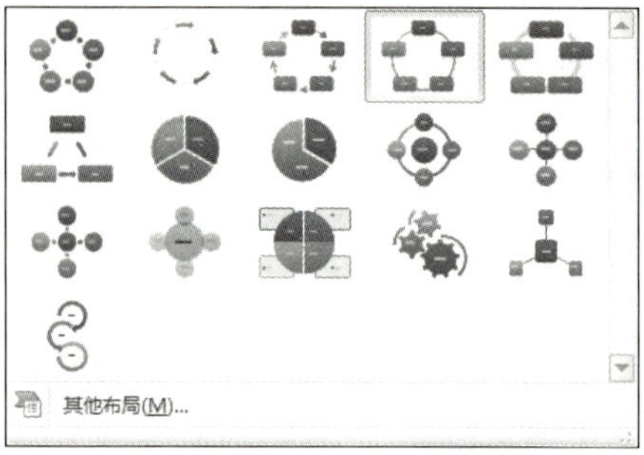

图 5-4-20 循环布局下拉列表

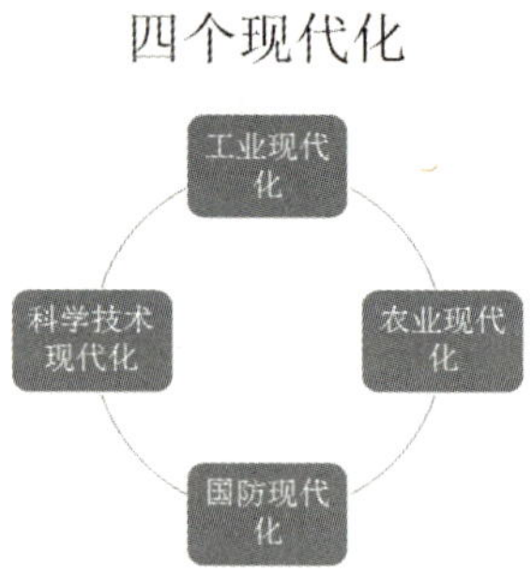

图 5-4-21 不定向循环图形

2. 调整 SmartArt 样式

继上述内容，在演示文稿中复制添加一张图 5-4-21 所示不定向循环图形的幻灯片，单击选定该幻灯片，再单击“SmartArt 工具-设计”选项卡中“SmartArt 样式”下拉按钮，出现“文档的最佳匹配对象”，如图 5-4-22 所示。单击“砖块场景”按钮，幻灯片内的“不定向循环”图形变为“砖块场景”图形，如图 5-4-23 所示。

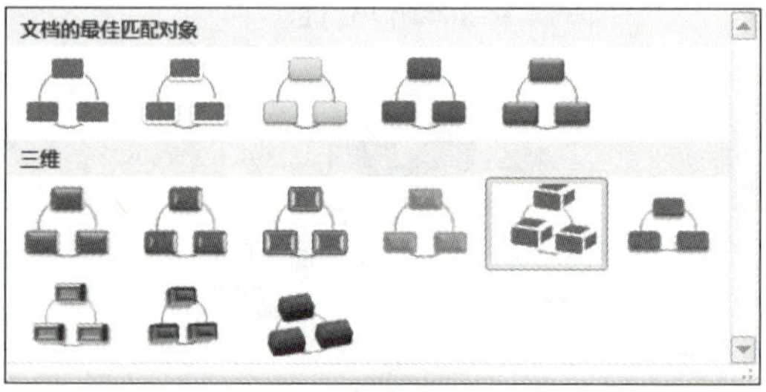

图 5-4-22 文档的最佳匹配对象

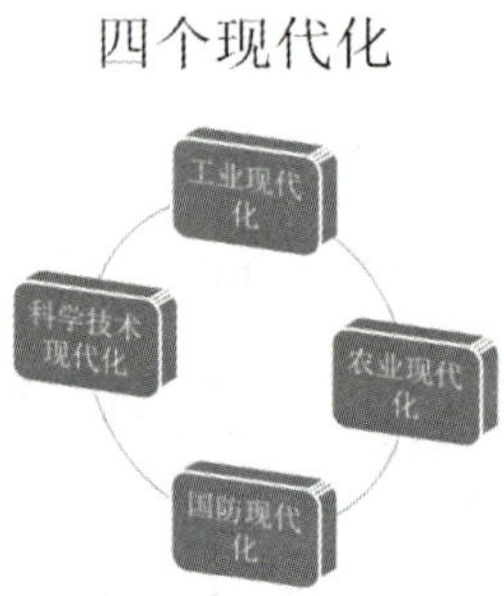

图 5-4-23 砖块场景图形

3. 更改 SmartArt 图形的颜色

继上述内容，在演示文稿中复制添加一张如图 5-4-23 所示砖块场景图形的幻灯片，单击选定该幻灯片，再单击“SmartArt 工具-设计”选项卡中“更改颜色”按钮，出现更改颜色下拉列表，如图 5-4-24 所示。在“彩色”栏中单击“彩色-强调文字颜色”按钮，幻灯片内的图形颜色变为如图 5-4-25 所示。

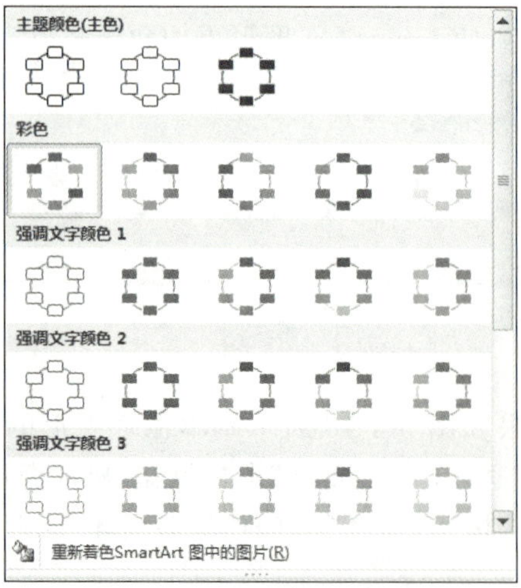

图 5-4-24 更改颜色下拉列表

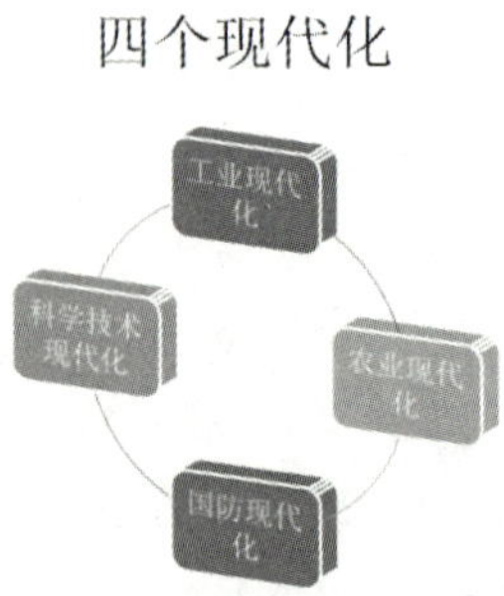

图 5-4-25 强调文字颜色

由此可以看出，通过调整布局、调整样式以及更改颜色处理，SmartArt 图形变得更加美观、更有特色、更具表现力。

四、SmartArt 使用注意事项

1. 文本文字量不宜过大

SmartArt 图形用于文字量较少的场合，文字量过大，会分散 SmartArt 图形的视觉吸引力，使其难以直观地传达信息。因此，对一些文字量大的信息，在应用 SmartArt 图形之前，要归纳总结、提炼要点、精简文字。

2. 选择合适的 SmartArt 图形

选择合适的 SmartArt 图形，对于增强图形可视化效果和数据的说服力是极其重要的。但在选择 SmartArt 图形前要认真梳理文本信息，分析信息特征，根据文本内容合理选择相应图形。SmartArt 图形分类及适用范围见表 5-4-1。

表 5-4-1 SmartArt 图形分类及适用范围

序号	图形类别	适用范围	备注
1	列表	适用于显示无序信息	
2	流程	适用于在流程或日程表中显示步骤	
3	循环	适用于显示连续的流程	
4	层次结构	适用于显示等级层次关系	
5	关系	适用于显示多个信息之间的关系	
6	矩阵	适用于显示各部分与整体的关系	
7	棱锥图	适用于显示顶部与底部最大部分的比例关系	
8	图片	适用于显示以图片表示的构想，配合相关的构思显示在旁边	

五、案例实操

1. 插入 SmartArt 图形并输入文本

(1)新建一个“课题四案例实操”演示文稿，添加一张“仅标题”的幻灯片；(2)插入“网格矩阵”的 SmartArt 图形；(3)制作一张“做四有学生”即“有理想、有道德、有文化、有纪律”的幻灯片。

2. 输入文本并转换为 SmartArt 图形

(1)继上述内容，添加一张“标题与内容”幻灯片；(2)输入文本：标题为“四个育人”，内容为“教书育人、管理育人、服务育人、环境育人”；(3)将其转换为“基本维恩图”的 SmartArt 图形。

3. SmartArt 图形转换为另一 SmartArt 图形

(1)继上述内容，复制粘贴题 2 的幻灯片；(2)将其转换为“分段循环”的 SmartArt 图形。

4. 调整图形布局

(1)继上述内容，复制粘贴题 3 的幻灯片；(2)调整布局，将其调整为“基本饼图”的 SmartArt 图形。

5. 调整图形样式

(1)继上述内容，复制粘贴题 4(2)的幻灯片；(2)调整 SmartArt 样式，将其调整为“卡通”的 SmartArt 图形。

6. 更改图形颜色

更改图形颜色，设置上述“卡通”的 SmartArt 图形颜色：彩色范围-强调文字颜色 4～5。

【课题小结】

本课题的内容结构如图 5-4-26 所示。

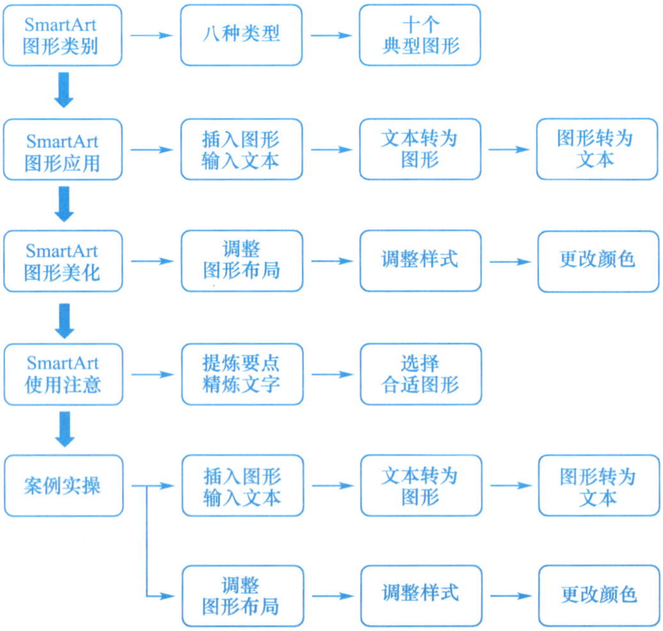

图 5-4-26 本课题内容结构

说明：

1. SmartArt 图形是制作幻灯片的一个重要工具。本课题围绕四个方面的内容依次进行说明。学习掌握好这四个方面的内容，对于学习和掌握 SmartArt 工具的应用，能够得到快速入门的效果。

2. 课题中仅仅介绍了几个简单直观的图形，目的在于抛砖引玉，希望学员能够举一反三地进行学习。

3. 温故而知新，学习重在复习；实践出真知，学习重在实践。不断学习，反复实践，就会熟能生巧，使幻灯片的制作又快又好。

【效果测评】

表 5-4-2 考核评分记录表

考核目标	考核内容	考核要求	评分标准	配分	自评	互评	师评
知识目标	1. SmartArt 的基本功能	表述清楚、完整	概念清楚，回答完整得满分	5			
	2. SmartArt 的作用	三个方面，回答完整	能够完整说出得满分。少 1 项扣 2 分，扣完为止	10			
	3. SmartArt 的图形类别	熟悉 SmartArt 图形的类别与种数	能够完整说出得满分。少 1 项扣 3 分，扣完为止	5			
	4. SmartArt 应用的基本方式	三种具体方式能够完整理解，准确把握	能够完整说出得满分。少 1 项扣 2 分，扣完为止	10			
	5. SmartArt 使用注意事项	两个方面，能够完整理解，准确把握	能够完整说出得满分。少 1 项扣 1 分，扣完为止	10			

（续表）

考核目标	考核内容	考核要求	评分标准	配分	自评	互评	师评
能力目标	完成案例实操 1：插入 SmartArt 图形并输入文本	熟悉操作步骤，能够进行熟练操作	全面完成实操得满分。少 1 步扣 3 分	10			
	独立完成案例实操 2：输入文本并转换为 SmartArt 图形	熟悉操作步骤，能够进行熟练操作	全面完成实操得满分。少 1 步扣 3 分	10			
	独立完成案例实操 3：把 SmartArt 图形转换为另一 SmartArt 图形	熟悉操作步骤，能够进行熟练操作	全面完成实操得满分。少 1 步扣 3 分	10			
	独立完成案例实操 4：调整图形布局	熟悉操作步骤，能够进行熟练操作	全面完成实操得满分。可根据情况酌情扣分	10			
	独立完成案例实操 5：调整图形样式	熟悉操作步骤，能够进行熟练操作	全面完成实操得满分。可根据情况酌情扣分	10			
	独立完成案例实操 6：更改图形颜色	熟悉操作步骤，能够进行熟练操作	全面完成实操得满分。可根据情况酌情扣分	10			
总　分				100			

课题五　动画设置

幻灯片犹如一个舞台，而标题、文本、图片、表格等要素则像不同角色的演员。动画设置就是对这些要素进行设置编导，使其按照一定的顺序、方式、路径等依次进入或退出幻灯片，使幻灯片由单一的平面显示变为立体的动态展示，变得更加形象生动，增强其感染力和表现力。通过学习本课题，能够熟悉和掌握幻灯片的动画设置、SmartArt 图形的动画设置以及幻灯片的切换，提高幻灯片制作的质量和效果。

➤【教学目标】

知识目标：

1. 了解动画设置的目的和意义。
2. 熟悉动画设置的基本内容。
3. 熟悉和掌握一般动画设置的基本方法。
4. 熟悉和掌握 SmartArt 图形的动画设置的基本方法。
5. 熟悉幻灯片切换的方法。

能力目标：

1. 熟悉和掌握动画设置的基本步骤和实操技能。
2. 熟悉和掌握 SmartArt 图形的动画设置步骤和实操技能。
3. 熟悉和掌握幻灯片切换的基本步骤和实操技能。

➤【教学任务】

本课题的主要教学内容：添加动画；效果选项；动画窗格；动画排序；SmartArt 图形的动画设置；幻灯片的切换；案例实操等内容。

➤【教·学·做】

微课

幻灯片的动画设置

一、添加动画

添加动画是给幻灯片中的各种对象进行设置编导，赋予动感的过程。包括对象进入方式、效果强调、退出方式、动作路径等方面的内容。

1. 进入方式设置

进入方式，是指对象进入幻灯片的具体形式。具体设置方法如下：

单击选中幻灯片中对象，选择“动画”选项卡，单击“添加动画”，出现“进入”下拉列表，如图 5-5-1 所示。

图 5-5-1　进入方式列表

程序预置有 13 种进入方式，点其中任意方式，对象即获得相应的动态进入效果。如确认进入方式为“翻转式由远及近”，单击该图形按钮，则被选择的对象按照相应的进入方式由远及近地进入幻灯片。

2. 效果强调设置

效果强调，是对幻灯片中的对象采取一定的方式进行动态修饰和渲染，凸显对象重要性，以期增强观众的注意力。具体设置方法如下：

单击选中幻灯片中的对象，选择“动画”选项卡，单击“添加动画”，出现“强调”下拉列表，如图 5-5-2 所示。

图 5-5-2　强调方式列表

程序预置有 19 种强调方式，点其中任意方式，对象即获得相应的强调效果。如对文本框选择设置“下划线”的强调方式，单击该“下划线”图形按钮，则被选择的文本框中的文字在幻灯片中就会出现下划线的显示效果。

3. 退出方式

退出方式，是幻灯片中的各种对象要素动态退出幻灯片的基本方式。对象设置退出方式动画，会进一步增强对象的层次感。具体设置方法如下：

单击选中幻灯片中的对象，选择“动画”选项卡，单击“添加动画”，出现“退出”下拉列表，如图 5-5-3 所示。

图 5-5-3　退出方式列表

程序预置有 13 种退出方式，点其中任意方式，对象即获得相应的动态退出效果。如确认对象的退出方式为“缩放”方式，单击该图形按钮，则被选择的对象按照从大到小方式逐步消失退出。

4. 动作路径设置

动作路径，是对象在幻灯片中运动的轨迹。为对象设置动作路径，可以让对象按照所需要的路径进行运动，取得更好的动画效果。具体设置方法如下：

单击选中幻灯片中的对象，选择“动画”选项卡，单击“添加动画”，出现“动作路径”下拉列表，如图 5-5-4 所示。

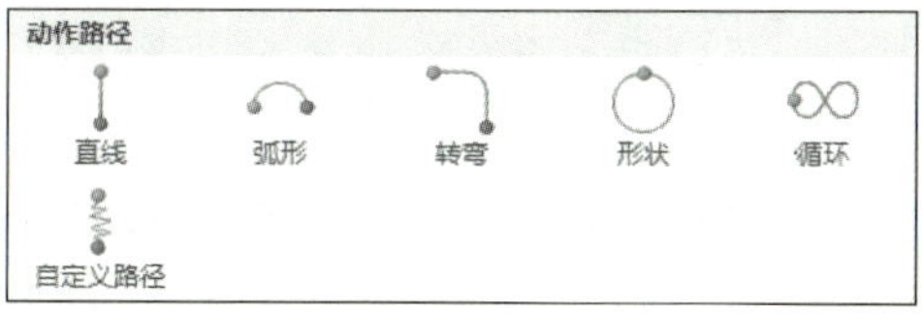

图 5-5-4　动作路径

程序预置有五种动作路径，点其中任意动作路径，对象即按照相应的路径运动。如确认对象的动作路径为“循环”方式，单击该图形按钮，则被选择的对象在幻灯片中就按照“循环”方式运动。

如单击“自定义路径”，则鼠标变为“十”字光标，拖动光标就会画出一条曲线，双击鼠标停止划线，随即看到对象按照所画出的曲线轨迹运动。

5. 其他动画添加方式

除了上述这些常规的动画添加方式之外，程序还设有更多的动画添加方式可供选择。具体设置方式如下：

单击选中幻灯片中的对象，选择“动画”选项卡，单击“添加动画”，出现“添加动画”下拉列表，在其下部即有更多的动画添加方式，如图 5-5-5 所示。

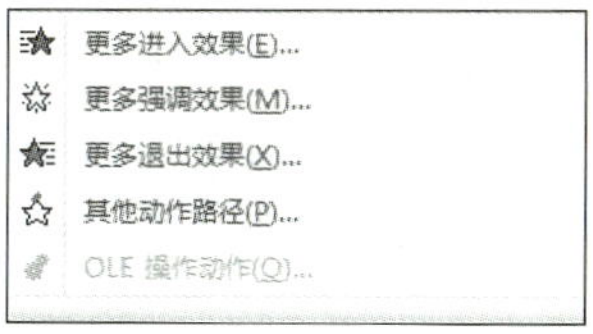

图 5-5-5　添加其他更多动画

分别单击“更多进入效果”“更多强调效果”“更多退出效果”三个按钮，则会分别出现其对应效果列表，里面配置有基本型、细微型、温和型、华丽型四大类若干种动画添加方式，选择添加，即可获得所需动画动作方式。

若单击“其他动作路径”按钮，则出现其列表，里面配置有基本、直线和曲线、特殊三大类若干种动作路径，选择添加，即可使对象按照所需路径动作。

二、效果选项

为使动画效果显得更加具体、细微，更具有层次感，程序对动画进入、退出、强调、动作路径等各种动画添加方式还进一步设置了对应的效果选项，可供选择。当对象被添加动画以后，可根据程序提供的效果选项，对其动画进行进一步的效果设置。不同的动画添加方式与不同的效果选项进行组合，就能够得到别具一格、丰富多彩的各种各样的动画效果。具体设置方法如下：

选择已经设置添加过动画的对象，单击“效果选项”按钮，出现效果选项下拉列表，点其中任意效果选项，就会看到对象显现相应的动画效果；通过对比，确定所需的动画效果后，单击相对应的效果选项按钮即可。

值得注意的是，“效果选项”的设置必须在给对象实施“添加动画”设置之后方可进行。否则无法进入“效果选项”。

三、动画窗格

动画窗格是为方便进行动画设置与动画排序而设置的编辑窗口，位于幻灯片工作界面的右侧，通常处于收缩隐藏状态。在进行动画设置的时候，单击“动画窗格”按钮，开启动画窗格，出现动画窗格下拉列表，如图 5-5-6 所示。

图 5-5-6 动画窗格下拉列表

在动画窗格中，从上到下依次为幻灯片中各个对象添加动画及效果选项的排列顺序。在对各个对象进行动画设置时，都会在对象的左上角有数字显示出来，这个数字就是动画的排列序号，它与动画窗格中的动画排列序号是相互对应的。

在动画窗格的每一行中，从左到右依次为动画排列序号、对象名称、动画起始时间等信息。通过它可以直观地看到幻灯片对象的动画排列状态及其参数情况。

利用动画窗格，还可以进行动画效果的编辑。一是可以删除不满意的动画设置，重新进行动画设置；二是可以对动画的开始位置及动画计时等时间参数进行设置。具体方法如下：

单击选择动画设置（如“案例实操”），右击，在其右侧出现下拉列表。如要删除该动画，就单击“删除”按钮，则“案例实操”动画设置被删除，在幻灯片中可以对该对象重新进行动画设置；如单击“单击开始”按钮，该动画的出现时刻设定为单击鼠标时刻；如单击“从上一项开始”按钮，则该动画的出现时刻设定为跟随上一项同时出现；如单击“从上一项之后开始”按钮，则该动画的出现时刻设定为跟随上一项动画结束之后出现。

四、动画排序与播放

利用动画窗格（如图 5-5-7 所示），还可以对动画的排列顺序进行调整，调整之后对动画设置情况进行播放验证，查看动画的设置效果及动作先后顺序是否符合要求。具体方法如下：

1. 动画排序

单击需要调整动画排序的动画名称(如“7. 选择版式及…”),单击动画窗格下部的“重新排序”移动按钮,则被选中的动画随即上移或下移,直到移到所需位置为止。

2. 动画播放

幻灯片中的对象通过前面的添加动画、效果选项、动作时间设定及动画排列顺序调整,对象的动画设置就基本完成。但具体的效果则需要通过播放进行验证。在动画窗格的上部设有“播放”按钮,单击“播放”按钮,就可以看到幻灯片中各对象的动画设置情况。如果动画设置没有达到预期效果,则可返回进行相应的设置和调整;如果设置符合预期效果,则关闭动画窗格,完成该幻灯片动画设置,可以继续下一张幻灯片的动画设置。

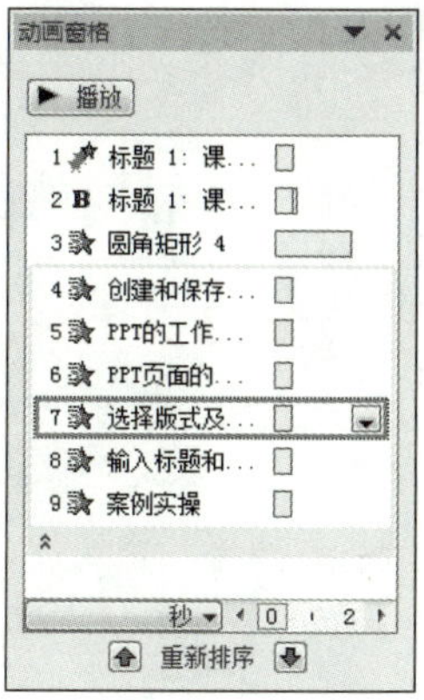

图 5-5-7 动画排序与播放

五、SmartArt 图形的动画设置

微课 SmartArt 图形的动画设置

SmartArt 图形是将文本转换为图形的一种表现方式,文本通过 SmartArt 工具转换为图形后,也可以对其图形的各个组成部分进行动画设置。SmartArt 图形的动画设置方法如下:

单击选择 SmartArt 图形,单击“动画”选项卡,单击“添加动画”,选择一种动画选项,单击“效果选项”,选择一种效果选项,打开“动画窗格”,设定“开始时间”及“计时”参数等,进行“动画排序”,单击“播放”,检查动画效果,关闭动画窗格,完成动画设置。

六、幻灯片的切换设置

微课 幻灯片切换设置

幻灯片的切换是指从一张幻灯片到下一张幻灯片的过渡过程。对此过程进行设置,可以让幻灯片的过渡出现类似动画的艺术效果。具体设置方法如下:

1. 切换方式设置

在幻灯片显示窗格中单击选择需要切换的幻灯片,单击“切换”选项卡,出现幻灯片切换功能区,如图 5-5-8 所示。

图 5-5-8 幻灯片切换功能区

在“切换至此幻灯片”功能组中单击“其他”下拉按钮,进入幻灯片切换方式列表,如图 5-5-9 所示。

单击其中任意切换方式,切换方式列表自动关闭,其后幻灯片就以此方式进行切换。

2. 切换效果选项

在对幻灯片进行上述切换方式设置的基础上,单击“效果选项”下拉按钮,出现相应的下拉列表,如图 5-5-10 所示。单击其中任意效果选项,即可见到幻灯片按此效果选项进行切换的效果。

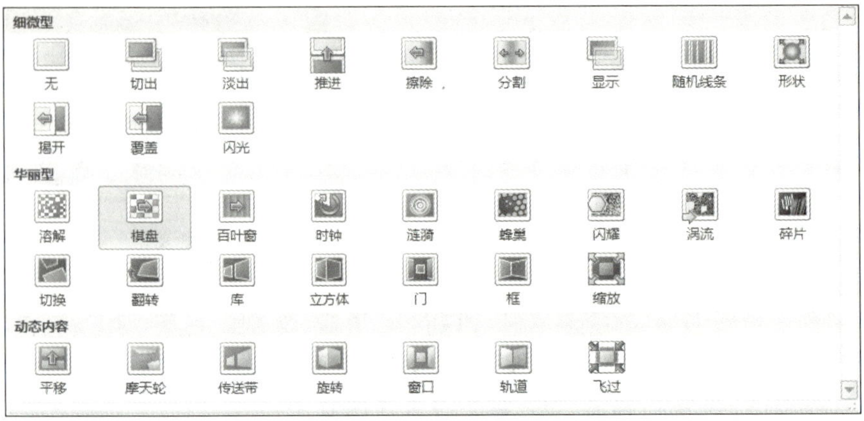

图 5-5-9 幻灯片切换方式列表

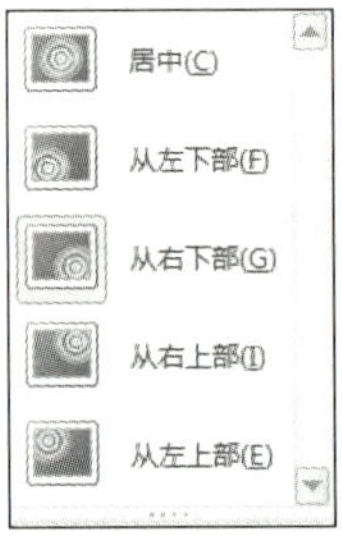

图 5-5-10 幻灯片切换效果选项

3. 持续时间设置

持续时间是指幻灯片切换过程的时间长短。持续时间长短通过调整如图 5-5-11 所示的计时功能组中的“持续时间”按钮进行设置。持续时间越长，切换过程越慢；持续时间越短，切换过程越快。持续时间应长短适度。

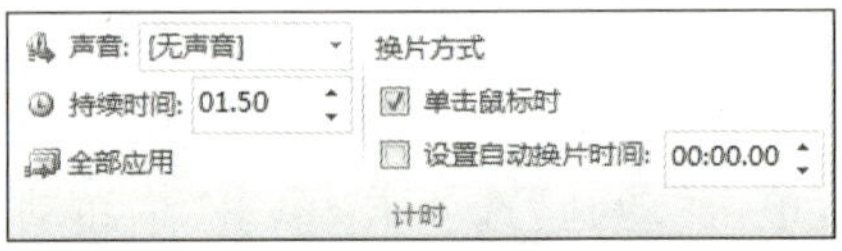

图 5-5-11 幻灯片切换计时功能组

4. 切换声音设置

在幻灯片切换时，还可以通过添加音效以进一步增强切换效果。音效的添加通过设置切换声音予以实现。具体设置方法如下：

选择需要进行切换设置的幻灯片，在如图 5-5-11 所示的“计时”功能组中，单击“声音”下拉按钮，出现如图 5-5-12 所示声音下拉列表。点其中任意声音模式，就可听到相应的声音效果，单击所需的声音模式按钮，幻灯片切换时就伴随出现所设置的声音。

图 5-5-12 幻灯片切换声音列表

5. 换片方式设置

幻灯片的换片方式有两种，一种是“单击鼠标时”换片，即由鼠标控制幻灯片的切换，单击鼠标，幻灯片切换至下一张幻灯片；另一种是自动换片，而且可以设置自动换片时间，经过一定时间后切换至下一张幻灯片。

6. 全部应用设置

对演示文稿中的每张幻灯片依次进行切换效果设置，可以使各张幻灯片获得不同的切换效果。也可以将演示文稿中所有的幻灯片快速设置为全部应用同一种切换模式，从而提高幻灯片切换设置的效率。全部应用同一种切换模式的具体设置方法如下：

先为一张幻灯片设置切换模式，之后单击如图 5-5-11 所示的“计时”功能组中的“全部应用”按钮，则演示文稿中所有的幻灯片都设置成同一种切换模式。

七、案例实操

1. 动画设置

（1）新建演示文稿。如图 5-5-13 所示，新建一个“课题五案例实操”演示文稿，添加一张“两栏内容”幻灯片，标题输入“四个现代化”，左栏插入一张图片（图片自选）；右栏键入“工业现代化、农业现代化、国防现代化、科学技术现代化”。背景设置为“样式 10”；图片样式设置为“金属椭圆”；标题为宋体，44 号字，红色，加粗；文字内容为方正魏碑简体，44 号字，深蓝。

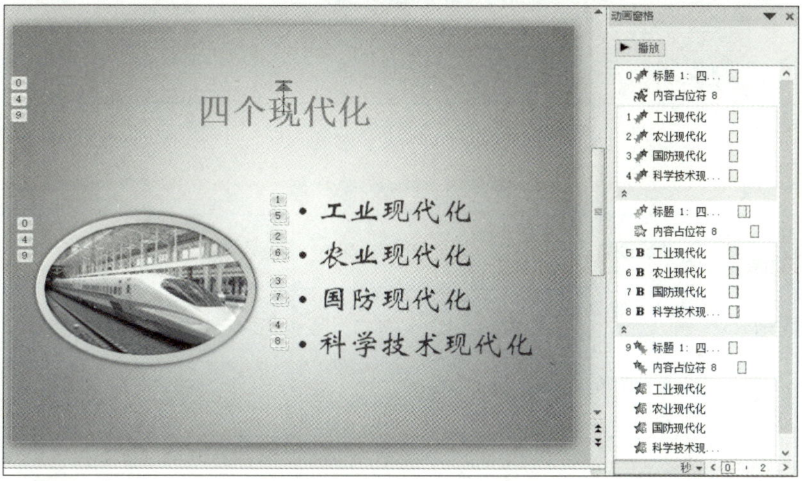

图 5-5-13　案例实操 1

（2）动画设置。按照表 5-5-1 要求为图 5-5-13 所示幻灯片添加动画。

表 5-5-1　　案例 1 动画设置列表

对象	进入方式步骤①	开始设置	强调方式步骤②	开始设置	效果选项	退出方式步骤③	开始设置
标题	缩放	与上一动画同时	波浪形	上一动画之后	作为一个对象	缩放	单击
图片	翻转式由远及近	上一动画之后 3 s	脉冲	上一动画之后	丨	飞出	上一动画之后
文本	飞入	单击时	下划线	单击时	按段落	劈裂	上一动画之后 3 s

2. SmartArt 图形的动画设置

微课

文本转换为 SmartArt 图形

（1）继上述内容，添加一张“标题和内容”幻灯片，标题为“四个自信”，内容为“道路自信、理论自信、制度自信、文化自信”。

（2）将内容文本转换为 SmartArt 图形：图形为“网格矩阵”，样式为“金属场景”，颜色为“彩色-强调文字颜色”，如图 5-5-14 所示。

（3）按照表 5-5-2 要求为图 5-5-14 所示幻灯片添加动画。

3. 幻灯片切换设置

对图 5-5-14 所示幻灯片进行切换设置，具体要求如下：

（1）切换到此幻灯片设置为“揭开”方式。（2）效果选项为“自底部”。（3）声音设置为“锤打”。（4）换片方式为“单击鼠标时”。（5）将此切换方式设置为“全部应用”。

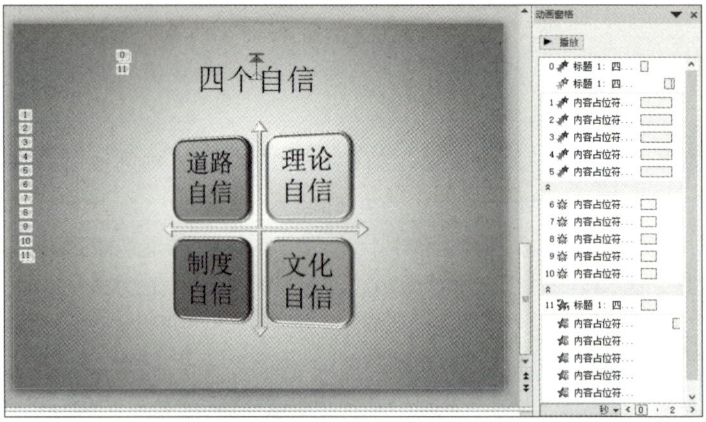

图 5-5-14 案例实操 2

表 5-5-2 案例 2 动画设置列表

对象	进入方式步骤①	开始设置	强调方式步骤②	开始设置	效果选项	退出方式步骤③	开始设置
标题	缩放	与上一动画同时	波浪形	上一动画之后 1 s	作为一个对象	收缩并旋转	单击
SmartArt 图形	弹跳	上一动画之后 1 s	闪烁	上一动画之后	逐项	轮子	上一动画之后 1 s

➤【课题小结】

本课题内容结构如图 5-5-15 所示。

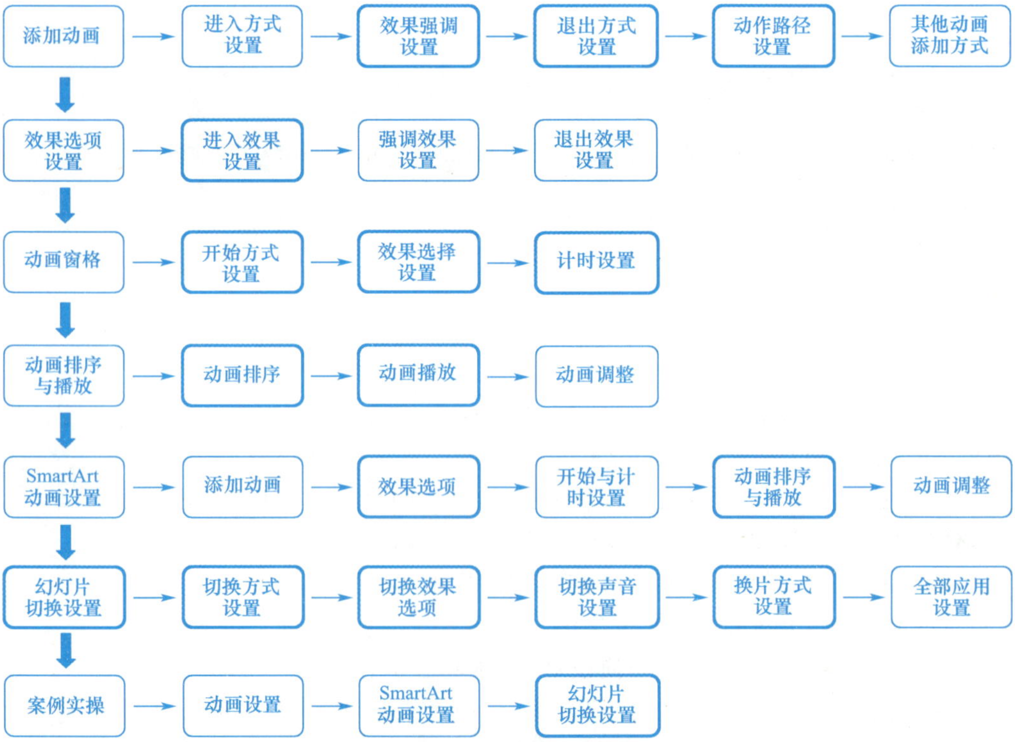

图 5-5-15 本课题内容结构

说明：

1. 动画设置是制作幻灯片的一个重要内容。本课题依照动画设置的基本步骤和先后顺序组织安排内容，一条主线（如粗箭头所示）贯穿六个主要问题，每个问题又依次展开。学习掌握好这六个方面的内容，能够让幻灯片的制作水平进入全新的境界。

2. SmartArt 图形的动画设置与其他对象的动画设置方法相同，步骤一致。

3. 粗框内容为教学难点，在教学中应重点着力，循序渐进，不断深入。

➤【效果测评】

表 5-5-3　　考核评分记录表

考核目标	考核内容	考核要求	评分标准	配分	自评	互评	师评
知识目标	1. 动画设置有什么作用？	把握准确，表述清楚、回答完整	概念清楚，回答完整得满分。视回答情况酌情扣分	5			
	2. 添加动画主要包含哪些内容？动画设置的方法和步骤	把握准确，表述清楚、回答完整	两者能够完整说出得满分。每项 5 分。视回答情况酌情扣分	10			
	3. 效果选项的作用和设置方法	把握准确，表述清楚、回答完整	能够完整说出得满分。第 1 项 3 分；第 2 项 2 分。视回答情况酌情扣分	5			
	4. 动画窗格的功能和作用	把握准确，表述清楚、回答完整	两者能够完整说出得满分。少 1 项扣 5 分。视回答情况酌情扣分	10			
	5. SmartArt 图形的动画设置方法	把握准确，表述清楚、回答完整	能够完整说出得满分。少 1 步扣 2 分。视回答情况酌情扣分	10			
	6. 幻灯片切换设置的主要内容及方法步骤	把握准确，表述清楚、回答完整	能够完整说出得满分。每项 5 分。视回答情况酌情扣分	10			
能力目标	独立完成案例实操 1：动画设置	熟悉操作步骤，能够进行熟练操作	(1)5 分；(2)10 分。全面完成实操得满分。视实操完成情况酌情扣分	15			
	独立完成案例实操 2：SmartArt 图形的动画设置	熟悉操作步骤，能够进行熟练操作	(1)5 分；(2)5 分；(3)10 分。视实操完成情况酌情扣分	20			
	独立完成案例实操 3：幻灯片切换设置	熟悉操作步骤，能够进行熟练操作	共 5 项，每项 3 分，全面完成实操得满分。视实操完成情况酌情扣分	15			
总 分				100			

课题六　演示文稿链接和放映

演示文稿制作完成以后，将通过投影仪或电脑屏幕呈现给观众或读者，这就是幻灯片的放映。对于一个包含多张幻灯片的演示文稿，常常需要在放映时打破幻灯片的原有排列顺序，实现在幻灯片页面之间的跳转，将排列在不同位置的幻灯片有机地链接起来；有时还需要将演示文稿与其他文件（如其他演示文稿、Word 文档、Excel 电子表格等）进行链接，实现不同文档之间的联通，这就是幻灯片的链接。链接使幻灯片的演示更灵活，放映更便捷，应用更有效。本课题主要讲授幻灯片链接与放映方式的设置。通过学习本课题，能够帮助读者熟悉和掌握幻灯片的链接技术和放映方法。

➤【教学目标】

知识目标：

1. 熟悉和掌握链接及放映的基本概念、目的意义。
2. 熟悉和掌握链接的种类和基本方法。
3. 熟悉和掌握放映的种类和基本方法。

能力目标：

1. 熟悉和掌握链接的设置步骤和实操技能。
2. 熟悉和掌握放映的设置步骤和实操技能。

➤【教学任务】

本课题的主要教学内容：幻灯片的链接；幻灯片放映方式设置；案例实操。

➤【教·学·做】

一、演示文稿的链接

演示文稿的链接应用最多的是超链接，本课题重点讲授超链接。具体包含两个方面的内容，一是演示文稿内部幻灯片之间的链接，二是演示文稿与其他外部文件之间的链接。

1. 内部链接

内部链接的基本步骤：设置跳转按钮，确定跳转位置，设置返回按钮，确定返回位置。

(1)设置跳转按钮

幻灯片要实现跳转，应当设置一个跳转按钮，它相当于一个开关，在放映幻灯片时，用鼠标单击这个开关，幻灯片就执行跳转指令，跳过一定数量的幻灯片，进行放映。所以设置跳转按钮是进行链接的第一步。

设置跳转按钮的具体操作如下：

在需要设置跳转按钮幻灯片中，单击“插入”选项卡，单击“形状”下拉按钮，进入形状下拉列表，单击“动作按钮”中的“前进或下一项”，如图 5-6-1 所示，则鼠标在幻灯片中变为“+”光标。

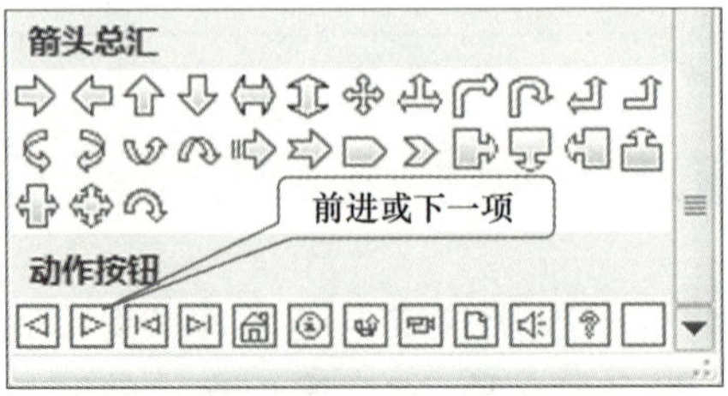

图 5-6-1 插入动作按钮

拖动左键，在幻灯片中出现按钮图形，如图 5-6-2 所示。

图 5-6-2 幻灯片中插入跳转按钮

(2)确定跳转位置

幻灯片要实现跳转,应确定跳转的具体位置,即确定跳转所指向的目的页面。如图 5-6-2 所示为演示文稿目录,放映时需要跳过前面 3 个课题,直接放映课题 4 的幻灯片,具体操作方法如下:

单击“跳转按钮”,单击“超链接”按钮(或右击“跳转按钮”,单击“编辑超链接”),出现“动作设置”对话框,如图 5-6-3 所示。

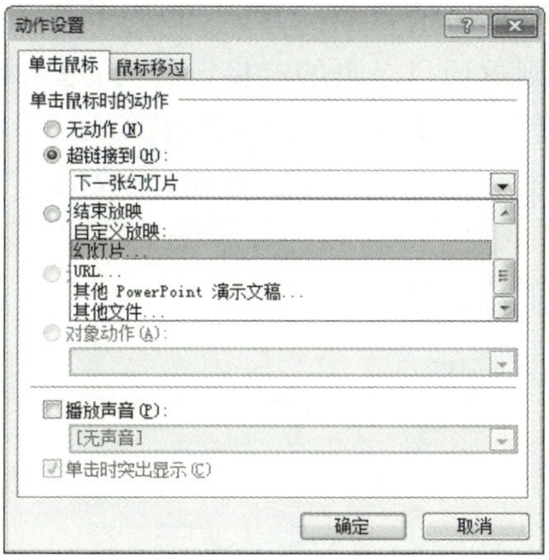

图 5-6-3 “动作设置”对话框

勾选“超链接到”选项,单击其下拉按钮,出现下拉列表,单击“幻灯片”,出现“超链接到幻灯片”对话框,如图 5-6-4 所示。在“幻灯片标题”栏单击第 22 张幻灯片即“课题 4 插入文件操作”,单击“确定”按钮,返回“动作设置”对话框,单击“确定”按钮,完成跳转位置设置。

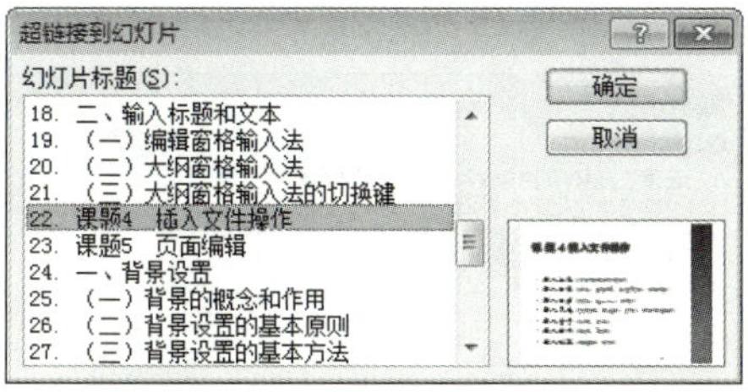

图 5-6-4 “超链接到幻灯片”对话框

(3)设置返回按钮

当幻灯片实施跳转并放映一定数量的幻灯片以后,常常还需要返回或者跳转到其他幻灯片，这就需要为其再设置一个返回或者跳转按钮。例如，当幻灯片播放到课题4即第22张幻灯片，需要返回至目录页，则在该页设置一个返回按钮，如图5-6-5所示。返回按钮的设置与设置跳转按钮的方法相同。为以示区分，可将返回按钮与跳转按钮设置为反方向。

图 5-6-5 插入返回按钮

（4）确定返回（或跳转）位置

与上述同理，设置了返回（或跳转）按钮后，还必须指定返回（或跳转）的目标幻灯片，在幻灯片放映时，才能达到返回（或跳转）的目的。

如返回的位置是目录页，则返回目录页的链接设置为：单击返回按钮，进入“动作设置”对话框，如图5-6-6所示，单击“超链接到”下拉按钮，单击“幻灯片”，进入“超链接到幻灯片”对话框，如图5-6-7所示，选择“(4)目录”，单击“确定”按钮，完成返回“目录页”的链接设置。

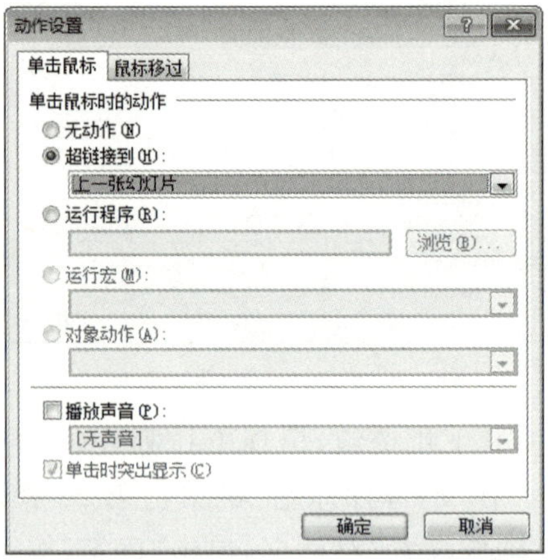

图 5-6-6 “动作设置”对话框

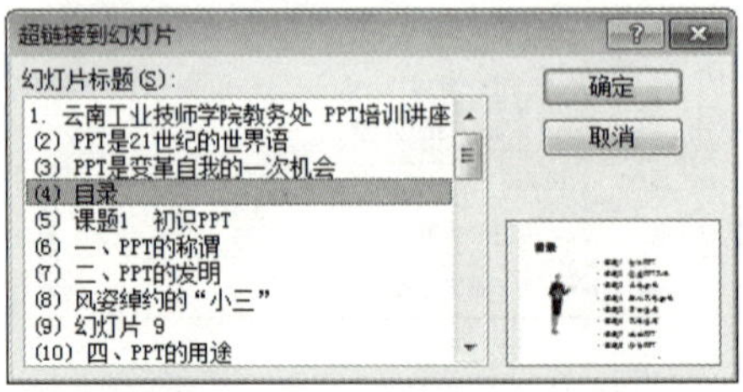

图 5-6-7 进入“超链接到幻灯片”对话框

2. 文档之间的链接

除了在演示文稿内部幻灯片之间进行链接外，为了更便捷地反映和展示一下具体的情况，幻灯片放映时，还需要将演示文稿与其他一些文档（如 Word 文档、Excel 文档、PPT 文档）链接起来。

文档之间链接的基本步骤：设置跳转按钮，寻找目标文件（Word 文档、Excel 文档、PPT 文档），确定链接。

（1）设置跳转按钮

上述跳转按钮的设置选用了形状下拉列表中的“动作按钮”。此外，还可以插入其他形状或者选择幻灯片中的任意对象作为跳转按钮，只是在后续链接路径的选择时略有不同。例如插入图 5-6-1 的“形状”列表中“箭头总汇”的“右箭头”作为跳转按钮，如图 5-6-8 所示。

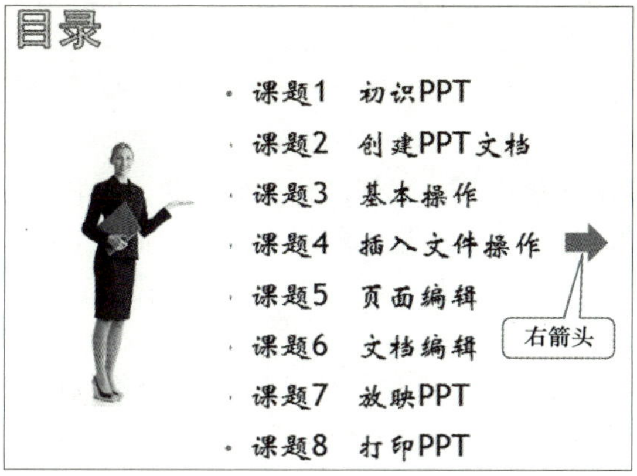

图 5-6-8 插入右箭头按钮

（2）寻找目标文件

确定跳转按钮以后，单击跳转按钮图形，单击“超链接”按钮，进入“插入超链接”对话框，如图 5-6-9 所示。

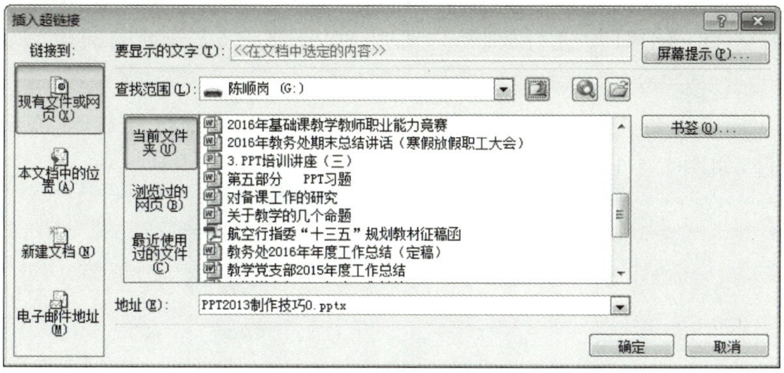

图 5-6-9 插入超链接对话框

图中左列从上到下 4 个按钮分别列出链接对象的位置。其中，如单击“本文档中的位置”，则为在演示文稿内部进行链接和跳转。而默认状态为“现有文件或网页”，进入其右侧的对话框中，可以方便地寻找到需要链接的 Word 文档、Excel 文档、PPT 文档以及网页等目标文件。

（3）确定链接

找到目标文件后，单击目标文件，单击“确定”按钮，“插入超链接”对话框自动关闭，即完成链接。

二、幻灯片的放映

演示文稿编辑制作完成以后，就要通过放映展示给观众。对于幻灯片数量众多的演示文稿，有时候需要从头放映，有时候需要从当前幻灯片放映，有时候只需要放映其中一部分幻灯片。为此，还要对幻灯片的放映方式进行设置。幻灯片放映通过如图 5-6-10 所示的“幻灯片放映”选项卡及其功能区的相关按钮进行设置。本课题重点介绍“从头开始”“从当前幻灯片开始”及“自定义幻灯片放映”三种不同的放映方式。

图 5-6-10 幻灯片放映功能区

1. 从头开始

从头开始放映是从演示文稿中第一张幻灯片开始放映。具体设置方法如下：

打开演示文稿，单击“幻灯片放映”，进入幻灯片放映功能区，单击“从头开始”按钮，幻灯片从头开始放映。

2. 从当前幻灯片开始

从当前幻灯片开始放映就是从幻灯片的任意当前页开始放映。在演示文稿的放映过程中，若要退出放映，只需在键盘上按下 Esc 键，幻灯片就退出放映，进入编辑状态。如果要在当前页重新进入放映状态，具体设置方法如下：

单击“幻灯片放映”，进入幻灯片放映功能区，单击“从当前幻灯片开始”按钮，幻灯片就从当前页开始放映。

3. 自定义幻灯片放映

自定义幻灯片放映，是有选择地放映幻灯片。对同一演示文稿，根据演讲时间和内容要求，可以选择其中不同的幻灯片进行放映，以满足 30 分钟或 50 分钟的演讲需要。具体设置方法如下：

单击“幻灯片放映”，进入幻灯片放映功能区，单击“自定义幻灯片放映”下拉按钮，打开“自定义放映”对话框，如图 5-6-11 所示。

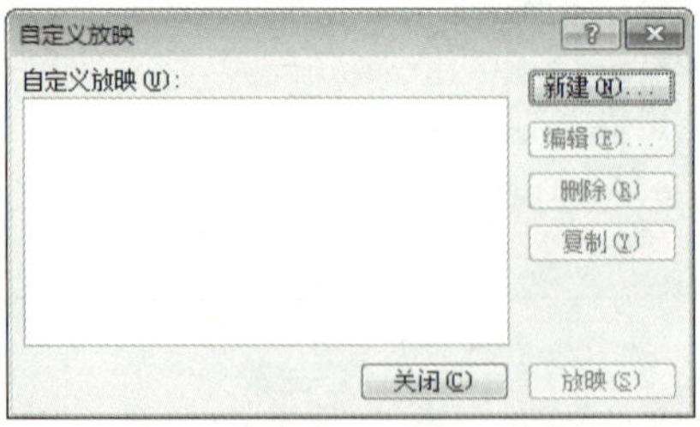

图 5-6-11 “自定义放映”对话框

单击“新建”按钮，进入“定义自定义放映”对话框，在“幻灯片放映名称”文本框中将“自定义放映 1”更名为“30 分钟放映”，在左面“在演示文稿中的幻灯片”下部列表中单击需要放映的幻灯片，单击中间的“添加”按钮，被选中的幻灯片进入右面“在自定义放映中的幻灯片”列表，如图 5-6-12 所示。

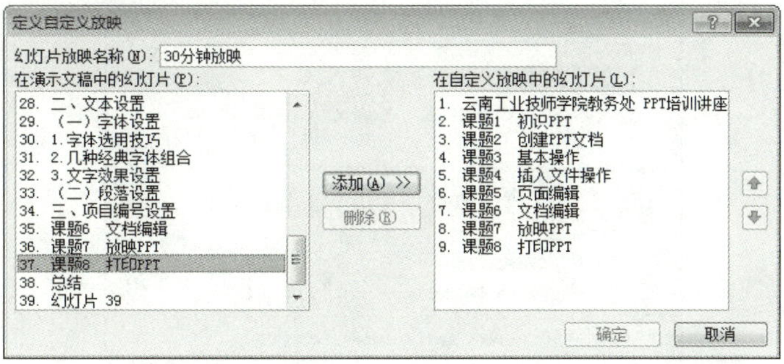

图 5-6-12 “定义自定义放映”对话框

若选择不当,可以利用中间部分的“删除”按钮进行删除;如排列顺序不符合要求,可以利用右侧的“顺序调整”按钮进行调整。处理完毕,单击“确定”按钮,回到如图 5-6-13 所示对话框。

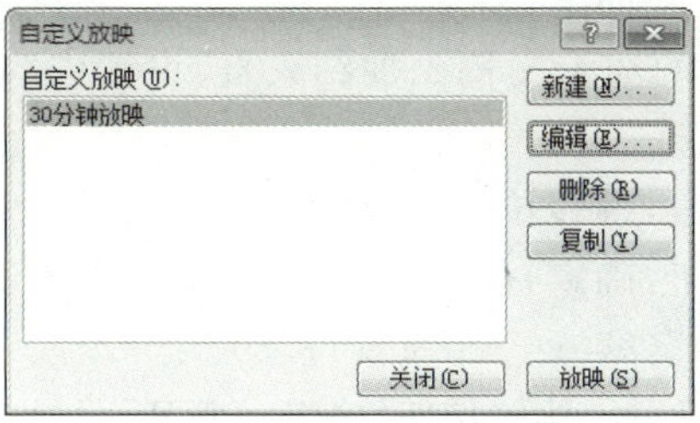

图 5-6-13 自定义 30 分钟放映对话框

单击“放映”按钮,开始“30 分钟放映”。如果还需要重新设置,则单击“编辑”按钮,回到上述“定义自定义放映”对话框进行编辑设置;如果放映符合设置要求,则单击“关闭”按钮,完成自定义幻灯片放映设置,回到演示文稿工作界面,再单击“自定义幻灯片放映”按钮,即看到其下拉列表中增加“30 分钟放映”方式如图 5-6-14 所示,需要放映的时候,只需单击此放映方式即可。

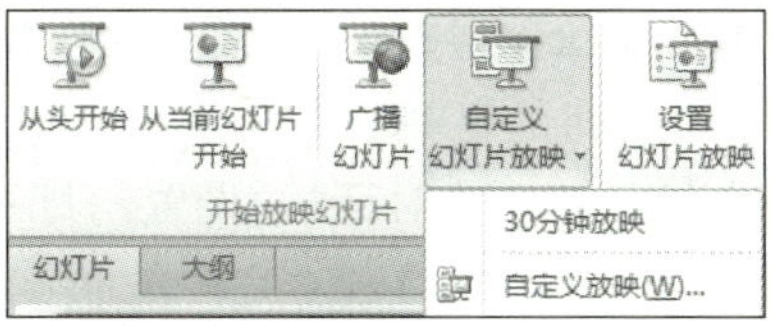

图 5-6-14 自定义幻灯片下拉列表

同理,还可以自定义其他幻灯片放映方式(如 60 分钟幻灯片放映)。

自定义幻灯片放映使幻灯片放映更加灵活方便。

4. 隐藏幻灯片

在一个演示文稿中,除了按照上述自定义方式有选择地放映幻灯片外,还可以通过隐藏幻灯片的方式,对不需要放映的幻灯片进行隐藏设置。具体设置方法如下:

在幻灯片窗格中,单击选择需要隐藏的幻灯片,在幻灯片放映功能区中单击“隐藏幻灯片”按钮,该幻灯片即被隐藏,在幻灯片放映时,被隐藏的幻灯片就不再出现。

5. 其他放映方式设置

其他相关的幻灯片放映方式设置如图 5-6-15 所示。里面有放映类型、放映选项、放映幻灯片范围选项、换片方式、多监视器等选项,根据需要进行勾选,之后单击“确定”按钮即可完成设置,具体方法不再赘述。

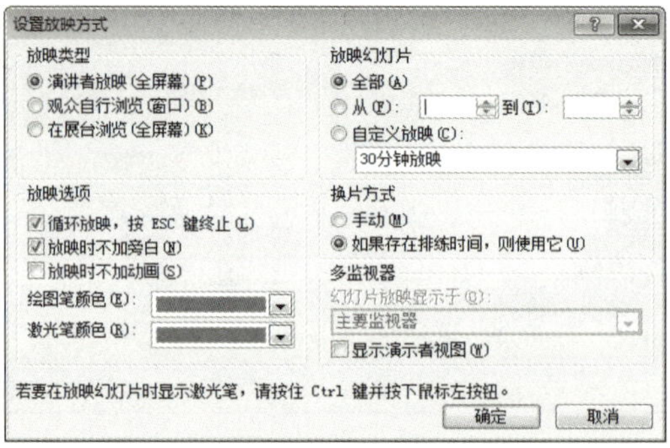

图 5-6-15 “设置放映方式”对话框

三、案例实操

1. 演示文稿内部幻灯片之间的链接

(1)将“课题五 案例实操”的演示文稿添加结束页,设置内容为“谢谢!”,并另存为“课题六案例实操”。

(2)在第 2 页设置跳转按钮,跳转位置为结束页。

(3)在结束页设置返回按钮,确定首页为返回位置。

2. 演示文稿与外部文件的链接

(1)继上述内容,在第 3 页设置一跳转按钮,确定一个 Word 文档,完成与该 Word 文档的链接。

(2)在第 3 页再设置一跳转按钮,确定一个 Excel 文档,完成与该 Excel 文档的链接。

(3)在第 3 页再设置一跳转按钮,确定一个 PPT 文档,完成与该 PPT 文档的链接。

(4)在第 3 页再设置一跳转按钮,确定一网页地址,完成与该网页的链接。

3. 幻灯片的放映

(1)从头开始放映幻灯片。上述设置完成以后,从头开始放映幻灯片,直至结束。在放映中仔细比较上述链接设置的效果,认真体会链接的功能和作用。

(2)从当前页开始放映幻灯片。将幻灯片翻页至第 2 页,并从该页开始放映幻灯片。比较其放映方式与从头开始放映幻灯片之间的区别。

(3)自定义放映幻灯片。通过自定义放映对话框,设置幻灯片名称为“两页”的自定义放映模式,自定义放映的幻灯片为第 2 页、第 3 页,共两页。之后放映该自定义为“两页”的演示文稿。

(4)隐藏幻灯片。将第 4 页(即结束页)幻灯片设置为隐藏方式,并从头开始放映,查看其放映效果;解除隐藏,再次从头开始放映,比较其隐藏功能和作用。

(5)其他放映方式设置。对此 4 页的演示文稿,设置从第 2 页至结束页的放映方式,并进行放映,比较与上述放映方式的不同点。

➤【课题小结】

本课题内容结构如图 5-6-16 所示。

说明:

1. 本课题重点介绍了两个方面的内容,一是幻灯片的链接,二是幻灯片的放映。理解和掌握二者的内容,对于全面掌握演示文稿的应用具有重要的意义。

2. 粗框内的内容是学习的重点内容,在学习过程中要优先掌握。在掌握好重点内容的基础上,再依次逐步掌握其他内容。

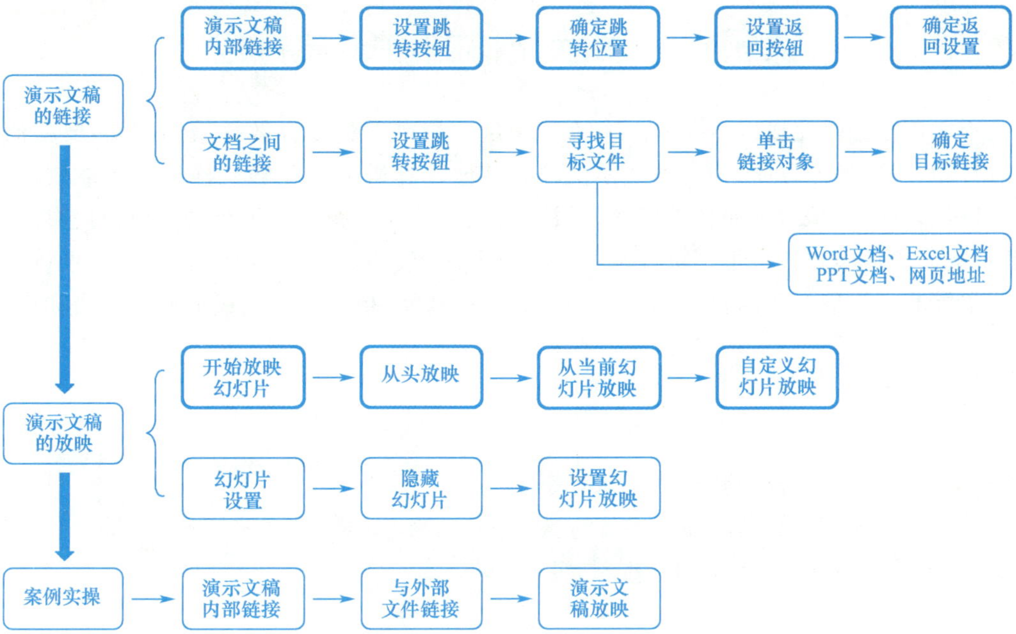

图 5-6-16 本课题内容结构

【效果测评】

表 5-6-1 考核评分记录表

考核目标	考核内容	考核要求	评分标准	配分	自评	互评	师评
知识目标	1. 幻灯片的链接有什么作用？幻灯片有哪些链接种类？	把握准确，表述清楚、回答完整	概念清楚，回答完整得满分。每项 5 分。视回答情况酌情扣分	10			
	2. 演示文稿内部幻灯片之间链接的基本步骤？	把握准确，表述清楚、回答完整	两者能够完整说出得满分。每项 5 分。视回答情况酌情扣分	10			
	3. 演示文稿与外部文件的链接步骤是怎样的？分别加以说明	把握准确，表述清楚、回答完整	能够完整说出得满分。视回答情况酌情扣分	10			
	4. 幻灯片放映的方式有哪些？它们之间有哪些区别？	把握准确，表述清楚、回答完整	能够完整说出得满分。少 1 项扣 5 分。视回答情况酌情扣分	10			
能力目标	独立完成案例实操 1：演示文稿内部幻灯片之间的链接	熟悉操作步骤，能够进行熟练操作	每步操作 5 分，共 15 分。全面完成实操得满分。视实操完成情况酌情扣分	15			
	独立完成案例实操 2：演示文稿与外部文件的链接	熟悉操作步骤，能够进行熟练操作	每步操作 5 分，共 20 分。全面完成实操得满分。视实操完成情况酌情扣分	20			
	独立完成案例实操 3：幻灯片的放映	熟悉操作步骤，能够进行熟练操作	每步操作 5 分，共 25 分。全面完成实操得满分。视实操完成情况酌情扣分	25			
总 分				100			

课题七 演示文稿的打印与打包

演示文稿在编辑完成以后，一方面，为了满足学员要求和配合教学培训需要，要将演示文稿进行打印分发；另一方面，为了使演示文稿在其他计算机上也能够一样地进行播放，需要将演示文稿包含的一些要素（如特殊字体、链接数据、视频和音频文件等）一并进行打包拷贝。因此，演示文稿的打印和打包是不可或缺的一个重要内容。通过学习本课题，能够帮助读者和学员全面掌握演示文稿打印与打包的相关知识和实操技能，提高演示文稿的应用能力和水平。

➢【教学目标】

知识目标：

1. 了解演示文稿打印和打包的基本概念。
2. 熟悉和掌握演示文稿打印的基本方法。
3. 熟悉和掌握演示文稿打包的基本方法。

能力目标：

1. 熟悉和掌握演示文稿打印的基本步骤和实操技能。
2. 熟悉和掌握演示文稿打包的基本步骤和实操技能。

➢【教学任务】

本课题的主要教学内容：演示文稿的打印；演示文稿的打包；案例实操。

➢【教·学·做】

一、演示文稿的打印

在实际的教学和培训工作中，为了便于更好地学习，需将演示文稿作为配套学习资料印发给学员。因此，学习和掌握演示文稿的打印很有必要。

演示文稿的打印与 Word 文档的打印方法基本相同，需要对打印范围、打印版式、打印颜色、打印份数等相关参数进行必要的设置。

设置的基本步骤：进入“文件”选项卡，单击“打印”按钮，进入打印列表，设置打印范围，设置打印版式，设置打印颜色，设置打印份数等。

打印功能位于“文件”选项卡中。在演示文稿的工作界面，单击“文件”选项卡，出现“文件”下拉列表；单击其中“打印”按钮，即进入“打印”设置对话框，如图 5-7-1 所示。在该对话框中，从上到下有“打印份数”“打印机”“设置”“调整”“编辑页眉和页脚”等选项。

1. 打印范围设置

打印范围，是指打印演示文稿中所需要打印的幻灯片。设有四种方式可供选择：打印全部幻灯片、打印所选幻灯片、打印当前幻灯片及自定义范围。

（1）打印全部幻灯片：是对整个演示文稿中所有幻灯片进行打印，即打印整个演示文稿。

（2）打印所选幻灯片：是打印选中的幻灯片。

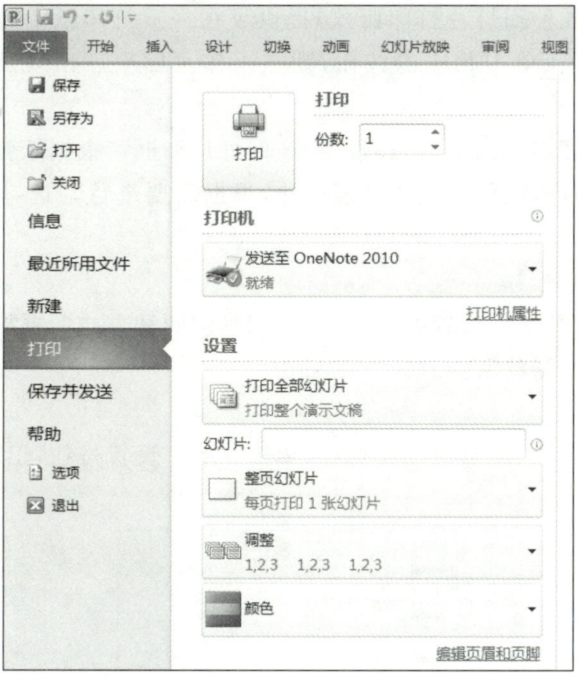

图 5-7-1　打印功能及其列表

(3)打印当前幻灯片:只打印当前页幻灯片。

(4)自定义范围:输入特定的幻灯片进行打印。选择此打印方式,需要在其下方的对话框中输入需要打印的幻灯片页码及其范围,例如 1,3,5,7-20。

根据实际情况和具体需要,灵活选择上述四种方式,并对其进行相应的设置,就可得到所需要的打印范围。

2. 打印版式设置

打印版式,是指幻灯片在打印纸张中的排列组合方式。在上述图 5-7-1 中,单击“整页幻灯片”按钮,出现打印版式下拉列表,如图 5-7-2 所示。

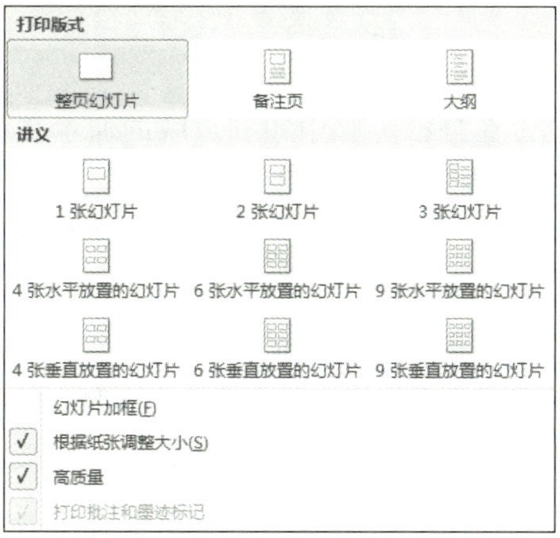

图 5-7-2　打印版式下拉列表

在第一行中有三个选项按钮:“整页幻灯片”“备注页”“大纲”。根据所需要的打印对象进行选择。如要打印大纲内容,就单击“大纲”按钮,则在工作页面上就出现所要打印的大纲内容样式。

在“讲义”栏，列出九种幻灯片打印版式，提供了在一页打印纸中放置1～9张幻灯片的9种不同的排列组合方式。单击相应的按钮，则在工作页面上就出现所要打印的幻灯片页码版式。

此外，在“打印版式”列表的下部，还设置有“幻灯片加框”“根据纸张调整大小”和“高质量”三个选项，使幻灯片的打印效果设置更加多样化，根据需要进行勾选，即能得到所需要的打印效果。

3. 打印方向设置

打印方向是指打印纸张的放置方式，有横向和纵向两种方式。根据需要单击“纵向”或“横向”按钮即得到所需的纸张放置方式。

4. 打印颜色设置

颜色设置有彩色、灰色、纯黑白三种选择，单击“颜色”设置按钮，出现下拉列表，如图5-7-3所示。

图5-7-3 颜色选项下拉列表

根据实际需要，单击相应的按钮，在工作页面上就可以很直观地看到所需要的颜色效果。如单击“颜色”按钮，使用彩色打印机，即可打印得到与幻灯片颜色一致的打印效果；如果使用的是普通打印机，则建议选择“纯黑白”打印方式，其打印效果会显得更好。

5. 打印份数

打印份数，是指打印所设定的打印文件的份数。如果设置份数为“3”，则打印机将所设置的演示文稿依次打印3份。

设置完毕，单击“打印”按钮，即开始打印。

二、演示文稿的打包

许多用户都有这样的经历，在自己电脑中顺利放映的演示文稿，在复制到其他电脑中进行播放时，原来输入的声音和视频都不能播放了。要解决这样的问题，可以使用PowerPoint 2010的打包功能，将演示文稿中用到的素材打包到一个文件夹中（或打包成CD），之后就可在其他电脑顺利地进行放映了。

设置的基本步骤：进入“文件”选项卡→单击“保存并发送”按钮→进入“保存并发送”列表→单击“将演示文稿打包成CD”按钮→出现“将演示文稿打包成CD”对话框→单击“打包成CD”按钮→进入“打包成CD”对话框→为打包文件命名→确定要复制的文件→选项设置→确定保存位置及其保存的文件夹→单击“复制到CD”按钮→复制完毕，关闭对话框即可。

打包功能位于“文件”选项卡中。在演示文稿的工作界面，单击“文件”选项卡，出现“文件”下拉列表；单击其中“保存并发送”按钮，即进入“保存并发送”设置对话框；在该对话框中，单击“将演示文稿打包成CD”按钮，右面随即出现“将演示文稿打包成CD”相关说明及操作按钮。如图5-7-4所示。

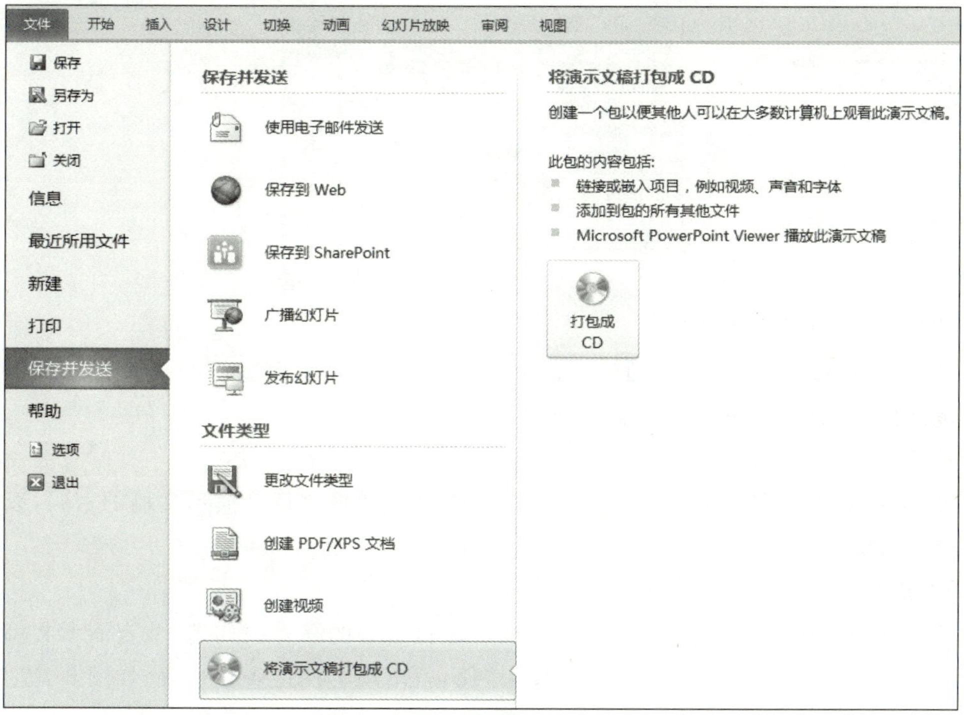

图 5-7-4 保存并发送功能及其列表

单击“打包成 CD”按钮，出现“打包成 CD”对话框，如图 5-7-5 所示。在此对话框中，有 CD 命名设置、添加/删除要复制的文件设置、选项设置、复制到文件夹、复制到 CD 等，可方便快捷地进行打包设置。

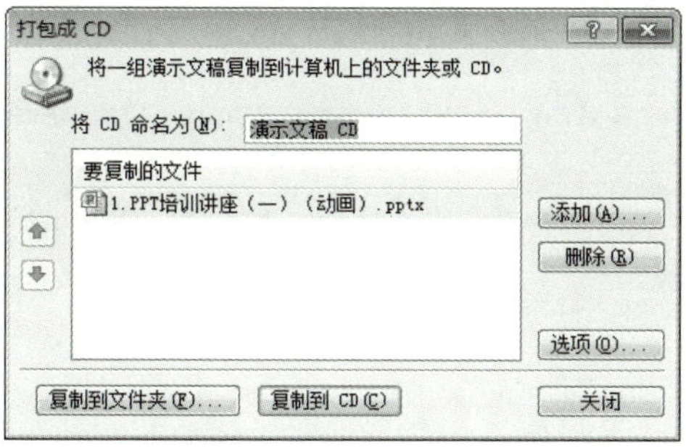

图 5-7-5 打包成 CD 对话框

1. CD 命名设置

CD 命名设置即对即将打包的文件设置一个合适的文件名，比如“2017 教师培训讲座”。

2. 添加/删除要复制的文件

需要添加打包文件，只需单击“添加”按钮，选定需要添加的文件，执行添加操作，相应的文件即进入对话框中；若要删除打包文件，只需在“要复制的文件”列表中选定相应文件，单击“删除”按钮，执行删除操作，相应的文件即被删除。

3. 选项设置

单击“选项”设置按钮，即进入打包选项设置对话框，如图 5-7-6 所示。

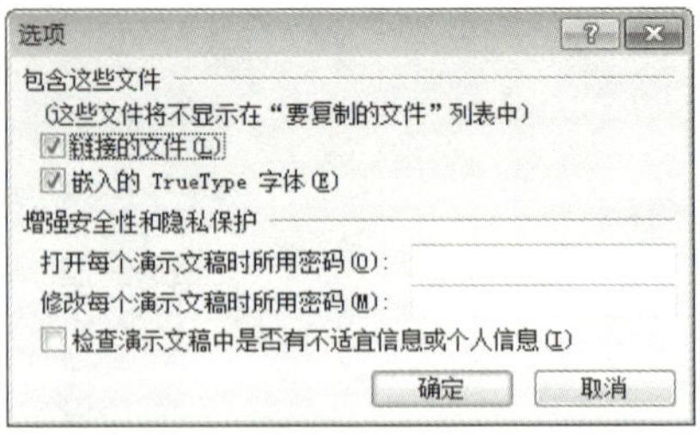

图 5-7-6 打包选项设置对话框

(1)链接文件与字体选项

通过勾选“包含这些文件”下面两个选项,可以将制作演示文稿时的链接文件和相关字体一并打包,使其能够在不同的电脑上进行播放。

(2)增强安全性和隐私保护设置

通过“增强安全性和隐私保护”设置,可以设置打开和修改每个演示文稿的密码,以使演示文稿获得有效保护。

(3)文档检查设置

对不适宜的信息及个人信息,在打包之前应进行必要的筛查。勾选“检查演示文稿中是否有不适宜信息或个人信息”选项,单击“确定”按钮,就出现文档检查器列表,如图 5-7-7 所示。

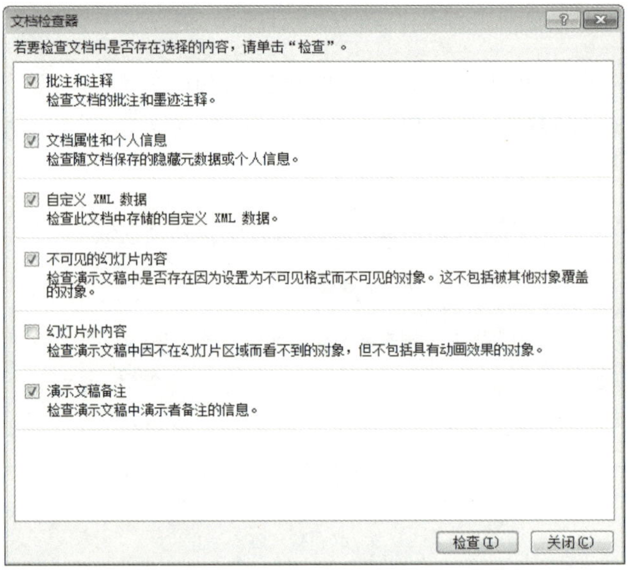

图 5-7-7 文档检查器列表

其中包含“批注和注释”“文档属性和个人信息”“自定义 XML 数据”“不可见的幻灯片内容”“幻灯片外内容”“演示文稿备注”六项检查内容。

勾选相应项目,单击“确定”按钮,就可对相应内容进行检查。

全部勾选以后,单击“确定”按钮,审阅检查的结果如图 5-7-8 所示。

检查结果对应出现六项信息反馈,分别提示检查的基本情况。对于存在问题的检查项目,如第 2 项及第 6 项,给予了相关提示,单击“全部删除”按钮,相关信息即被有效删除,不会再出现在打包文件里面。

单击“重新检查”按钮,可对打包文件进行重新检查。

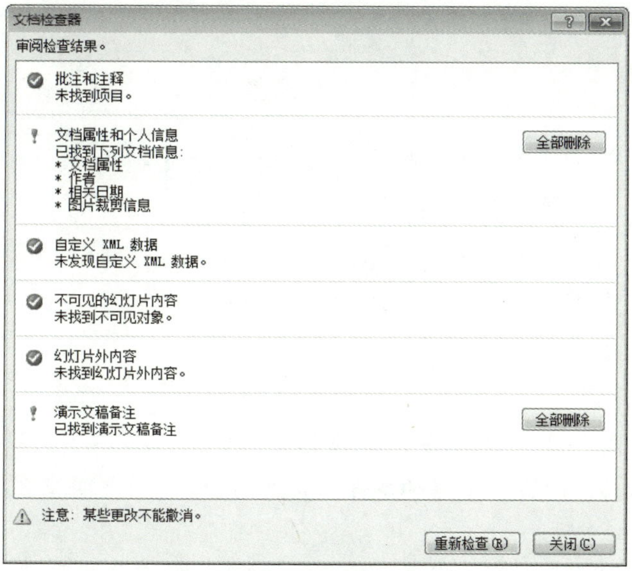

图 5-7-8 文档审阅检查列表

检查处理完毕,单击“关闭”按钮,开始执行打包复制。

打包完成后,将自动打开打包文件夹,可以看到里面包含了演示文稿以及使用的特殊字体和链接文件,将这个文件整体复制到其他电脑上,即可正常播放了。

值得注意的是,如果要将演示文稿打包成 CD,电脑中要安装刻录光驱和放置刻录光盘,才能进行“复制到 CD”操作。否则就只能执行“复制到文件夹”操作,将演示文稿打包保存到文件夹中。

三、案例实操

1. 演示文稿的打印

打开“课题六 案例实操”演示文稿,对其进行以下内容的打印实操。

(1)打印范围设置为“打印全部幻灯片”;(2)打印版式设置为“4 张水平放置的幻灯片”;(3)打印方向设置为“横向”打印;(4)打印颜色设置为“纯黑白”打印;(5)打印份数设置为 2 份。设置完毕,实施打印。

2. 演示文稿的打包

打开“课题六 案例实操”演示文稿,按照以下要求进行打包实操。

(1)进入演示文稿打包对话框;(2)对打包文件进行命名,命名为:“课题七 案例实操 CD”;(3)选项设置,勾选“链接文件”和“嵌入的字体”两个选项;设置打开演示文稿密码为“111111”;设置修改演示文稿密码为“222222”;(4)文档检查及其处理,勾选“检查演示文稿中是否有不适宜信息或个人信息”选项,实施文档检查,在“文档检查器”中删除不适宜及个人信息;(5)保存文件位置设置:桌面|新建文件夹(课题七 案例实操)。

打包实操完成后,播放打包文件夹中的演示文稿,检查打包是否符合要求。

➤【课题小结】

本课题内容结构如图 5-7-9 所示。

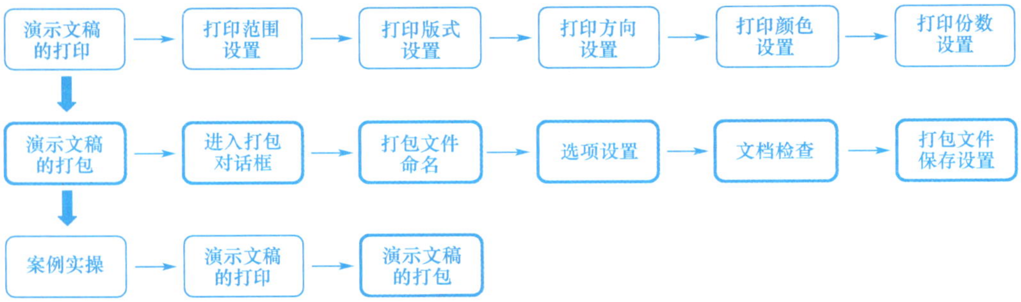

图 5-7-9　本课题内容结构

说明：

1. 本课题介绍了两个重点内容，一是演示文稿的打印，二是演示文稿的打包。每个内容又分别包含五个方面的具体内容。学习和掌握二者的内容，对于全面掌握演示文稿的应用具有重要的意义。

2. 粗框内的内容为难点内容。难点内容应反复练习，依次逐步突破。

➢【效果测评】

表 5-7-1　考核评分记录表

考核目标	考核内容	考核要求	评分标准	配分	自评	互评	师评
知识目标	1. 演示文稿的打印设置包含哪几方面的内容？说明各项设置的含义及其内容？	把握准确，表述清楚、回答完整	两个问题各 10 分。概念清楚，回答完整得满分。视回答情况酌情扣分	20			
	2. 为何要对演示文稿进行打包？说明演示文稿打包的基本步骤？	把握准确，表述清楚、回答完整	两个问题各 10 分。概念清楚，回答完整得满分。视回答情况酌情扣分	20			
能力目标	独立完成案例实操 1：演示文稿的打印	熟悉操作步骤，能够进行熟练操作	每步操作 5 分，共 25 分。全面完成实操得满分。视实操完成情况酌情扣分	25			
	独立完成案例实操 2：演示文稿的打包	熟悉操作步骤，能够进行熟练操作	每步操作 7 分，共 35 分。全面完成实操得满分。视实操完成情况酌情扣分	35			
总 分				100			

课题八　综合技能训练

通过前面各个课题的学习，已经对演示文稿的知识和技能有了一定程度的熟悉和掌握。本课题是对所学知识和技能的全面综合应用。两个案例贴近学生成长经历，贴近校园学习与生活实际，一是学生容易学习和掌握，上手快，效果好；二是通过案例实操，让学生掌握设计和制作演示文稿的基本思路，培养学生运用知识和技能解决问题的能力。

【教学目标】

知识目标：

1. 复习巩固前面各个课题涉及的基本知识和概念。
2. 复习和巩固前面各个课题涉及的基本方法。

能力目标：

1. 进一步熟悉和掌握演示文稿的选项卡及其功能的使用方法。
2. 充分体会复杂演示文稿制作的基本步骤和实操技能。
3. 逐步熟悉和掌握演示文稿的设计制作思路和方法。
4. 演示文稿综合应用技能的培养。

【教学任务】

本课题的主要教学内容：制作“个人简介”演示文稿；制作“校园生活”演示文稿。

【教·学·做】

一、以“个人简介”为题，制作一个演示文稿

1. 内容主要包括：(1)基本情况：姓名、年龄、籍贯、学历；(2)家庭背景：人员组成、工作情况等；(3)求学经历：小学、初中、高中、大学等；(4)所学专业与课程情况；(5)个性、爱好与特长；(6)其他说明等。

2. 演示文稿制作具体要求如下：

(1)演示文稿由5～8张幻灯片组成，每张幻灯片一个主题，以便从不同侧面展示个人的成长历程，突出个人魅力，展示个人风采。

(2)演示文稿的主题样式及背景设置符合演示文稿的内容，色彩配置和谐。

(3)每张幻灯片结构版式选择满足实际需要，文字与图表合理配置。

(4)图文并茂。图片由学生自主拍摄，要求美观得体，反映实际；文字简明扼要。

(5)对每张幻灯片进行动画设置，进入退出排序合理。

(6)为演示文稿插入合适的音乐和视频。

(7)从头放映演示文稿。

(8)打印演示文稿。

(9)对演示文稿进行打包处理。

二、以“校园生活”为题，制作一个演示文稿

1. 内容主要包括：(1)学校概况；(2)我的专业及课程；(3)我的班级状况；(4)我的学习情况；(5)我的业余文化生活；(6)校园生活对我的帮助；(7)我对未来的展望等。

2. 演示文稿制作具体要求如下：

(1)演示文稿由5～8张幻灯片组成，每张幻灯片一个主题，以便从不同侧面展示丰富多彩的校园生活，传播正能量，鼓舞精气神。

(2)演示文稿的主题样式及背景设置符合演示文稿的内容，色彩配置和谐。

(3)每张幻灯片结构版式选择满足实际需要,文字与图表合理配置。

(4)图文并茂。图片由学生自主拍摄,要求美观得体,反映实际;文字简明扼要。

(5)对每张幻灯片进行动画设置,进入退出排序合理。

(6)为演示文稿插入合适的音乐和视频。

(7)从头放映演示文稿。

(8)打印演示文稿。

(9)对演示文稿进行打包处理。

【课题小结】

本课题内容结构如图 5-8-1 所示。

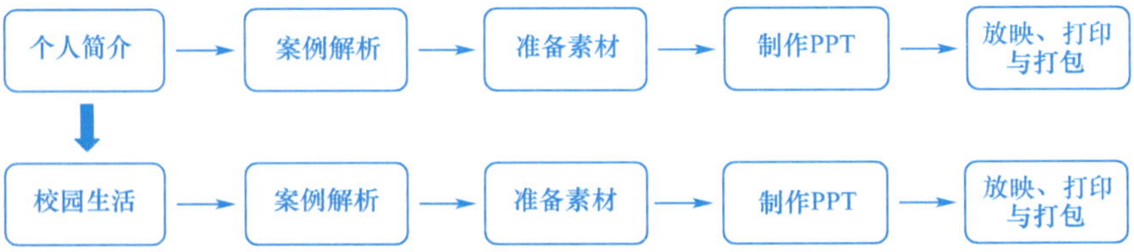

图 5-8-1　本课题内容结构

说明:

1. 本课题重点内容为两个案例实操题,是对前面课题所学知识和技能的综合应用。学习过程中不仅要通过解题过程熟练掌握演示文稿各种选项卡及其功能的使用方法,还要注意演示文稿的解题思路和设计方法。

2. 两个案例实操题,即制作"个人简介"演示文稿和制作"校园生活"演示文稿,都贴近学生学习与生活实际。认真做好两个课题,对启迪学生思想、提升学生能力都有着积极的意义。

【效果测评】

表 5-8-1　考核评分记录表

考核目标	考核内容	考核要求	评分标准	配分	自评	互评	师评
知识目标	演示文稿的制作过程主要包括哪些步骤?	把握准确,表述清楚、回答完整	概念清楚,回答完整得满分。视回答情况酌情扣分	20			
能力目标	案例实操 1:"个人简历"演示文稿的制作	熟悉操作步骤,能够进行熟练操作	(1)8 分;(2)～(9)每个部分4 分。全面完成实操得满分。视实操完成情况酌情扣分	40			
	案例实操 2:"校园生活"演示文稿的制作	熟悉操作步骤,能够进行熟练操作	(1)8 分;(2)～(9)每个部分4 分。全面完成实操得满分。视实操完成情况酌情扣分	40			
总 分				100			

第六单元

网络技术基础

概述

随着计算机的深入发展和普及应用，人们不但希望通过计算机来相互传递信息进行通信，而且希望众多用户能共享信息资源。于是，由计算机与计算机相互连接的计算机网络应运而生，用于支撑和服务计算机网络的技术——网络技术也相应发展起来。因此，网络技术是计算机技术与现代通信技术相结合的产物。

网络技术是数字化、信息化和智能化的基础，网络技术的发展开启了人类发展的崭新篇章。了解、熟悉和逐步掌握这门技术，是我们融入工业 4.0 时代和全面实施《中国制造 2025》的迫切要求。通过本部分的学习，要让学生了解计算机网络的发展和组成结构，熟悉 Internet 常用功能的基本操作，了解和认识计算机网络安全的重要性，为今后的深入学习打下坚实的基础。

课题一　计算机网络概述

计算机网络概述主要围绕计算机网络的概念、功能、分类和拓扑结构等方面进行教学。通过本课题的学习，能够让学生简单地了解计算机网络的基本知识，重点是让学生熟悉和掌握计算机网络的基本类型，了解和识别拓扑结构的常见类型。

【教学目标】

知识目标：

1. 了解计算机网络的概念。
2. 了解计算机网络的功能。
3. 理解计算机网络分类及特点。
4. 理解计算机网络拓扑结构的常见类型及特点。

能力目标：

1. 识别计算机网络的类型。
2. 识别计算机网络拓扑结构的常见类型。

【教学任务】

本课题的主要教学内容：计算机网络的概念；计算机网络的功能；计算机网络的类型及其特点；计算机网络拓扑结构的常见类型及特点。

➢【教·学·做】

一、计算机网络的基本概念

计算机网络是指将地理位置不同的具有独立功能的多台计算机及其外部设备，通过通信线路连接起来，在网络操作系统、网络管理软件及网络通信协议的管理和协调下，实现资源共享和信息传递的计算机系统。计算机网络如图 6-1-1 所示。

图 6-1-1 计算机网络

二、计算机网络的主要功能

计算机网络主要功能是进行信息传输及实现信息共享。

1. 信息传输

信息传输是指计算机网络中的计算机之间或计算机与终端之间，快速可靠地相互传递数据、程序或文件的工作状态。

2. 资源共享

信息共享是指计算机通过网络连接去共同分享网络中提供的各种资源（包括硬件、软件和数据），从而提高计算机应用的效率和效果，去更好地为人们的生产、生活和工作服务。它是计算机网络建设的主要目标之一。

三、计算机网络的类型及其特点

计算机网络从地理范围和空间分布可以划分为局域网、城域网、广域网和互联网四种。

1. 局域网(LAN)

局域网一般是在局部地区范围内的网络，它所覆盖的地区范围较小。现在，随着计算机网络技术的发展和提高，局域网得到充分的应用和普及，几乎每个单位都有自己的局域网，有的家庭中甚至都有自己的小型局域网。LAN 就是最常见、应用最广的一种局域网络。局域网在计算机数量配置上没有太多的限制，少的可以只有两台，多的可达几百台。一般来说在企业局域网中，工作站的数量在几十到两百台次；网络所涉及的地理距离上可以是几米至 10 公里以内。局域网的结构如图 6-1-2 所示。

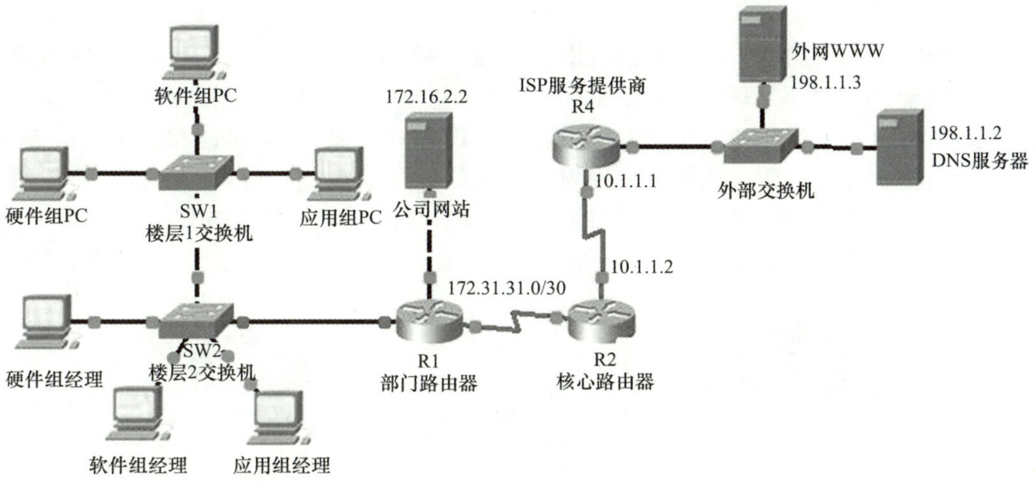

图 6-1-2　局域网示意图

这种网络的特点：连接范围窄、用户数量少、配置比较容易、连接速率高（目前局域网最快的速率是 10G 以太网）。

2. 城域网（MAN）

城域网是不同地区的网络互联，这种网络一般来说是在一个城市，但不在同一地理小区范围内的计算机互联。这种网络的连接距离可以在 10 至 100 公里。MAN 与 LAN 相比，扩展的距离更长，连接的计算机数量更多，在地理范围上可以说 MAN 是 LAN 网络的延伸。在一个大型城市或都市地区，一个 MAN 网络通常连接着多个 LAN 网。如连接政府机构的 LAN、医院的 LAN、电信的 LAN、公司企业的 LAN 等。由于光纤连接的引入，使 MAN 中高速的 LAN 互联成为可能。城域网的结构如图 6-1-3 所示。

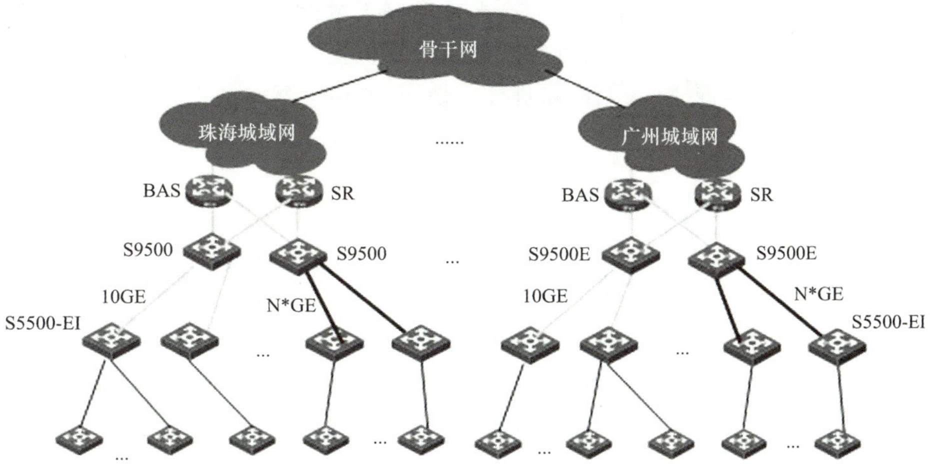

图 6-1-3　城域网示意图

城域网多采用 ATM 技术做骨干网。ATM 是一个用于数据、语音、视频以及多媒体应用程序的高速网络传输方法。ATM 提供一个可伸缩的主干基础设施，以便能够适应不同规模、速度以及寻址技术的网络。ATM 的最大缺点就是成本太高，所以一般在政府城域网中应用，如邮政、银行和医院等。

3. 广域网(WAN)

这种网络也称为远程网,所覆盖的范围比城域网(MAN)更广,它一般是在不同城市之间的 LAN 或者 MAN 网络互联,地理范围可从几百公里到几千公里。因为距离较远,信息衰减比较严重,所以这种网络一般要租用专线,通过 IMP(接口信息处理)协议和线路连接起来,构成网状结构,解决寻径问题。这种城域网因为所连接的用户多,总出口带宽有限,所以用户的终端连接速率一般较低,通常为 9.6 Kbps 至 45 Mbps,如 CHINANET、CHINAPAC 和 CHINADDN。广域网结构如图 6-1-4 所示。

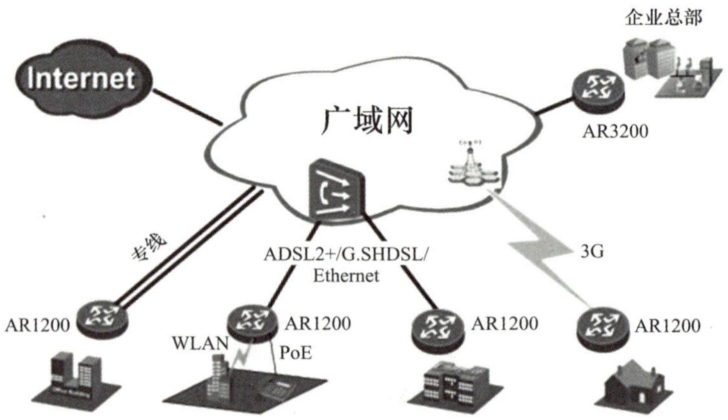

图 6-1-4 广域网示意图

4. 互联网(Internet)

互联网又称为"因特网"。在互联网应用如此发达的今天,它已是我们每天都要打交道的一种网络,无论从地理范围,还是从网络规模来讲它都是最大的一种网络。从地理范围来说,它可以是全球计算机的互联,这种网络的最大的特点就是不定性,整个网络的计算机每时每刻随着人们网络的接入在不断地变化。当您连在互联网上的时候,您的计算机可以算是互联网的一部分,但一旦当您断开互联网的连接时,您的计算机就不属于互联网了。它的优点也是非常明显的,就是信息量大,传播广,无论你身处何地,只要连上互联网你就可以对任何可以联网用户发出你的信函和广告。

四、计算机网络拓扑结构及其特点

计算机网络的拓扑结构,是指网络中的计算机或设备与传输媒介形成的点、线、面的物理构成模式。

1. 计算机网络拓扑结构的组成部分

每一种网络结构都由节点、链路和通路等几部分组成。

(1)节点:又称为网络单元,它是网络系统中的各种数据处理设备、数据通信控制设备和数据终端设备。网络的节点有两类:一类是转换和交换信息的转接节点,包括节点交换机、集线器和终端控制器等;另一类是访问节点,包括计算机主机和终端等。常见的节点有服务器、工作站、集线器和交换机等设备。

(2)链路:链路是两个节点间的连线,可分为物理链路和逻辑链路两种,前者指实际存在的通信连线,后者指在逻辑上起作用的网络通路。

(3)通路:是指从发出信息的节点到接收信息的节点之间的一串节点和链路,即一系列穿越通信网络而建立起的节点到节点的链。

2. 计算机网络拓扑结构的常见类型及特点

计算机网络的拓扑结构主要有总线型拓扑、星型拓扑、环型拓扑、树型拓扑、网状型拓扑和混合型拓扑。

(1)总线型拓扑

总线型拓扑结构采用一个信道作为传输媒体,所有站点都通过相应的硬件接口直接连到这一公共传输媒体上,该公共传输媒体即称为总线。任何一个站发送的信号都沿着传输媒体传播,而且能被所有其他站所接收。总线型拓扑结构如图 6-1-5 所示。

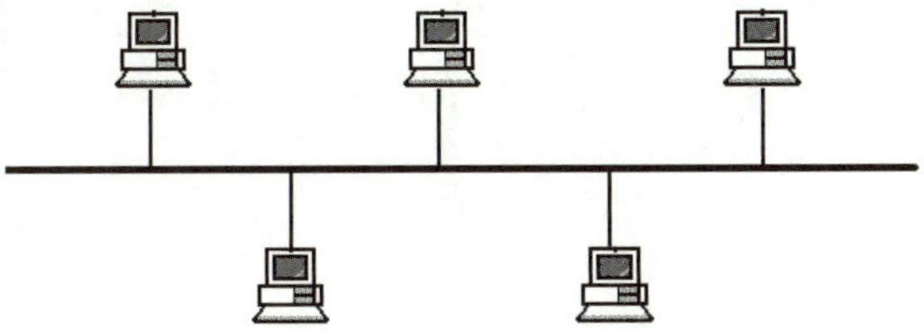

图 6-1-5 总线型拓扑结构

因为所有站点共享一条公用的传输信道,所以一次只能由一个设备传输信号。通常采用分布式控制策略来确定哪个站点可以发送。发送时,发送站将报文划分为组,然后逐个依次发送这些分组,有时还要与其他站的分组交替地在媒体上传输。当分组经过各站时,其中的目的站会识别到分组所携带的目的地址,然后复制下这些分组的内容。

①总线型拓扑结构的优点

- 总线结构所需要的电缆数量少,线缆长度短,易于布线和维护。
- 总线结构简单,有较高的可靠性。传输速率高,可达 100 Mbps。
- 易于扩充,增加或减少用户比较方便,结构简单,组网容易,网络扩展方便。
- 多个节点共用一条传输信道,信道利用率高。

②总线型拓扑的缺点

- 总线的传输距离有限,通信范围受到限制。
- 故障诊断和隔离较困难。

(2)星型拓扑

星型拓扑是由中央节点和通过点到点通信链路接到中央节点的各个站点组成。中央节点执行集中式通信控制策略,因此中央节点相当复杂,而各个站点的通信处理负担都很小。这种结构一旦建立了通道连接,就可以无延迟地在连通的两个站点之间传送数据。星型网络拓扑结构是目前应用最广泛的一种网络拓扑结构。星型拓扑结构如图 6-1-6 所示。

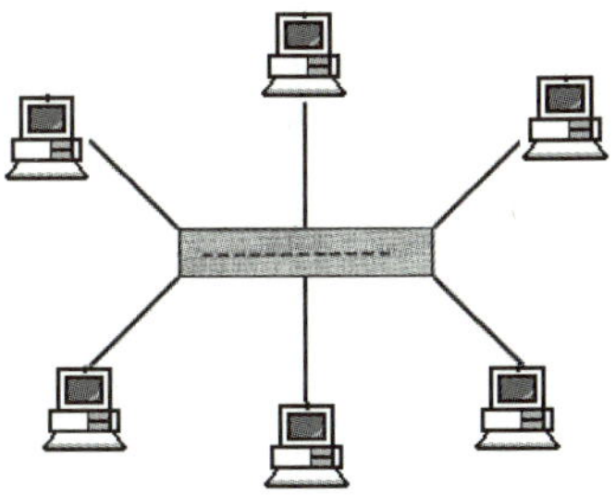

图 6-1-6 星型拓扑结构

①星型拓扑结构的优点

- 结构简单,连接方便,管理和维护都相对容易,而且扩展性强。
- 网络延迟时间较小,传输误差低。
- 在同一网段内支持多种传输介质,除非中央节点故障,否则网络不会轻易瘫痪。
- 每个节点直接连到中央节点,故障容易检测和隔离,可以很方便地排除有故障的节点。

②星型拓扑结构的缺点

- 安装和维护的费用较高。
- 共享资源的能力较差。

- 一条通信线路只被该线路上的中央节点和边缘节点使用，通信线路利用率不高。
- 对中央节点要求相当高，一旦中央节点出现故障，则整个网络将瘫痪。

(3)环型拓扑

在环型拓扑中各节点通过环路接口连在一条首尾相连的闭合环形通信线路中，环路上任何节点均可以请求发送信息。请求一旦被批准，便可以向环路发送信息。环形网中的数据可以是单向传输也可是双向传输。由于环线是公用的，一个节点发出的信息必须穿越环中所有的环路接口，信息流中目的地址与环上某节点地址相符时，信息被该节点的环路接口所接收，而后信息继续流向下一环路接口，一直流回到发送该信息的环路接口节点为止。环型拓扑结构如图 6-1-7 所示。

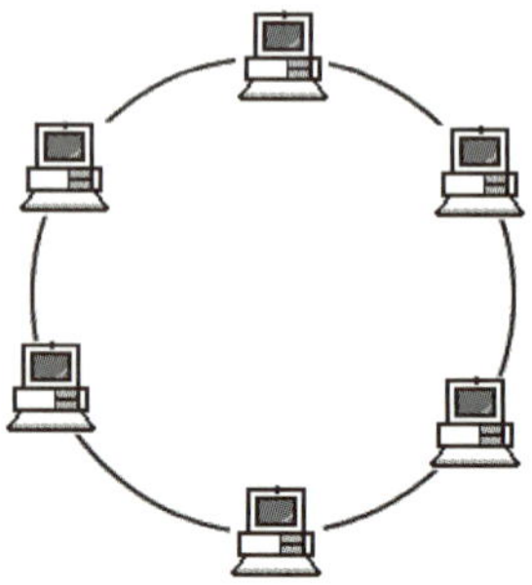

图 6-1-7　环型拓扑结构

①环型拓扑的优点

- 电缆长度短。环型拓扑网络所需的电缆长度和总线型拓扑网络相似，但比星型拓扑网络要短得多。
- 增加或减少工作站时，仅需简单的连接操作。
- 可使用光纤。光纤的传输速率很高，十分适合于环型拓扑的单向传输。

②环型拓扑的缺点

- 节点的故障会引起全网故障。这是因为环上的数据传输要通过接在环上的每一个节点，一旦环中某一节点发生故障就会引起全网的故障。
- 故障检测困难。这与总线型拓扑相似，因为不是集中控制，故障检测需在网上各个节点进行，因此就不很容易。
- 环型拓扑结构的媒体访问控制协议都采用令牌传递的方式，在负载很轻时，信道利用率相对来说就比较低。

(4)树型拓扑

树型拓扑可以认为是多级星形结构组成的，只不过这种多级星形结构自上而下呈三角形分布，就像一棵树一样，最顶端的枝叶少些，中间的多些，而最下面的枝叶最多。树的最下端相当于网络中的边缘层，树的中间部分相当于网络中的汇聚层，而树的顶端则相当于网络中的核心层。它采用分级的集中控制方式，其传输介质可有多条分支，但不形成闭合回路，每条通信线路都必须支持双向传输。树型拓扑结构如图 6-1-8 所示。

①树型拓扑的优点

- 易于扩展。这种结构可以延伸出很多分支和子分支，这些新节点和新分支都能容易地加入网内。
- 故障隔离较容易。如果某一分支的节点或线路发生故障，很容易将故障分支与整个系统隔离开来。

②树型拓扑的缺点

各个节点对根的依赖性太大，如果根发生故障，则全网不能正常工作。从这一点来看，树型拓扑结构的可靠性有点类似于星型拓扑结构。

(5)网状型拓扑

网状型拓扑在广域网中得到了广泛的应用，它的优点是不受瓶颈问题和失效问题的影响。由于节点之间有许多条路径相连，可以为数据流的传输选择适当的路由，从而绕过失效的部件或过忙的节点。这种结构虽然比较复杂，成本也比较高，提供上述功能的网络协议也较复杂，但由于它的可靠性高，仍然受到用户的欢迎。网状型拓扑结构如图 6-1-9 所示。

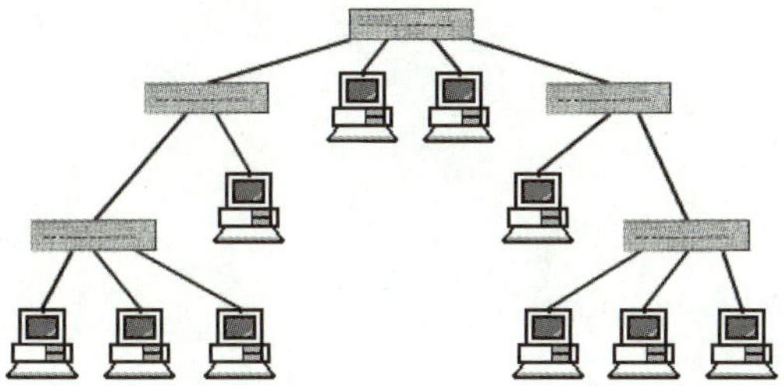

图 6-1-8 树型拓扑结构

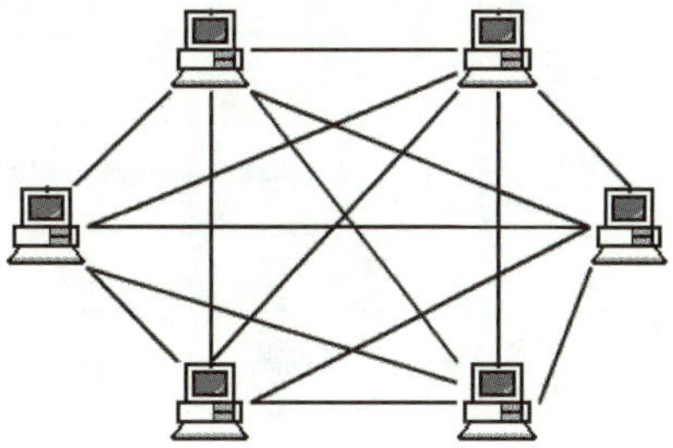

图 6-1-9 网状型拓扑

①网状型拓扑的优点

- 节点间路径多，碰撞和阻塞减少。
- 局部故障不影响整个网络，可靠性高。

②网状型拓扑的缺点

- 网络关系复杂，建网较难，不易扩充。
- 网络控制机制复杂，必须采用路由算法和流量控制机制。

(6)混合型拓扑

混合型拓扑是将两种单一拓扑结构混合起来，取两者的优点构成的拓扑，如图 6-1-10 所示。一种是星型拓扑和环型拓扑混合成的“星-环”拓扑，另一种是星型拓扑和总线型拓扑混合成的“星-总”拓扑。这两种混合型结构有相似之处，如果将总线型拓扑的两个端点连在一起也就变成了环型拓扑。在混合型拓扑结构中，汇聚层设备组成环型或总线型拓扑，汇聚层设备和接入层设备组成星型拓扑。

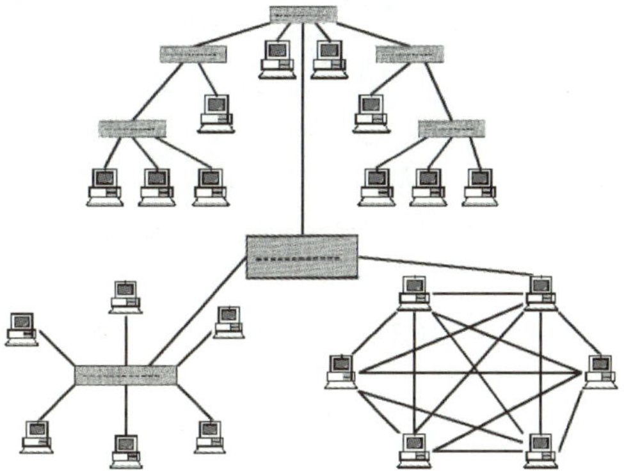

图 6-1-10 混合型拓扑结构

①混合型拓扑的优点

- 故障诊断和隔离较为方便。一旦网络发生故障，只要诊断出哪个网络设备有故障，将该网络设备和全网隔离即可。
- 易于扩展。要扩展用户时，可以加入新的网络设备，也可在设计时，在每个网络设备中留出一些备用的可插入新站点的连接口。
- 安装方便。网络的主链路只要连通汇聚层设备，然后再通过分支链路连通汇聚层设备和接入层设备。

②混合型拓扑的缺点

- 需要选用智能网络设备，实现网络故障自动诊断和故障节点的隔离，网络建设成本比较高。
- 像星型拓扑结构一样，汇聚层设备到接入层设备的线缆安装长度会增加较多。

➢【课题小结】

本课题的内容结构如图 6-1-11 所示。

说明：

1. 本课题为计算机网络基础知识，主要包含四个方面的内容。

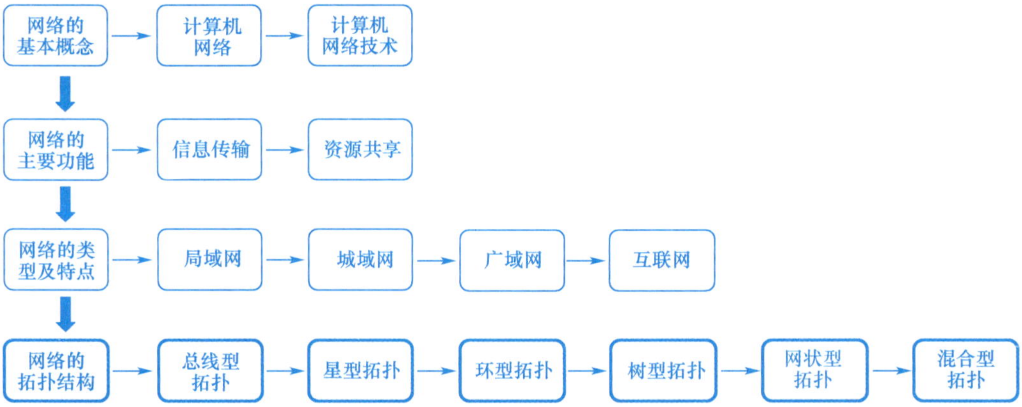

图 6-1-11 本课程内容结构示意图

2. 粗框标记为难点内容，教学的过程中应结合实际例子进行讲授，让学生在对比学习中做到逐步理解和掌握。

➤【效果测评】

表 6-1-1 考核评分记录表

考核目标	考核内容	考核要求	评分标准	配分	自评	互评	师评
知识目标	1. 简述计算机网络的概念	思路清晰，回答完整	能够完整说出得满分，不足酌情扣分	5			
	2. 简述计算机网络的功能	思路清晰，回答完整	能够完整说出得满分，少 1 项扣 5 分，扣完为止	10			
	3. 按照地理范围的划分，罗列计算机网络的类型	思路清晰，回答完整	能够完整说出得满分，少 1 项扣 2.5 分，扣完为止	10			
	4. 简述局域网的特点	思路清晰，回答完整	能够完整说出得满分，不足酌情扣分	5			
	5. 简述城域网的特点	思路清晰，回答完整	能够完整说出得满分，不足酌情扣分	5			
	6. 简述广域网的特点	思路清晰，回答完整	能够完整说出得满分，不足酌情扣分	5			
	7. 简述互联网的特点	思路清晰，回答完整	能够完整说出得满分，不足酌情扣分	5			
	8. 简述计算机网络拓扑结构的概念	思路清晰，回答完整	能够完整说出得满分，不足酌情扣分	10			
	9. 罗列计算机网络拓扑结构的类型	思路清晰，回答完整	能够完整说出得满分，少 1 项扣 3 分，扣完为止	15			
能力目标	1. 通过简单的描述，识别计算机网络的类型	思路清晰，理解准确	能够识别得满分，不足酌情扣分	15			
	2. 通过简单的描述或图片，识别计算机网络拓扑结构的类型	思路清晰，理解准确	能够识别得满分，不足酌情扣分	15			
总分				100			

课题二 计算机网络的组成

计算机网络主要由计算机系统和终端、通信处理机、通信线路和通信设备、操作系统以及网络协议等部分组成。通过本课题的学习，要让学生了解和熟悉计算机网络各组成部分的结构功能，重点让学生能够识别计算机网络的传输介质和网络连接设备的类型。

【教学目标】

知识目标：

1. 了解计算机系统和终端的概念。
2. 了解计算机网络通信处理机的概念。
3. 熟知计算机网络的传输介质和网络连接设备的类型。
4. 了解计算机网络操作系统的概念。
5. 了解网络协议的概念。

能力目标：

1. 识别计算机网络的传输介质的类型。
2. 识别网络连接设备的类型。

【教学任务】

本课题的主要教学内容：计算机系统和终端、通信处理机、通信线路和通信设备、操作系统以及网络协议。

【教·学·做】

计算机网络通俗地讲就是由多台计算机(或其他计算机网络设备)通过传输介质和通信软件连接在一起组成的。总的来说，计算机网络的组成包括计算机系统和终端、通信处理机、通信线路和通信设备、操作系统以及网络协议五部分。

一、计算机系统和终端

计算机系统和终端提供网络服务界面。地域集中的多个独立终端可通过一个终端控制器连入网络。

二、通信处理机

通信处理机也叫通信控制器或前端处理机，是计算机网络中完成通信控制的专用计算机，通常由小型机、微机或带有CPU的专用设备组成。在广域网中，采用专门的计算机充当通信处理机：在局域网中，由于通信控制功能比较简单，所以没有专门的通信处理机，而是在计算机中插入一个网络适配器(网卡)来控制通信。如图6-2-1所示。

图6-2-1 网卡

三、通信线路和通信设备

通信线路是连接各计算机系统终端的物理通路。通信设备的采用与线路类型有很大关系：如果是模拟线路，在线中两端使用调制解调器（Modem）；如果是有线介质，在计算机和介质之间就必须使用相应的介质连接部件。

1. 传输介质

网络传输介质是指在网络中传输信息的载体，常用的传输介质分为有线传输介质和无线传输介质两大类。不同的传输介质，其特性也各不相同，它们不同的特性对网络中数据通信质量和通信速度有较大影响。

（1）有线传输介质

有线传输介质是指在两个通信设备之间实现的物理连接部分，它能将信号从一方传输到另一方，有线传输介质主要有双绞线、同轴电缆和光纤。双绞线和同轴电缆传输电信号，光纤传输光信号。

①双绞线

双绞线如图 6-2-2 所示，内部由两条互相绝缘的铜芯线组成，线径一般为 1 mm^2。两条铜芯线互拧交织，具有抗干扰作用，可以有效减少邻近线路对传输信号的干扰。双绞线既能用于传输模拟信号，也能用于传输数字信号，其带宽决定于铜线的直径和传输距离。但是许多情况下，几公里范围内的传输速率可以达到每秒几兆比特。由于其性能较好且价格便宜，双绞线得到广泛应用，双绞线可以分为非屏蔽双绞线和屏蔽双绞线两种，屏蔽双绞线性能优于非屏蔽双绞线。双绞线共有 6 类，其传输速率在 4～1000 Mbit/s。

图 6-2-2 双绞线

②同轴电缆

同轴电缆如图 6-2-3 所示，是以硬铜线为芯（导体），外包一层绝缘材料（绝缘层），这层绝缘材料再用密织的网状导体环绕构成屏蔽，其外又覆盖一层保护性材料（护套）。同轴电缆的这种结构使它具有更高的带宽和极好的噪声抑制特性。它比双绞线的屏蔽性要更好，因此在更高速度上可以传输得更远。1 公里的同轴电缆可以达到 1～2 Gbit/s 的数据传输速率。

③光纤

光纤如图 6-2-4 所示，它是由纯石英玻璃制成的。纤芯外面包围着一层折射率比芯纤低的包层，包层外是一塑料护套。光纤通常被扎成束，外面有外壳保护。光纤的传输速率可达 100 Gbit/s。

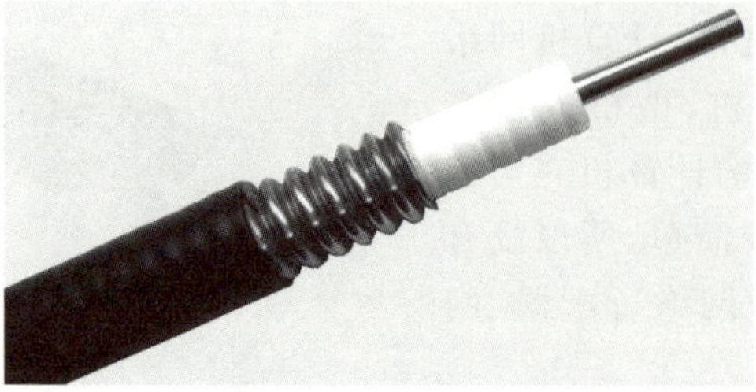

图 6-2-3 同轴电缆

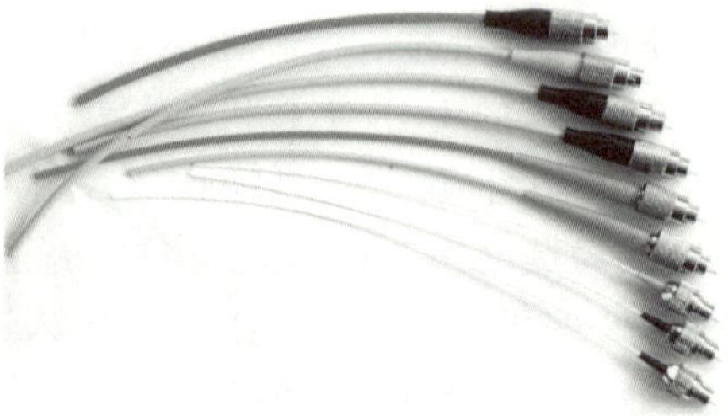

图 6-2-4 光纤

(2)无线传输介质

无线传输的介质有无线电波、红外线、微波、卫星和激光。在局域网中，通常只使用无线电波和红外线作为无线传输介质。无线传输介质通常用于广域互联网的广域链路的连接。

2. 网络连接设备

网络连接设备是把网络中的通信线路连接起来的各种设备的总称，这些设备包括中继器、集线器、交换机和路由器等。

(1)中继器(Repeater)

中继器形状如图 6-2-5 所示，是一种放大模拟信号或数字信号的网络连接设备，通常具有两个端口。它接收传输介质中的信号，将其复制、调整和放大后再发送出去，从而使信号能传输得更远，延长信号传输的距离。中继器不具备检查和纠正错误信号的功能，它只是放大和转发信号。

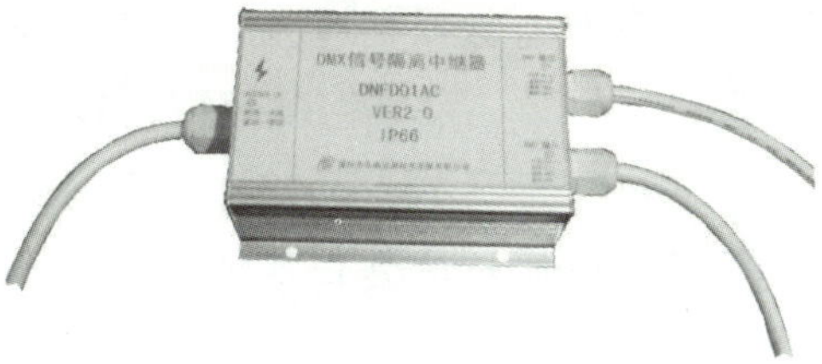

图 6-2-5　中继器

(2)集线器(Hub)

集线器如图 6-2-6 所示，是构成局域网的最常用的连接设备之一。集线器是局域网的中央设备，它的每一个端口可以连接一台计算机，局域网中的计算机通过它来交换信息。常用的集线器可通过两端装有 RJ-45 连接器的双绞线与网络中计算机上安装的网卡相连，每个时刻只有两台计算机可以通信。

利用集线器连接的局域网叫共享式局域网。集线器实际上是一个拥有多个网络接口的中继器，不具备信号的定向传送能力。

(3)交换机(Switch)

交换机如图 6-2-7 所示，又称交换式集线器，在网络中用于完成与它相连的线路之间的数据单元的交换，是一种基于 MAC(网卡的硬件地址)识别，完成封装、转发数据包功能的网络设备。在局域网中可以用交换机来代替集线器，其数据交换速度比集线器快得多。这是由于集线器不知道目标地址在何处，只能将数据发送到所有的端口。而交换机中会有一张地址表，通过查找表格中的目标地址，把数据直接发送到指定端口。

图 6-2-6　8 口分流集线器

图 6-2-7　三层交换机

利用交换机连接的局域网叫交换式局域网。在用集线器连接的共享式局域网中，信息传输通道就好比一条没有划出车道的马路，车辆只能在无序的状态下行驶，当数据和用户数量超过一定的限量时，就会发生抢道、占道和交通堵塞等现象。交换式局域网则不同，就好比将上述马路划分为若干车道，保证每辆车能各行其道、互不干扰。交换机为每个用户提供专用的信息通道，除非两个源端口企图同时将信息发往同一个目的端口，负责各个源端口与各自的目的端口之间可同时进行通信而不发生冲突。

除了在工作方式上与集线器不同之外，交换机在连接方式、速度选择等方面与集线器基本相同。

(4)路由器(Router)

路由器是一种连接多个网络或网段的网络设备，它能将不同网络或网段之间的数据信息进行“翻译”，以使它们能够相互“读”懂对方的数据，实现不同网络或网段间的互联互通，从而构成一个更大的网络。目前，路由器已成为各种骨干网络内部之间、骨干网之间、一级骨干网和因特网之间连接的枢纽。校园网一般就是通过路由器连接到因特网上的。如图 6-2-8 所示为无线路由器。

图 6-2-8 无线路由器

路由器的工作方式与交换机不同，交换机利用物理地址(MAC 地址)来确定转发数据的目的地址，而路由器则是利用网络地址(IP 地址)来确定转发数据的地址。另外路由器具有数据处理、防火墙及网络管理等功能。

四、操作系统

计算机联入网络后，还需要安装操作系统软件才能实现资源共享和管理网络资源。如 Windows XP、Windows 2003、Windows 7 等。

五、网络协议

网络协议是规定在网络中进行相互通信时需遵守的规则，只有遵守这些规则才能实现网络通信。常见的协议有 TCP/IP 协议、IPX/SPX 协议、NetBEUI 协议等。网络协议是由 IEEE (电气电子工程师协会)制定的。

【课题小结】

本课题的内容结构如图 6-2-9 所示。

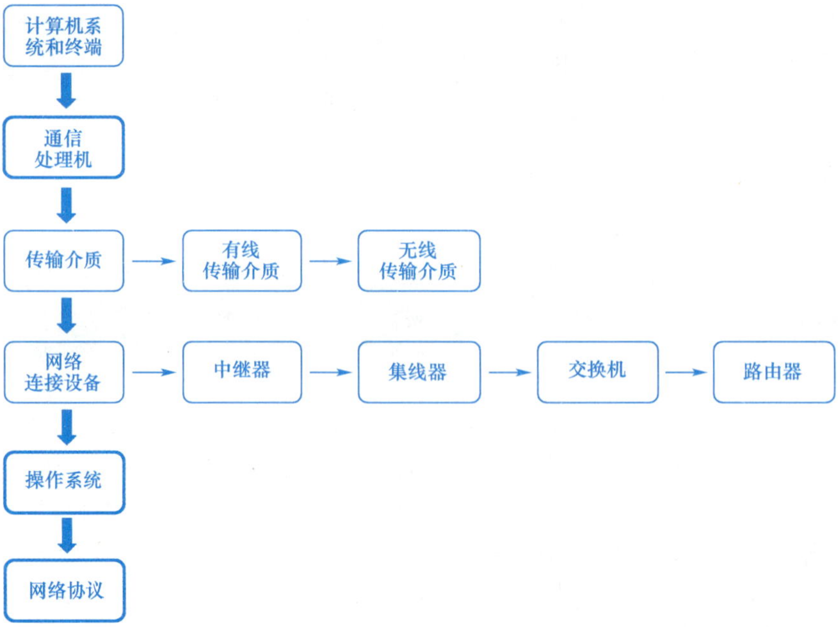

图 6-2-9 课题内容结构示意图

说明：

1. 本课题重点介绍计算机网络的组成部分及其主要功能，是学习和掌握计算机网络必须具备的基础知识和技能。

2. 本课题实践性强，应结合实际进行讲授，让学生逐步理解和掌握。

3. 粗框标记为难点内容，在教学过程中应深入浅出，突破难点。

➤【效果测评】

表 6-2-1 考核评分记录表

考核目标	考核内容	考核要求	评分标准	配分	自评	互评	师评
知识目标	1. 简述计算机系统和终端的概念	思路清晰，回答完整	能够完整说出得满分，不足酌情扣分	10			
	2. 简述通信处理机的概念	思路清晰，回答完整	能够完整说出得满分，不足酌情扣分	10			
	3. 罗列有线传输介质的类型	思路清晰，回答完整	能够完整说出得满分，少 1 项扣 2 分，扣完为止	10			
	4. 罗列无线传输介质的类型	思路清晰，回答完整	能够完整说出得满分，少 1 项扣 2 分，扣完为止	10			
	5. 罗列网络连接设备的类型	思路清晰，回答完整	能够完整说出得满分，少 1 项扣 2 分，扣完为止	10			
	6. 简述网络操作系统的概念	思路清晰，回答完整	能够完整说出得满分，不足酌情扣分	10			
	7. 简述网络协议的概念	思路清晰，回答完整	能够完整说出得满分，不足酌情扣分	10			
能力目标	1. 根据描述或图片，识别有线传输介质的类型	思路清晰，理解准确	能够识别得满分，不足酌情扣分	10			
	2. 根据描述，识别无线传输介质的类型	思路清晰，理解准确	能够识别得满分，不足酌情扣分	10			
	3. 根据描述或图片，识别网络连接设备的类型	思路清晰，理解准确	能够识别得满分，不足酌情扣分	10			
总 分				100			

课题三 Internet 应用

互联网(Internet)是利用通信技术把众多计算机连接在一起形成的计算机通信网络，是世界上最大的电子计算机网络；互联网是继电报、电话、无线电、电脑之后的一个伟大发明；互联网的形成使计算机不但能处理信息，而且可以获得信息和传递信息。互联网的迅猛发展正在对全球政治、经济、文化等领域产生着深远的影响，推动着社会的全面进步。现在，一方面，全世界的电脑都能够通过互联网联系起来，进行通信或分享信息资源；另一方面，无线电话与互联网的连接，进一步拓展了互联网的规模和用途，互联网的触角已经深入各行各业，人们通过互联网进行交流、学习、购物等，互联网已经同人们的生产、生活密不可分。在我国，根据国家统计局发布的数据，2016 年我国网民达到 7.31 亿，互联网普及率达到 53.2%。随着《中国制造 2025》发展战略的全面实施，互联网将进一步拓展我们的生活空间，一个无网不在的网络化、数字化和智能化时代正在向我们扑面而来。学习互联网的相关知识，熟悉和掌握互联网的应用方法，是非常必要和十分重要的。

➤【教学目标】

知识目标：

1. 掌握 Internet 的有关概念。
2. 了解 Internet 的接入方式。
3. 熟知 Internet 的服务与应用。

能力目标：

1. 熟练掌握文件下载的操作。
2. 熟练掌握通信工具的使用。
3. 熟悉掌握电子支付与网上购物。

➤【教学任务】

本课题的主要教学内容：Internet 的有关概念；Internet 的接入方式；Internet 的服务与应用；案例实操。

➤【教·学·做】

一、Internet 的有关概念

Internet，中文正式译名为因特网，又叫作国际互联网。它是由那些使用公用语言互相通信的计算机连接而成的全球网络。一旦你连接到它的任何一个节点上，就意味着您的计算机已经连入 Internet 网上了。Internet 目前的用户已经遍及全球，有超过几十亿人在使用 Internet，并且它的用户数还在以等比级数上升。

1. Internet 的起源

Internet 是在美国早期的军用计算机网 ARPANET(阿帕网)的基础上经过不断发展变化而形成的。Internet 的起源主要可分为以下几个阶段。

(1)Internet 的雏形阶段

1969 年，美国国防部高级研究计划局(Advance Research Projects Agency，ARPA)开始建立一个命名为 ARPANET 的网络。当时建立这个网络的目的是出于军事需要，计划建立一个计算机网络，当网络中的一部分被破坏时，其余网络部分会很快建立起新的联系。人们普遍认为这就是 Internet 的雏形。如图 6-3-1 所示。

(2)Internet 的发展阶段

美国国家科学基金会(National Science Foundation，NSF)在 1985 开始建立计算机网络 NSFNET。NSF 规划建立了 15 个超级计算机中心及国家教育科研网，用于支持科研和教育的全国性规模的 NSFNET，并以此作为基础，实现同其他网络的连接。NSFNET 成为 Internet 上主要用于科研和教育的主干部分，代替了 ARPANET 的骨干地位。1989 年 MILNET(由 ARPANET 分离出来)实现和 NSFNET 连接后，就开始采用 Internet 这个名称。自此以后，其他部门的计算机网络相继并入 Internet，ARPANET 就宣告解散了。

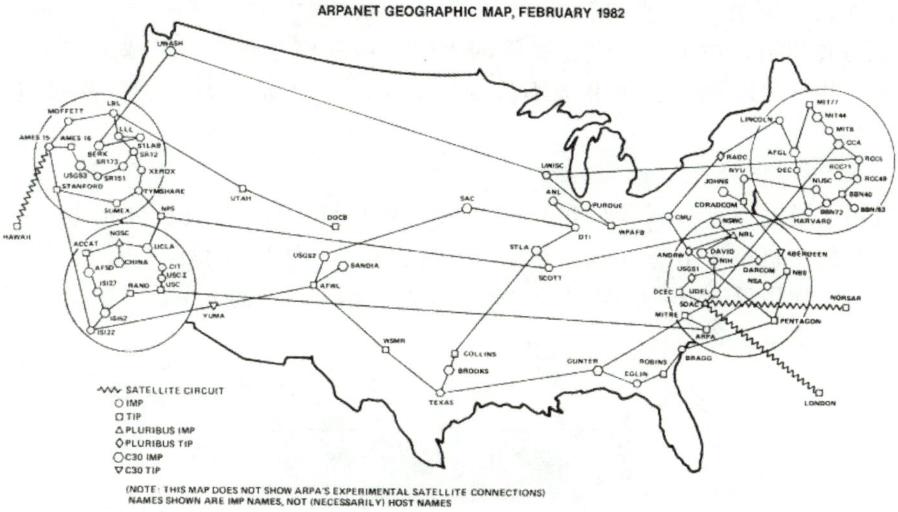

图 6-3-1 ARPANET 1982

(3)Internet 的商业化阶段

20 世纪 90 年代初，商业机构开始进入 Internet，使 Internet 开始了商业化的新进程，成为 Internet 大发展的强大推动力。1995 年，NSFNET 停止运作，Internet 已彻底商业化了。

2. Internet 的原理

因特网(Internet)是一组全球信息资源的总汇。1995 年 10 月 24 日，“联合网络委员会”通过了一项有关决议：将“互联网”定义为全球性的信息系统。

(1)通过全球性的唯一的地址逻辑地链接在一起。这个地址是建立在互联网协议(IP)或今后其他协议基础之上的。

(2)可以通过传输控制协议和互联协议(TCP/IP)，或者今后其他接替的协议或与互联网协议(IP)兼容的协议来进行通信。

(3)可以让公共用户或者私人用户使用高水平的服务。这种服务是建立在上述通信及相关的基础设施之上的。

总之，Internet 是我们今后生存和发展的基础设施，它直接影响着我们的生活方式。

3. Internet 的功能

Internet 是一个新媒体、全方位的高技术交互信息系统，要对它的功能准确划分是比较困难的。从技术使用角度，Internet 的主要功能可分为以下几类：即电子邮件、远程登录、文件传输、客户机服务器连接、网络电话、网络传真、网络可视会议等。

4. Internet 的特点

(1)系统不与具体的专用网络相关联，用户可以在世界范围内的任何地点、任何时候方便地访问网络上面任何一个节点。

(2)对用户的计算机和网络操作的要求很低。

(3)绝大部分报文是通过填写屏幕单证的方式形成的。

(4)Internet 的带宽高。

(5)Internet 的费用低。

二、Internet 的接入方式

从信息资源的角度，互联网是一个集各部门、各领域的信息资源为一体的，供网络用户共享的信息资源网。家庭用户或单位用户要接入互联网，可通过某种通信线路连接到 ISP(Internet 服务提供商)，由 ISP 提供互联网的入网连接和信息服务。互联网接入是通过特定的信息采集与共享的传输通道，利用以下传输技术完成用户与 IP 广域网的高带宽、高速度的物理连接。

1. 通过 Modem 拨号接入 Internet

计算机用户通过调制解调器(Modem)连接公用电话网络，再通过公用电话网络连接到 ISP，通过 ISP 的主机接入 Internet，在建立拨号连接以前，向 ISP(我国一般是当地电信部门)申请拨号连接的使用权，获得使用帐号和密码，每次上网前需要通过帐号和密码拨号。调制解调器如图 6-3-2 所示。

图 6-3-2 调制解调器

2. 通过 ISDN 接入 Internet

ISDN 是综合业务数字网络的缩写，是提供端到端的数字连接网络，除了支持电话业务外，还能支持传真、图像或视频等数字传输业务。ISDN 专线接入又称为一线通，因为它通过一条电话线就可以实现集语音、数据和图像通信于一体的综合业务。ISDN 连接通过网络终端(NT)、用户终端和 ISDN 终端适配器(TA)连接到 ISP。

3. 通过 DDN 专线接入 Internet

DDN 是数字数据网络的缩写，它是利用铜缆、光纤、数字微波或卫星等数字传输通道，提供永久或半永久连接电路，以传输数字信号为主的数字传输网络，在连到 Internet 时，是通过 DDN 专线连接到 ISP，再通过 ISP 连接到 Internet。局域网通过 DDN 专线连接 Internet 时，一般需要使用基带调制解调器和路由器。

4. 通过 xDSL 接入 Internet

DSL 是数字用户线路技术，可以利用双绞线高速传输数据。现有的 DSL 技术已有多种，如 HDSL、ADSL、VDSL、SDSL 等。我国电信为用户提供了 HDSL、ADSL 接入技术。我们这里就用 ADSL 为例来说，ADSL 是非对称式数字用户线路的缩写，采用了先进的数字处理技术，将上传频道、下载频道和语音频道的频段分开，在一条电话线上同时传输 3 种不同频段的数据，且能够实现数字信号与模拟信号同时在电话线上传输。它的连接是主机通过 DSL Modem 连接到电话线，再连接到 ISP(互联网服务提供商)，通过 ISP 连接到 Internet。

5. 通过电缆调制解调器接入 Internet

目前，我国有线电视网遍布全国，且能够利用一些特殊的设备把这个网络的信号转化成计算机网络数据信息，这个设备就是电缆调制解调器(Cable Modem)，有线电视网络传输的是模拟信号，我们通过 Cable Modem 把数字信号转化成模拟信号，从而可以与电视信号一起通过有线电视网络传输，在用户端，使用电缆分线器将电视信号和数据信号分开。

6. 无线接入

由于铺设光纤的费用很高，对于需要宽带接入的用户，一些城市提供无线接入。用户通过高频天线和 ISP 连接，距离在 10 km 左右，带宽为 2～11 MBit/s，费用低廉，但是受地形和距离的限制，适合城市里距离 ISP 不远的用户。性能价格比很高。

7. 小区宽带

小区宽带是现在接入互联网的一种常用方式，实现过程是光纤＋LAN（局域网）的方式。ISP 通过光纤将信号接入小区交换机，然后通过交换机接入家庭。

三、Internet 的基本服务

Internet 服务指的是为用户提供的互联网服务，通过 Internet 服务可以进行互联网访问，获取需要的信息。Internet 服务采用 TCP/IP 协议。

1. 万维网 WWW

它是由欧洲粒子物理实验室（CERN）研制的，将位于全世界 Internet 网上不同地点的相关数据信息有机地编织在一起。WWW 提供友好的信息查询接口，用户仅需要提出查询要求，而到什么地方查询及如何查询则由 WWW 自动完成。因此，WWW 为你带来的是世界范围的超级文本服务：只要操纵电脑的鼠标器，你就可以通过 Internet 从全世界任何地方调来你所希望得到的文本、图像（包括活动影像）和声音等信息。另外，WWW 还可为你提供传统的 Internet 服务：Telnet、FTP、Gopher 和 Usenet News（Internet 的电子公告牌服务）。通过使用 WWW，一个不熟悉网络使用的人也可以很快成为 Internet 行家。如图 6-3-3 所示。

图 6-3-3　万维网

WWW 的成功在于它制定了一套标准的、易为人们掌握的超文本开发语言 HTML、信息资源的统一定位格式 URL 和超文本传送通信协议 HTTP。

（1）超文本标记语言 HTML

HTML（Hyper Text Mark-up Language）即超文本标记语言，是 WWW 的描述语言，由 Tim Berners-lee 提出。设计 HTML 语言的目的是为了能把存放在一台电脑中的文本或图形与另一台电脑中的文本或图形方便地联系在一起，形成有机的整体，人们不用考虑具体信息是在当前电脑上还是在网络的其他电脑上。这样你只要使用鼠标在某一文档中点取一个图标，Internet 就会马上转到与此图标相关的内容上去，而这些信息可能存放在网络的另一台电脑中。如图 6-3-4 所示。

图 6-3-4　HTML

HTML 文本是由 HTML 命令组成的描述性文本，HTML 命令可以说明文字、图形、动画、声音、表格、链接等。HTML 的结构包括头部（Head）、主体（Body）两大部分。头部描述浏览器所需的信息，主体包含所要说明的具体内容。

(2)统一资源定位器 URL

URL(Uniform Resource Locator,统一资源定位器)是 WWW 页的地址,它从左到右由下述部分组成:Internet 资源类型(scheme)、服务器地址(host)、端口(port)和路径(path)。

(3)主页 Homepage

Homepage 直译为主页。确切地说 Homepage 是一种用超文本标记语言(描述性语言)将信息组织好,再经过相应的解释器或浏览器翻译出的文字、图像、声音、动画等多种信息组织方式。用户可以把它同报纸、杂志、电视、广播等同等对待。Homepage 的传播方式是将原代码和与 Homepage 有关的图形文件、声音文件放在一台服务器(称 WWW)查询。

2. 信息搜索

Internet 上的信息资源很丰富,丰富得让人有点儿无所适从,尤其是对那些刚刚踏入 Internet 网络世界里来的生手,更是令人扑朔迷离,难以理出头绪。有人比喻 Internet 上的信息就如同许多堆杂乱无章的书籍,只是在每堆书籍上列出此堆书籍中涉及的内容及书名,但要找到具体书籍则需自己不辞劳苦地一一查找了。

毋庸置疑,Internet 上众多的信息资源中肯定有你所需的信息,若清楚信息的存放地址,通过在线获取这些信息是快捷而便利的,但是主要问题是如何找到这些信息。

(1)搜索途径

在 Internet 上查找信息的途径有很多种,可大致分为以下几种:偶然发现、浏览(Browsing)、搜索(Searching)和通过资源指南(Resource Guide)来查找相应的信息。

(2)搜索机制

不同网点所提供的搜索机制不同。布尔搜索是较普遍的一种机制。它使用 AND、OR、NOT 三个布尔操作符来组合搜索项。

(3)著名的搜索引擎

搜索引擎(Search Engine)是一个对互联网信息资源进行搜索整理和分类,并储存在网络数据库中供用户查询的系统,包括信息搜集、信息分类、用户查询三部分。

著名的搜索引擎有百度、谷歌、雅虎、搜狗和 360 综合搜索等。

3. 电子邮件

电子邮件(E-mail,或 Electronic mail)是指 Internet 上或常规计算机网络上的各个用户之间,通过电子信件的形式进行通信的一种现代邮政通信方式。如图 6-3-5 所示。

4. 文件传送协议 FTP

文件传送协议 FTP(File Transfer Protocol)是 Internet 文件传送的基础。通过该协议,用户可以从一个 Internet 主机向另一个 Internet 主机拷贝文件。如图 6-3-6 所示。

图 6-3-5 E-mail

图 6-3-6 FTP

在 FTP 的使用当中，用户经常遇到两个概念："下载"(Download)和"上传"(Upload)。"下载"文件就是从远程主机拷贝文件至自己的计算机上；"上传"文件就是将文件从自己的计算机中拷贝至远程主机上。用 Internet 语言来说，用户可通过客户机程序向(从)远程主机上载(下载)文件。

5. 远程登录协议 Telnet

Telnet 是 Internet 的远程登录协议的意思，它让你坐在自己的计算机前通过 Internet 网络登录到另一台远程计算机上，这台计算机可以在隔壁的房间里，也可以在地球的另一端。当你登录上远程计算机后，你的电脑就仿佛是远程计算机的一个终端，你就可以用自己的计算机直接操纵远程计算机，享受远程计算机本地终端同样的权力。你可在远程计算机启动一个交互式程序，可以检索远程计算机的某个数据库，可以利用远程计算机强大的运算能力对某个方程式求解。如图 6-3-7 所示。

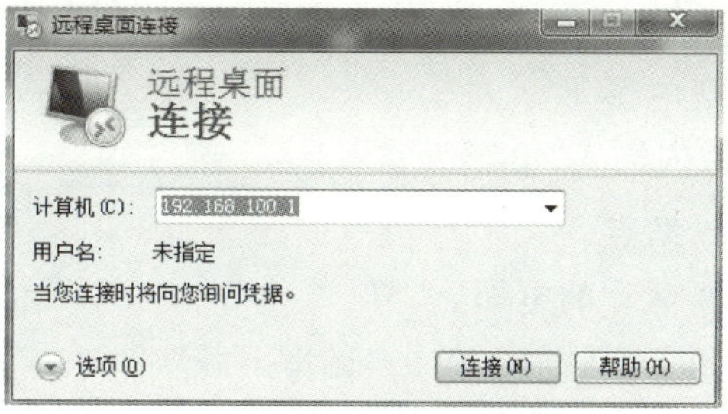

图 6-3-7　远程桌面连接

6. 电子公告牌系统 BBS

电子公告牌系统(Bulletin Board System，BBS)通过在计算机上运行服务软件，允许用户使用终端程序通过 Internet 来进行连接，执行下载数据或程序、上传数据、阅读新闻、与其他用户交换消息等功能。

四、Internet 的主要用途

Internet 实际上是一个应用平台，利用它可以开展多种信息网络应用，主要用于通信服务、发布与获取信息、电子商务、网上教学、网上医疗咨询、生活娱乐、企业管理七个方面。

五、Internet 的日常应用

Internet 目前已经广泛应用到人们的日常生活之中，日常应用最为普遍的有文件下载、通信工具、电子支付、网上购物等几个方面。

六、案例实操

Internet 的应用非常广泛，本课题的案例实操从文件下载、通信工具、电子支付、网上购物四个方面进行介绍，熟悉和掌握这些操作，对于进一步学习其他方面的应用能够起到举一反三的效果。

1. 文件下载

(1)使用 Internet Explorer(以下简称：IE)浏览器下载并安装迅雷 9

①单击"开始"菜单，打开 IE 浏览器。

②将光标移至 URL 处，输入 www. baidu. com，打开百度。

③在百度搜索框内输入“迅雷”，单击“百度一下”。

④单击“迅雷产品中心”，进入下载页面。

⑤单击电脑软件中迅雷 9“下载”。

⑥在弹出的对话框中单击，“保存”旁下拉菜单“另存为”。

⑦将迅雷 9 保存于 D:/。

⑧下载完毕后，打开 D:/Thunder9. 1. 26. 614. exe。

⑨单击“一键安装”，单击“下一步”直至完成“迅雷 9”的安装，如图 6-3-8 所示。

⑩打开迅雷 9。

图 6-3-8　一键安装

(2)使用迅雷 9 下载免费电影

①打开迅雷 9，在地址栏内输入“电影天堂”。

②单击“电影天堂”，进入站点。

③进入站点后，选择想要观看的电影。

④进入电影详情页，找到 FTP 链接，单击“迅雷下载”。

⑤单击“立即下载”，待下载完毕后即可使用播放器播放，如图 6-3-9 所示。

2. 通信工具

(1)QQ 号的申请

①下载并安装 QQ，安装完毕，打开“QQ 登录界面”，单击“注册帐号”，如图 6-3-10 所示；

图 6-3-9　下载电影

图 6-3-10　QQ 界面

②进入“QQ 注册”页面，填写注册信息。

③完成注册。

(2)添加 QQ 好友

①使用申请的 QQ 帐号和密码登录 QQ 界面，单击“查找”。

②进入“查找”界面，输入您的好友 QQ 号码，单击“查找”按钮，如图 6-3-11 所示，找到好友后，单击“+好友”。

③添加完好友后，在 QQ 列表中找到好友，双击好友头像，进入“QQ 好友通信界面”，即可与好友进行通信了。

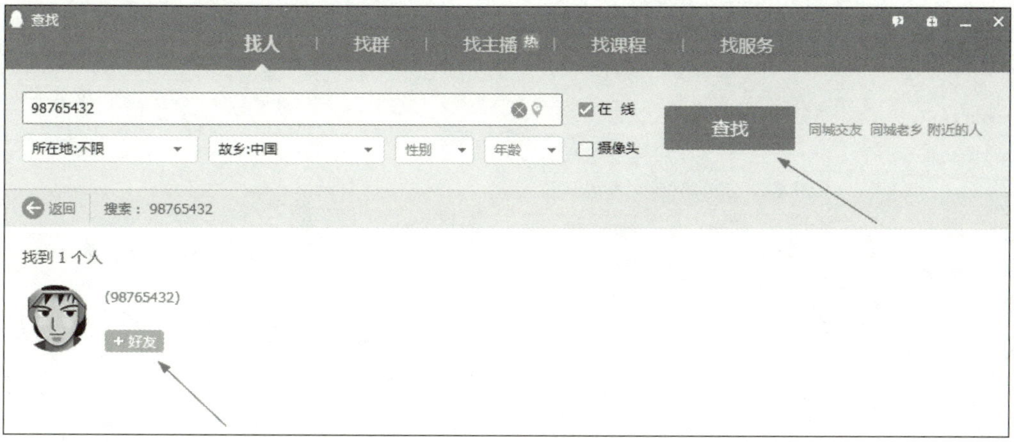

图 6-3-11　QQ 查找界面

3. 电子支付

(1)申请“支付宝”账号

①使用网页浏览器，打开“支付宝”主页(https://www.alipay.com/)，单击页面中“立即注册”按钮，如图 6-3-12 所示。

图 6-3-12　“支付宝”主页

②进入“注册”页面，填写手机号码，并验证，单击“下一步”。

③进入“设置身份信息”页面，填写相关信息，单击“确定”。

④进入“设置支付方式”页面，填写相关信息，单击“同意协议并确定”。

⑤完成“注册”。

(2)使用“支付宝”向他人转账

①打开“支付宝”主页，登录“支付宝”，进入“我的支付宝”页面。

②单击“转账”按钮，进入“转账付款”页面，如图 6-3-13 所示，填写收款人、付款金额和付款说明，单击“下一步”。

③填写“支付密码”后，向他人转账就完成了。

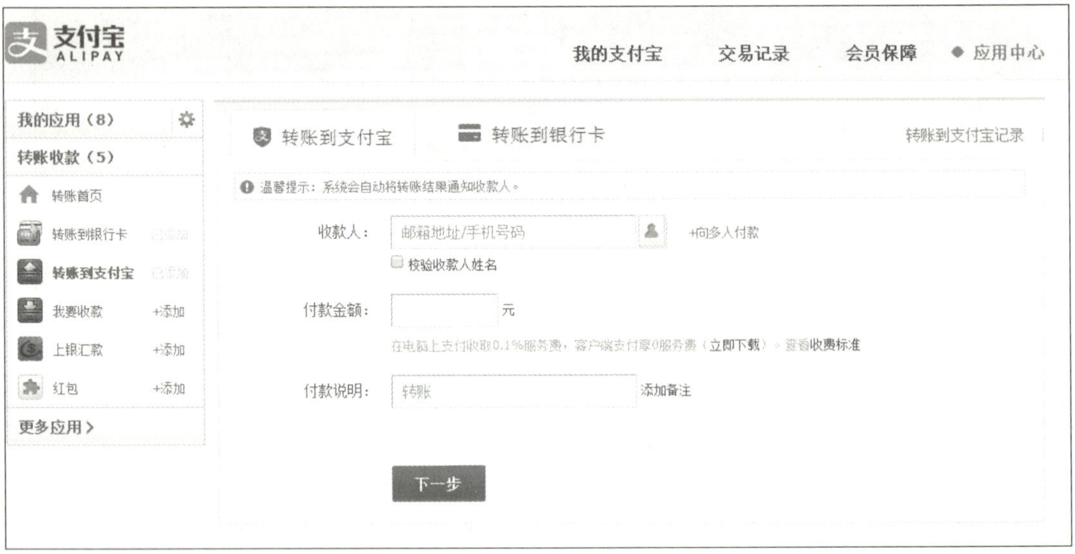

图 6-3-13 “转账付款”页面

4. 网上购物

(1)申请淘宝账号

①使用网页浏览器，打开“淘宝网”首页(https://www.taobao.com)，单击“免费注册”，进入“用户注册”页面。

②进入“注册协议”页面，如图 6-3-14 所示，单击“同意协议”，进入“账户注册”页面。

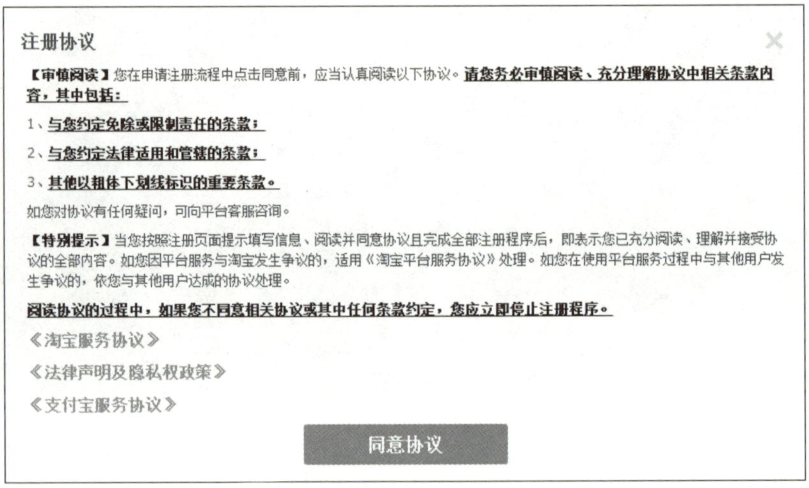

图 6-3-14 “注册协议”页面

③在“账户注册”页面，填写手机号码，并通过“验证”，单击“下一步”。

④进入“验证手机”页面，单击“获取验证码”，填写“验证码”，单击“确认”。

⑤进入“账号信息”页面，填写相关信息，设置支付方式，完成“注册”。

(2)在淘宝网上进行购物

①打开“淘宝网”，进入“登录”页面，填写“手机号”和“密码”，单击“登录”按钮。

②进入“淘宝网”首页，选择你所需要的商品，单击商品图片，进入“商品详情页”。

③进入“商品详情页”，选择所需商品的属性后，单击“立即购买”。

④进入“确认订单”页面，如图 6-3-15 所示，填写“物流信息”，单击“提交订单”，完成购买。

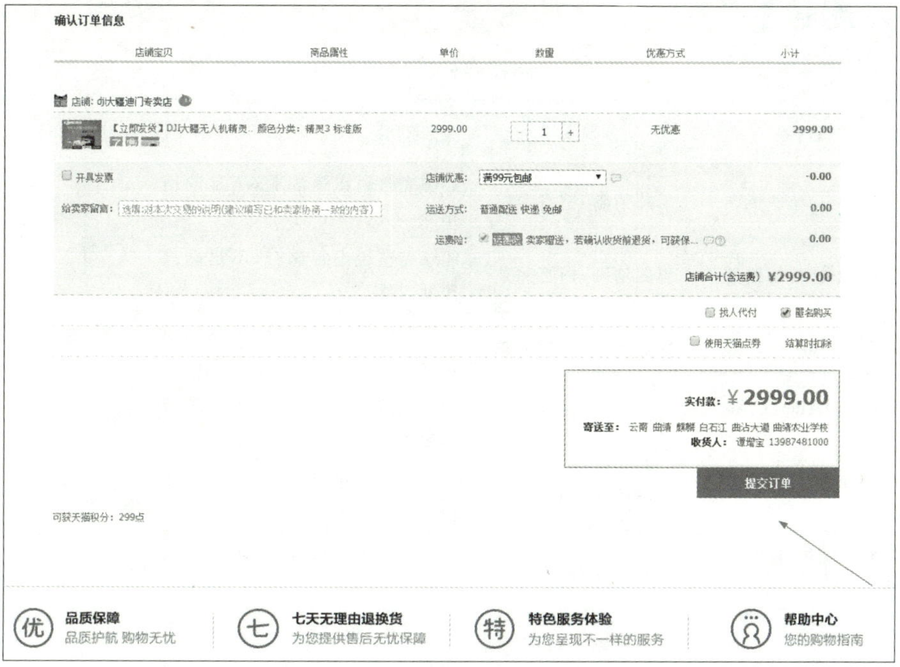

图 6-3-15　确认订单

➤【课题小结】

本课题的内容结构如图 6-3-16 所示。

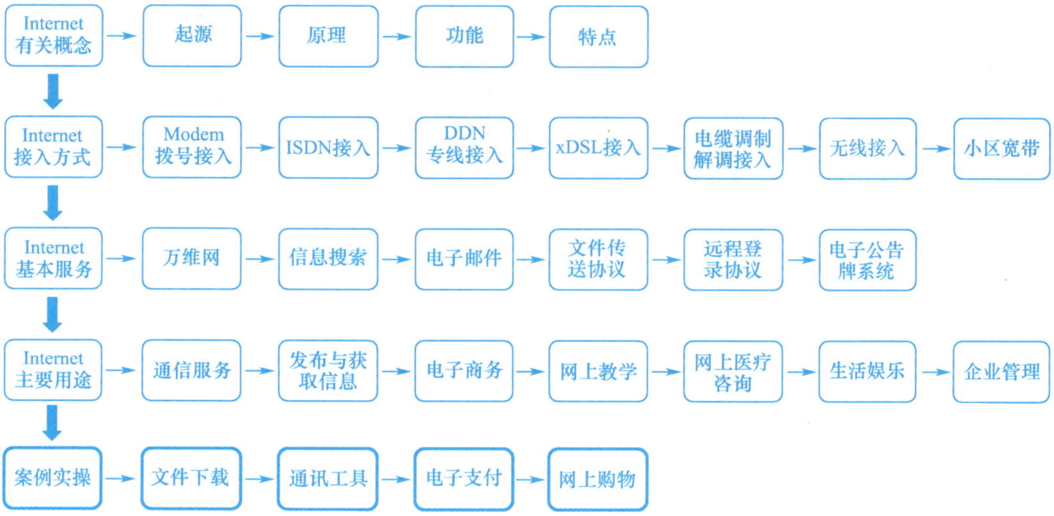

图 6-3-16　本课题内容结构

说明：

1. 本课题全面系统地介绍了互联网相关的五个方面的内容，涉及的概念众多，知识面广，需要循序渐进地进行教学。

2. 本课题的实践性强，要密切联系实际进行讲解，注意学用结合，力求做到学以致用。

3. 粗框标记为重点内容，也是难点内容，应通过案例实操反复练习，熟练操作，全面掌握。

【效果测评】

表 6-3-1 考核评分记录表

考核目标	考核内容	考核要求	评分标准	配分	自评	互评	师评
知识目标	1. 简述 Internet 的概念	思路清晰，回答完整	能够完整说出得满分，不足酌情扣分	5			
	2. 简述 Internet 的原理	思路清晰，回答完整	能够完整说出得满分，不足酌情扣分	5			
	3. 概括 Internet 的功能	思路清晰，回答完整	能够完整说出得满分，不足酌情扣分	5			
	4. 简述 Internet 的接入方式	思路清晰，回答完整	能够完整说出得满分，不足酌情扣分	5			
	5. 罗列 Internet 的基本服务	思路清晰，回答完整	能够完整说出得满分，少 1 项扣 1 分，扣完为止	5			
	6. 简述万维网 WWW 的概念	思路清晰，回答完整	能够完整说出得满分，不足酌情扣分	5			
	7. 简述超文本标记语言 HTML 的概念	思路清晰，回答完整	能够完整说出得满分，不足酌情扣分	5			
	8. 简述统一资源定位器 URL 的概念	思路清晰，回答完整	能够完整说出得满分，不足酌情扣分	5			
	9. 简述主页 HomePage 的概念	思路清晰，回答完整	能够完整说出得满分，不足酌情扣分	5			
	10. 罗列常见的搜索引擎	思路清晰，回答完整	能够完整说出得满分，少 1 项扣 1 分，扣完为止	5			
	11. 简述电子邮件协议 E-mail 的概念	思路清晰，回答完整	能够完整说出得满分，不足酌情扣分	5			
	12. 简述文件传送协议 FTP 的概念	思路清晰，回答完整	能够完整说出得满分，不足酌情扣分	5			
	13. 简述远程登录协议 Telnet 的概念	思路清晰，回答完整	能够完整说出得满分，不足酌情扣分	5			
	14. 罗列 Internet 的主要应用	思路清晰，回答完整	能够完整说出得满分，少 1 项扣 1 分，扣完为止	5			
能力目标	1. 完成迅雷 9 的下载与安装，并使用迅雷 9 下载免费电影	熟悉操作步骤，能够进行熟练操作	能够全面完成操作得满分，少 1 步扣 1 分	5			
	2. 完成 QQ 的申请，并添加 QQ 好友	熟悉操作步骤，能够进行熟练操作	能够全面完成操作得满分，少 1 步扣 1 分	5			
	3. 完成支付宝的申请，并利用支付宝完成对他人转账的操作	熟悉操作步骤，能够进行熟练操作	能够全面完成操作得满分，少 1 步扣 1 分	10			
	4. 完成淘宝账号的申请，并利用淘宝账号完成对商品购买的操作	熟悉操作步骤，能够进行熟练操作	能够全面完成操作得满分，少 1 步扣 1 分	10			
总 分				100			

课题四　计算机网络安全

互联网是对全世界都开放的网络，任何单位或个人都可以在网上方便地传输和获取各种信息，互联网这种具有开放性、共享性、国际性的特点就对计算机网络安全提出了挑战。近年来，利用计算机网络窃取国家机密、个人信息以及实施网络诈骗等犯罪案件十分普遍，计算机网络安全问题已经上升为国家层面的战略问题。让每一位网民了解和认识计算机病毒的危害，提高网络安全意识，掌握一些基本的方法和措施，有效保护个人合法权益，显得迫在眉睫，特别重要。

➤【教学目标】

知识目标：

1. 了解信息安全相关知识。
2. 了解计算机病毒的危害。
3. 了解计算机网络安全的防范措施。

能力目标：

1. 熟悉掌握安全卫士的使用方法。
2. 熟悉掌握杀毒软件的使用方法。

➤【教学任务】

本课题的主要教学内容：信息安全的相关知识；计算机病毒的危害；网络安全的防范措施；案例实操。

➤【教·学·做】

一、信息安全的相关知识

信息安全主要包括以下五方面的内容，即需保证信息的保密性、真实性、完整性、未授权拷贝和所寄生系统的安全性。信息安全本身包括的范围很大，其中包括如何防范商业企业机密泄露、防范青少年对不良信息的浏览、个人信息的泄露等。如图 6-4-1 所示。

图 6-4-1　信息安全

网络环境下的信息安全体系是保证信息安全的关键，包括计算机安全操作系统、各种安全协议、安全机制（数字签名、消息认证、数据加密等），直至安全系统，如 UniNAC、DLP 等，只要存在安全漏洞便可以威胁全局安全。信息安全是指信息系统（包括硬件、软件、数据、人、物理环境及其基础设施）受到保护，不受偶然的或者恶意的原因而遭到破坏、更改、泄露，系统连续可靠正常地运行，信息服务不中断，最终实现业务连续性。

1. 安全威胁

(1)信息泄露

信息被泄露或透露给某个非授权的实体。

(2)破坏信息的完整性

数据被非授权地进行增删、修改或破坏而受到损失。

(3)拒绝服务

对信息或其他资源的合法访问被无条件地阻止。

(4)非法使用(非授权访问)

某一资源被某个非授权的人,或以非授权的方式使用。

(5)窃听

用各种可能的合法或非法的手段窃取系统中的信息资源和敏感信息。例如对通信线路中传输的信号搭线监听,或者利用通信设备在工作过程中产生的电磁泄漏截取有用信息等。

(6)业务流分析

通过对系统进行长期监听,利用统计分析方法对诸如通信频度、通信的信息流向、通信总量的变化等参数进行研究,从中发现有价值的信息和规律。

(7)假冒

通过欺骗通信系统(或用户)达到非法用户冒充成为合法用户,或者特权小的用户冒充成为特权大的用户的目的。黑客大多是采用假冒攻击。

(8)旁路控制

攻击者利用系统的安全缺陷或安全性上的脆弱之处获得非授权的权利或特权。例如,攻击者通过各种攻击手段发现原本应保密,但是却又暴露出来的一些系统"特性",利用这些"特性",攻击者可以绕过防线守卫者侵入系统的内部。

(9)授权侵犯

被授权以某一目的使用某一系统或资源的某个人,却将此权限用于其他非授权的目的,也称作"内部攻击"。

(10)特洛伊木马

软件中含有一个觉察不出的有害的程序段,当它被执行时,会破坏用户的安全。这种应用程序称为特洛伊木马(Trojan Horse)。

2. 主要来源

(1)自然灾害、意外事故。

(2)计算机犯罪。

(3)人为错误,比如使用不当,安全意识差等。

(4)"黑客"行为。

(5)内部泄密。

(6)外部泄密。

(7)信息丢失。

(8)电子谍报,比如信息流量分析、信息窃取等。

(9)信息战。

(10)网络协议自身缺陷,例如 TCP/IP 协议的安全问题,等等。

(11)嗅探(sniff),嗅探器可以窃听网络上流经的数据包。

3. 主流技术

(1)病毒检测与清除技术

(2)安全防护技术

包含网络防护技术(防火墙、UTM、入侵检测防御等);应用防护技术(如应用程序接口安全技术等);系统防护技术(如防篡改、系统备份与恢复技术等),防止外部网络用户以非法手段进入内部网络,访问内部资源,保护内部网络操作环境的相关技术。

(3)安全审计技术

包含日志审计和行为审计,通过日志审计协助管理员在受到攻击后察看网络日志,从而评估网络配置的合理性、安全策略的有效性,追溯分析安全攻击轨迹,并能为实时防御提供手段。通过对员工或用户的网络行为审计,确认行为的合规性,确保信息及网络使用的合规性。

(4)安全检测与监控技术

对信息系统中的流量以及应用内容进行二至七层的检测并适度监管和控制,避免网络流量的滥用、垃圾信息和有害信息的传播。

(5)解密、加密技术

在信息系统的传输过程或存储过程中进行信息数据的加密和解密。

(6)身份认证技术

用来确定访问或介入信息系统用户或者设备身份的合法性的技术,典型的手段有用户名口令、身份识别、PKI 证书和生物认证等。

二、计算机病毒的危害

1. 计算机病毒的定义

计算机病毒(Computer Virus)在《中华人民共和国计算机信息系统安全保护条例》中被明确定义,病毒指“编制者在计算机程序中插入的破坏计算机功能或者破坏数据,影响计算机使用并且能够自我复制的一组计算机指令或者程序代码”。如图 6-4-2 所示。

图 6-4-2　计算机病毒

2. 计算机病毒的特征

(1)繁殖性

计算机病毒可以像生物病毒一样进行繁殖,当正常程序运行时,它也进行自身复制。是否具有繁殖、感染的特征是判断某段程序为计算机病毒的首要条件。

(2)破坏性

计算机中毒后,可能会导致正常的程序无法运行,把计算机内的文件删除或受到不同程度的损坏。破坏引导扇区及 BIOS,破坏硬件环境。

(3)传染性

计算机病毒传染性是指计算机病毒通过修改别的程序将自身的复制品或其变体传染到其他无毒的对象上，这些对象可以是一个程序也可以是系统中的某一个部件。

(4)潜伏性

计算机病毒潜伏性是指计算机病毒可以依附于其他媒体寄生的能力，侵入后的病毒潜伏到条件成熟才发作，会使电脑变慢。

(5)隐蔽性

计算机病毒具有很强的隐蔽性，可以通过病毒软件检查出来少数，隐蔽性计算机病毒时隐时现、变化无常，这类病毒处理起来非常困难。

(6)可触发性

编制计算机病毒的人，一般都为病毒程序设定了一些触发条件，例如，系统时钟的某个时间或日期、系统运行了某些程序等。一旦条件满足，计算机病毒就会“发作”，使系统遭到破坏。

3. 常见的计算机病毒

计算机常见病毒有宏病毒(Macro Virus)、引导型病毒(Boot Strap Sector Virus)、脚本病毒(Script Virus)、文件型病毒(File Infector Virus)、特洛伊木马(Trojan)等。

4. 计算机病毒的危害

计算机病毒的危害包含以下几个方面：

(1)电脑运行缓慢。

(2)消耗内存以及磁盘空间。

(3)破坏硬盘以及电脑数据。

(4)疯狂发送垃圾邮件或其他信息，造成网络堵塞或瘫痪。

(5)计算机病毒给用户造成严重的心理压力。

(6)窃取用户隐私、机密文件、账号信息等。

三、网络安全的防范措施

1. 访问控制

对用户访问网络资源的权限进行严格的认证和控制。例如，进行用户身份认证；对口令加密、更新和鉴别；设置用户访问目录和文件的权限以及控制网络设备配置的权限等。数据加密防护：加密是防护数据安全的重要手段。加密的作用是保障信息被人截获后不能读懂其含义。

2. 网络隔离防护

网络隔离有两种方式，一种是采用隔离卡来实现，一种是采用网络安全隔离网闸实现。

3. 其他措施

其他措施包括信息过滤、容错、数据镜像、数据备份和审计等。

四、案例实操

1. 360 安全卫士的安装与使用

(1)360 安全卫士的下载与安装

①打开网页浏览器，在浏览器 URL 处输入 www.360.cn，进入“360 公司官网”。

②单击“快速下载”板块中“安装卫士”下载图标。

③下载完成后，进入 360 安全卫士安装界面，单击“立即安装”，如图 6-4-3 所示。

图 6-4-3 360 安全卫士安装界面

④稍等一会后，360 安全卫士就安装成功了。

(2)使用 360 安装卫士对计算机进行体检

①单击任务启动栏“360 安全卫士”图标，打开 360 安全卫士。

②打开 360 安全卫士的“电脑体检”界面，单击“立即体检”，如图 6-4-4 所示。

图 6-4-4 “电脑体检”界面

③查看需要修复的电脑漏洞，单击“一键修复”，直至完成修复。

2. 360 杀毒的安装与使用

(1)360 杀毒的下载与安装

①打开网页浏览器，在浏览器 URL 处输入 www.360.cn，进入“360 公司官网”。

②单击“快速下载”板块中“杀毒”下载图标。

③下载完成后，进入 360 杀毒安装界面，单击“立即安装”，如图 6-4-5 所示。

图 6-4-5 360 杀毒安装界面

④稍等一会后，360 杀毒就安装成功了。

(2)使用 360 杀毒对计算机进行快速扫描

①单击“任务启动栏”360 杀毒图标，打开 360 杀毒。

②打开 360 杀毒的界面，单击“全盘扫描”，如图 6-4-6 所示。

图 6-4-6 全盘扫描界面

③“全盘扫描”完成后，若有电脑病毒，请及时清除。

➢【课题小结】

本课题的内容结构如图 6-4-7 所示。

说明：

1. 本课题重点包含四个方面的内容。前三个方面分别对信息安全相关知识、计算机病毒的危害、网络安全防范措施进行了较为系统的介绍，案例实操结合实际介绍了常见的网络安全防护软件的使用方法及实际操作进行了介绍。

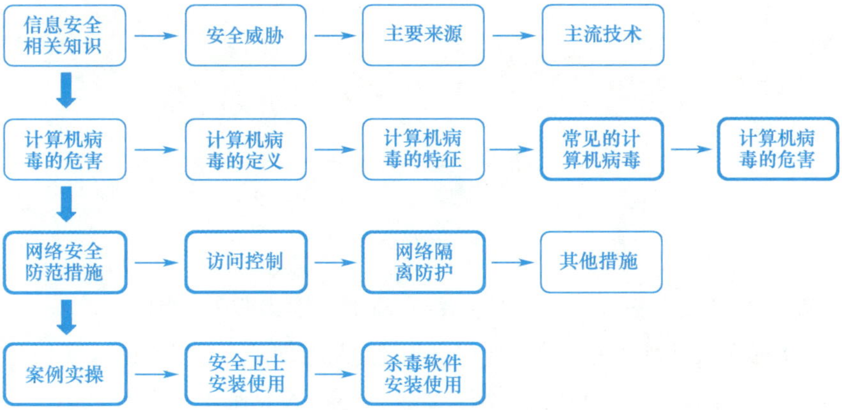

图 6-4-7　本课题内容结构

2. 本课题的内容十分重要，对于一名网民来说，不可不知，需要全面掌握。教学过程中要做到理论联系实际。

3. 粗框内的内容是重点也是难点，要重点着力，力求有所突破，做到全面掌握。

【效果测评】

表 6-4-1　　考核评分记录表

考核目标	考核内容	考核要求	评分标准	配分	自评	互评	师评
知识目标	1. 简述计算机网络信息安全的威胁	思路清晰，回答完整	能够完整说出得满分，不足酌情扣分	10			
	2. 简述计算机网络主要从哪些地方受到威胁	思路清晰，回答完整	能够完整说出得满分，不足酌情扣分	10			
	3. 罗列计算机安全的主流技术	思路清晰，回答完整	能够完整说出得满分，不足酌情扣分	10			
	4. 简述计算机病毒的定义	思路清晰，回答完整	能够完整说出得满分，不足酌情扣分	10			
	5. 简述计算机病毒的特征	思路清晰，回答完整	能够完整说出得满分，不足酌情扣分	10			
	6. 罗列一下常见的计算机病毒	思路清晰，回答完整	能够完整说出得满分，不足酌情扣分	10			
	7. 简述计算机病毒的危害	思路清晰，回答完整	能够完整说出得满分，不足酌情扣分	10			
	8. 简述计算机网络安全的防范措施	思路清晰，回答完整	能够完整说出得满分，不足酌情扣分	10			
能力目标	1. 完成 360 安全卫士的下载与安装，并对计算机进行体检	熟悉操作步骤，能够进行熟练操作	能够全面完成操作得满分，少 1 步扣 1 分	10			
	2. 完成 360 杀毒的下载与安装，并对计算机进行快速扫描	熟悉操作步骤，能够进行熟练操作	能够全面完成操作得满分，少 1 步扣 1 分	10			
总分				100			

参考文献

[1] 杨佳，陈继. 计算机文化基础[M]. 大连：大连理工大学出版社，2014.

[2] 刁洪斌. 计算机应用基础项目化教程[M]. 大连：大连理工大学出版社，2015.

[3] 袁云华，仲伟杨. 计算机组装与维护[M]. 2版. 北京：人民邮电出版社，2013.

[4] 丁爱萍. 计算机应用基础[M]. 北京：北京出版社，2014.

[5] 邱建新. 计算机网络技术[M]. 北京：机械工业出版社，2012.

[6] 李文华，胡华文. 新编计算机文化基础[M]. 大连：大连理工出版社，2012.

[7] 王津. 计算机应用基础[M]. 2版. 北京：高等教育出版社，2011.

[8] 黄林国，康志辉. 计算机应用基础项目化教程(Windows 7+Office 2010)[M]. 北京，清华大学出版社，2013.

[9] 陈希球，王威杰. 计算机应用项目教程[M]. 2版. 北京：科学出版社，2013.

[10] 张宇民. Word 2010 高效排版技巧速查手册[M]. 北京：电子工业出版社，2011.

[11] 白永祥，汪忠印. 计算机应用项目化教程[M]. 北京：北京理工大学出版社，2013.

[12] 张庆丰，刘先花. 计算机应用基础项目化教程[M]. 北京：北京理工大学出版社，2013.

[13] 刁爱军. 计算机应用基础[M]. 大连：大连理工大学出版社，2013.

[14] 高裴裴. 大学计算机应用实践[M]. 北京：清华大学出版社，2014.